数学分析选讲

成荣　王朝　王智勇　熊艳琴　张太忠　**编著**

东 南 大 学 出 版 社
·南京·

内 容 简 介

本书是编者在多年讲授数学分析选讲课程的讲义基础上修订而成.全书总体上参照常见数学分析教材章节顺序进行编写,对每一章节的内容做了全面的总结和梳理,尤其对数学分析课程中较难理解但又十分重要的知识点进行了详细的注解和说明.书中选取了一定量的典型例题,其中包含了很多高校的考研真题,通过对这些例题的详细解析,期望读者能加深对数学分析课程内容的理解,提高自身分析问题和解决问题的能力,为后续专业课程的学习和考研夯实好基础.在每一章最后,还适当给出了一些习题供读者练习之用.

本书结构严谨,内容丰富,既可作为高等院校数学分析课程的教学参考书,也可作为数学分析选讲课程的教材,尤其可供预备考研的学生迎考复习时参考.

图书在版编目(CIP)数据

数学分析选讲 / 成荣等编著. — 南京：东南大学
出版社，2022.12
  ISBN 978-7-5766-0516-7

Ⅰ.①数… Ⅱ.①成… Ⅲ.①数学分析-高等学校-
教材 Ⅳ.①O17

中国版本图书馆 CIP 数据核字(2022)第 241912 号

责任编辑:吉雄飞　　责任校对:韩小亮　　封面设计:顾晓阳　　责任印制:周荣虎
数学分析选讲

编　著	成荣　王朝　王智勇　熊艳琴　张太忠
出版发行	东南大学出版社
社　址	南京市四牌楼 2 号(邮编:210096　电话:025-83793330)
经　销	全国各地新华书店
印　刷	广东虎彩云印刷有限公司
开　本	700 mm×1000 mm　1/16
印　张	23.75
字　数	466 千字
版　次	2022 年 12 月第 1 版
印　次	2022 年 12 月第 1 次印刷
书　号	ISBN 978-7-5766-0516-7
定　价	63.80 元

本社图书若有印装质量问题,请直接与营销部联系,电话:025-83791830。

前　言

数学分析是众多数学分支学科学习和研究的重要基础和有力工具,该门课程是高等院校数学专业最重要的基础课之一,对学生学习后续专业课程影响很大,同时对培养学生的思维能力、学习习惯也作用甚大.数学分析选讲作为数学分析的补充课程,一方面是为学生巩固数学分析基础,另一方面也是为学生报考数学专业硕士研究生做准备.为了更好地帮助读者学习数学分析课程,整体上把握数学分析各知识点的脉络,也为他们报考数学专业硕士研究生的需要,我们编写了此书.

在本书中,我们参照常见数学分析教材的编排顺序把内容分成了九章,每章又分为若干节.对每一章节的内容以及所包含的思想和方法进行了总结和梳理,既突出了各部分内容之间的联系,也注重与后续课程的衔接;同时,对数学分析中的重点内容、关键知识点以及读者初学时难以理解的定理等都给出了较为详细的注解和说明.本书中选取的例题都是数学分析中比较重要和典型的题目,其中包含了很多高校历届数学专业硕士研究生入学考试的真题,也参考了一些网络素材,这里向各位出题老师和网络素材的提供者表示感谢.通过对这些例题的详细解析,期望读者能加深对数学分析课程内容的理解,提高自身分析问题和解决问题的能力,为后续专业课程学习和考研夯实好基础.在每一章最后,还适当给出了一些习题供读者练习之用.

全书具体编写工作安排如下:第1章数列极限与函数极限由王智勇编写,第2章一元函数的连续性由张太忠编写,第4章一元函数积分学由王朝编写,第5章级数由熊艳琴编写,第3章一元函数微分学、第6章多元函数的极限和连续性、第7章多元函数微分学、第8章多元函数积分学、第9章含参量积分由成荣编写.最后由成荣统稿成书.

本书荣幸获得南京信息工程大学教材改革项目的资助,在此编者向学校表示衷心的感谢! 感谢南京信息工程大学数学与统计学院领导对编者工作的支持.全书大部分内容曾在南京信息工程大学数学与统计学院数学分析选讲课程中讲授过,感谢所有提出过修改建议的老师和同学们.感谢数学系王猛同学在本书文字录入过程中所做的工作.最后,感谢东南大学出版社吉雄飞编辑在本书出版过程中所提供的各种帮助.

由于编者水平有限,书中必有很多不妥之处,敬请各位读者批评指正!

编　者
2022 年 10 月于南京

目　　录

第1章　数列极限与函数极限

　　数学分析以极限为工具,以函数为研究对象,主要研究函数的连续性、可微性、可积性及其相关问题和应用.极限理论是数学分析的基础,也是数学分析中的难点之一,其中心问题有两个:极限的存在性和极限的计算,这两者是密切相关的.本章通过若干例题,总结了验证数列极限和函数极限存在性的方法以及求解数列极限和函数极限的常用方法.

1.1　数列极限

1.1.1　内容提要与知识点解析

1) 数列极限的概念

(1) 数列极限的定义

设 $\{a_n\}$ 是一数列,a 是一确定的实数,若 $\forall \varepsilon > 0, \exists N > 0$,当 $n > N$ 时,有

$$|a_n - a| < \varepsilon,$$

则称当 $n \to \infty$ 时,$\{a_n\}$ 以 a 为极限,记为 $\lim\limits_{n \to \infty} a_n = a$.

　　注　数列极限的几何意义:$\forall \varepsilon > 0$,邻域 $U(a, \varepsilon) = (a - \varepsilon, a + \varepsilon)$ 中含有除数列 $\{a_n\}$ 有限项以外的所有项.因 ε 可以任意小,因此 $\{a_n\}$ 都"挤"在点 a 附近.

　　(2) 无穷大量的定义

　　若 $\forall M > 0, \exists N > 0$,当 $n > N$ 时,$|a_n| > M$,则称当 $n \to \infty$ 时,a_n 是无穷大量,记为 $\lim\limits_{n \to \infty} a_n = \infty$.类似的,有

$$\lim\limits_{n \to \infty} a_n = +\infty \Leftrightarrow \forall M > 0, \exists N > 0, n > N \text{ 时}, a_n > M;$$

$$\lim\limits_{n \to \infty} a_n = -\infty \Leftrightarrow \forall M > 0, \exists N > 0, n > N \text{ 时}, a_n < -M.$$

2) 数列极限的性质

性质 1(唯一性)　收敛数列的极限是唯一的.

性质 2(有界性)　收敛数列必有界.

　　注　数列 $\{a_n\}$ 有界是指存在常数 $M > 0$,使得对任意 $n \in \mathbf{N}^*$,有 $|a_n| \leqslant M$.几何上即是数列所有项对应的点都包含在一个有限区间内.否则,就称 $\{a_n\}$ 是无界

的.要注意无界数列和无穷大数列的关系.无穷大数列一定是无界的,反之未必.

性质 3(保号性) 若$\lim\limits_{n\to\infty}a_n=a>0(a<0)$,则$\exists N\in\mathbf{N}^*$,当$n>N$时,有

$$a_n\geqslant\frac{a}{2}>0\quad\left(a_n\leqslant\frac{a}{2}<0\right).$$

性质 4(保不等式性) 设$\{a_n\}$与$\{b_n\}$均为数列,如果存在正整数N_0,使得当$n>N_0$时有$a_n\leqslant b_n$,则$\lim\limits_{n\to\infty}a_n\leqslant\lim\limits_{n\to\infty}b_n$.

注 该性质中的"$\leqslant$"不能换成严格的"$<$".

性质 5 改变数列的有限项不改变数列的敛散性,也不改变收敛数列的极限.

性质 6(迫敛性) 设收敛数列$\{a_n\}$与$\{b_n\}$均以a为极限,$\{c_n\}$满足:$\exists N\in\mathbf{N}^*$,当$n>N$时,有$a_n\leqslant c_n\leqslant b_n$,则数列$\{c_n\}$收敛,且$\lim\limits_{n\to\infty}c_n=a$.

注 迫敛性又称为夹逼原理,有时也形象地称为三明治原理.

性质 7(柯西收敛准则) 数列$\{a_n\}$收敛的充要条件是:$\forall\varepsilon>0,\exists N>0$,对任意$n,m\in\mathbf{N}^*$,当$n,m>N$时,有

$$|a_n-a_m|<\varepsilon.$$

注 柯西收敛准则验证数列极限的存在性的优点在于不需要事先知道数列极限的具体数值,只要根据数列本身的性质就可以判别此数列是不是收敛.

性质 8 数列$\{a_n\}$收敛的充要条件是$\{a_n\}$的任何非平凡子列都收敛.

注 我们常常用数列的奇偶子列均收敛于同一个极限来验证数列极限的存在性,也经常用子列来说明数列的发散性.

性质 9(致密性定理) 有界数列必有收敛子列.

性质 10 任何数列必有单调子列.

性质 11(单调有界定理) 在实数系中,单调有界数列必收敛,且单增(减)数列收敛到该数列的上(下)确界.

性质 12 收敛数列对四则运算封闭.

注 只有收敛数列才能进行四则运算,因为两个不收敛的数列经过四则运算很可能得到一个收敛的数列.另外,四则运算只对有限数列适用.

性质 13 数列$\left\{\left(1+\dfrac{1}{n}\right)^n\right\}$严格单增收敛于 e,而数列$\left\{\left(1+\dfrac{1}{n}\right)^{n+1}\right\}$严格单减收敛于 e.

性质 14 若数列$\{x_n\}$满足条件:$\exists r\in(0,1)$,有

$$|x_n-x_{n-1}|\leqslant r|x_{n-1}-x_{n-2}|,\quad n\geqslant3,$$

则称$\{x_n\}$为压缩数列.压缩数列一定收敛.

性质 15（Stolz 定理）　设有数列 $\{x_n\},\{y_n\}$.

$\left(\dfrac{\infty}{\infty}\text{ 型}\right)$　设数列 $\{x_n\}$ 严格单调递增，且 $\lim\limits_{n\to\infty}x_n=+\infty$,若

$$\lim_{n\to\infty}\frac{y_{n+1}-y_n}{x_{n+1}-x_n}=\begin{cases}a,\\+\infty,\\-\infty,\end{cases}\quad\text{则}\quad\lim_{n\to\infty}\frac{y_n}{x_n}=\begin{cases}a,\\+\infty,\\-\infty;\end{cases}$$

$\left(\dfrac{0}{0}\text{ 型}\right)$　设数列 $\{x_n\}$ 严格单调递减，且 $\lim\limits_{n\to\infty}x_n=0,\lim\limits_{n\to\infty}y_n=0$,若

$$\lim_{n\to\infty}\frac{y_{n+1}-y_n}{x_{n+1}-x_n}=\begin{cases}a,\\+\infty,\\-\infty,\end{cases}\quad\text{则}\quad\lim_{n\to\infty}\frac{y_n}{x_n}=\begin{cases}a,\\+\infty,\\-\infty.\end{cases}$$

3）求数列极限的一些常用方法

以上数列极限的很多性质都可以用来求数列的极限.一般来说,求数列极限的常用方法如下所示：

（1）如果数列极限已知或能够进行预判,可以考虑使用定义来验证数列极限；

（2）如果数列极限不好预判,但当下标足够大时任意两项的差比较容易估计,可以考虑使用柯西收敛准则；

（3）如果数列的通项是由递推形式给出的,可以考虑使用单调有界原理；

（4）如果数列的通项比较复杂,可以考虑使用迫敛性（夹逼原理）；

（5）如果数列相邻两项的差比较简单,可以考虑使用压缩映像原理；

（6）如果数列的通项是有限和的形式或通过恒等变换能够表达成有限和的形式,可以考虑使用定积分；

（7）如果把 n 换成 x,而相应的函数极限较易求解,可以考虑使用归结原则转化成函数极限问题；

（8）如果数列的奇数列和偶数列相对容易求极限,可以考虑使用子列法；

（9）如果数列通项作为级数通项而得到的相应级数容易判别其收敛性,可以考虑使用级数法,即级数收敛,其通项一定为无穷小数列；

（10）如果数列能写成分式且分子分母相邻两项的差都比较简单,可以考虑使用 Stolz 定理；

（11）上下极限的方法.

下面简要介绍一下数列上下极限的概念和性质.上下极限的定义方式大致有三种形式：

① 利用上下确界

若极限 $\lim\limits_{n\to\infty}\sup\{a_n,a_{n+1},\cdots\}$ 存在,则称其为数列 $\{a_n\}$ 的上极限,记为 $\overline{\lim\limits_{n\to\infty}}a_n$;

若极限 $\liminf\limits_{n \to \infty}\{a_n, a_{n+1}, \cdots\}$ 存在,则称其为数列 $\{a_n\}$ 的下极限,记为 $\varliminf\limits_{n \to \infty}a_n$.

② 利用聚点

数列 $\{a_n\}$ 的最大聚点称为 $\{a_n\}$ 的上极限;

数列 $\{a_n\}$ 的最小聚点称为 $\{a_n\}$ 的下极限.

③ 利用收敛子列的极限

数列 $\{a_n\}$ 的所有收敛子列中最大的极限值称为 $\{a_n\}$ 的上极限;

数列 $\{a_n\}$ 的所有收敛子列中最小的极限值称为 $\{a_n\}$ 的下极限.

由上下极限的定义,容易验证

$$\lim a_n \text{ 存在} \Leftrightarrow \varlimsup_{n \to \infty} a_n = \varliminf_{n \to \infty} a_n.$$

因此可以用上下极限方法来验证数列极限的存在性.

以上这些做法需要符合相应方法的条件,不能生搬硬套,且这些原则也不是绝对的,应视具体情况而定.但不论采用哪种方法,对数列进行适当变换是必要的,有时也是很重要的,比如取对数的方法.另外,还需要我们有必要的知识储备,比如常用的不等式、常见的数列极限、常用的恒等变换、重要的三角恒等式和诱导公式等.

注   一些常见的数列极限:

(1) $\lim\limits_{n \to \infty} \sqrt[n]{a} = 1 (a > 0)$;

(2) $\lim\limits_{n \to \infty} \sqrt[n]{n} = 1$;

(3) $\lim\limits_{n \to \infty} q^n = 0 (|q| < 1)$;

(4) $\lim\limits_{n \to \infty} \dfrac{a^n}{n!} = 0$;

(5) $\lim\limits_{n \to \infty}\left(1 + \dfrac{1}{2} + \dfrac{1}{3} + \cdots + \dfrac{1}{n} - \ln n\right) = c$($c$ 为欧拉常数);

(6) 若 $\lim\limits_{n \to \infty} \dfrac{a_{n+1}}{a_n} = a$,则 $\lim\limits_{n \to \infty} \sqrt[n]{a_n} = a (a_n > 0)$;

(7) 若 $\lim\limits_{n \to \infty} a_n = a$,则 $\lim\limits_{n \to \infty} \dfrac{a_1 + a_2 + \cdots + a_n}{n} = a$;

(8) 若 $\lim\limits_{n \to \infty} a_n = a (a_n > 0)$,则 $\lim\limits_{n \to \infty} \sqrt[n]{a_1 a_2 \cdots a_n} = a$.

1.1.2 典型例题解析

首先,我们介绍使用极限定义来验证或求解数列极限的方法.

例 1.1   利用"$\varepsilon - N$"定义证明:$\lim\limits_{n \to \infty} \dfrac{3n^2 + 1}{2n^2 + 1} = \dfrac{3}{2}$.

证明   因为

$$\left|\frac{3n^2+1}{2n^2+1}-\frac{3}{2}\right|=\frac{1}{2(2n^2+1)}<\frac{1}{2n^2}<\frac{1}{n},$$

故 $\forall\varepsilon>0,\exists N=\left[\dfrac{1}{\varepsilon}\right]+1\in\mathbf{N}^*$,当 $n>N$ 时,由上面不等式可得

$$\left|\frac{3n^2+1}{2n^2+1}-\frac{3}{2}\right|<\frac{1}{n}<\varepsilon,$$

故 $\lim\limits_{n\to\infty}\dfrac{3n^2+1}{2n^2+1}=\dfrac{3}{2}$.

注　利用定义求解数列极限往往需要先预测数列的极限值,然后利用定义进行证明.而利用定义证明数列极限的关键是找到一个合适的 $N=N(\varepsilon)$,常用的方法有下列几种:

(1) 找最小的 N:解不等式 $|a_n-a|<\varepsilon$,往往可以求解出满足要求的 N;

(2) 放大法:由于所求的 N 并不唯一,而直接解不等式 $|a_n-a|<\varepsilon$ 又较为复杂或无法直接解出,这时可将 $|a_n-a|$ 化简后适当放大得到 $|a_n-a|\leqslant f(n)$,然后只要求解 $f(n)<\varepsilon$ 就可以得到合适的 N;

(3) 分步法:如果不等式 $|a_n-a|<\varepsilon$ 无法化简或放大,可以先根据需要假定 $n>N_1$,然后按方法(2)求得 N_2,最后再取 $N=\max\{N_1,N_2\}$.

例 1.2(浙江大学 2005 年)　已知极限 $\lim\limits_{n\to\infty}a_n=A$(有限,$+\infty$ 或 $-\infty$),证明:

$$\lim_{n\to\infty}\frac{a_1+a_2+\cdots+a_n}{n}=A.$$

证明　(1) 当 A 为有限数时,直接考虑不等式

$$\left|\frac{a_1+a_2+\cdots+a_n}{n}-A\right|\leqslant\frac{|a_1-A|+|a_2-A|+\cdots+|a_n-A|}{n}.$$

因为 $\lim\limits_{n\to\infty}a_n=A$,得到 $\forall\varepsilon>0,\exists N_1\in\mathbf{N}^*$,对任意 $n>N_1$,有 $|a_n-A|<\dfrac{\varepsilon}{2}$,从而当 $n>N_1$ 时,有

$$\left|\frac{a_1+a_2+\cdots+a_n}{n}-A\right|\leqslant\frac{|a_1-A|+|a_2-A|+\cdots+|a_{N_1}-A|}{n}+\frac{(n-N_1)}{2n}\varepsilon.$$

易知 $|a_1-A|+|a_2-A|+\cdots+|a_{N_1}-A|$ 为常数,于是 $\exists N_2\in\mathbf{N}^*$,当 $n>N_2$ 时,成立

$$\frac{|a_1-A|+|a_2-A|+\cdots+|a_{N_1}-A|}{n}<\frac{\varepsilon}{2}.$$

最后取 $N=\max\{N_1,N_2\}$，则当 $n>N$ 时，有

$$\left|\frac{a_1+a_2+\cdots+a_n}{n}-A\right|<\frac{\varepsilon}{2}+\frac{\varepsilon}{2}=\varepsilon.$$

（2）当 $A=+\infty$ 时，$\forall M>0$，$\exists N_1\in\mathbf{N}^*$，当 $n>N_1$ 时，有 $a_n>M$，可得

$$\left|\frac{a_1+a_2+\cdots+a_n}{n}\right|>\frac{a_1+a_2+\cdots+a_{N_1}}{n}+\frac{(n-N_1)}{n}M,$$

则当 $n>2N_1$ 时，有

$$\left|\frac{a_1+a_2+\cdots+a_n}{n}\right|>\frac{a_1+a_2+\cdots+a_{N_1}}{n}+\frac{1}{2}M.$$

注意到 $a_1+a_2+\cdots+a_{N_1}$ 是常数，所以 $\exists N_2\in\mathbf{N}^*$，当 $n>N_2$ 时，有

$$\left|\frac{a_1+a_2+\cdots+a_{N_1}}{n}\right|<\frac{1}{2}.$$

再取 $N=\max\{2N_1,N_2\}$，则当 $n>N$ 时，有

$$\left|\frac{a_1+a_2+\cdots+a_n}{n}\right|>\frac{1}{2}M-\frac{1}{2}=\frac{1}{2}(M-1).$$

（3）当 $A=-\infty$ 时，类似可证。

例 1.3（首都师范大学 2000 年） 设 $\{a_n\}$ 是一个数列，证明：若

$$\lim_{n\to\infty}\frac{a_1+a_2+\cdots+a_n}{n}=A,$$

其中 $|A|<+\infty$，则 $\lim\limits_{n\to\infty}\dfrac{a_n}{n}=0$.

证明 注意到

$$\frac{a_n}{n}=\frac{a_1+a_2+\cdots+a_n}{n}-\frac{a_1+a_2+\cdots+a_{n-1}}{n-1}\frac{n-1}{n},$$

易得 $\lim\limits_{n\to\infty}\dfrac{a_n}{n}=0$.

例 1.4 设 $\lim\limits_{n\to\infty}a_n=a$，$\lim\limits_{n\to\infty}b_n=b$，令 $c_n=(a_1b_n+a_2b_{n-1}+\cdots+a_nb_1)/n$，证明：极限 $\lim\limits_{n\to\infty}c_n=ab$.

证明 由条件，存在 $M_0>0$，有

$$\lim_{n\to\infty}\mid a_n-a\mid=0,\quad \lim_{n\to\infty}\mid b_n-b\mid=0,\quad \mid a_n\mid\leqslant M_0,\quad n\geqslant 1.$$

令 $M=\max\{M_0,\mid b\mid\}$，则

$$\mid c_n-ab\mid=\frac{1}{n}\mid a_1b_n+a_2b_{n-1}+\cdots+a_nb_1-nab\mid$$

$$=\frac{1}{n}\mid a_1(b_n-b)+a_2(b_{n-1}-b)+\cdots+a_n(b_1-b)$$

$$+b(a_1-a)+b(a_2-a)+\cdots+b(a_n-a)\mid$$

$$\leqslant\frac{M}{n}(\mid b_n-b\mid+\mid b_{n-1}-b\mid+\cdots+\mid b_1-b\mid$$

$$+\mid a_1-a\mid+\mid a_2-a\mid+\cdots+\mid a_n-a\mid).$$

再令 $d_n=\mid a_n-a\mid+\mid b_n-b\mid$，则 $\lim_{n\to\infty}d_n=0$，所以

$$\lim_{n\to\infty}\frac{d_1+d_2+\cdots+d_n}{n}=\lim_{n\to\infty}d_n=0.$$

因此，由

$$\mid c_n-ab\mid\leqslant M\cdot\frac{d_1+d_2+\cdots+d_n}{n},$$

即得 $\lim_{n\to\infty}c_n=ab$.

例 1.5　设 $\lim_{n\to\infty}a_n=a$，且

$$\lim_{n\to\infty}\frac{p_n}{p_1+p_2+\cdots+p_n}=0,$$

其中 $p_k>0(k=1,2,\cdots,n)$，证明：

$$\lim_{n\to\infty}\frac{p_1a_n+p_2a_{n-1}+\cdots+p_na_1}{p_1+p_2+\cdots+p_n}=a.$$

证明　由 $\lim_{n\to\infty}a_n=a$，首先可知 a_n-a 为有界量，即 $\exists M>0$，使得对任意的 n，有 $\mid a_n-a\mid<M$；其次 $\forall\varepsilon>0$，$\exists N_1\in\mathbf{N}^*$，当 $n>N_1$ 时，$\mid a_n-a\mid<\dfrac{\varepsilon}{2}$. 又由

极限 $\lim_{n\to\infty}\dfrac{p_n}{p_1+p_2+\cdots+p_n}=0$，对上述 $\varepsilon>0$，$\exists N_2>N_1$，当 $n>N_2$ 时，有

$$\left|\frac{p_n}{p_1+p_2+\cdots+p_n}\right|<\frac{\varepsilon}{2MN_1}.$$

现取 $N=2N_2$，则当 $n>N$ 时，成立

$$\left| \frac{p_1 a_n + p_2 a_{n-1} + \cdots + p_n a_1}{p_1 + p_2 + \cdots + p_n} - a \right|$$

$$\leq \frac{1}{p_1 + p_2 + \cdots + p_n} (p_1 \mid a_n - a \mid + \cdots + p_{n-N_1} \mid a_{N_1+1} - a \mid$$

$$+ p_{n-N_1+1} \mid a_{N_1} - a \mid + \cdots + p_n \mid a_1 - a \mid)$$

$$< \frac{p_1 + \cdots + p_{n-N_1}}{p_1 + p_2 + \cdots + p_n} \frac{\varepsilon}{2} + \frac{p_{n-N_1+1} + \cdots + p_n}{p_1 + p_2 + \cdots + p_n} M$$

$$= \frac{p_1 + \cdots + p_{n-N_1}}{p_1 + p_2 + \cdots + p_n} \frac{\varepsilon}{2} + \left(\frac{p_{n-N_1+1}}{p_1 + p_2 + \cdots + p_n} + \cdots + \frac{p_n}{p_1 + p_2 + \cdots + p_n} \right) M$$

$$< \frac{p_1 + \cdots + p_{n-N_1}}{p_1 + p_2 + \cdots + p_n} \frac{\varepsilon}{2} + \left(\frac{p_{n-N_1+1}}{p_1 + p_2 + \cdots + p_{n-N_1+1}} + \cdots + \frac{p_n}{p_1 + p_2 + \cdots + p_n} \right) M$$

$$< \frac{\varepsilon}{2} + \frac{\varepsilon}{2MN_1} N_1 M = \varepsilon.$$

注 这个例子是算术平均极限形式的一个推广,即加权平均极限形式.事实上,令 $p_1 = p_2 = \cdots = p_n = 1$,则上述不等式就是算术平均不等式的情形.教材中的一些常用极限大多是用定义证明的,这些证明的方法需要掌握,因为很多题目只是对一些常用极限做了变形,而证明的方法是类似的.

例1.6 用定义证明:$\lim\limits_{n \to \infty} \sqrt[n]{n+1} = 1$.

证明 令 $\sqrt[n]{n+1} - 1 = t$,则 $t > 0$,且当 $n > 2$ 时成立

$$n + 1 = (1+t)^n \geq 1 + nt + \frac{n(n-1)}{2} t^2 \geq \frac{n(n-1)}{2} t^2,$$

这样就得到

$$0 < \sqrt[n]{n+1} - 1 = t \leq \sqrt{\frac{2(n+1)}{n(n-1)}} \leq \sqrt{\frac{4}{n-1}} \to 0, \quad n \to \infty,$$

再由夹逼原理立即得证.但这里要求用定义进行证明,即 $\forall \varepsilon > 0$,$\exists N = \left[\dfrac{4}{\varepsilon^2} \right] + 1$,当 $n > N$ 时,一定有 $\mid \sqrt[n]{n+1} - 1 \mid < \varepsilon$.

例1.7 设数列 $\{x_n\}$ 满足 $x_n - x_{n-2} \to 0 (n \to \infty)$,证明:$\lim\limits_{n \to \infty} \dfrac{x_n - x_{n-1}}{n} = 0$.

证明 首先由 $x_n - x_{n-2} \to 0 (n \to \infty)$,则 $\forall \varepsilon > 0$,$\exists N_1 \in \mathbf{N}^*$ 使得当 $n > N_1$ 时,有

$$\mid x_n - x_{n-2} \mid < \frac{\varepsilon}{2}.$$

再令 $y_n = | x_n - x_{n-1} |$，则

$$| y_n - y_{n-1} | = || x_n - x_{n-1} | - | x_{n-1} - x_{n-2} || \leqslant | x_n - x_{n-2} |,$$

这样

$$\left| \frac{x_n - x_{n-1}}{n} \right| = \left| \frac{y_n}{n} \right|$$

$$\leqslant \frac{| y_n - y_{n-1} | + | y_{n-1} - y_{n-2} | + \cdots + | y_{N_1+1} - y_{N_1} |}{n} + \frac{y_{N_1}}{n}$$

$$\leqslant \frac{| x_n - x_{n-2} | + | x_{n-1} - x_{n-3} | + \cdots + | x_{N_1+1} - x_{N_1-1} |}{n} + \frac{y_{N_1}}{n},$$

其中 y_{N_1} 是一个常数.因此，$\exists N_2 \in \mathbf{N}^*$ 使得当 $n > N_2$ 时，有 $\frac{y_{N_1}}{n} < \frac{\varepsilon}{2}$.

综上，取 $N = \max\{N_1, N_2\}$，当 $n > N$ 时，有

$$\left| \frac{x_n - x_{n-1}}{n} \right| < \frac{n - N_1}{n} \frac{\varepsilon}{2} + \frac{\varepsilon}{2} < \varepsilon.$$

例 1.8　证明：$\lim\limits_{n \to \infty} \sin n$ 不存在.

证明　用反证法.如果 $\lim\limits_{n \to \infty} \sin n$ 存在，设其为 a，则 $\lim\limits_{n \to \infty} \sin(n + 2) = a$，这样

$$\lim_{n \to \infty} [\sin(n + 2) - \sin n] = 2 \lim_{n \to \infty} [\sin 1 \cos(n + 1)] = 0,$$

即 $\lim\limits_{n \to \infty} \cos(n + 1) = \lim\limits_{n \to \infty} \cos n = 0.$于是

$$\lim_{n \to \infty} \sin 2n = 2 \lim_{n \to \infty} \sin n \cos n = 0, \quad \lim_{n \to \infty} \cos 2n = 0,$$

这显然与 $\sin^2 2n + \cos^2 2n = 1$ 矛盾.

例 1.9　求 $\lim\limits_{n \to \infty} \int_0^{\frac{\pi}{2}} \sin^n x \, dx$.

解　记 $x_n = \int_0^{\frac{\pi}{2}} \sin^n x \, dx$，因 $0 \leqslant x_{n+1} \leqslant x_n$，故 $\lim\limits_{n \to \infty} x_n$ 存在.设 $\varepsilon \in (0, 1)$，根据积分第一中值定理，$\exists \xi_n \in \left(0, \frac{\pi}{2} - \varepsilon\right)$ 使得

$$\int_0^{\frac{\pi}{2} - \varepsilon} \sin^n x \, dx = (\sin \xi_n)^n \left(\frac{\pi}{2} - \varepsilon\right).$$

再令 $q = \sin\left(\frac{\pi}{2} - \varepsilon\right)$，则 $0 < q < 1$.于是有

$$x_n = \int_0^{\frac{\pi}{2}-\varepsilon} \sin^n x \, \mathrm{d}x + \int_{\frac{\pi}{2}-\varepsilon}^{\frac{\pi}{2}} \sin^n x \, \mathrm{d}x$$

$$\leqslant (\sin\xi_n)^n \left(\frac{\pi}{2}-\varepsilon\right) + \varepsilon \leqslant q^n \left(\frac{\pi}{2}-\varepsilon\right) + \varepsilon,$$

由此知 $\lim\limits_{n\to\infty} x_n \leqslant \varepsilon$. 再由 ε 的任意性可得 $\lim\limits_{n\to\infty} x_n = 0$.

注 这里数列 $\{x_n\}$ 一般项表达式中含有积分项,我们采用了积分第一中值定理来去除积分号.除此以外,还要搞清楚为什么要把积分区间分成两部分.

接下来,我们举一些利用柯西收敛准则验证数列极限的典型例子.

例 1.10 证明:数列 $a_n = 1 + \dfrac{\sin 2}{2^2} + \dfrac{\sin 3}{2^3} + \cdots + \dfrac{\sin n}{2^n}$ 收敛.

证明 对任意正整数 p,考察表达式

$$|a_{n+p}-a_n| = \left|\frac{\sin(n+1)}{2^{n+1}} + \frac{\sin(n+2)}{2^{n+2}} + \cdots + \frac{\sin(n+p)}{2^{n+p}}\right|$$

$$\leqslant \frac{1}{2^{n+1}} + \frac{1}{2^{n+2}} + \cdots + \frac{1}{2^{n+p}} = \frac{1}{2^{n+1}} \cdot \frac{1-\dfrac{1}{2^p}}{1-\dfrac{1}{2}}$$

$$< \frac{1}{2^n} < \frac{1}{n},$$

故 $\forall \varepsilon > 0$, $\exists N = \left[\dfrac{1}{\varepsilon}\right] + 1$,对任意的 $n > N$ 及 $p \in \mathbf{N}^*$,由以上不等式知

$$|a_{n+p}-a_n| < \frac{1}{n} < \varepsilon,$$

故 $\{a_n\}$ 收敛.

例 1.11 已知数列 $\{x_n\}$ 满足 $|x_{n+1}-x_n| \leqslant \dfrac{1}{3}|x_n-x_{n-1}|$ $(n \geqslant 2)$,证明:极限 $\lim\limits_{n\to\infty} x_n$ 存在.

证明 由条件知道 $|x_{n+1}-x_n| \leqslant \dfrac{1}{3^{n-1}}|x_2-x_1|$,可得

$$|x_{n+p}-x_n| \leqslant \sum_{k=1}^{p}|x_{n+k}-x_{n+k-1}| \leqslant \sum_{k=1}^{p}\frac{1}{3^{n+k-2}}|x_2-x_1|$$

$$= \frac{1}{3^{n-2}}\frac{|x_2-x_1|}{2}\left(1-\frac{1}{3^p}\right)$$

$$\leqslant \frac{1}{3^{n-2}}|x_2-x_1|.$$

因此，$\forall \varepsilon > 0, \exists N = \left[\log_3 \dfrac{|x_2 - x_1|}{\varepsilon} \right] + 3$，当 $n > N$ 时，对任意的正整数 p，由上面的不等式知 $|x_{n+p} - x_n| < \varepsilon$. 故 $\{x_n\}$ 收敛.

注　本题是一道典型的用柯西收敛准则证明的极限类型. 它也可以用压缩映像原理，这点后面再讨论.

例 1.12　证明：极限 $\lim\limits_{n \to \infty} \cos n$ 不存在.

证明　由柯西收敛准则，只要证明 $\exists \varepsilon_0 > 0, \forall N \in \mathbf{N}^*, \exists n_0, m_0 > N$，使得

$$|\cos n_0 - \cos m_0| \geqslant \varepsilon_0.$$

现取 $\varepsilon_0 = 1, \forall N > 0$，令 $n_0 = \left[2N\pi + \dfrac{5}{4}\pi \right], m_0 = \left[2N\pi + \dfrac{9}{4}\pi \right]$，则 $m_0 > n_0 > N$，且

$$2N\pi + \frac{3}{4}\pi < n_0 < 2N\pi + \frac{5}{4}\pi, \quad 2N\pi + \frac{7}{4}\pi < m_0 < 2N\pi + \frac{9}{4}\pi.$$

此时

$$|\cos n_0 - \cos m_0| \geqslant \sqrt{2} > 1 = \varepsilon_0.$$

下面我们再举一些结合取对数法求数列极限的典型例子.

例 1.13　求 $\lim\limits_{n \to \infty} (n!)^{\frac{1}{n^2}}$.

解　记 $x_n = (n!)^{\frac{1}{n^2}}$，则 $\ln x_n = \dfrac{\ln 1 + \ln 2 + \cdots + \ln n}{n^2}$，所以

$$\lim_{n \to \infty} \ln x_n = \frac{\ln 1 + \ln 2 + \cdots + \ln n}{n^2} \xlongequal{\text{Stolz}} \lim_{n \to \infty} \frac{\ln n}{n^2 - (n-1)^2} = \lim_{n \to \infty} \frac{\ln n}{2n - 1} = 0,$$

则 $\lim\limits_{n \to \infty} (n!)^{\frac{1}{n^2}} = 1$.

注　本题数列 $\{x_n\}$ 的一般项表达式是幂指形式并含有 $n!$，此时采用取对数法并结合离散的洛必达法则（Stolz 公式）是求解的关键.

例 1.14　求解下列数列极限：

(1) $\lim\limits_{n \to \infty} \prod\limits_{i=1}^{n} \left(1 + \dfrac{2i-1}{n^2} a^2 \right)$；　　　　　　(2) $\lim\limits_{n \to \infty} \prod\limits_{i=1}^{n} \cos \dfrac{\sqrt{2i-1}}{n} a^2$.

解　(1) 取对数得到

$$\lim_{n \to \infty} \sum_{i=1}^{n} \ln \left(1 + \frac{2i-1}{n^2} a^2 \right) = \lim_{n \to \infty} \sum_{i=1}^{n} \frac{2i-1}{n^2} a^2 = \lim_{n \to \infty} \frac{a^2}{n^2} \sum_{i=1}^{n} (2i-1) = a^2,$$

所以原极限为 e^{a^2}.

（2）取对数得到

$$\lim_{n\to\infty}\sum_{i=1}^{n}\operatorname{lncos}\frac{\sqrt{2i-1}}{n}a^2=\lim_{n\to\infty}\sum_{i=1}^{n}\ln\Big(1-\Big(1-\cos\frac{\sqrt{2i-1}}{n}a^2\Big)\Big)$$

$$=\lim_{n\to\infty}\sum_{i=1}^{n}\ln\Big(1-2\sin^2\frac{\sqrt{2i-1}}{2n}a^2\Big)$$

$$=\lim_{n\to\infty}\sum_{i=1}^{n}\Big(-2\sin^2\frac{\sqrt{2i-1}}{2n}a^2\Big)$$

$$=\lim_{n\to\infty}\frac{-1}{2}\sum_{i=1}^{n}\frac{2i-1}{n^2}a^4=-\frac{1}{2}a^4,$$

这样原极限就为 $\mathrm{e}^{-\frac{1}{2}a^4}$.

接下来我们举一些利用用迫敛性原则（夹逼原理）求数列极限的典型例子.迫敛性原则是一种简单但又非常重要的求极限的方法,经常用来求数列、函数的极限,并且在多元函数的极限求解里也扮演着重要的角色.即当数列极限不易直接求出时,可将所求的极限适当放大和缩小,使得放大、缩小后所得到的两个新的数列的极限更容易求出,并且有相同的极限,或者只相差一个无穷小量,则原极限就存在了.各种考试中迫敛性原则都是一个重要考点,大家一定要熟练掌握此方法.

需要指出的是,放大或缩小依赖于数列通项的性质,同时一些常用不等式的使用也是重要的.下面我们首先罗列几个常用的不等式,然后举例说明.

（1）均值不等式

$$\frac{n}{\frac{1}{x_1}+\cdots+\frac{1}{x_n}}\leqslant\sqrt[n]{x_1x_2\cdots x_n}\leqslant\frac{x_1+x_2+\cdots+x_n}{n}\leqslant\sqrt{\frac{x_1^2+\cdots+x_n^2}{n}},$$

其中 $x_1,x_2,\cdots x_n$ 均为正数.

（2）Hölder 不等式

$$\sum_{i=1}^{n}a_ib_i\leqslant\Big(\sum_{i=1}^{n}a_i^p\Big)^{\frac{1}{p}}\Big(\sum_{i=1}^{n}b_i^q\Big)^{\frac{1}{q}},$$

其中 $a_i,b_i>0(i=1,2,\cdots,n),p>0,q>0$ 且满足 $\frac{1}{p}+\frac{1}{q}=1$.当 $p=q=2$ 时,上述不等式即为柯西不等式,此时 $a_i,b_i\in\mathbf{R}(i=1,2,\cdots,n)$.

（3）Minkowski 不等式

$$\Big(\sum_{i=1}^{n}(a_i+b_i)^r\Big)^{\frac{1}{r}}\leqslant\Big(\sum_{i=1}^{n}a_i^r\Big)^{\frac{1}{r}}+\Big(\sum_{i=1}^{n}b_i^r\Big)^{\frac{1}{r}},\quad r\geqslant1,$$

$$\Big(\sum_{i=1}^{n}(a_i+b_i)^r\Big)^{\frac{1}{r}} \geqslant \Big(\sum_{i=1}^{n}a_i^r\Big)^{\frac{1}{r}} + \Big(\sum_{i=1}^{n}b_i^r\Big)^{\frac{1}{r}}, \quad r<1,$$

其中 $a_i, b_i > 0 (i=1,2,\cdots,n)$.

（4）伯努利不等式

$$(1+x)^n \geqslant 1+nx, \quad x > -1.$$

（5）关于对数的一个不等式

$$\frac{1}{1+n} \leqslant \ln\Big(1+\frac{1}{n}\Big) \leqslant \frac{1}{n}, \quad \forall n \in \mathbf{N}^*.$$

例 1.15　求极限 $\lim\limits_{n\to\infty}x_n$，其中 $x_n = \dfrac{1^2}{\sqrt{n^6+n}} + \dfrac{2^2}{\sqrt{n^6+2n}} + \cdots + \dfrac{n^2}{\sqrt{n^6+n^2}}$.

解　注意到

$$x_n = \frac{1^2}{\sqrt{n^6+n}} + \frac{2^2}{\sqrt{n^6+2n}} + \cdots + \frac{n^2}{\sqrt{n^6+n^2}}$$

$$\leqslant \frac{1+2^2+\cdots+n^2}{n^3} = \frac{n(n+1)(2n+1)}{6n^3} \to \frac{1}{3} \quad (n\to\infty),$$

$$x_n = \frac{1^2}{\sqrt{n^6+n}} + \frac{2^2}{\sqrt{n^6+2n}} + \cdots + \frac{n^2}{\sqrt{n^6+n^2}}$$

$$\geqslant \frac{1+2^2+\cdots+n^2}{\sqrt{n^6+n^2}} = \frac{n(n+1)(2n+1)}{6\sqrt{n^6+n^2}} \to \frac{1}{3} \quad (n\to\infty),$$

由迫敛性原则得到原极限为 $\dfrac{1}{3}$.

例 1.16　求极限 $\lim\limits_{n\to\infty}\dfrac{1\cdot3\cdot5\cdot\cdots\cdot(2n-1)}{2\cdot4\cdot6\cdot\cdots\cdot(2n)}$.

解法 1　由均值不等式得到

$$2 = \frac{1+3}{2} > \sqrt{1\cdot3}, \quad 4 = \frac{3+5}{2} > \sqrt{3\cdot5}, \quad \cdots,$$

$$2n = \frac{(2n-1)+(2n+1)}{2} > \sqrt{(2n-1)\cdot(2n+1)},$$

将这些不等式代入数列通项得到

$$0 < a_n = \frac{1\cdot3\cdot5\cdot\cdots\cdot(2n-1)}{2\cdot4\cdot6\cdot\cdots\cdot(2n)} < \frac{1}{\sqrt{2n+1}},$$

最后由迫敛性原则立即知原极限为 0.

解法 2 注意到

$$\frac{1}{2} < \frac{2}{3}, \quad \frac{3}{4} < \frac{4}{5}, \quad \cdots, \quad \frac{2n-1}{2n} < \frac{2n}{2n+1},$$

再令 $b_n = \dfrac{2 \cdot 4 \cdot \cdots \cdot (2n)}{3 \cdot 5 \cdot \cdots \cdot (2n+1)}$，则由上面的不等式得到

$$a_n < b_n, \quad a_n b_n = \frac{1}{2n+1},$$

因而

$$0 < a_n^2 < a_n b_n = \frac{1}{2n+1},$$

于是同样得到

$$0 < a_n < \frac{1}{\sqrt{2n+1}}.$$

注 这里还可以想到 Wallis 公式：$\dfrac{\pi}{2} = \lim\limits_{n \to \infty} \left(\dfrac{(2n)!!}{(2n-1)!!} \right)^2 \dfrac{1}{2n+1}$，利用这个公式也可以将极限求解出来（留给读者练习）.

例 1.17 求极限 $\lim\limits_{n \to \infty} \sqrt[n]{\dfrac{1 \cdot 3 \cdot 5 \cdot \cdots \cdot (2n-1)}{2 \cdot 4 \cdot 6 \cdot \cdots \cdot (2n)}}$.

解 根据上例可得 $\sqrt[n]{a_n} < \dfrac{1}{\sqrt[2n]{2n+1}}$，又注意到

$$a_n = \frac{3 \cdot 5 \cdot \cdots \cdot (2n-1)}{2 \cdot 4 \cdot 6 \cdot \cdots \cdot (2n)} = \frac{3}{2} \frac{5}{4} \cdots \frac{2n-1}{2n-2} \frac{1}{2n} > \frac{1}{2n},$$

因而得到

$$\frac{1}{\sqrt[n]{2n}} < \sqrt[n]{a_n} < \frac{1}{\sqrt[2n]{2n+1}},$$

由迫敛性原则即得

$$\lim_{n \to \infty} \sqrt[n]{\frac{1 \cdot 3 \cdot 5 \cdot \cdots \cdot (2n-1)}{2 \cdot 4 \cdot 6 \cdot \cdots \cdot (2n)}} = 1.$$

例 1.18（电子科技大学 2001 年） 设 $a_1, a_2, \cdots, a_m$ 是 m 个正数，证明：

$$\lim_{n \to \infty} \sqrt[n]{a_1^n + a_2^n + \cdots + a_m^n} = \max\{a_1, a_2, \cdots, a_m\}.$$

证明　令 $\max\{a_1, a_2, \cdots, a_m\} = a_k$，则

$$a_k = \sqrt[n]{a_k^n} \leqslant \sqrt[n]{a_1^n + a_2^n + \cdots + a_m^n} \leqslant \sqrt[n]{m a_k^n} = \sqrt[n]{m} \, a_k,$$

易知 $\lim\limits_{n \to \infty} \sqrt[n]{m} = 1$，从而由迫敛性原则立得结果.

例 1.19　求极限 $\lim\limits_{n \to \infty} (n!)^{n^{-2}}$.

解　因为 $1 < (n!)^{n^{-2}} \leqslant (n^n)^{n^{-2}} = \sqrt[n]{n} \to 1 (n \to \infty)$，所以原极限为 1.

注　使用迫敛性原则时，不等式的运用很重要，而极限定义也会产生不等式，这点不要忽略了.注意下面几个常用不等式：当 n 充分大，$a > 1$，$k > 0$ 时，成立

$$\ln n < n^k < a^n < n! < n^n.$$

例 1.20　设 $\lim\limits_{n \to \infty} a_n = a > 0$，证明：$\lim\limits_{n \to \infty} \sqrt[n]{a_n} = 1$.

证明　由 $\lim\limits_{n \to \infty} a_n = a > 0$ 及极限的保号性，存在 $N \in \mathbf{N}^*$ 使得当 $n > N$ 时，成立 $\dfrac{1}{2} a < a_n < \dfrac{3}{2} a$，从而当 $n > N$ 时，有

$$\sqrt[n]{\frac{1}{2} a} < \sqrt[n]{a_n} < \sqrt[n]{\frac{3}{2} a},$$

再由迫敛性原则即得原极限为 1.

注　这个极限用取对数的方法求解也很方便.

还有一些与函数相结合的数列极限问题，如下例.

例 1.21　设函数 $f(x) > 0$ 且在闭区间 $[0,1]$ 上连续，证明：极限

$$\lim_{n \to \infty} \sqrt[n]{\sum_{i=1}^{n} \left(f\left(\frac{i}{n}\right) \right)^n \frac{1}{n}} = \max_{0 \leqslant x \leqslant 1} f(x).$$

证明　由于函数 $f(x)$ 在闭区间 $[0,1]$ 上连续，所以 $f(x)$ 在 $[0,1]$ 上一定有最大值 $M = f(x_0)$，其中 $x_0 \in [0,1]$，这样就有

$$x_n = \sqrt[n]{\sum_{i=1}^{n} \left(f\left(\frac{i}{n}\right) \right)^n \frac{1}{n}} \leqslant \max_{0 \leqslant x \leqslant 1} f(x) = M.$$

又根据连续函数的性质可知，$\forall \varepsilon > 0$，$\exists \delta > 0$，使得当 $|x - x_0| < \delta$ 时，成立

$$M - \varepsilon < f(x) < M + \varepsilon.$$

注意到当 n 充分大时，$\dfrac{1}{n} < \delta$，现将 $[0,1]$ 进行 n 等分，则 x_0 必落在某个小区间内，

也就是存在 $i_0 > 0$ 使得 $\left| \dfrac{i_0}{n} - x_0 \right| < \dfrac{1}{n} < \delta$. 如此即得 $f\left(\dfrac{i_0}{n}\right) > M - \varepsilon$，于是得到

$$x_n \geqslant \sqrt[n]{\left(f\left(\dfrac{i_0}{n}\right)\right)^n \dfrac{1}{n}} > (M - \varepsilon) \dfrac{1}{\sqrt[n]{n}},$$

即 $\lim\limits_{n \to \infty} x_n \geqslant M - \varepsilon$. 最后由 ε 的任意性，得到原极限为 M.

注 这里用到了迫敛性原则的推广形式，也就是放大、缩小后的数列极限虽然不一样，但只是相差一个无穷小量，因此结论仍然成立.

数列的单调有界原理是说一个数列如果单调有界，则此数列一定收敛. 具体地说，要验证一个数列是否收敛，如果数列单调上升，只要说明其有上界；如果数列单调下降，只要说明其有下界. 通常先要根据所给数列的特点估计其上下界，然后结合数学归纳法和作差、作商等方法证明其单调性和有界性(注意有界性在证明单调性时的运用)，最后通过数列对应的等式求极限并舍去不符合条件的值，就可以得到数列的极限了. 单调有界原理往往用来处理一些递推数列的极限问题.

例 1.22 设 $a > 0, x_1 > 0, x_{n+1} = \dfrac{1}{2}\left(x_n + \dfrac{a}{x_n}\right), n = 1, 2, \cdots$.

(1) 证明极限 $\lim\limits_{n \to \infty} x_n$ 存在并求其值；

(2) 证明级数 $\sum\limits_{n=1}^{\infty} \left(\dfrac{x_n}{x_{n+1}} - 1\right)$ 收敛.

解 (1) 易见 $x_{n+1} \geqslant \sqrt{a}, n = 1, 2, \cdots$，即数列有下界. 又因为

$$x_{n+1} - x_n = \dfrac{1}{2}\left(x_n + \dfrac{a}{x_n}\right) - x_n = \dfrac{a - x_n^2}{2x_n} \leqslant 0, \quad n \geqslant 2,$$

即数列是单调递减的. 因此，由单调有界原理知 $\lim\limits_{n \to \infty} x_n$ 存在.

设 $\lim\limits_{n \to \infty} x_n = \alpha$，对递推公式两边分别取极限得到

$$\alpha = \dfrac{1}{2}\left(\alpha + \dfrac{a}{\alpha}\right),$$

解之得 $\alpha = \sqrt{a}$ 或者 $\alpha = -\sqrt{a}$，而由极限的保序性知 $\alpha \geqslant \sqrt{a}$，所以 $\lim\limits_{n \to \infty} x_n = \sqrt{a}$.

(2) 首先由(1)知此级数是正项级数，且 $x_n \geqslant \sqrt{a}$，于是有

$$0 \leqslant \dfrac{x_n}{x_{n+1}} - 1 = \dfrac{x_n - x_{n+1}}{x_{n+1}} \leqslant \dfrac{1}{\sqrt{a}}(x_n - x_{n+1}),$$

这样得到级数前 n 项的和的估计

$$S_n = \sum_{k=1}^{n} \left(\frac{x_k}{x_{k+1}} - 1 \right) \leqslant \sum_{k=1}^{n} \frac{1}{\sqrt{a}} (x_n - x_{n+1}) \leqslant \frac{1}{\sqrt{a}} x_1,$$

也就是正项级数的部分和有界,所以级数收敛.

注　请读者考虑一下:若级数改成 $\sum_{n=1}^{\infty} \left(\frac{x_{n+1}}{x_n} - 1 \right)$,是否仍然收敛? 递推公式中的系数很重要,要是稍作改动,数列的收敛性可能就变了.

例 1.23(中国科学院 2002 年)　设 $x_1 = 1, x_{n+1} = x_n + \frac{1}{x_n}, n = 1, 2, \cdots$,证明:

$$\lim_{n \to \infty} x_n = +\infty, \quad \sum_{n=1}^{\infty} \frac{1}{x_n} = +\infty.$$

证明　由条件知 $x_n > 0$,从而 $\{x_n\}$ 单调递增,且 $x_n \geqslant 1, n \in \mathbf{N}^*$.若数列 $\{x_n\}$ 有界,则由单调有界原理知其极限存在.可设 $\lim_{n \to \infty} x_n = l$,再对递推公式两边取极限得到 $l = l + \frac{1}{l}$.显然该式无解,所以 $\{x_n\}$ 无界,又 $\{x_n\}$ 递增,因而 $\lim_{n \to \infty} x_n = +\infty$.

由递推公式得到 $x_{n+1} - x_n = \frac{1}{x_n}, n = 1, 2, \cdots$,由此得到 $\sum_{n=1}^{\infty} \frac{1}{x_n}$ 的前 n 项和为

$$S_n = \sum_{k=1}^{n} \frac{1}{x_k} = (x_2 - x_1) + (x_3 - x_2) + \cdots + (x_{n+1} - x_n)$$
$$= x_{n+1} - x_1 \to +\infty, \quad n \to \infty.$$

注　这个例子同时也说明在使用单调有界原理时还可以使用反证法.

例 1.24　设 $x_1 = 1, x_{n+1} = \frac{1 + 2x_n}{1 + x_n} (n = 1, 2, \cdots)$,证明 $\{x_n\}$ 收敛,并求 $\lim_{n \to \infty} x_n$.

解　由条件可得 $x_n > 0$ 且 $0 < x_{n+1} = \frac{1 + 2x_n}{1 + x_n} < 2 (n = 1, 2, \cdots)$,即数列 $\{x_n\}$ 有界.又

$$0 < x_2 = \frac{1 + 2x_1}{1 + x_1} = \frac{3}{2},$$

于是 $x_2 > x_1$.现在假设 $x_n > x_{n-1}$,则有

$$x_{n+1} - x_n = \frac{1 + 2x_n}{1 + x_n} - \frac{1 + 2x_{n-1}}{1 + x_{n-1}} = \frac{x_n - x_{n-1}}{(1 + x_n)(1 + x_{n-1})} > 0.$$

由归纳法可知 $\{x_n\}$ 单调递增,再由单调有界原理知 $\{x_n\}$ 收敛.

设 $\lim_{n \to \infty} x_n = l$,对递推公式两边取极限得到 $l = \frac{1 + 2l}{1 + l}$,解之得

$$l = \frac{1+\sqrt{5}}{2} \quad 或 \quad l = \frac{1-\sqrt{5}}{2}(舍去),$$

最后得到 $\lim\limits_{n\to\infty} x_n = \frac{1+\sqrt{5}}{2}$.

例 1.25 设 a_1, b_1 是两个正数,且 $a_1 \leqslant b_1$.令

$$a_{n+1} = \frac{2a_n b_n}{a_n + b_n}, \quad b_{n+1} = \sqrt{a_n b_n}, \quad n \geqslant 1.$$

证明:数列 $\{a_n\}, \{b_n\}$ 均收敛且有相同的极限.

证明 首先易知 $\{a_n\}, \{b_n\}$ 都是正项数列,而且

$$a_{n+1} = \frac{2a_n b_n}{a_n + b_n} \leqslant \frac{2a_n b_n}{2\sqrt{a_n b_n}} = \sqrt{a_n b_n} = b_{n+1}, \quad \forall n \geqslant 1,$$

因此 $b_{n+1} = \sqrt{a_n b_n} \leqslant \sqrt{b_n^2} = b_n$,即 $\{b_n\}$ 单调递减.又

$$a_{n+1} - a_n = \frac{2a_n b_n}{a_n + b_n} - a_n = \frac{a_n(b_n - a_n)}{a_n + b_n} \geqslant 0,$$

即 $\{a_n\}$ 单调递增.从而 $\{b_n\}$ 有下界 a_1,$\{a_n\}$ 有上界 b_1,再由单调有界原理知两个数列均收敛.

现假设 $\lim\limits_{n\to\infty} a_n = a$,$\lim\limits_{n\to\infty} b_n = b$,则对等式 $b_{n+1} = \sqrt{a_n b_n}$ 两边取极限得到 $b = \sqrt{ab}$.再由 $a_1, b_1 > 0$ 知 $a, b > 0$,所以由 $b = \sqrt{ab}$ 得到 $b = a$.

例 1.26 设正项级数 $\sum\limits_{n=1}^{\infty} a_n$ 收敛,数列 $\{y_n\}$ 中 $y_1 = 1$,且

$$2y_{n+1} = y_n + \sqrt{y_n^2 + a_n}, \quad n \geqslant 1.$$

证明:数列 $\{y_n\}$ 收敛.

证明 由 $a_n > 0$ 得到 $2y_{n+1} - 2y_n = \sqrt{y_n^2 + a_n} - y_n > 0$,所以 $\{y_n\}$ 是单调递增的.由 $y_1 = 1$ 及 $\{y_n\}$ 递增可证 $y_n \geqslant 1$.事实上,由

$$2y_2 = y_1 + \sqrt{y_1^2 + a_1} = 1 + \sqrt{1 + a_1} > 2,$$

可得 $y_2 > 1$.假设 $y_k \geqslant 1$,则

$$2y_{k+1} = y_k + \sqrt{y_k^2 + a_k} \geqslant 1 + \sqrt{1 + a_k} > 2,$$

即 $y_{k+1} > 1$.由数学归纳法得到 $y_n \geqslant 1$.

再由递推公式得到 $2y_{n+1} - y_n = \sqrt{y_n^2 + a_n}$,两边平方并化简得到

$$4y_{n+1}^2 - 4y_{n+1}y_n = a_n,$$

又 $\{y_n\}$ 递增且 $y_n \geqslant 1$，则

$$0 \leqslant y_{n+1} - y_n = \frac{a_n}{4y_{n+1}} \leqslant a_n,$$

从而得到

$$y_{n+1} = y_1 + \sum_{k=1}^{n}(y_{k+1} - y_k) \leqslant 1 + \sum_{k=1}^{n}a_k.$$

注意到 $\sum\limits_{n=1}^{\infty}a_n$ 收敛且是正项级数，所以其部分和有界，从而 $\{y_n\}$ 有上界.

最后由单调有界原理即得 $\{y_n\}$ 收敛.

例 1.27　证明：数列 $\{a_n\}$ 收敛，其中 $a_n = 1 + \frac{1}{2} + \frac{1}{3} + \cdots + \frac{1}{n} - \ln n$.

证明　首先由不等式 $\frac{1}{n+1} < \ln\left(1 + \frac{1}{n}\right) < \frac{1}{n}$ 可以证明

$$1 + \frac{1}{2} + \frac{1}{3} + \cdots + \frac{1}{n} > \ln(n+1),$$

从而

$$a_n = 1 + \frac{1}{2} + \frac{1}{3} + \cdots + \frac{1}{n} - \ln n > \ln(n+1) - \ln n > 0.$$

同时，由上面的不等式可得

$$a_{n+1} - a_n = \frac{1}{n+1} - \ln(n+1) + \ln n = \frac{1}{n+1} - \ln\left(1 + \frac{1}{n}\right) < 0.$$

以上说明数列 $\{a_n\}$ 单调递减有下界，所以收敛.

注　通常记数列 $\{a_n\}$ 的极限为 c，称为欧拉常数，即

$$c = \lim_{n \to \infty}\left(1 + \frac{1}{2} + \frac{1}{3} + \cdots + \frac{1}{n} - \ln n\right).$$

这里的 c 是一个重要的常数，结构复杂，而且现在也不知道其是有理数还是无理数. 有了这个常数，通常就可以把调和级数的部分和记为

$$1 + \frac{1}{2} + \frac{1}{3} + \cdots + \frac{1}{n} = \ln n + c + \alpha_n,$$

其中 α_n 是一个无穷小量. 利用这个等式很容易说明调和级数是发散的，还可以用它

来求一些收敛的交错项级数的和.

例 1.28 已知连续正函数 $f(x)$ 在 $[1,+\infty)$ 上单调减少,证明:数列

$$a_n = \sum_{k=1}^{n} f(k) - \int_1^n f(x)\mathrm{d}x$$

收敛.

证明 由题意及积分中值定理得到

$$a_{n+1} - a_n = f(n+1) - \int_n^{n+1} f(x)\mathrm{d}x$$
$$= f(n+1) - f(\xi) \leqslant 0, \quad \xi \in [n, n+1],$$

即 $\{a_n\}$ 单调递减.又由 $f(x)$ 的单调性,对任意的正整数 k,有

$$\int_k^{k+1} f(x)\mathrm{d}x \leqslant \int_k^{k+1} f(k)\mathrm{d}x = f(k),$$

从而

$$a_n = \sum_{k=1}^{n} f(k) - \sum_{k=1}^{n-1} \int_k^{k+1} f(x)\mathrm{d}x \geqslant \sum_{k=1}^{n} f(k) - \sum_{k=1}^{n-1} f(k) = f(n) > 0.$$

于是 $\{a_n\}$ 单调递减有下界,从而收敛.

注 本题有意思的地方在于,只要 $f(x)$ 满足条件,就可以得到很多收敛的数列.例如取 $f(x) = \dfrac{1}{x}$,就得到例 1.27 中的收敛数列.

如果取 $f(x) = \dfrac{1}{\sqrt{x}}$,就得到数列

$$a_n = 1 + \frac{1}{\sqrt{2}} + \frac{1}{\sqrt{3}} + \cdots + \frac{1}{\sqrt{n}} - 2\sqrt{n}$$

是收敛的.这种情况也可以用级数来进行判别,稍后我们给出一个例子.

例 1.29 设 $x_1 = \sqrt{b}$,$x_{n+1} = \sqrt{b + cx_n}$($\forall n \in \mathbf{N}^*$),其中 $b > 0, c > 0$.证明数列 $\{x_n\}$ 收敛,并求它的极限.

解 根据已知条件,可得 $x_2 = \sqrt{b + cx_1} > x_1$;再设 $x_k > x_{k-1}$,则

$$x_{k+1} = \sqrt{b + cx_k} > \sqrt{b + cx_{k-1}} = x_k.$$

按数学归纳法,$\forall n \in \mathbf{N}^*$ 有 $x_{n+1} > x_n$,因此 $\{x_n\}$ 是递增的.又由于 $x_{n+1}^2 = b + cx_n$ 及 $x_{n+1} \geqslant \sqrt{b}$,故

$$x_{n+1} = \frac{b}{x_{n+1}} + c \frac{x_n}{x_{n+1}} < \sqrt{b} + c,$$

这表明 $\{x_n\}$ 有上界.根据单调有界定理, $\{x_n\}$ 收敛.

设 $\lim\limits_{n \to \infty} x_n = a$.对递推公式 $x_{n+1} = \sqrt{b + cx_n}$,令 $n \to \infty$ 得 $a^2 = b + ca$.再由极限的保序性可知 $a \geqslant \sqrt{b}$,因此 $a = \dfrac{c + \sqrt{c^2 + 4b}}{2}$.

压缩映像原理是说对数列 $\{x_n\}$,若存在常数 $r \in (0,1)$ 与正整数 N,使得对任意的 $n > N$,成立

$$|x_{n+1} - x_n| \leqslant r |x_n - x_{n-1}|,$$

则 $\{x_n\}$ 收敛.对一些递推数列,除了用单调有界原理判别其收敛性外,压缩映像原理也是一个好的方法.特别地,如果 $f(x)$ 是一个可微函数, $x_{n+1} = f(x_n)$,此时只要 $|f'(x)| \leqslant r < 1$,则利用微分中值定理不难验证 $\{x_n\}$ 是一个压缩数列,从而收敛.

一定要注意 $r = 1$ 是不行的,这点可以从级数的角度解释一下.

事实上,由不等式

$$|x_{n+1} - x_n| \leqslant r |x_n - x_{n-1}|, \quad \varliminf_{n \to \infty} \frac{|x_{n+1} - x_n|}{|x_n - x_{n-1}|} \leqslant r < 1,$$

从而利用比式判别法可知正项级数 $\sum\limits_{n=1}^{\infty} |x_{n+1} - x_n|$ 收敛,于是 $\sum\limits_{n=1}^{\infty} (x_{n+1} - x_n)$ 也收敛,最后不难验证 $\{x_n\}$ 也收敛.当然也可以举个反例说明这个情况,比如 $x_n = 1 + \dfrac{1}{2} + \dfrac{1}{3} + \cdots + \dfrac{1}{n}$.刚才的解释也说明了这样一个问题,即我们可以利用级数收敛的必要性来说明级数通项也就是数列的收敛性.

例 1.30　设 $x_1 = 3, x_n = 3 + \dfrac{4}{x_{n-1}}, n = 2, 3, \cdots$,判断数列 $\{x_n\}$ 是否收敛.

解　由 $x_n = 3 + \dfrac{4}{x_{n-1}}$ 知 $x_n \geqslant 3$.记 $f(x) = 3 + \dfrac{4}{x}$,则 $f'(x) = -\dfrac{4}{x^2}$.于是

$$|x_{n+1} - x_n| = |f(x_n) - f(x_{n-1})| = \left| -\frac{4}{\xi^2} \right| |x_n - x_{n-1}|$$

$$\leqslant \frac{4}{9} |x_n - x_{n-1}|, \quad \xi \geqslant 3,$$

所以 $\{x_n\}$ 是压缩数列,从而 $\{x_n\}$ 收敛.

注　当数列 $\{x_n\}$ 的一般项表达式由递推关系确定给出时,我们通常有两种处理手段,即单调有界定理和压缩数列定理.本题中我们还引入了函数 $f(x)$,进一步

丰富了我们解决此类问题的方法.

例 1.31 设 $x_n = \sin 1 + \dfrac{\sin 2}{2^2} + \cdots + \dfrac{\sin n}{n^2}$，证明：$\{x_n\}$ 收敛.

证明 因为 $x_n = \displaystyle\sum_{k=1}^{n} \dfrac{\sin k}{k^2}$，而级数 $\displaystyle\sum_{k=1}^{\infty} \dfrac{\sin k}{k^2}$ 绝对收敛，所以部分和极限

$$\lim_{n\to\infty} S_n = \lim_{n\to\infty} x_n$$

存在，即 $\{x_n\}$ 收敛.

注 当数列 $\{x_n\}$ 的一般项表达式由 n 项和式给出时，可结合数项级数的知识来考虑.

例 1.32（天津大学 1999 年） 求极限 $\displaystyle\lim_{n\to\infty} \dfrac{5^n n!}{(2n)^n}$.

解 构造级数 $\displaystyle\sum_{n=1}^{\infty} u_n = \sum_{n=1}^{\infty} \dfrac{5^n n!}{(2n)^n}$，则

$$\frac{u_{n+1}}{u_n} = \frac{5^{n+1}(n+1)!}{(2(n+1))^{n+1}} \frac{(2n)^n}{5^n n!} = \frac{5}{2} \frac{1}{\left(1 + \dfrac{1}{n}\right)^n} \to \frac{5}{2e} < 1, \quad n \to \infty,$$

由正项级数的比式判别法可知级数收敛，从而通项趋于零，即原极限为零.

例 1.33 设 $a_n = 1 + \dfrac{1}{\sqrt{2}} + \dfrac{1}{\sqrt{3}} + \cdots + \dfrac{1}{\sqrt{n}} - 2\sqrt{n}$，证明：数列 $\{a_n\}$ 收敛.

证明 记 $a_0 = 0$，则 $a_n = \displaystyle\sum_{k=1}^{n} (a_k - a_{k-1})$. 注意到

$$a_k - a_{k-1} = \frac{1}{\sqrt{k}} - 2(\sqrt{k} - \sqrt{k-1}) = \frac{1}{\sqrt{k}} - \frac{2}{\sqrt{k} + \sqrt{k-1}}$$

$$= -\frac{1}{\sqrt{k}(\sqrt{k} + \sqrt{k-1})^2},$$

这是一个定号的级数并且收敛，从而原数列收敛.

接下来看一道综合一点的问题.

例 1.34（中山大学 2004 年） 求极限 $\displaystyle\lim_{x\to 0} \sum_{n=1}^{\infty} \dfrac{(-1)^n}{x^2 + \dfrac{2^n}{n(n+1)}}$.

解 限定 $x \in [-1, 1]$，则

$$\left| \frac{(-1)^n}{x^2 + \dfrac{2^n}{n(n+1)}} \right| \leqslant \frac{n(n+1)}{2^n},$$

又由比式判别法可知级数 $\sum\limits_{n=1}^{\infty} \dfrac{n(n+1)}{2^n}$ 收敛,所以原级数在 $x \in [-1,1]$ 上一致收敛,从而由级数和函数的性质得到

$$\lim_{x \to 0} \sum_{n=1}^{\infty} \frac{(-1)^n}{x^2 + \dfrac{2^n}{n(n+1)}} = \sum_{n=1}^{\infty} \lim_{x \to 0} \frac{(-1)^n}{x^2 + \dfrac{2^n}{n(n+1)}} = \sum_{n=1}^{\infty} \frac{(-1)^n n(n+1)}{2^n}.$$

现考察幂级数 $\sum\limits_{n=1}^{\infty} n(n+1) x^n$,容易求得其收敛域为 $(-1,1)$.记

$$S(x) = \sum_{n=1}^{\infty} n(n+1) x^n, \quad x \in (-1,1),$$

则由幂级数和函数的性质得到

$$S(x) = x \sum_{n=1}^{\infty} n(n+1) x^{n-1} = x \sum_{n=1}^{\infty} (x^{n+1})'' = x \left(\sum_{n=1}^{\infty} x^{n+1} \right)''$$

$$= x \left(\frac{x^2}{1-x} \right)'' = \frac{2x}{(1-x)^3},$$

再令 $x = -\dfrac{1}{2}$,即得原极限为 $-\dfrac{8}{27}$.

　　定积分也是计算数列极限的一个重要方法.定积分是有限和式当分割细度趋于 0 时的极限,并且从定积分的定义我们知道,当对区间进行等分时,区间分割细度趋于 0 和小区间个数 n 趋于无穷大是一样的.因此,对于一些有特殊结构的 n 项和或积形式的极限,可以考虑使用定积分进行求解.

例 1.35　求解下列数列的极限:

(1) $x_n = \dfrac{1^p + 2^p + \cdots + n^p}{n^{p+1}}$,其中 $p > 0$;

(2) $x_n = \dfrac{[1^\alpha + 3^\alpha + \cdots + (2n-1)^\alpha]^{\beta+1}}{[2^\beta + 4^\beta + \cdots + (2n)^\beta]^{\alpha+1}}$,其中 $\alpha, \beta \neq -1$;

(3) $x_n = \dfrac{\sin \dfrac{\pi}{n}}{n+1} + \dfrac{\sin \dfrac{2\pi}{n}}{n + \dfrac{1}{2}} + \cdots + \dfrac{\sin \pi}{n + \dfrac{1}{n}}$.

解　(1) $\lim\limits_{n \to \infty} x_n = \lim\limits_{n \to \infty} \dfrac{1^p + 2^p + \cdots + n^p}{n^{p+1}} = \lim\limits_{n \to \infty} \dfrac{1}{n} \sum\limits_{k=1}^{n} \left(\dfrac{i}{n} \right)^p$

$$= \int_0^1 x^p \, dx = \frac{1}{p+1}.$$

(2) 因为

$$x_n = \frac{\left\{\frac{2}{n}\left[\left(\frac{1}{n}\right)^\alpha + \left(\frac{3}{n}\right)^\alpha + \cdots + \left(\frac{2n-1}{n}\right)^\alpha\right]\right\}^{\beta+1}}{\left\{\frac{2}{n}\left[\left(\frac{2}{n}\right)^\beta + \left(\frac{4}{n}\right)^\beta + \cdots + \left(\frac{2n}{n}\right)^\beta\right]\right\}^{\alpha+1}} 2^{\alpha-\beta},$$

所以

$$\lim_{n\to\infty} x_n = 2^{\alpha-\beta} \frac{\left(\int_0^2 x^\alpha \, dx\right)^{\beta+1}}{\left(\int_0^2 x^\beta \, dx\right)^{\alpha+1}} = 2^{\alpha-\beta} \frac{(\beta+1)^{\alpha+1}}{(\alpha+1)^{\beta+1}}.$$

（3）首先注意到

$$\frac{\sin\frac{\pi}{n}}{n+1} + \frac{\sin\frac{2\pi}{n}}{n+1} + \cdots + \frac{\sin\pi}{n+1} \leqslant x_n \leqslant \frac{\sin\frac{\pi}{n}}{n+\frac{1}{n}} + \frac{\sin\frac{2\pi}{n}}{n+\frac{1}{n}} + \cdots + \frac{\sin\pi}{n+\frac{1}{n}},$$

又

$$\frac{\sin\frac{\pi}{n}}{n+1} + \frac{\sin\frac{2\pi}{n}}{n+1} + \cdots + \frac{\sin\pi}{n+1} = \frac{n}{n+1} \frac{1}{\pi} \sum_{k=1}^n \frac{\pi}{n} \sin\frac{k\pi}{n}$$

$$\to \frac{1}{\pi} \int_0^\pi \sin x \, dx = \frac{2}{\pi}, \quad n \to \infty,$$

及

$$\frac{\sin\frac{\pi}{n}}{n+\frac{1}{n}} + \frac{\sin\frac{2\pi}{n}}{n+\frac{1}{n}} + \cdots + \frac{\sin\pi}{n+\frac{1}{n}} = \frac{n^2}{n^2+1} \frac{1}{\pi} \sum_{k=1}^n \frac{\pi}{n} \sin\frac{k\pi}{n}$$

$$\to \frac{1}{\pi} \int_0^\pi \sin x \, dx = \frac{2}{\pi}, \quad n \to \infty,$$

所以由夹逼原理得到

$$\lim_{n\to\infty} x_n = \frac{1}{\pi} \int_0^\pi \sin x \, dx = \frac{2}{\pi}.$$

例 1.36　求极限 $\displaystyle\lim_{n\to\infty} \frac{\sqrt[n]{n!}}{n}$.

解　记 $x_n = \dfrac{\sqrt[n]{n!}}{n}$，则

$$\ln x_n = \frac{1}{n} \sum_{i=1}^{n} \ln \frac{i}{n} \to \int_0^1 \ln x \, \mathrm{d}x = -1, \quad n \to \infty,$$

于是 $\lim\limits_{n \to \infty} \dfrac{\sqrt[n]{n!}}{n} = \dfrac{1}{\mathrm{e}}$.

注　本题数列 $\{x_n\}$ 的通项取对数后用到了定积分的定义,同时还表明 $\sqrt[n]{n!}$ 是 n 的同阶无穷大量.

例 1.37(华中师范大学 2002 年)　求极限 $\lim\limits_{n \to \infty} \sqrt[n]{\dfrac{(n+1)(n+2)\cdots(n+n)}{n^n}}$.

解　对 x_n 取对数得到

$$\ln x_n = \frac{1}{n} \sum_{k=1}^{n} \ln\left(1 + \frac{k}{n}\right) \to \int_0^1 \ln(1+x)\,\mathrm{d}x = 2\ln 2 - 1, \quad n \to \infty,$$

所以原极限为 $\dfrac{4}{\mathrm{e}}$.

注　从上面这些例子可以看出,在使用定积分求解数列极限时,大多需要对数列通项进行适当的变形才能变成有限和的形式.其中取对数、利用不等式放缩是常用的方法,有的时候也可以结合使用无穷小量替换.

Stolz 定理在求一些分式形式尤其分子、分母都是和的形式的数列极限时往往比较有效,相比其他求解方法要方便简洁.比如求极限 $\lim\limits_{n \to \infty} \dfrac{a_1 + a_2 + \cdots + a_n}{n}$,如果不限定方法,使用 Stolz 定理要比使用定义简单得多.

例 1.38　求极限 $\lim\limits_{n \to \infty} \dfrac{1^p + 2^p + \cdots + n^p}{n^{p+1}}$,其中 p 是一个自然数.

解　注意到分母趋于无穷大,由 Stolz 定理得到

$$\begin{aligned}
\lim_{n \to \infty} \frac{1^p + 2^p + \cdots + n^p}{n^{p+1}} &= \lim_{n \to \infty} \frac{(n+1)^p}{(n+1)^{p+1} - n^{p+1}} \\
&= \lim_{n \to \infty} \frac{(n+1)^p}{(p+1)n^p + \dfrac{(p+1)p}{2}n^{p-1} + \cdots + 1} \\
&= \frac{1}{p+1}.
\end{aligned}$$

注　这个极限也可以使用定积分来求解,请大家把两种方法比较一下.

例 1.39　设 $x_1 \in (0,1)$,$x_{n+1} = x_n(1 - x_n)$,$n = 1, 2, \cdots$.证明:$\lim\limits_{n \to \infty} n x_n = 1$.

证明　由 $x_1 \in (0,1)$ 及递推公式容易得到 $x_n \in (0,1)$,再由递推公式得到

$$0 < \frac{x_{n+1}}{x_n} = 1 - x_n < 1, \quad n = 1, 2, \cdots,$$

也就是说数列 $\{x_n\}$ 单调递减且有下界,由单调有界原理可知该数列收敛,并由递推公式得到 $\lim\limits_{n \to \infty} x_n = 0$.进而可得 $\frac{1}{x_n}$ 严格单调上升且趋于无穷大,由 Stolz 定理即得

$$\lim_{n\to\infty} n x_n = \lim_{n\to\infty} \frac{n}{\frac{1}{x_n}} = \lim_{n\to\infty} \frac{1}{\frac{1}{x_{n+1}} - \frac{1}{x_n}} = \lim_{n\to\infty} \frac{x_{n+1} x_n}{x_n - x_{n+1}} = \lim_{n\to\infty} \frac{x_{n+1}}{x_n}$$

$$= \lim_{n\to\infty}(1 - x_n) = 1.$$

例 1.40 设级数 $\sum\limits_{n=1}^{\infty} a_n$ 收敛,又 $\{p_n\}$ 为严格递增的正项数列,且

$$p_n \to +\infty \quad (n \to \infty).$$

证明:$\lim\limits_{n\to\infty} \dfrac{p_1 a_1 + p_2 a_2 + \cdots + p_n a_n}{p_n} = 0.$

证明 令 $A_n = \sum\limits_{k=1}^{n} a_k$,由 $\sum\limits_{n=1}^{\infty} a_n$ 收敛可知 $A_n \to A(n \to \infty)$.注意到

$$a_1 = A_1, \quad a_n = A_n - A_{n-1}, \quad n = 2, 3, \cdots,$$

从而得到

$$\frac{p_1 a_1 + p_2 a_2 + \cdots + p_n a_n}{p_n} = \frac{p_1 A_1 + p_2(A_2 - A_1) + \cdots + p_n(A_n - A_{n-1})}{p_n}$$

$$= \frac{B_n}{p_n} + A_n,$$

其中 $B_n = (p_1 - p_2)A_1 + (p_2 - p_3)A_2 + \cdots + (p_{n-1} - p_n)A_{n-1}$.

再由 Stolz 定理得到

$$\lim_{n\to\infty} \frac{B_n}{p_n} = \lim_{n\to\infty} \frac{B_{n+1} - B_n}{p_{n+1} - p_n} = \lim_{n\to\infty} \frac{A_n(p_n - p_{n+1})}{p_{n+1} - p_n} = -A,$$

所以原极限为 $-A + A = 0$.

注 本例事实上用到了 Abel 变换,即

$$\sum_{k=1}^{n} a_k b_k = \sum_{k=1}^{n-1} A_k(b_k - b_{k+1}) + A_n b_n,$$

其中 $A_n = \sum\limits_{k=1}^{n} a_k$,且 $\{b_n\}$ 也是一个数列.这个变换对处理已知 n 项和的级数收敛问

题是比较有效的,比如在处理级数收敛的 A-D 判别法里用到了 Abel 变换.此例的一个特殊情况是取 $p_n = n$,此时极限为 $\lim\limits_{n \to \infty} \dfrac{a_1 + 2a_2 + \cdots + na_n}{n} = 0$.这很容易让我们想到用平均值定理,但实际上是用不了的.

前面我们列举了求数列极限的若干种方法.求数列极限的方法很多,我们也不可能面面俱到,一一列举,但是上面这些方法是常用和典型的,也是必须要掌握的.下面再举一些例子,请注意其中所使用的方法.

例 1.41 求极限 $\lim\limits_{n \to \infty} n^2 \left(\arctan \dfrac{a}{n} - \arctan \dfrac{a}{n+1} \right)$.

解 由微分中值定理可知存在 $\xi \in \left(\dfrac{a}{n}, \dfrac{a}{n+1} \right)$ 或 $\left(\dfrac{a}{n+1}, \dfrac{a}{n} \right)$,使得

$$n^2 \left(\arctan \frac{a}{n} - \arctan \frac{a}{n+1} \right) = n^2 \left(\frac{a}{n} - \frac{a}{n+1} \right) \frac{1}{1+\xi^2} \to a, \quad n \to \infty,$$

所以原极限为 a.

例 1.42 求下列数列的极限:

(1) $x_n = \cos \dfrac{x}{2} \cos \dfrac{x}{2^2} \cdots \cos \dfrac{x}{2^n}$,其中 $x \neq 0$;

(2) $x_n = \sum\limits_{k=1}^{n} \dfrac{1}{\sqrt{1^3 + 2^3 + \cdots + k^3}}$;

(3) $x_n = \sin^2 (\pi \sqrt{n^2 + n})$.

解 (1) 由 $x \neq 0$,当 n 充分大时,$\sin \dfrac{x}{2^n} \neq 0$,于是

$$x_n = \frac{\cos \dfrac{x}{2} \cos \dfrac{x}{2^2} \cdots \cos \dfrac{x}{2^n} 2^n \sin \dfrac{x}{2^n}}{2^n \sin \dfrac{x}{2^n}} = \frac{\sin x}{2^n \sin \dfrac{x}{2^n}} \to \frac{\sin x}{x}, \quad n \to \infty;$$

(2) 利用数学归纳法可证明 $1^3 + 2^3 + \cdots + n^3 = (1 + 2 + \cdots + n)^2$,所以

$$\sum_{k=1}^{n} \frac{1}{\sqrt{1^3 + 2^3 + \cdots + k^3}} = \sum_{k=1}^{n} \frac{1}{1 + 2 + \cdots + k} = \sum_{k=1}^{n} \frac{2}{k(k+1)}$$

$$= 2 \sum_{k=1}^{n} \left(\frac{1}{k} - \frac{1}{k+1} \right) = 2 \left(1 - \frac{1}{n+1} \right)$$

$$\to 2, \quad n \to \infty;$$

(3) 由三角恒等式,可得

$$x_n = \sin^2(\pi\sqrt{n^2+n}) = \sin^2(\pi\sqrt{n^2+n}-n\pi)$$

$$= \sin^2\frac{n\pi}{\sqrt{n^2+n}+n} \to \sin^2\frac{\pi}{2} = 1, \quad n \to \infty.$$

1.2　函数极限

1.2.1　内容提要与知识点解析

1) 函数极限的六种定义形式

(1) $\lim\limits_{x \to x_0} f(x) = A \Leftrightarrow \forall \varepsilon > 0, \exists \delta > 0,$ 当 $0 < |x - x_0| < \delta$ 时,有

$$|f(x) - A| < \varepsilon.$$

(2) $\lim\limits_{x \to x_0^+} f(x) = A \Leftrightarrow \forall \varepsilon > 0, \exists \delta > 0,$ 当 $0 < x - x_0 < \delta$ 时,有

$$|f(x) - A| < \varepsilon.$$

(3) $\lim\limits_{x \to x_0^-} f(x) = A \Leftrightarrow \forall \varepsilon > 0, \exists \delta > 0,$ 当 $-\delta < x - x_0 < 0$ 时,有

$$|f(x) - A| < \varepsilon.$$

(4) $\lim\limits_{x \to \infty} f(x) = A \Leftrightarrow \forall \varepsilon > 0, \exists M > 0,$ 当 $|x| > M$ 时,有 $|f(x) - A| < \varepsilon.$

(5) $\lim\limits_{x \to +\infty} f(x) = A \Leftrightarrow \forall \varepsilon > 0, \exists M > 0,$ 当 $x > M$ 时,有 $|f(x) - A| < \varepsilon.$

(6) $\lim\limits_{x \to -\infty} f(x) = A \Leftrightarrow \forall \varepsilon > 0, \exists M > 0,$ 当 $x < -M$ 时,有 $|f(x) - A| < \varepsilon.$

注　以 $x \to x_0$ 为例,定义中的 $\delta = \delta(\varepsilon)$ 依赖于 ε,但不是唯一的,如果先确定了一个 δ_1,那么任何比 δ_1 小的 δ 都是符合要求的.这六种函数极限定义形式需要牢牢掌握和理解,同时定义的每种否定形式也需要牢牢掌握和理解.以 $x \to x_0$ 为例,如果 $\exists \varepsilon_0 > 0, \forall \delta > 0, \exists x_1,$ 尽管 $0 < |x_1 - x_0| < \delta$,但是 $|f(x_1) - A| \geqslant \varepsilon_0$,则当 $x \to x_0$ 时函数 $f(x)$ 不以 A 为极限.

对分段函数 $f(x)$ 来说,在 $x \to x_0$ 时,应当考虑在该点的左右极限,一般的有

$$\lim\limits_{x \to x_0} f(x) = A \Leftrightarrow \lim\limits_{x \to x_0^+} f(x) = A = \lim\limits_{x \to x_0^-} f(x).$$

还有一点要指出的是,函数在某点是不是有极限和函数在此点是否有定义是没有关系的.要注意与函数在某点的连续性定义的区别.

2) 函数极限的性质(仅以 $x \to x_0$ 为例)

性质 1(唯一性)　若函数极限存在,则必是唯一的.

性质 2(局部有界性)　若函数 $f(x)$ 的极限存在,则存在 x_0 的某去心邻域,使

得 $f(x)$ 在其内有界.

性质 3（局部保号性）　若 $\lim\limits_{x \to x_0} f(x) = A > 0$，则对任意 $0 < r < A$，$\exists \delta > 0$，当 $x \in U^\circ(x_0, \delta)$ 时，有 $f(x) > r > 0$.

性质 4（不等式性质）　设 $\lim\limits_{x \to x_0} f(x) = A$，$\lim\limits_{x \to x_0} g(x) = B$.

（1）若存在 x_0 的某去心邻域 $U^\circ(x_0, \delta)$，使得对任意 $x \in U^\circ(x_0, \delta)$，有

$$f(x) \leqslant g(x), \quad \text{则} \quad A \leqslant B;$$

（2）若 $A < B$，则 $\exists \delta > 0$，当 $x \in U^\circ(x_0, \delta)$ 时，有 $f(x) < g(x)$.

性质 5（迫敛性）　若 $\lim\limits_{x \to x_0} f(x) = \lim\limits_{x \to x_0} g(x) = A$，且存在 x_0 的某去心邻域 $U^\circ(x_0, \delta)$，使得 $\forall x \in U^\circ(x_0, \delta)$，有 $f(x) \leqslant h(x) \leqslant g(x)$，则 $\lim\limits_{x \to x_0} h(x) = A$.

性质 6（柯西收敛准则）　设函数 $f(x)$ 在 x_0 的某去心邻域 $U^\circ(x_0, \delta')$ 内有定义，则极限 $\lim\limits_{x \to x_0} f(x)$ 存在的充分必要条件是：$\forall \varepsilon > 0$，$\exists 0 < \delta < \delta'$，使得 $\forall x', x'' \in U^\circ(x_0, \delta)$，有

$$| f(x') - f(x'') | < \varepsilon.$$

性质 7（海涅（Heine）定理）　设函数 $f(x)$ 在 x_0 的某去心邻域 $U^\circ(x_0, \delta)$ 内有定义，则极限 $\lim\limits_{x \to x_0} f(x)$ 存在的充分必要条件是：对任意满足条件

$$\lim_{n \to \infty} x_n = x_0, \quad x_n \in U^\circ(x_0, \delta) \quad (n = 1, 2, \cdots)$$

的数列 $\{x_n\}$，极限 $\lim\limits_{n \to \infty} f(x_n)$ 存在且相等.

注　海涅定理也称为归结原则，它是联系函数极限和数列极限的一个重要结论，利用该定理可以将数列极限归结为函数极限.反过来，在多数情况下，我们可以利用数列极限来说明函数极限的不存在性，并且有些情况下比使用柯西准则说明函数极限的不存在性要来得方便.

性质 8（单调有界定理）　若函数 $f(x)$ 是定义在 $U_+^\circ(x_0)$ 或 $(U_-^\circ(x_0))$ 内的单调有界函数，则极限 $\lim\limits_{x \to x_0^+} f(x)$（或 $\lim\limits_{x \to x_0^-} f(x)$）存在.

注　函数极限的单调有界原理可以看成数列极限的单调有界原理的连续化，但比数列情形要复杂一点.我们可以利用此结论来说明凸函数在内点处的左右导数的存在性，从而说明在内点上的连续性.

性质 9（极限的四则运算法则）　设 $\lim\limits_{x \to x_0} f(x) = A$，$\lim\limits_{x \to x_0} g(x) = B$，则函数 $f \pm g$，fg 以及 $\dfrac{f}{g}$（$B \neq 0$）在 $x \to x_0$ 时极限也存在，且

$$\lim_{x \to x_0} (f(x) \pm g(x)) = A \pm B, \quad \lim_{x \to x_0} (f(x) g(x)) = AB, \quad \lim_{x \to x_0} \frac{f(x)}{g(x)} = \frac{A}{B}.$$

注 函数极限的四则运算法则是计算函数极限的基本原则,但在使用时一定要注意验证结论的条件,否则会得到误的结论.

性质10(复合函数的极限) 设函数 $f(t)$ 在 $U^\circ(t_0)$ 内有定义,且 $\lim\limits_{t \to t_0} f(t) = A$,又 $t = g(x)$ 在 $U^\circ(x_0)$ 内有定义,当 $x \in U^\circ(x_0)$ 时,$g(x) \in U^\circ(t_0)$,且 $\lim\limits_{x \to x_0} g(x) = t_0$,则 $\lim\limits_{x \to x_0} f(g(x)) = A$.

性质11(Stolz 定理)

$\left(\dfrac{\infty}{\infty} \text{型}\right)$ 设函数 $f(x), g(x)$ 在 $[a, +\infty)$ 上有定义,满足:

(1) 存在正数 T,有 $g(x + T) > g(x), \forall x \geqslant a$;

(2) $f(x), g(x)$ 在 $[a, +\infty)$ 内闭有界,且 $g(x) \to +\infty (x \to +\infty)$,若

$$\lim_{x \to +\infty} \frac{f(x+T) - f(x)}{g(x+T) - g(x)} = \begin{cases} a, \\ +\infty, \\ -\infty, \end{cases} \quad \text{则} \quad \lim_{x \to +\infty} \frac{f(x)}{g(x)} = \begin{cases} a, \\ +\infty, \\ -\infty. \end{cases}$$

$\left(\dfrac{0}{0} \text{型}\right)$ 设函数 $f(x), g(x)$ 在 $[a, +\infty)$ 上有定义,满足:

(1) 存在正数 T,有 $0 < g(x + T) < g(x), \forall x \geqslant a$;

(2) $\lim\limits_{x \to +\infty} f(x) = \lim\limits_{x \to +\infty} g(x) = 0$,若

$$\lim_{x \to +\infty} \frac{f(x+T) - f(x)}{g(x+T) - g(x)} = \begin{cases} a, \\ +\infty, \\ -\infty, \end{cases} \quad \text{则} \quad \lim_{x \to +\infty} \frac{f(x)}{g(x)} = \begin{cases} a, \\ +\infty, \\ -\infty. \end{cases}$$

以上函数极限的性质也为我们提供了多种求解函数极限的方法.除此以外,常用的求解函数极限的方法还有洛必达法则(注意与 Stolz 定理的区别,Stolz 定理没有要求函数具有可导性)、Taylor 展开、变限积分以及上下极限的方法.同数列极限一样,在求解函数极限时,对函数做适当变形是很重要的,而基本初等变换、三角恒等式和诱导公式、等价无穷小量的替换、常用的函数不等式都是重要的工具.下面列出一些常用的函数极限和等价无穷小量.

3) 常用的等价无穷小量

当 $x \to 0$ 时,有

$$\sin x \sim x, \quad \tan x \sim x, \quad e^x - 1 \sim x, \quad 1 - \cos x \sim \frac{1}{2} x^2,$$

$$\ln(1+x) \sim x, \quad (1+x)^\alpha - 1 \sim \alpha x, \quad \arctan x \sim x, \quad \arcsin x \sim x.$$

4）常用函数极限

（1）两个重要极限

$$\lim_{x \to 0} \frac{\sin x}{x} = 1, \quad \lim_{x \to 0}(1+x)^{\frac{1}{x}} = e, \quad \lim_{x \to \infty}\left(1+\frac{1}{x}\right)^{x} = e;$$

（2）$\lim\limits_{x \to +\infty} \dfrac{x^{k}}{a^{x}} = 0 (a > 1)$；

（3）$\lim\limits_{x \to +\infty} \dfrac{\ln^{k} x}{x^{\alpha}} = 0 (\alpha > 0)$；

（4）$\lim\limits_{x \to 0^{+}} x^{\alpha} \ln^{k} x = 0 (\alpha > 0)$.

1.2.2　典型例题解析

首先，我们通过一些典型例题说明如何利用定义求解、证明函数极限.

例 1.43　用"$\varepsilon - \delta$"语言证明：$\lim\limits_{x \to 1} \dfrac{(x-2)(x-1)}{x-3} = 0$.

证明　限定 $|x-1| < 1$，则

$$\left| \frac{x-2}{x-3} \right| < \frac{|x-1|+1}{2-|x-1|} < 2,$$

所以，$\forall \varepsilon > 0, \exists \delta = \min\left\{ \dfrac{\varepsilon}{2}, 1 \right\}$，当 $0 < |x-1| < \delta$ 时，有

$$\left| \frac{(x-2)(x-1)}{x-3} - 0 \right| < 2|x-1| < \varepsilon.$$

由极限定义知 $\lim\limits_{x \to 1} \dfrac{(x-2)(x-1)}{x-3} = 0$.

注　比较能体现"$\varepsilon - \delta$"语言强大用处的是利用其来证明黎曼函数在任意点的极限，这个过程也体现出黎曼函数的本质.把这个过程搞清楚，我们也就能更好体会"$\varepsilon - \delta$"语言的功能以及如何使用这个语言来验证一些函数的极限.

例 1.44　黎曼函数定义为

$$R(x) = \begin{cases} \dfrac{1}{q}, & x = \dfrac{p}{q}\left(\dfrac{p}{q} \text{ 是既约分数}\right), \\ 0, & x \text{ 是}(0,1)\text{ 中的无理数或 } 0,1, \end{cases}$$

证明：对任意的 $x_0 \in (0,1)$，有 $\lim\limits_{x \to x_0} R(x) = 0$.

分析　从上面黎曼函数的定义可以看出，对任意的 $\varepsilon > 0$，要使得 $R(x) < \varepsilon$，

只要 $\frac{1}{q} < \varepsilon$，这样的 q 当然有无穷多个．但反过来，若 $\frac{1}{q} \geqslant \varepsilon$，那这样的 q 只有有限多个，如此我们就可以取相应的 δ 了．

证明 注意到对任意的 $\varepsilon > 0$ 满足 $\frac{1}{q} \geqslant \varepsilon$，也就是 $q \leqslant \frac{1}{\varepsilon}$ 的正整数 q 只有有限多个，从而真分数 $\frac{p}{q}$ 也只有有限多个．可以设这些真分数为 $x_1, x_2, \cdots, x_k$，于是对任意的 $x \in (0,1)$，只要 $x \neq x_1, x_2, \cdots, x_k$，就有 $R(x) < \varepsilon$．所以，若对 $x_0 \in (0,1)$ 且 $x_0 \neq x_1, x_2, \cdots, x_k$，就取

$$\delta = \min\{|x_1 - x_0|, |x_2 - x_0|, \cdots, |x_k - x_0|\},$$

则对任意的 $|x - x_0| < \delta$，就一定有 $R(x) < \varepsilon$．

如果对 $x_0 \in (0,1)$ 且 $x_0 = x_j (1 \leqslant j \leqslant k)$，就取

$$\delta = \min\{|x_1 - x_0|, |x_2 - x_0|, \cdots, |x_{j-1} - x_0|,$$
$$|x_{j+1} - x_0|, \cdots, |x_k - x_0|, x_0, 1 - x_0\},$$

则对任意的 $|x - x_0| < \delta$，就一定有 $R(x) < \varepsilon$．

等价无穷小量替换是求函数极限过程中常用的方法．我们要熟知常用的等价无穷小量和等价无穷小量替换的条件，一般来说，在乘除运算时等价无穷小量是可以任意替换的，但在和差运算时一般不能使用．

例 1.45 求 $\lim\limits_{x \to 0} \dfrac{\cos(\sin x) - \cos x}{\sin^4 x}$．

解 原式 $= \lim\limits_{x \to 0} \dfrac{2\sin\dfrac{x + \sin x}{2}\sin\dfrac{x - \sin x}{2}}{x^4} = \lim\limits_{x \to 0} \dfrac{2\dfrac{x + \sin x}{2} \cdot \dfrac{x - \sin x}{2}}{x^4}$

$$= \lim\limits_{x \to 0} \frac{1}{2}\left(1 + \frac{\sin x}{x}\right)\left(\frac{x - \sin x}{x^3}\right) = \lim\limits_{x \to 0} \frac{x - \sin x}{x^3}$$

$$= \lim\limits_{x \to 0} \frac{1 - \cos x}{3x^2} = \lim\limits_{x \to 0} \frac{x^2}{2 \cdot 3x^2} = \frac{1}{6}.$$

注 如果一开始直接使用洛必达法则会比较麻烦，这里结合等价无穷小量替换则简洁很多．

例 1.46（华中师范大学 2003 年） 设函数 $f(x)$ 在区间 $[-1,1]$ 上连续，试计算极限 $\lim\limits_{x \to 0} \dfrac{\sqrt[3]{1 + f(x)\sin x} - 1}{3^x - 1}$．

解 首先当 $x \to 0$ 时，有

$$\sqrt[3]{1+f(x)\sin x}-1\sim\frac{1}{3}f(x)\sin x,\quad 3^x-1\sim x\ln 3,$$

然后由 $f(x)$ 的连续性得到

$$\lim_{x\to 0}\frac{\sqrt[3]{1+f(x)\sin x}-1}{3^x-1}=\lim_{x\to 0}\frac{f(x)\sin x}{3x\ln 3}=\frac{f(0)}{3\ln 3}.$$

例 1.47　设 $\lim\limits_{x\to 0}\dfrac{f(x)}{x}=\alpha$，其中 α 为一个常数，求 $\lim\limits_{x\to 0}\dfrac{\sqrt[3]{8+f(x)}-2}{x}$.

解　首先由 $\lim\limits_{x\to 0}\dfrac{f(x)}{x}=\alpha$ 可知 $f(x)\to 0\,(x\to 0)$，于是当 $x\to 0$ 时，有

$$\sqrt[3]{8+f(x)}-2=2\left(\sqrt[3]{1+\frac{f(x)}{8}}-1\right)\sim\frac{f(x)}{12},$$

最后得到原极限为 $\lim\limits_{x\to 0}\dfrac{f(x)}{x}\dfrac{1}{12}=\dfrac{\alpha}{12}$.

洛必达法则是求函数形如 $\dfrac{0}{0}$，$\dfrac{*}{\infty}$ 不定式极限一个重要且有效的方法，而对于数列极限而言，通过海涅定理转换成函数极限也可以使用洛必达法则.在使用洛必达法则前一定要注意洛必达法则成立的条件，若盲目使用会造成错误.如果求导后极限不存在并不能说明原极限不存在，还有就是有些极限虽然可以使用洛必达法则，但洛必达法则可能不是最简便的，这时可以考虑用其他方法进行求解.通常结合等价无穷小替换使用洛必达法则往往会更加方便，同时也需要先对所求极限形式进行适当变形，如通分、取对数等等.

例 1.48　计算极限 $\lim\limits_{x\to 0}\dfrac{\displaystyle\int_0^x \mathrm{e}^t\cos t\,\mathrm{d}t-x-\dfrac{x^2}{2}}{(x-\tan x)(\sqrt{x+1}-1)}$.

解　原极限 $=\lim\limits_{x\to 0}\dfrac{\displaystyle\int_0^x \mathrm{e}^t\cos t\,\mathrm{d}t-x-\dfrac{x^2}{2}}{(x\cos x-\sin x)\dfrac{x}{2}}$

$$=2\lim_{x\to 0}\frac{\displaystyle\int_0^x \mathrm{e}^t\cos t\,\mathrm{d}t-x-\dfrac{x^2}{2}}{x^4}\lim_{x\to 0}\frac{x^3}{x\cos x-\sin x}$$

$$=2\lim_{x\to 0}\frac{\mathrm{e}^x\cos x-1-x}{4x^3}\lim_{x\to 0}\frac{3x^2}{-x\sin x}$$

$$=-\frac{3}{2}\lim_{x\to 0}\frac{\mathrm{e}^x\cos x-1-x}{x^3}=-\frac{3}{2}\lim_{x\to 0}\frac{\mathrm{e}^x\cos x-\mathrm{e}^x\sin x-1}{3x^2}$$

$$= -\frac{1}{2} \lim_{x \to 0} \frac{e^x \cos x - e^x \sin x - 1}{x^2}$$

$$= -\frac{1}{2} \lim_{x \to 0} \frac{e^x \cos x - e^x \sin x - e^x \sin x - e^x \cos x}{2x}$$

$$= -\frac{1}{2} \lim_{x \to 0} \frac{-e^x \sin x}{x} = \frac{1}{2}.$$

例 1.49　求解下列极限：

(1) $\lim\limits_{x \to \infty} \left(x - x^2 \ln \left(1 + \frac{1}{x} \right) \right)$;　　(2) $\lim\limits_{x \to +\infty} e^{-x} \left(1 + \frac{1}{x} \right)^{x^2}$;

(3) $\lim\limits_{x \to 0} \dfrac{\sqrt{1 + \tan x} - \sqrt{1 - \tan x}}{e^x - 1}$;　(4) $\lim\limits_{x \to 1} \dfrac{(1 - \sqrt{x})(1 - \sqrt[3]{x}) \cdots (1 - \sqrt[n]{x})}{(1 - x)^{n-1}}$.

解　(1) 令 $\frac{1}{x} = t$，则

$$原极限 = \lim_{t \to 0} \left[\frac{1}{t} - \frac{1}{t^2} \ln(1 + t) \right] = \lim_{t \to 0} \left[\frac{t - \ln(1 + t)}{t^2} \right]$$

$$= \lim_{t \to 0} \frac{(1 + t) - 1}{2t(1 + t)} = \frac{1}{2}.$$

(2) 令 $f(x) = e^{-x} \left(1 + \frac{1}{x} \right)^{x^2}$，则 $\ln f(x) = -x + x^2 \ln \left(1 + \frac{1}{x} \right)$，再利用 (1) 的

结果得到 $\lim\limits_{x \to +\infty} \ln f(x) = -\frac{1}{2}$，所以原极限为 $e^{-\frac{1}{2}}$.

(3) $原极限 = \lim\limits_{x \to 0} \dfrac{2 \tan x}{(\sqrt{1 + \tan x} + \sqrt{1 - \tan x})(e^x - 1)}$

$$= \lim_{x \to 0} \frac{2x}{(\sqrt{1 + \tan x} + \sqrt{1 - \tan x})x}$$

$$= 1.$$

(4) $原极限 = \lim\limits_{x \to 1} \dfrac{1 - \sqrt{x}}{1 - x} \lim\limits_{x \to 1} \dfrac{1 - \sqrt[3]{x}}{1 - x} \cdots \lim\limits_{x \to 1} \dfrac{1 - \sqrt[n]{x}}{1 - x}$

$$= \frac{1}{2 \cdot 3 \cdots n} = \frac{1}{n!}.$$

例 1.50（中国科学院 2002 年）　求 $\lim\limits_{x \to +\infty} \left(\dfrac{1}{x} \cdot \dfrac{a^x - 1}{a - 1} \right)^{\frac{1}{x}}$，其中 $a > 0, a \neq 1$.

解　首先令 $f(x) = \left(\dfrac{1}{x} \cdot \dfrac{a^x - 1}{a - 1} \right)^{\frac{1}{x}}$，两边取对数后得到

$$\ln f(x) = \frac{1}{x}\left(\ln\frac{1}{x} + \ln\frac{a^x-1}{a-1}\right) = \frac{-\ln x}{x} + \frac{1}{x}\ln\frac{a^x-1}{a-1}.$$

当 $a \in (0,1)$ 时,$a^x \to 0(x \to +\infty)$,且 $\dfrac{-\ln x}{x} \to 0(x \to +\infty)$,得 $\lim\limits_{x \to +\infty}\ln f(x) = 0$,
从而 $\lim\limits_{x \to +\infty}f(x) = \mathrm{e}^0 = 1$;

当 $a \in (1, +\infty)$ 时,注意到

$$\ln f(x) = \frac{-\ln x}{x} + \frac{1}{x}\ln(a^x-1) - \frac{\ln(a-1)}{x} \to \ln a, \quad x \to +\infty,$$

即 $\lim\limits_{x \to +\infty}f(x) = \mathrm{e}^{\ln a} = a.$

例 1.51　求极限 $\lim\limits_{x \to 0}\left(\dfrac{\sin x}{x}\right)^{\frac{1}{6x^2}}.$

解　注意到 $\lim\limits_{x \to 0}\left(\dfrac{\sin x}{x}\right)^{\frac{1}{6x^2}} = \lim\limits_{x \to 0}\exp\left(\dfrac{1}{6x^2}\ln\dfrac{\sin x}{x}\right) = \exp\left(\lim\limits_{x \to 0}\dfrac{1}{6x^2}\ln\dfrac{\sin x}{x}\right)$,又

$$\lim\limits_{x \to 0}\frac{1}{6x^2}\ln\frac{\sin x}{x} = \lim\limits_{x \to 0}\frac{x}{\sin x}\frac{x\cos x - \sin x}{12x^3} = \lim\limits_{x \to 0}\frac{\cos x - x\sin x - \cos x}{36x^2}$$
$$= -\frac{1}{36},$$

这样原极限 $= \mathrm{e}^{-\frac{1}{36}}.$

注　本题首先利用取对数的方法对极限进行了变形,然后使用洛必达法则.从这个例子可以看出,我们不能随便地把极限中的 $\sin x$ 替换成 x.

例 1.52　求极限 $\lim\limits_{n \to \infty}n\left[\mathrm{e} - \left(1 + \dfrac{1}{n}\right)^n\right].$

解法 1　只要考虑极限 $\lim\limits_{x \to \infty}x\left[\mathrm{e} - \left(1 + \dfrac{1}{x}\right)^x\right].$ 使用洛必达法则,有

$$\lim\limits_{x \to \infty}x\left[\mathrm{e} - \left(1 + \frac{1}{x}\right)^x\right] = \lim\limits_{x \to \infty}\frac{\mathrm{e} - \left(1 + \dfrac{1}{x}\right)^x}{\dfrac{1}{x}}$$
$$= \lim\limits_{x \to \infty}x^2\left(1 + \frac{1}{x}\right)^x\left[\ln\left(1 + \frac{1}{x}\right) - \frac{1}{1+x}\right]$$
$$= \lim\limits_{x \to \infty}\left(1 + \frac{1}{x}\right)^x\frac{\ln\left(1 + \dfrac{1}{x}\right) - \dfrac{1}{1+x}}{\dfrac{1}{x^2}}$$

$$= \frac{e}{2} \lim_{x \to \infty} x^3 \left(\frac{1}{x(1+x)} - \frac{1}{(1+x)^2} \right)$$

$$= \frac{e}{2}.$$

注 1　上面运算过程省略了一些步骤.事实上,这里利用等价无穷小量替换和泰勒展开式会更方便.

解法 2　$\displaystyle\lim_{x \to \infty} x \left[e - \left(1 + \frac{1}{x} \right)^x \right]$

$$= e \lim_{x \to \infty} x \left[1 - \left(1 + \frac{1}{x} \right)^x e^{-1} \right] = e \lim_{x \to \infty} x \left[1 - e^{x \ln\left(1 + \frac{1}{x}\right) - 1} \right]$$

$$= e \lim_{x \to \infty} x \left[1 - x \ln\left(1 + \frac{1}{x} \right) \right] = e \lim_{x \to \infty} x^2 \left[\frac{1}{x} - \ln\left(1 + \frac{1}{x} \right) \right]$$

$$= e \lim_{x \to \infty} x^2 \left[\frac{1}{x} - \left(\frac{1}{x} - \frac{1}{2x^2} + o\left(\frac{1}{x^2} \right) \right) \right] = \frac{e}{2}.$$

注 2　利用泰勒展开式求极限,首先需要记住一些常用函数的泰勒展开式,比如 $\sin x$,$\cos x$,$\tan x$,$\arcsin x$,$\arctan x$,e^x 等函数带皮亚诺型余项的麦克劳林展开式;最好也能记住函数 $(1+x)^\alpha$ 的展开式,这样由 α 取不同的值再结合泰勒展开的间接方法就可以得到一批函数的泰勒展开式,如 $\dfrac{1}{1 \pm x}$,$\ln(1 \pm x)$,$\dfrac{1}{\sqrt{1-x}}$ 等等.

利用泰勒展开式求函数极限时要注意两个问题:一是函数在什么点展开;二是展开到几阶.第一个问题通常在哪个点求极限,就在相应的点进行展开;第二个问题看函数的形式,如果是分式的形式,就看分母或分子的次数,通常展开到三阶就够用了.下面看一个具体的例子.

例 1.53　求极限 $\displaystyle\lim_{x \to 0} \dfrac{e^x \sin x - (1+x)\ln(1+x) - \dfrac{x^2}{2}}{x^3}$.

解　因为分母的次数是 3 次,所以分子需要在零点展开到 3 阶,即

$$e^x \sin x = \left(1 + x + \frac{x^2}{2} + o(x^2) \right) \left(x - \frac{x^3}{3!} + o(x^3) \right)$$

$$= x + x^2 + \frac{x^3}{3} + o(x^3) \quad (x \to 0),$$

$$(1+x)\ln(1+x) = (1+x)\left(x - \frac{x^2}{2} + \frac{x^3}{3} + o(x^3) \right)$$

$$= x + \frac{x^2}{2} - \frac{x^3}{6} + o(x^3) \quad (x \to 0),$$

这样就得到

$$e^x \sin x - (1+x)\ln(1+x) - \frac{x^2}{2}$$

$$= x + x^2 + \frac{x^3}{3} + o(x^3) - x - \frac{x^2}{2} + \frac{x^3}{6} - o(x^3) - \frac{x^2}{2}$$

$$= \frac{x^3}{2} + o(x^3) \quad (x \to 0),$$

从而原极限转换为

$$\lim_{x \to 0} \frac{e^x \sin x - (1+x)\ln(1+x) - \dfrac{x^2}{2}}{x^3} = \lim_{x \to 0} \frac{\dfrac{x^3}{2} + o(x^3)}{x^3} = \frac{1}{2}.$$

注　这个极限也可以用洛必达法则进行求解,但是整个过程会比较麻烦,大家可以尝试做一个比较.

例 1.54　求极限 $\lim\limits_{x \to +\infty} (\sqrt[6]{x^6 + x^5} - \sqrt[6]{x^6 - x^5})$.

解　这里没有明显的分母,但是注意到 $x \to +\infty$,所以可以先做一个变换:

$$\sqrt[6]{x^6 + x^5} - \sqrt[6]{x^6 - x^5} = x \big[(1+x^{-1})^{\frac{1}{6}} - (1-x^{-1})^{\frac{1}{6}} \big].$$

再将分母看成 $\dfrac{1}{x}$ 的一次方,这样分子只要展开到一阶就行了.

由 Taylor 公式,当 $x \to +\infty$ 时,有

$$(1+x^{-1})^{\frac{1}{6}} = 1 + \frac{1}{6x} + o\left(\frac{1}{x}\right), \quad (1-x^{-1})^{\frac{1}{6}} = 1 - \frac{1}{6x} + o\left(\frac{1}{x}\right),$$

所以

$$\lim_{x \to +\infty} (\sqrt[6]{x^6 + x^5} - \sqrt[6]{x^6 - x^5}) = \lim_{x \to +\infty} x \big[(1+x^{-1})^{\frac{1}{6}} - (1-x^{-1})^{\frac{1}{6}} \big]$$

$$= \lim_{x \to +\infty} x \left(\frac{1}{3x} + o\left(\frac{1}{x}\right) \right) = \frac{1}{3}.$$

例 1.55　求极限 $\lim\limits_{x \to 0} \dfrac{e^x - 1 - x}{\sqrt{1-x} - \cos\sqrt{x}}$.

解　利用 Taylor 展开得到

$$e^x - 1 - x = \frac{1}{2}x^2 + o(x^2), \quad x \to 0,$$

$$\sqrt{1-x} - \cos\sqrt{x} = 1 - \frac{x}{2} - \frac{x^2}{8} + o(x^2) - \left(1 - \frac{x}{2} + \frac{x^2}{24} + o(x^2)\right)$$

$$= -\frac{1}{6}x^2 + o(x^2), \quad x \to 0,$$

将以上展开式代入到原极限即得

$$\lim_{x \to 0} \frac{e^x - 1 - x}{\sqrt{1-x} - \cos\sqrt{x}} = \lim_{x \to 0} \frac{\frac{1}{2}x^2 + o(x^2)}{-\frac{1}{6}x^2 + o(x^2)} = -3.$$

例 1.56 设函数 $f(x)$ 在 $x = a$ 处有二阶导数,计算极限

$$\lim_{h \to 0} \frac{f(a+h) + f(a-h) - 2f(a)}{h^2}.$$

分析 这里可以使用洛必达法则来计算,但是只能使用一次,然后需利用导数的定义进行求解,原因是 $f(x)$ 仅在 $x = a$ 处有二阶导数.这一点千万要注意,若本题使用两次洛必达法则,也许结果是对的,但过程是错的.如果使用 Taylor 展式来求解,就可以避免这样的问题.

解 由 $f(x)$ 在 $x = a$ 处有二阶导数可得

$$f(a+h) = f(a) + f'(a)h + \frac{1}{2}f''(a)h^2 + o(h^2),$$

$$f(a-h) = f(a) - f'(a)h + \frac{1}{2}f''(a)h^2 + o(h^2),$$

将这两个等式带入到原极限即得

$$\lim_{h \to 0} \frac{f(a+h) + f(a-h) - 2f(a)}{h^2} = \lim_{h \to 0} \frac{2f(a) + f''(a)h^2 - 2f(a) + o(h^2)}{h^2}$$
$$= f''(a).$$

在求数列极限时,我们曾利用微分中值定理将一些数列进行变形,在求函数极限时也能如此.

例 1.57 求极限 $\displaystyle\lim_{x \to \infty} x\left[\sin\ln\left(1 + \frac{5}{x}\right) - \sin\ln\left(1 + \frac{2}{x}\right)\right].$

解 令 $f(t) = \sin\ln(1+t)$,在 $\left[\dfrac{2}{x}, \dfrac{5}{x}\right]$ 或 $\left[\dfrac{5}{x}, \dfrac{2}{x}\right]$ 上运用 Lagrange 中值定理得到

$$\sin\ln\left(1+\frac{5}{x}\right)-\sin\ln\left(1+\frac{2}{x}\right)=f\left(\frac{5}{x}\right)-f\left(\frac{2}{x}\right)=f'(\xi)\frac{3}{x}$$

$$=\frac{3}{x}\frac{\cos\ln(1+\xi)}{1+\xi}.$$

注意到 ξ 夹在 $\dfrac{2}{x},\dfrac{5}{x}$ 之间,所以 $x\to\infty$ 与 $\xi\to0$ 等价,于是原极限为

$$\lim_{x\to\infty}x\left[\sin\ln\left(1+\frac{5}{x}\right)-\sin\ln\left(1+\frac{2}{x}\right)\right]=\lim_{\xi\to0}3\frac{\cos\ln(1+\xi)}{1+\xi}=3.$$

例 1.58　求 $\displaystyle\lim_{n\to\infty}\int_n^{n+p}\frac{\sin x}{x}\mathrm{d}x$.

解　由积分第一中值定理知,$\exists\xi\in(n,n+p)$,有

$$\int_n^{n+p}\frac{\sin x}{x}\mathrm{d}x=\frac{\sin\xi}{\xi}\cdot p,$$

故原极限 $=\displaystyle\lim_{\xi\to\infty}\frac{\sin\xi}{\xi}\cdot p=0.$

最后,我们再通过一些例题来探究函数极限求解的其他一些问题和方法.

例 1.59　已知极限 $\displaystyle\lim_{x\to2}\frac{x^2+ax+b}{x^2-x-2}=2$,求 a,b 的值.

解　易知分母的极限是 0,所以分子的极限也是 0,也就是

$$\lim_{x\to2}(x^2+ax+b)=4+2a+b=0,$$

即 $2a+b=-4$,解出 $b=-4-2a$.将其带入原极限得到

$$\lim_{x\to2}\frac{x^2+ax-2a-4}{x^2-x-2}=\lim_{x\to2}\frac{(x-2)(x+a+2)}{(x-2)(x+1)}=\lim_{x\to2}\frac{x+a+2}{x+1}=\frac{4+a}{3}=2,$$

解之得 $a=2$,从而 $b=-8$.

例 1.60　设函数 $f(x)$ 是以 $T(T>0)$ 为周期的连续函数,证明:

$$\lim_{x\to+\infty}\frac{1}{x}\int_0^x f(t)\mathrm{d}t=\frac{1}{T}\int_0^T f(t)\mathrm{d}t.$$

证明　(1) 先考虑 $f(x)\geqslant0$ 的情形,这时 $\forall x,\exists n\in\mathbf{N}^*$,使得

$$nT\leqslant x\leqslant(n+1)T,$$

由 $f(x)\geqslant0$ 得到

$$n\int_0^T f(t)\mathrm{d}t=\int_0^{nT}f(t)\mathrm{d}t\leqslant\int_0^x f(t)\mathrm{d}t\leqslant\int_0^{(n+1)T}f(t)\mathrm{d}t=(n+1)\int_0^T f(t)\mathrm{d}t,$$

从而得到

$$\frac{n}{(n+1)T}\int_0^T f(t)\mathrm{d}t \leqslant \frac{1}{x}\int_0^x f(t)\mathrm{d}t \leqslant \frac{n+1}{nT}\int_0^T f(t)\mathrm{d}t.$$

最后由迫敛性原则即得 $\lim\limits_{x\to+\infty}\frac{1}{x}\int_0^x f(t)\mathrm{d}t = \frac{1}{T}\int_0^T f(t)\mathrm{d}t.$

(2) 设函数 $f(x)$ 是以 $T(T>0)$ 为周期的任意连续函数,此时存在 $M\geqslant 0$ 使得 $|f(x)|\leqslant M,\forall x\in[0,T]$,再由 $f(x)$ 的周期性可知,$\forall x$,有 $|f(x)|\leqslant M$. 现令 $g(x)=M-f(x)$,则 $g(x)\geqslant 0$ 且是以 $T(T>0)$ 为周期的连续函数,从而由上面(1)的证明得到

$$\lim_{x\to+\infty}\frac{1}{x}\int_0^x g(t)\mathrm{d}t = \frac{1}{T}\int_0^T g(t)\mathrm{d}t,$$

即

$$\lim_{x\to+\infty}\frac{1}{x}\int_0^x (M-f(t))\mathrm{d}t = \frac{1}{T}\int_0^T (M-f(t))\mathrm{d}t,$$

也就是

$$\lim_{x\to+\infty}\frac{1}{x}\int_0^x f(t)\mathrm{d}t = \frac{1}{T}\int_0^T f(t)\mathrm{d}t.$$

注 上面第(2)步的证明也可以考虑利用 $f(x)$ 的正部和负部,即

$$f(x)=f^+(x)-f^-(x),$$

而 $f^+(x),f^-(x)$ 都是以 $T(T>0)$ 为周期的非负连续函数,再由积分及极限的可加性即得结果.

例 1.61 设函数 $f(x)$ 在 $(0,+\infty)$ 上单调增加,证明:

$$\lim_{x\to+\infty}\frac{1}{x}\int_0^x f(t)\mathrm{d}t = c \Leftrightarrow \lim_{x\to+\infty}f(x)=c.$$

证明 "$\Leftarrow$" 设 $\lim\limits_{x\to+\infty}f(x)=c$,即 $\forall\varepsilon>0,\exists M>0$,当 $x>M$ 时,有

$$c-\varepsilon < f(x)\leqslant c < c+\varepsilon.$$

注意到

$$\frac{1}{x}\int_0^x f(t)\mathrm{d}t = \frac{1}{x}\int_0^M f(t)\mathrm{d}t + \frac{1}{x}\int_M^x f(t)\mathrm{d}t,$$

其中

$$(c-\varepsilon)\left(1-\frac{M}{x}\right) < \frac{1}{x}\int_M^x f(t)\mathrm{d}t \leqslant c\left(1-\frac{M}{x}\right) \leqslant c,$$

由迫敛性原则得到

$$\lim_{x\to+\infty}\frac{1}{x}\int_M^x f(t)\mathrm{d}t = c.$$

又 $f(x)$ 在 $(0,+\infty)$ 上单调增加,进而在 $[0,M]$ 上可积,所以

$$\lim_{x\to+\infty}\frac{1}{x}\int_0^M f(t)\mathrm{d}t = 0.$$

于是

$$\lim_{x\to+\infty}\frac{1}{x}\int_0^x f(t)\mathrm{d}t = \lim_{x\to+\infty}\frac{1}{x}\int_0^M f(t)\mathrm{d}t + \lim_{x\to+\infty}\frac{1}{x}\int_M^x f(t)\mathrm{d}t = c.$$

"$\Rightarrow$" 设 $\lim\limits_{x\to+\infty}\dfrac{1}{x}\displaystyle\int_0^x f(t)\mathrm{d}t = c$. 对任意的 $0<\varepsilon<1$,注意到

$$f(x) = \frac{1}{\varepsilon x}\int_{(1-\varepsilon)x}^x f(x)\mathrm{d}t = \frac{1}{\varepsilon x}\int_x^{(1+\varepsilon)x} f(x)\mathrm{d}t,$$

则由 $f(x)$ 在 $(0,+\infty)$ 上单调增加可得

$$\frac{1}{\varepsilon x}\int_{(1-\varepsilon)x}^x f(t)\mathrm{d}t \leqslant f(x) \leqslant \frac{1}{\varepsilon x}\int_x^{(1+\varepsilon)x} f(t)\mathrm{d}t.$$

这时

$$\begin{aligned}
\lim_{x\to+\infty}\frac{1}{\varepsilon x}\int_{(1-\varepsilon)x}^x f(t)\mathrm{d}t &= \lim_{x\to+\infty}\frac{1}{\varepsilon x}\left[\int_0^x f(t)\mathrm{d}t - \int_0^{(1-\varepsilon)x} f(t)\mathrm{d}t\right] \\
&= \frac{1}{\varepsilon}\lim_{x\to+\infty}\frac{1}{x}\int_0^x f(t)\mathrm{d}t - \frac{1-\varepsilon}{\varepsilon}\lim_{x\to+\infty}\frac{1}{(1-\varepsilon)x}\int_0^{(1-\varepsilon)x} f(t)\mathrm{d}t \\
&= \frac{1}{\varepsilon}c - \frac{1-\varepsilon}{\varepsilon}c = c,
\end{aligned}$$

同样的处理方法可得

$$\lim_{x\to+\infty}\frac{1}{\varepsilon x}\int_x^{(1+\varepsilon)x} f(t)\mathrm{d}t = c.$$

最后由迫敛性原则得到 $\lim\limits_{x\to+\infty} f(x) = c$.

例 1.62 设函数 $f(x)$ 定义在 $(a,+\infty)(a>0)$ 上,在每个有限区间 (a,b) 内有界且满足

$$\lim_{x \to +\infty} [f(x+1) - f(x)] = A.$$

证明: $\lim\limits_{x \to +\infty} \dfrac{f(x)}{x} = A.$

证明 由极限 $\lim\limits_{x \to +\infty} [f(x+1) - f(x)] = A$,所以 $\forall \varepsilon > 0, \exists M > a$,使得当 $x > M > a$ 时成立

$$|f(x+1) - f(x) - A| < \frac{\varepsilon}{2}.$$

现 $\forall x > M, \exists n \in \mathbf{N}$ 及 $x_0 \in (M, M+1]$,使得 $x = x_0 + n$,因此

$$\left| \frac{f(x)}{x} - A \right|$$

$$= \left| \frac{[f(x) - f(x-1)] + \cdots + [f(x-n+1) - f(x-n)] + f(x-n)}{x} - A \right|$$

$$\leqslant \frac{|f(x) - f(x-1) - A| + \cdots + |f(x-n+1) - f(x-n) - A| + |f(x-n) - x_0 A|}{x}$$

$$\leqslant \frac{n}{2x}\varepsilon + \frac{|f(x-n) - x_0 A|}{x} = \frac{n}{2x}\varepsilon + \frac{|f(x_0) - x_0 A|}{x}$$

$$< \frac{\varepsilon}{2} + \frac{|f(x_0) - x_0 A|}{x}.$$

显然 $\lim\limits_{x \to +\infty} \dfrac{|f(x_0) - x_0 A|}{x} = 0$,所以对上述 $\varepsilon > 0, \exists M_1 > a$ 使得当 $x > M_1$ 时

$$\frac{|f(x_0) - x_0 A|}{x} < \frac{\varepsilon}{2}.$$

再取 $\widetilde{M} = \max\{M, M_1\}$,则当 $x > \widetilde{M}$ 时,有

$$\left| \frac{f(x)}{x} - A \right| < \frac{\varepsilon}{2} + \frac{\varepsilon}{2} = \varepsilon,$$

也就是 $\lim\limits_{x \to +\infty} \dfrac{f(x)}{x} = A.$

例 1.63 设 $f(x)$ 在 $[a,b]$ 上连续且恒大于零,讨论极限 $\lim\limits_{n \to \infty} \left(\int_a^b \sqrt[n]{f(x)} \, \mathrm{d}x \right)^n$.

解 设 $f(x)$ 在 $[a,b]$ 上的最小值和最大值分别为 m 和 M,可得

$$m(b-a)^n = \left(\int_a^b \sqrt[n]{m}\,\mathrm{d}x\right)^n \leqslant \left(\int_a^b \sqrt[n]{f(x)}\,\mathrm{d}x\right)^n \leqslant \left(\int_a^b \sqrt[n]{M}\,\mathrm{d}x\right)^n$$
$$= M(b-a)^n.$$

当 $|b-a|<1$ 时，$\lim\limits_{n\to\infty}\left(\int_a^b \sqrt[n]{f(x)}\,\mathrm{d}x\right)^n = 0$；

当 $|b-a|>1$ 时，由 $m>0$ 知 $\lim\limits_{n\to\infty}\left(\int_a^b \sqrt[n]{f(x)}\,\mathrm{d}x\right)^n = +\infty$；

当 $|b-a|=1$ 时，由积分第一中值定理可得

$$\lim_{n\to\infty}\left(\int_a^b \sqrt[n]{f(x)}\,\mathrm{d}x\right)^n = \lim_{n\to\infty}\left(\sqrt[n]{f(\xi_n)}\int_a^b \mathrm{d}x\right)^n = \lim_{n\to\infty}f(\xi_n),$$

此时情形就很复杂，比如：

$$\lim_{n\to\infty}\left(\int_0^1 \sqrt[n]{1+x}\,\mathrm{d}x\right)^n = \frac{4}{\mathrm{e}}, \qquad \lim_{n\to\infty}\left(\int_1^2 \sqrt[n]{1+x}\,\mathrm{d}x\right)^n = \frac{27}{4\mathrm{e}},$$

$$\lim_{n\to\infty}\left(\int_k^{k+1} \sqrt[n]{1+x}\,\mathrm{d}x\right)^n = \frac{1}{\mathrm{e}}\frac{(2+k)^{2+k}}{(1+k)^{1+k}}.$$

例 1.64　设 $f(x),g(x)$ 在 $[a,b]$ 上连续且 $f(x)>0,g(x)\geqslant 0$，求极限

$$\lim_{n\to\infty}\int_a^b \sqrt[n]{f(x)}\,g(x)\,\mathrm{d}x.$$

解　设 $f(x)$ 在 $[a,b]$ 上的最小值和最大值分别为 m 和 M，则 $m,M>0$。又

$$\sqrt[n]{m}\int_a^b g(x)\,\mathrm{d}x \leqslant \int_a^b \sqrt[n]{f(x)}\,g(x)\,\mathrm{d}x \leqslant \sqrt[n]{M}\int_a^b g(x)\,\mathrm{d}x,$$

易知 $\lim\limits_{n\to\infty}\int_a^b \sqrt[n]{f(x)}\,g(x)\,\mathrm{d}x = \int_a^b g(x)\,\mathrm{d}x$。

例 1.65　设 $f(x),g(x)$ 在 $[a,b]$ 上连续且 $f(x)\geqslant 0,g(x)>0$，证明：

$$\lim_{n\to\infty}\left(\int_a^b f^n(x)g(x)\,\mathrm{d}x\right)^{\frac{1}{n}} = \max_{a\leqslant x\leqslant b}f(x).$$

证明　首先由 $f(x)$ 在 $[a,b]$ 上连续，所以一定存在 $x_0\in[a,b]$，使得

$$\max_{a\leqslant x\leqslant b}f(x) = f(x_0) = M.$$

不妨设 $M>0$（若等于零，则结论显然成立）。

再由极限的保号性，$\forall\varepsilon>0,\exists[c,d]\subset[a,b]$，使得

$$\forall x\in[c,d],\quad 0<M-\varepsilon\leqslant f(x)\leqslant M,$$

于是有

$$(M-\varepsilon)^n \leqslant f^n(x) \leqslant M^n.$$

又 $g(x) > 0$ 且连续,从而

$$(M-\varepsilon)^n \int_c^d g(x)\mathrm{d}x \leqslant \int_c^d f^n(x)g(x)\mathrm{d}x \leqslant \int_a^b f^n(x)g(x)\mathrm{d}x \leqslant M^n \int_a^b g(x)\mathrm{d}x,$$

可得

$$(M-\varepsilon) \sqrt[n]{\int_c^d g(x)\mathrm{d}x} \leqslant \sqrt[n]{\int_a^b f^n(x)g(x)\mathrm{d}x} \leqslant M \sqrt[n]{\int_a^b g(x)\mathrm{d}x}.$$

因为 $\lim\limits_{n\to\infty} \sqrt[n]{\int_c^d g(x)\mathrm{d}x} = \lim\limits_{n\to\infty} \sqrt[n]{\int_a^b g(x)\mathrm{d}x} = 1$,从而由迫敛性原则可得

$$\lim_{n\to\infty}\left(\int_a^b f^n(x)g(x)\mathrm{d}x\right)^{\frac{1}{n}} = M = \max_{a\leqslant x\leqslant b} f(x).$$

注 特别地,如果取 $g(x)=1$,则得到 $\lim\limits_{n\to\infty}\left(\int_a^b f^n(x)\mathrm{d}x\right)^{\frac{1}{n}} = \max\limits_{a\leqslant x\leqslant b} f(x)$;

如果取 $g(x)=1, f(x)>0$,则 $\lim\limits_{n\to\infty}\left(\int_a^b \dfrac{1}{f^n(x)}\mathrm{d}x\right)^{\frac{1}{n}} = \dfrac{1}{\min\limits_{a\leqslant x\leqslant b} f(x)}$.

例 1.66 设 $f(x)$ 在 $[a, a+1]$ 上连续且 $f(x)>0$,证明:数列 $\left(\int_a^{a+1} f^n(x)\mathrm{d}x\right)^{\frac{1}{n}}$ 关于 n 单调增加.

证明 记 $a_n = \left(\int_a^{a+1} f^n(x)\mathrm{d}x\right)^{\frac{1}{n}}$,则 $a_n^n = \int_a^{a+1} f^n(x)\mathrm{d}x$.由 Hölder 不等式得到

$$a_n^n = \int_a^{a+1} f^n(x)\mathrm{d}x \leqslant \left(\int_a^{a+1} f^{np}(x)\mathrm{d}x\right)^{\frac{1}{p}} \left(\int_a^{a+1} 1^q\mathrm{d}x\right)^{\frac{1}{q}} = \left(\int_a^{a+1} f^{np}(x)\mathrm{d}x\right)^{\frac{1}{p}},$$

其中 $p = \dfrac{n+1}{n}$,相应的 $q = n+1$,即 $\dfrac{1}{p} + \dfrac{1}{q} = 1$.再由 $np = n+1$,可得

$$a_n^n \leqslant \left(\int_a^{a+1} f^{np}(x)\mathrm{d}x\right)^{\frac{1}{p}} = \left(\int_a^{a+1} f^{n+1}(x)\mathrm{d}x\right)^{\frac{n}{n+1}} = a_{n+1}^n,$$

即 $a_n \leqslant a_{n+1}$.

例 1.67 若 $\lim\limits_{x\to a} f(x) = 1, \lim\limits_{x\to a} g(x) = +\infty$,且 $\lim\limits_{x\to a} g(x)[f(x)-1] = \alpha$,证明:

$$\lim_{x\to a} f(x)^{g(x)} = \mathrm{e}^\alpha.$$

证明 原极限 $= \lim\limits_{x\to a}[1+(f(x)-1)]^{\frac{1}{f(x)-1}\cdot g(x)[f(x)-1]} = \mathrm{e}^\alpha$.

例 1.68   设 $a_k > 0, 1 \leqslant k \leqslant n$, 且 $f(x) = \left(\dfrac{a_1^x + a_2^x + \cdots + a_n^x}{n}\right)^{\frac{1}{x}}$, 求 $\lim\limits_{x \to 0} f(x)$.

解   当 $x \to 0$ 时, $\dfrac{a_1^x + a_2^x + \cdots + a_n^x}{n} \to 1$, 且

$$\lim_{x \to 0} \frac{1}{x} \cdot \left(\frac{a_1^x + a_2^x + \cdots + a_n^x}{n} - 1\right) = \frac{1}{n} \lim_{x \to 0} \left(\frac{a_1^x - 1}{x} + \frac{a_2^x - 1}{x} + \cdots + \frac{a_n^x - 1}{x}\right)$$

$$= \frac{1}{n} \ln(a_1 a_2 \cdots a_n),$$

于是得 $\lim\limits_{x \to 0} f(x) = \sqrt[n]{a_1 a_2 \cdots a_n}$.

1.3   实数的完备性

1.3.1   内容提要与知识点解析

1) 一些重要的概念

（1）确界的定义

设 $S \subset \mathbf{R}$, 若 $\exists \eta \in \mathbf{R}$ 满足：

① $\forall x \in S, x \leqslant \eta$, 即 η 是 S 的上界；

② $\forall \varepsilon > 0, \exists x_0 \in S$, 使得 $x_0 > \eta - \varepsilon$, 即 $\eta - \varepsilon$ 不是 S 的上界,

则称 η 是 S 的上确界, 记为 $\eta = \sup S$.

设 $S \subset \mathbf{R}$, 若 $\exists \xi \in \mathbf{R}$ 满足：

① $\forall x \in S$, 有 $x \geqslant \xi$；

② $\forall \varepsilon > 0, \exists x_0 \in S$, 有 $x_0 < \xi + \varepsilon$,

则称 ξ 是 S 的下确界, 记作 $\xi = \inf S$.

注   由上下确界的定义可知, 上确界是最小的上界, 下确界是最大的下界.

（2）闭区间套的定义

设闭区间列 $\{[a_n, b_n]\}$ 具有如下性质：

① $[a_n, b_n] \supset [a_{n+1}, b_{n+1}], n = 1, 2, 3, \cdots$；

② $\lim\limits_{n \to \infty} (b_n - a_n) = 0$,

则称 $\{[a_n, b_n]\}$ 为闭区间套, 简称区间套.

（3）聚点的定义

设 $S \subset \mathbf{R}$, 若 $\exists \xi \in \mathbf{R}$, 使 ξ 的任何邻域 $U^\circ(\xi, \delta)$ 均含有 S 中无穷多个点, 称 ξ 为 S 的一个聚点.

注 聚点也可以等价地描述如下:① 设 $S \subset \mathbf{R}, \xi \in \mathbf{R}$,若 ξ 的任何去心邻域内都含有 S 中异于 ξ 的点,即 $S \bigcap U^\circ(\xi, \delta) \neq \varnothing$,称 ξ 是 S 的一个聚点.

② 设 $S \subset \mathbf{R}$,若存在彼此互异的点列 $\{x_n\} \subset S$,使得 $\lim\limits_{n \to \infty} x_n = \xi$,称 ξ 为 S 的一个聚点.

(4) 开覆盖的定义

设 $S \subset \mathbf{R}, H$ 为开区间构成的集合.若 S 中任何一点都含在 H 中至少一个开区间内,即 $\forall x \in S, \exists I \in H$,使 $x \in I$,称 H 是 S 的一个开覆盖,或称 H 覆盖 S.若 H 中开区间的个数是无限(有限) 的,称 H 为 S 的一个无限开覆盖(有限开覆盖).

2) 基本原理与定理

(1) 确界原理:任何非空数集 E,若它有上界,则必有上确界;若有下界,则必有下确界.

(2) 单调有界原理:单调有界数列必收敛.

(3) Cauchy 收敛准则

数列 $\{x_n\}$ 收敛的充要条件是:$\forall \varepsilon > 0, \exists N \in \mathbf{N}^*$,当 $m, n > N$ 时,有

$$|x_m - x_n| < \varepsilon.$$

(4) 致密性定理:有界数列必有收敛子列.

(5) 聚点定理:有界无限点集至少有一个聚点.

(6) 闭区间套定理:任何闭区间套必有唯一的公共点.

(7) 有限覆盖定理:有界闭区间上的任一开覆盖,必存在有限子覆盖.

注 定理(1) ~ (6) 属于同一类型,指出在一定条件下会有某一种"点"的存在.这种点分别是确界(点)、极限点、某子列收敛点、聚点、公共点.定理(7) 属于另一类型,相当于前六个定理的"逆否形式".

1.3.2 典型例题解析

例 1.69 试用确界原理证明单调有界原理.

证明 不妨设数列 $\{a_n\}$ 是单调递增有上界数列,由确界原理知其有上确界,记为 $\alpha = \sup\{a_n\}$,显然 α 就是其极限.

事实上,$\forall \varepsilon > 0$,由上确界定义知,$\exists a_N$,使 $a_N > \alpha - \varepsilon$,再由单调递增性知,当 $n \geqslant N$ 时,有 $\alpha - \varepsilon < a_N \leqslant a_n \leqslant \alpha < \alpha + \varepsilon$,得 $|a_n - \alpha| < \varepsilon$,即 $\lim a_n = \alpha$.

例 1.70 试用单调有界原理证明闭区间套定理.

证明 设 $\{[a_n, b_n]\}$ 是一区间套,则 $\{a_n\}$ 单调递增有上界,由单调有界原理知 $\{a_n\}$ 有极限 ξ,且 $a_n \leqslant \xi, n = 1, 2, \cdots$.由区间套的定义知 $\lim\limits_{n \to \infty} b_n = \xi$,又 $\{b_n\}$ 单调递减有下界,所以 $b_n \geqslant \xi, n = 1, 2, \cdots$.于是

$$a_n \leqslant \xi \leqslant b_n, \quad n=1,2,\cdots.$$

下面证明 ξ 是唯一的.设 ξ_1 也满足上式,即 $a_n \leqslant \xi_1 \leqslant b_n, n=1,2,\cdots,$ 则有

$$|\xi_1 - \xi| \leqslant b_n - a_n \to 0, \quad n \to \infty,$$

从而 $\xi_1 = \xi$.

例 1.71　试用闭区间套定理证明有限覆盖定理.

证明　设 H 为 $[a,b]$ 的一个无限开覆盖.如果结论不成立,即找不到 H 中有限个开区间覆盖 $[a,b]$.

现将 $[a,b]$ 等分成两个子区间,则其中至少有一个半区间不能被 H 中有限个区间覆盖,记之为 $[a_1,b_1]$;再将 $[a_1,b_1]$ 等分成两个小区间,则其中至少有一个半区间不能被 H 中有限个区间覆盖,记之为 $[a_2,b_2]$.如此下去便得一个闭区间套 $\{[a_n,b_n]\}_{n=1}^{\infty}$,其中每一个区间不能被 H 中有限个开区间所覆盖.由闭区间套定理,存在唯一的点 $\xi \in [a_n,b_n], n=1,2,\cdots,$又因 H 是 $[a,b]$ 的覆盖,故 $\exists (\alpha,\beta) \in H$,使得 $\xi \in (\alpha,\beta)$.由保序性可得:当 n 充分大时,$\alpha < a_n < b_n < \beta$,即 $[a_n,b_n] \subset (\alpha,\beta)$,这与 $[a_n,b_n]$ 的构造相矛盾,所以假设是错的.

例 1.72　试用有限覆盖定理证明聚点定理.

证明　设 $S \subset \mathbf{R}$ 是有界无限点集,则 $\exists [a,b] \subset \mathbf{R}, a,b \in \mathbf{R}$ 使得 $S \subset [a,b]$.若 S 存在聚点,则该聚点必属于 $[a,b]$.容易证明 $[a,b]$ 之外任何一点都不是 S 的聚点,因此只需证明:假设 S 不存在聚点.

事实上,假设 S 不存在聚点,即 $[a,b]$ 上任一点都不是 S 的聚点,则由聚点的定义,$\forall x \in [a,b], \exists \delta_x > 0$,使得 $U(x,\delta_x)$ 中只含有 S 中有限个点.记

$$H = \{U(x,\delta_x) \mid x \in [a,b]\},$$

显然 H 是 $[a,b]$ 的一个开覆盖,由有限覆盖定理知,存在有限个邻域覆盖 $[a,b]$,从而也覆盖了 S.再由 $U(x,\delta_x)$ 的性质立得 S 中只有有限个点,矛盾.

例 1.73　试用聚点定理证明柯西收敛准则的充分性.

证明　设 $\{x_n\}$ 是 $\mathbf{R}$ 中任一数列,满足条件:$\forall \varepsilon > 0, \exists N \in \mathbf{N}^*$,当 $n,m > N$ 时,有

$$|x_n - x_m| < \varepsilon. \qquad\qquad (*)$$

由此易证 $\{x_n\}$ 是有界的.事实上,对于 $\varepsilon = 1$,当 $N_1 > 0$ 时,有 $|x_n - x_{N_1+1}| < 1$,从而 $|x_n| < |x_{N_1+1}| + 1$,取

$$M = \max\{|x_1|, |x_2|, \cdots, |x_{N_1}|, |x_{N_1+1}| + 1\},$$

则 $|x_n| < M, n \geqslant 1$.

记 $S = \{x_n \mid n=1,2,\cdots\}$,则 S 为有界集.若 S 为有限集,则 S 中至少有一个元

素在 $\{x_n\}$ 中出现无限多次,取此构成一常数子列 $\{x_{n_k}\}$,则它是收敛的,设其极限为 a,即 $x_{n_k}=a$,由条件(∗)可得数列 $\{x_n\}$ 收敛于 a.

若 S 是无限集,由聚点定理知 S 至少有一个聚点,设为 α,则有

$$\lim_{m\to\infty}x_m=\alpha.$$

事实上,由聚点的等价定义可知,存在 S 中彼此互异的点列(也就是 $\{x_n\}$ 的子列)$\{x_{n_k}\}$,有 $\lim\limits_{k\to\infty}x_{n_k}=\alpha$.又

$$|x_n-\alpha|\leqslant|x_{n_k}-\alpha|+|x_n-x_{n_k}|,$$

由条件(∗)立得 $\lim\limits_{n\to\infty}x_n=\alpha$.

例 1.74 试用柯西收敛准则证明确界原理.

证明 设 S 为非空有上界数列,由实数的阿基米德性质,对于任何正数 α,存在整数 k_α,使得 $\lambda_\alpha=\alpha\cdot k_\alpha$ 为 S 的上界,而 $\lambda_\alpha-\alpha=\alpha\cdot(k_\alpha-1)$ 不是 S 的上界.即 $\exists\alpha'\in S$,使得

$$\alpha'>(k_\alpha-1)\alpha.$$

现分别取 $\alpha=\dfrac{1}{n},n=1,2,\cdots$,则 $\exists n\in\mathbf{N}^*$,使得 λ_n 为 S 的上界,而 $\lambda_n-\dfrac{1}{n}$ 不是 S 的上界.于是,$\forall a\in S$,有

$$a\leqslant\lambda_n,\quad n=1,2,\cdots,\tag{1}$$

又 $\forall n\in\mathbf{N}^*,\exists a_n'$,使得

$$\lambda_n\geqslant a_n'\geqslant\lambda_n-\frac{1}{n},\quad n=1,2,\cdots.\tag{2}$$

由此易得 $|\lambda_m-\lambda_n|\leqslant\max\left\{\dfrac{1}{m},\dfrac{1}{n}\right\}$,则 $\forall\varepsilon>0,\exists N\in\mathbf{N}^*$,当 $n,m>N$ 时,有

$$|\lambda_m-\lambda_n|<\varepsilon,$$

于是由柯西收敛准则知 $\{\lambda_n\}$ 收敛,记 $\lim\limits_{n\to\infty}\lambda_n=\lambda$.下面再证 λ 是 S 的上确界.

首先由(1)式易得 λ 是其上界.其次,$\forall\delta>0$,由 $\dfrac{1}{n}\to0(n\to\infty)$,得到 $\exists N\in\mathbf{N}^*$,当 $n>N$,有

$$\lambda_n-\frac{1}{n}>\lambda_n-\frac{\delta}{2}>\lambda-\delta,$$

由(2)式知,$\exists\alpha'\in S$,使得 $\alpha'>\lambda_n-\dfrac{1}{n}>\lambda-\delta$.以上说明 λ 为 S 的上确界.

注　上述几例中给出了从确界原理、单调有界原理、闭区间套定理、有限覆盖定理、聚点定理、柯西收敛准则到确界原理的相互证明,表明这些原理和定理是相互等价的,都是实数完备性的等价描述.

例 2.75　试用有限覆盖定理证明下列命题:

(1) 设函数 $f(x)$ 在闭区间 $[a,b]$ 上有定义,并且在 $[a,b]$ 上每一点都有极限,则 $f(x)$ 在 $[a,b]$ 上有界;

(2) 设函数 $f(x)$ 在闭区间 $[a,b]$ 上无界,则 $\exists \xi \in [a,b]$,使得 $\forall \delta > 0, f(x)$ 在 $U(\xi, \delta) \bigcap [a,b]$ 上无界.

证明　(1) $\forall x \in [a,b]$,由极限的局部有界性定理知,$\exists \delta_x > 0$ 及 $M_x > 0$,当 $x \in U^{\circ}(x, \delta_x)$ 时,有 $|f(x)| \leqslant M_x$.构造开覆盖 $H = \{U(x, \delta_x) \mid x \in [a,b]\}$,由有限覆盖定理知存在有限子覆盖,不妨设为 $H^* = \{U(x_i, \delta_i) \mid i = 1, 2, \cdots, k\}$,相应的 M_x 记为 $M_1, M_2, \cdots, M_k$.取

$$M = \max\{M_1, M_2, \cdots, M_k, |f(x_1)|, |f(x_2)|, \cdots, |f(x_k)|\},$$

则 $\forall x \in [a,b]$,都有 $|f(x)| \leqslant M$,即 $f(x)$ 在 $[a,b]$ 上有界.

(2) 若 ξ 不存在,即 $\forall x \in [a,b], \exists \delta_x > 0$,使得 $f(x)$ 在 $U(x, \delta_x) \bigcap [a,b]$ 上有界.构造开覆盖 $H = \{U(x, \delta_x) \mid x \in [a,b]\}$,由有限覆盖定理知存在有限子覆盖,不妨设为 $H^* = \{U(x_i, \delta_i) \mid i = 1, 2, \cdots, k\}$,函数 $f(x)$ 在其上都有界,分别记为 $M_1, M_2, \cdots, M_k$.取

$$M = \max\{M_1, M_2, \cdots, M_k\},$$

则 $\forall x \in [a,b]$,都有 $|f(x)| \leqslant M$,即 $f(x)$ 在 $[a,b]$ 上有界.这与题设矛盾,所以结论成立.

注　本题也可以用闭区间套定理进行证明,请读者自行作为练习.

例 2.76　设 $\xi = \sup\{f(x) \mid a \leqslant x \leqslant b\}$,证明:存在 $a \leqslant x_n \leqslant b$,使得

$$\lim_{n \to \infty} f(x_n) = \xi.$$

证明　由上确界的定义,$\forall \varepsilon = \dfrac{1}{n} > 0, \exists x_n \in [a,b]$,满足

$$\xi - \frac{1}{n} < f(x_n) < \xi, \quad n = 1, 2, \cdots,$$

由此立得 $\lim_{n \to \infty} f(x_n) = \xi$.

例 2.77(浙江大学 2004 年)　证明:若一组开区间 $\{I_n\}: I_n = (a_n, b_n), n = 1, 2, \cdots$ 覆盖了 $[0,1]$,则存在 $\delta > 0$,使得 $[0,1]$ 中任意两点 x', x'' 满足 $|x' - x''| < \delta$ 时必属于某一区间 I_k.

证明 由有限覆盖定理知 $\{I_n\}$ 中存在有限个区间,不妨设为 $I_1, I_2, \cdots, I_k$,它们也覆盖了 $[0,1]$.现将这些区间的端点从小到大排成一列,相同的点只取其一,且不妨设为 $c_1 < c_2 < \cdots < c_m$,其中 $m \leqslant 2k$.令

$$\delta = \min\{|c_{i+1} - c_i| \mid i = 1, 2, \cdots, m-1\} > 0,$$

则当 $x', x'' \in [0,1]$,$|x' - x''| < \delta$ 时,必存在 I_j,$1 \leqslant j \leqslant k$,使得 $x', x'' \in I_j$.

例 2.78 证明:设 $\{a_n\}$ 为单调数列,若 $\{a_n\}$ 存在聚点,则其必是唯一的,且为数列 $\{a_n\}$ 的确界.

证明 不妨设 $\{a_n\}$ 单调递增.若 $\{a_n\}$ 无界,则 $\lim\limits_{n \to \infty} a_n = +\infty$,于是,$\forall A \in \mathbf{R}$,$\exists N \in \mathbf{N}^*$,当 $n > N$ 时,有 $a_n > |A| + 2$.这样,$U(A, 1)$ 内至多含有 $\{a_n\}$ 中有限项,于是 A 不是 $\{a_n\}$ 的聚点,再由 A 的任意性知 $\{a_n\}$ 没有聚点.这与假设矛盾,因此 $\{a_n\}$ 为有界数列,且由单调有界原理知

$$\lim_{n \to \infty} a_n = \sup_n \{a_n\}.$$

设 ξ 是 $\{a_n\}$ 的一个聚点,则 $\{a_n\}$ 必存在一个子列收敛于 ξ,由海涅定理可知

$$\xi = \sup_{n \in \mathbf{N}^*} \{a_n\}.$$

这说明如果聚点存在,则必是唯一的,而且为 $\{a_n\}$ 的确界.

例 2.79 设 $\lim\limits_{n \to \infty} x_n = +\infty$,$I = \{x_n \mid n = 1, 2, \cdots\}$,试证:必存在 $p \in \mathbf{N}^*$,使得

$$x_p = \inf I.$$

证明 取 $M = \max\{x_1, 1\}$,则 $\exists N \in \mathbf{N}^*$,当 $n > N$ 时,有 $x_n > M \geqslant x_1$,于是

$$\inf I = \inf\{x_1, x_2, \cdots, x_N\} = \min\{x_1, x_2, \cdots, x_N\}.$$

注意到有限集必有最小值,故存在 $p \in \mathbf{N}^*$,满足 $1 \leqslant p \leqslant N$,使得 $x_p = \inf I$.

例 2.80(厦门大学 2002 年) 已知函数 $f(x)$ 在有限区间 I 上有定义,并且满足:$\forall x \in I$,$\exists \delta > 0$,使得 $f(x)$ 在 $U(x, \delta)$ 内有界.

(1)证明:当 $I = [a, b]$ 时,$f(x)$ 在 I 上有界;

(2)当 $I = (a, b)$ 时,$f(x)$ 在 I 上一定有界吗?

解 (1)利用有限覆盖定理直接证明(请读者自行完成).

(2)此时 $f(x)$ 在 I 上不一定有界.比如函数 $f(x) = \dfrac{1}{x-1}$ 在区间 $(0,1)$ 上满足假设条件,但 $f(x)$ 在 $(0,1)$ 上无界.

1.4 练习题

1. 求极限 $\lim\limits_{n \to \infty} n\left(\dfrac{1^k + 2^k + \cdots + n^k}{n^{k+1}} - \dfrac{1}{k+1}\right)$.

2. 设 $\{a_n\}$ 单调递增，令 $\sigma_n = \dfrac{a_1 + a_2 + \cdots + a_n}{n}$，若 $\lim\limits_{n \to \infty} \sigma_n = a$，证明：$\lim\limits_{n \to \infty} a_n = a$.

3. 设 $\lim\limits_{n \to \infty} a_n = a$，证明：$\lim\limits_{n \to \infty} \dfrac{a_1 + 2a_2 + \cdots + na_n}{n^2} = \dfrac{a}{2}$.

4. 若 $a_n > 0$，且 $\lim\limits_{n \to \infty} a_n = a$，证明：$\lim\limits_{n \to \infty} \sqrt[n]{a_1 a_2 \cdots a_n} = a$.

5. 若 $a_n > 0$，且 $\lim\limits_{n \to \infty} \dfrac{a_{n+1}}{a_n} = a$，证明：$\lim\limits_{n \to \infty} \sqrt[n]{a_n} = a$. 反之如何？

6. 设 $\lim\limits_{n \to \infty} a_n = a$，证明：$\lim\limits_{n \to \infty} \dfrac{[na_n]}{n} = a$，其中 $[M]$ 表示不超过 M 的最大整数.

7. 已知 $a_i > 0$，$i = 1, 2, \cdots, n$，求 $\lim\limits_{p \to +\infty} \left[\left(\sum\limits_{i=1}^{n} a_i^p \right)^{\frac{1}{p}} + \left(\sum\limits_{i=1}^{n} a_i^{-p} \right)^{\frac{1}{p}} \right]$.

8. 设 $f(x)$ 为闭区间 $[a, b]$ 上的正值连续函数，令 $M = \max\limits_{a \leqslant x \leqslant b} f(x)$，证明：

$$\lim_{n \to \infty} \sqrt[n]{\int_a^b (f(x))^n \mathrm{d}x} = M.$$

9. 设 $a_1 = \sqrt{2}$，$a_{n+1} = \sqrt{2a_n}$，$n = 1, 2, \cdots$，求 $\lim\limits_{n \to \infty} a_n$.

10. 设 $a_n = \sum\limits_{k=1}^{n} \dfrac{k}{1 + k^2} - \ln \dfrac{n}{\sqrt{2}}$，求证：数列 $\{a_n\}$ 收敛且极限 $a \in \left[0, \dfrac{1}{2}\right]$.

11. 设 $f_n(x) = \cos x + \cos^2 x + \cdots + \cos^n x$.

(1) 证明：对 $n \geqslant 2$，方程 $f_n(x) = 1$ 在 $\left(0, \dfrac{\pi}{3}\right)$ 内有且仅有一个根；

(2) 若 $x_n \in \left(0, \dfrac{\pi}{3}\right)$ 是 $f_n(x) = 1$ 的根，求 $\lim\limits_{n \to \infty} x_n$.

12. (哈尔滨工业大学 1999 年) 设 $x_1 > 0$，$x_{n+1} = \dfrac{2(1 + x_n)}{2 + x_n}$ $(n = 1, 2, \cdots)$，证明数列 $\{x_n\}$ 收敛，并求 $\lim\limits_{n \to \infty} x_n$.

13. 设 $x_1 = a \in \left(0, \dfrac{\pi}{2}\right)$，$x_{n+1} = \sin x_n$，求证：$\lim\limits_{n \to \infty} x_n = 0$.

14. 设 $a_n = \sqrt{1 + \sqrt{2 + \sqrt{3 + \cdots + \sqrt{n}}}}$，证明：$\{a_n\}$ 收敛.

15. 求极限 $\lim\limits_{n \to \infty} (\cos \sqrt{n+1} - \cos \sqrt{n})$.

16. 求极限 $\lim\limits_{n \to \infty} \dfrac{n}{\pi} \sin(2\pi \sqrt{n^2 + 1})$.

17. 求极限 $\lim\limits_{n \to \infty} x_n$，其中 $x_n = \sum\limits_{k=1}^{n} \dfrac{1}{k(k+1)(k+2)}$.

18. 求解下列函数的极限：

(1) 若 $\lim\limits_{x \to +\infty} f(x) = A$，求 $\lim\limits_{x \to +\infty} \dfrac{[xf(x)]}{x}$；

(2) $\lim\limits_{x \to 0} \dfrac{\sqrt{2 + \tan x} - \sqrt{2 - \tan x}}{x^3}$； (3) $\lim\limits_{x \to 1}\left(\dfrac{m}{1 - x^m} - \dfrac{n}{1 - x^n}\right)$；

(4) $\lim\limits_{x \to 0^+} \dfrac{\displaystyle\int_0^{x^2} \sin^{\frac{3}{2}} t \, \mathrm{d}t}{\displaystyle\int_0^x t(t - \sin t)\mathrm{d}t}$； (5) $\lim\limits_{x \to 0}\left(\dfrac{a}{x} - \left(\dfrac{1}{x^2} - a^2\right)\ln(1 + ax)\right)$；

(6) $\lim\limits_{n \to \infty} n\sin(2\pi e n!)$； (7) $\lim\limits_{x \to +\infty} x^2(\ln\arctan(x + 1) - \ln\arctan x)$.

19. 求极限 $\lim\limits_{x \to +\infty}\left[\sqrt{x + \sqrt{x + \dfrac{1}{x}}} - \sqrt{x}\right]$.

20. 求 $\lim\limits_{x \to 0^+} \sqrt[x]{\cos\sqrt{x}}$.

21. （华东师范大学 2006 年）设 $f(x)$ 在 $[0, +\infty)$ 上连续有界，证明：

$$\lim_{n \to \infty} \sqrt[n]{\int_0^n |f(x)|^n \mathrm{d}x} = \sup\{f(x) \mid x \in [0, +\infty)\}.$$

22. 设 $f(x)$ 在 $[a,b]$ 上非负、连续且严格增加，$g(x)$ 在 $[a,b]$ 上处处大于零、连续且 $\displaystyle\int_a^b g(x)\mathrm{d}x = 1$，由积分中值定理，对任意正整数 n，存在 $x_n \in [a,b]$ 使得

$$f(x_n) = \left(\int_a^b f^n(x)g(x)\mathrm{d}x\right)^{\frac{1}{n}},$$

求极限 $\lim\limits_{n \to \infty} x_n$.

23. 利用函数极限证明：$e^x (x \in \mathbf{R})$ 不是有理数.

24. 设 $f(x), g(x)$ 在 $[a,b]$ 上连续且 $f(x), g(x) > 0$，记 $a_n = \displaystyle\int_a^b f^n(x)g(x)\mathrm{d}x$，证明：数列 $\left\{\dfrac{a_{n+1}}{a_n}\right\}$ 收敛，且 $\lim\limits_{n \to \infty} \dfrac{a_{n+1}}{a_n} = \max\limits_{a \leqslant x \leqslant b} f(x)$.

25. 用致密性定理证明：闭区间上连续函数一定有界.

26. 判断：若数列的任一子列都存在收敛子列，则该数列必收敛.

27. 叙述有限覆盖定理，并用之证明：任何有界无穷数列必有收敛子列.

28. 利用有限覆盖定理证明：闭区间上连续函数必一致连续.

29. 试举例说明：在有理数集内，确界原理和聚点定理一般不成立.

30. 利用单调有界定理证明：非空有上界数集一定有上确界.

第 2 章　一元函数的连续性

连续函数是数学分析中重要的研究对象,本章将给出关于连续与一致连续的概念及其重要性质和相关定理,并给出一些有关连续和一致连续的判别和应用的典型例题.

2.1　函数的连续性

2.1.1　内容提要与知识点解析

1) 函数在一点连续的定义及等价描述

函数 $f(x)$ 在点 x_0 连续

$\Leftrightarrow \lim\limits_{x \to x_0} f(x) = f(x_0)$

$\Leftrightarrow f(x)$ 在点 x_0 既左连续又右连续,即 $f(x_0 + 0) = f(x_0 - 0) = f(x_0)$

$\Leftrightarrow \overline{\lim\limits_{x \to x_0}} f(x) = \underline{\lim\limits_{x \to x_0}} f(x) = f(x_0)$

$\Leftrightarrow f(x)$ 在点 x_0 既上半连续又下半连续

$\Leftrightarrow$ (Heine 定理) 对于任意数列 $x_n \to x_0 (n \to \infty$ 且 $x_n \neq x_0)$,都有

$$\lim_{n \to \infty} f(x_n) = f(x_0).$$

其中,$f(x_0 - 0), f(x_0 + 0)$ 分别为 $f(x)$ 在点 x_0 的左、右极限;$\overline{\lim\limits_{x \to x_0}} f(x)$,$\underline{\lim\limits_{x \to x_0}} f(x)$ 分别为 $f(x)$ 在点 x_0 的上、下极限.

注　函数 $f(x)$ 在点 x_0 连续当且仅当 $\lim\limits_{x \to x_0} f(x) = f(x_0)$,当且仅当

$$\lim_{x \to x_0} f(x) = f\left(\lim_{x \to x_0} x\right),$$

即函数在一点连续意味着函数的函数运算和极限运算可交换次序.这一条有大有用处.函数在一点的连续性的等价描述为我们提供了证明函数在一点连续的方法,下面着重说说函数在一点连续的 ε-δ 语言.

$\lim\limits_{x \to x_0} f(x) = f(x_0)$ 的 ε-δ 语言的等价表示如下:$\forall \varepsilon > 0, \exists \delta = \delta(\varepsilon, x_0) > 0$,使得当 $|x - x_0| < \delta$ 时,有 $|f(x) - f(x_0)| < \varepsilon$.其中,$\delta$ 一般不仅依赖于 ε,还依

赖于 x_0（只有在函数一致连续的情况下才不依赖于 x_0）.这里要注意它与函数在一点极限的 ε-δ 语言的区别.

函数的连续性用 ε-δ 语言证明的关键在于找出 δ,必须用 ε 和其他已知的量表示出 δ,才能确定 δ 的存在性.经典方法就是放大法.

对于任意的 $\varepsilon > 0$,要使得 $| f(x) - f(x_0) | < \varepsilon$,如果

$$| f(x) - f(x_0) | \leqslant h(| x - x_0 |) \quad (| x - x_0 | < \delta_1),$$

其中,$h(t)$ 是简单的放大的无穷小量,这样只要 $h(| x - x_0 |) < \varepsilon$ 就可以了.

将 $h(| x - x_0 |) < \varepsilon$ 等价地描述成 $| x - x_0 | < \delta_2$,于是对任意的 $\varepsilon > 0$,取 $\delta = \min\{\delta_1, \delta_2\} > 0$,当 $| x - x_0 | < \delta$ 时,一定有 $| f(x) - f(x_0) | < \varepsilon$ 成立.

函数在一点连续有三个要素:① 函数在该点有定义;② 极限存在;③ 极限值等于函数值.三要素缺一不可,否则函数就在该点不连续,而该点也就是函数的间断点.下面再给出具体的判断函数在一点 x_0 不连续的方法.

方法 1 函数连续性的 ε-δ 语言的否定形式:$\lim\limits_{x \to x_0} f(x) \neq f(x_0) \Leftrightarrow$ 存在 $\varepsilon_0 > 0$ 及数列 $x_n \to x_0, n \to \infty$,使得 $| f(x_n) - f(x_0) | \geqslant \varepsilon_0$ 对于 $n = 1, 2, \cdots$ 成立.

方法 2 若存在数列 $x_n \to x_0, n \to \infty$,使得函数值数列

$$f(x_n) \nrightarrow f(x_0), \quad n \to \infty$$

或函数值数列 $f(x_n)$ 极限不存在(极限值为无穷大也算不存在),则函数 $f(x)$ 在该点 x_0 不连续.

方法 3 若存在两个数列 $x_n \to x_0, y_n \to x_0, n \to \infty$,使得

$$f(x_n) \to A, \quad f(y_n) \to B, \quad n \to \infty,$$

但极限值 $A \neq B$,则函数 $f(x)$ 在该点 x_0 不连续.

此外,对于上半连续、下半连续也有如下的等价性描述:

函数 $f(x)$ 在点 x_0 上半连续 $\Leftrightarrow \overline{\lim\limits_{x \to x_0}} f(x) \leqslant f(x_0) \Leftrightarrow$ 对于任意的 $\varepsilon > 0$,存在 $\delta = \delta(\varepsilon, x_0) > 0$,使得当 $| x - x_0 | < \delta$ 时,有 $f(x) < f(x_0) + \varepsilon$;

函数 $f(x)$ 在点 x_0 下半连续 $\Leftrightarrow \underline{\lim\limits_{x \to x_0}} f(x) \geqslant f(x_0) \Leftrightarrow$ 对于任意的 $\varepsilon > 0$,存在 $\delta = \delta(\varepsilon, x_0) > 0$,使得当 $| x - x_0 | < \delta$ 时,有 $f(x_0) - \varepsilon < f(x)$.

2)函数的间断点及分类

若函数不满足在一点连续的三要素之一,则函数就在该点间断,并称该点为函数的间断点.

从左右极限的角度,可将间断点分为第一类间断点和第二类间断点.第一类间断点是指函数在该点的左右极限均存在,否则该点就是第二类间断点.在第一类间

断点中,如果函数在该点的左右极限存在且相等,但函数在该点没有定义,则称此点为函数的可去间断点;如果左右极限存在但不相等,则称此点为函数的跳跃间断点.在可去间断点处,若补充函数在该点的定义,可使得函数在此点连续.因而,可去间断点是一种比较"弱"的间断点.

这里可以联系微分学的相关知识点,比如对单调函数来说间断点一定是第一类的,可导函数的导函数的间断点一定是第二类的.

3）连续函数在闭区间上的一些重要结论

（1）有界性定理

若函数 $f(x)$ 在有界闭区间 $[a,b]$ 上连续,则函数 $f(x)$ 在 $[a,b]$ 上有界.

（2）最值性定理

若函数 $f(x)$ 在有界闭区间 $[a,b]$ 上连续,则函数 $f(x)$ 在 $[a,b]$ 上可取到最大值和最小值.

（3）函数零点定理或方程的根的存在性定理

若函数 $f(x)$ 在有界闭区间 $[a,b]$ 上连续,且 $f(a)f(b)<0$,则至少存在一点 $\xi \in (a,b)$,使得 $f(\xi)=0$.

（4）介值性定理

若函数 $f(x)$ 在有界闭区间 $[a,b]$ 上连续,$f(a) \neq f(b)$,不妨设 $f(a)<f(b)$,则对于任意的值 c 且 $f(a)<c<f(b)$,都存在一点 $\xi \in (a,b)$,使得 $f(\xi)=c$.

（5）等价的介值性定理

如果函数 $f(x)$ 在有界闭区间 $[a,b]$ 上连续,并且对于任意的值 c,满足（不妨设 $x_1<x_2$）

$$f(x_1)=\min f(a) \leqslant c \leqslant \max f(x)=f(x_2), \quad x_1,x_2 \in [a,b],$$

则一定存在一点 $\xi \in [x_1,x_2] \subset [a,b]$,使得 $f(\xi)=c$.

注　以上（3）（4）（5）所示定理相互等价,即由一个可以证明另外任意一个.

（6）Cantor 一致连续定理

若函数 $f(x)$ 在有界闭区间 $[a,b]$ 上连续,则 $f(x)$ 在 $[a,b]$ 上一致连续.

2.1.2　典型例题解析

例 2.1　证明:区间 $[0,1]$ 上的 Dirichlet 函数

$$D(x)=\begin{cases}1, & x \text{ 为有理点,} \\ 0, & x \text{ 为无理点}\end{cases}$$

在区间 $[0,1]$ 上处处不连续,从而函数 $D(x)$ 在区间 $[0,1]$ 上黎曼不可积.

证明　对于任意确定的一点 $x_0 \in [0,1]$,存在有理数列 r_n 使得 $r_n \to x_0$,也存

在无理数列 i_n 使得 $i_n \to x_0$,故当 $n \to \infty$ 时有极限 $D(r_n)=1 \to 1, D(i_n)=0 \to 0$.显然两个极限值不等.所以当 $x \to x_0$ 时,函数 $D(x)$ 极限不存在,因此 $D(x)$ 在点 x_0 不连续.再由点 x_0 的任意性,函数 $D(x)$ 在区间 $[0,1]$ 上处处不连续.

因为 $D(x)$ 在区间 $[0,1]$ 上不连续点集的勒贝格测度为 1,不为 0,故 $D(x)$ 在区间 $[0,1]$ 上黎曼不可积.

注 在进行数学分析综合训练时需要具备一点实变函数论的基本常识.这里,函数 $f(x)$ 在区间 $[a,b]$ 上黎曼可积当且仅当函数 $f(x)$ 在区间 $[a,b]$ 上的不连续点的点集的勒贝格测度为 0.直线上所有有理点的点集的勒贝格测度为 0.

例 2.2 证明:区间 $[0,1]$ 上的黎曼函数

$$R(x)=\begin{cases} \dfrac{1}{q}, & x=\dfrac{p}{q}, \\ 0, & x \text{ 为无理点} \end{cases} \quad \left(\text{其中 } x=\dfrac{p}{q} \text{ 为既约分数且 } q>0\right)$$

在 $[0,1]$ 上有理点处不连续,在无理点处连续,从而 $R(x)$ 在 $[0,1]$ 上黎曼可积.

证明 设 $x_0 \in [0,1]$ 为有理点,$x_0=\dfrac{p}{q}$ 为既约分数且 $q>0$,则 $R(x_0)=\dfrac{1}{q}>0$.由无理点的稠密性,存在有理点列 $x_n \to x_0$,但对于正整数 n,有

$$|R(x_n)-R(x_0)|=\left|0-\dfrac{1}{q}\right|=\dfrac{1}{q}>0,$$

即 $R(x_n) \nrightarrow R(x_0)$,故 $R(x)$ 在有理点 x_0 处不连续.

当 $x_0 \in [0,1]$ 为无理点时,则 $R(x_0)=0$.从 $R(x)$ 的定义可以看出,对于任意的 $\varepsilon>0$,满足 $R(x) \geqslant \varepsilon$ 的点 x 在区间 $[0,1]$ 上最多只有有限个,从而可取 $\delta>0$ 充分小,使得区间 $(x_0-\delta, x_0+\delta)$ 不含满足不等式 $R(x) \geqslant \varepsilon$ 的点,也就是对于区间 $(x_0-\delta, x_0+\delta)$ 上的任意点,有 $|R(x)-R(x_0)|=R(x)<\varepsilon$ 成立,所以函数 $R(x)$ 在 $[0,1]$ 上的无理点处连续.又因为函数 $R(x)$ 以 1 为周期,故函数 $R(x)$ 在直线上所有无理点上连续.

因为区间 $[0,1]$ 上所有有理点的勒贝格测度为 0,从而 $R(x)$ 在区间 $[0,1]$ 上不连续点集的勒贝格测度为 0,所以 $R(x)$ 在区间 $[0,1]$ 上黎曼可积.

例 2.3(天津大学 2005 年) 证明:函数

$$f(x)=\begin{cases} \sin\pi x, & x \text{ 为有理数}, \\ 0, & x \text{ 为无理数} \end{cases}$$

在 $x=n(n \in \mathbf{Z})$ 处连续,而在其他点处间断.

证明 首先说明 $f(x)$ 在 $x=n(n \in \mathbf{Z})$ 处连续.

事实上,当 $x_0=n(n \in \mathbf{Z})$ 时,由于 $\sin(n\pi-a)=(-1)^{n-1}\sin a$,所以

$$| \sin(n\pi - a) | = | \sin a |,$$

从而

$$| f(x) - f(n) | \leqslant | \sin\pi x | = | \sin(n\pi - \pi x) |$$
$$\leqslant \pi | x - n | \to 0, \quad x \to n.$$

当 $x_0 \neq n (n \in \mathbf{Z})$ 时,由有理数与无理数的稠密性得到:存在有理数列 $\{a_n\}$ 与无理数列 $\{b_n\}$,使得 $\lim\limits_{n \to \infty} a_n = x_0$,$\lim\limits_{n \to \infty} b_n = x_0$.而

$$\lim_{n \to \infty} f(a_n) = \lim_{n \to \infty} \sin\pi a_n = \sin\pi x_0 \neq 0, \quad \lim_{n \to \infty} f(b_n) = \lim_{n \to \infty} 0 = 0,$$

所以 $\lim\limits_{x \to x_0} f(x)$ 不存在,于是 $f(x)$ 在点 $x_0 \neq n (n \in \mathbf{Z})$ 处不连续.

例 2.4　若函数 $f(x)$ 在区间 $[a,b]$ 上连续,证明:最大值函数 $M(x) = \sup\limits_{a \leqslant t \leqslant x} f(t)$ 和最小值函数 $m(x) = \inf\limits_{a \leqslant t \leqslant x} f(t)$ 也在区间 $[a,b]$ 上连续.

证明　这里仅证明最大值函数 $M(x)$ 在区间 $[a,b]$ 上连续,最小值函数 $m(x)$ 在区间 $[a,b]$ 上连续类似可证.

显然,$M(x)$ 在区间 $[a,b]$ 上有定义,且单调增加,故函数 $M(x)$ 在每点处的单侧极限存在.对于任意确定的一点 $x_0 \in [a,b]$,只要证明

$$M(x_0 - 0) = M(x_0) = M(x_0 + 0).$$

由 $M(x)$ 的单调性,有 $M(x_0 - 0) \leqslant M(x_0)$,又因为对任意点 $x \in [a, x_0]$,有

$$f(x) \leqslant \sup_{a \leqslant t \leqslant x} f(t) = M(x) \leqslant M(x_0 - 0),$$

从而

$$M(x_0) = \sup_{a \leqslant t \leqslant x_0} f(t) \leqslant M(x_0 - 0),$$

所以 $M(x_0 - 0) = M(x_0)$ 成立.

下面再用反证法来证明 $M(x_0 + 0) = M(x_0)$ 成立.因为 $M(x)$ 单调增加,所以 $M(x_0) \leqslant M(x_0 + 0)$.如果 $M(x_0) < M(x_0 + 0)$,那么可取充分小的 $\varepsilon_0 > 0$,使得 $M(x_0) + \varepsilon_0 < M(x_0 + 0)$,从而对于任意的 $x > x_0$,有

$$\sup_{a \leqslant t \leqslant x} f(t) = M(x) \geqslant M(x_0 + 0) > M(x_0) + \varepsilon_0.$$

而由确界的定义知,存在 $t \in [a, x]$,使得

$$f(t) > M(x_0) + \varepsilon_0 \geqslant f(x_0) + \varepsilon_0, \tag{$*$}$$

但在 $[a, x_0]$ 上 $f(t) \leqslant M(x_0)$,故在 $(*)$ 式中的 $t \in (x_0, x]$,这与函数 $f(x)$ 的连续性矛盾.

例 2.5 设函数 $f(x)$ 在闭区间 $[a,b]$ 上具有介值性,且 $f(x)$ 在开区间 (a,b) 内可导,$|f'(x)| \leqslant K, x \in (a,b)$,证明:$f(x)$ 在区间端点处单侧连续.

证明 $\forall \varepsilon > 0, \exists \delta = \dfrac{\varepsilon}{2K}$,当 $x \in (a, a+\delta)$ 时,如果 $f(x) = f(a)$,则易见函数 $f(x)$ 在 $x = a$ 处右连续.否则,$\exists x_0 \in (a, a+\delta)$,使得 $f(x_0) \neq f(a)$.不妨设 $f(x_0) < f(a)$,于是对任意的 $\xi \in (f(x_0), f(a))$ 满足 $|f(a) - \xi| < \dfrac{\varepsilon}{2}$.又由介值性可知,存在 $x_1 \in (a, x_0)$ 使得 $f(x_1) = \xi$.因此,$\forall x \in (a, a+\delta)$,有

$$|f(x) - f(a)| < |f(x) - f(x_1)| + |f(x_1) - f(a)|$$

$$= |f'(\eta)||x - x_1| + |\xi - f(a)| \leqslant K\frac{\varepsilon}{2K} + \frac{\varepsilon}{2} = \varepsilon.$$

这表明 $f(x)$ 在 $x = a$ 处右连续.

类似可验证 $f(x)$ 在 $x = b$ 处左连续.

例 2.6 若函数 $f(x)$ 在开区间 (a,b) 上连续,且 $f(a+0) = f(b-0) = 0$,证明:函数 $f(x)$ 在开区间 (a,b) 内可取到最大值或最小值.

证明 设函数

$$F(x) = \begin{cases} f(x), & x \in (a,b), \\ 0, & x = a, b, \end{cases}$$

则 $F(x)$ 在区间 $[a,b]$ 上连续,因此在区间 $[a,b]$ 上可以取到最大值和最小值.又因为 $F(a) = F(b)$,所以 $F(x)$ 在 (a,b) 内可取到最大值或最小值.

例 2.7 试作一个函数仅在区间 $[a,b]$ 上的某一点连续,在其余点均不连续.

解 设在区间 $[0,2]$ 上有函数

$$f(x) = \begin{cases} 2-x, & x \text{ 为有理点}, \\ 1, & x \text{ 为无理点}, \end{cases}$$

可得 $f(1) = 1$,则 $f(x)$ 仅在 $x = 1$ 处连续.

例 2.8(大连理工大学 2008 年) 讨论 $f(x) = \dfrac{x}{\ln|x-1|}$ 的间断点及其类型.

解 由函数的表达式易知 $f(x)$ 有三个间断点 $x_1 = 0, x_2 = 1, x_3 = 2$.

由 $\lim\limits_{x \to 0} f(x) = \lim\limits_{x \to 0} \dfrac{x}{\ln|x-1|} = -1$,所以 $x_1 = 0$ 为 $f(x)$ 的可去间断点;

由 $\lim\limits_{x \to 1} f(x) = \lim\limits_{x \to 1} \dfrac{x}{\ln|x-1|} = 0$,所以 $x_2 = 1$ 为 $f(x)$ 的可去间断点;

由 $\lim\limits_{x \to 2^+} f(x) = \lim\limits_{x \to 2^+} \dfrac{x}{\ln|x-1|} = +\infty$,所以 $x_3 = 2$ 为 $f(x)$ 的第二类间断点.

例 2.9　给出函数 $f(x) = \dfrac{x^2 - x}{\mid x \mid (x^2 - 1)}$ 的间断点及其类型.

解　易得 $f(x)$ 有三个间断点 $x_1 = 0, x_2 = 1, x_3 = -1$. 由

$$\lim_{x \to 0^+} f(x) = \lim_{x \to 0^+} \frac{x^2 - x}{x(x^2 - 1)} = 1, \quad \lim_{x \to 0^-} f(x) = \lim_{x \to 0^-} \frac{x^2 - x}{-x(x^2 - 1)} = -1,$$

所以 $x_1 = 0$ 为 $f(x)$ 的跳跃间断点; 由

$$\lim_{x \to 1} f(x) = \lim_{x \to 1} \frac{x^2 - x}{x(x^2 - 1)} = \lim_{x \to 1} \frac{x - 1}{x^2 - 1} = \frac{1}{2},$$

所以 $x_2 = 1$ 为 $f(x)$ 的可去间断点; 由

$$\lim_{x \to -1^+} f(x) = \lim_{x \to -1^+} \frac{x^2 - x}{-x(x^2 - 1)} = -\lim_{x \to -1^+} \frac{1}{x + 1} = -\infty,$$

所以 $x_3 = -1$ 为 $f(x)$ 的第二类间断点.

例 2.10　设函数 $f(x)$ 对任意的 $x \in \mathbf{R}$ 满足 $f(x) = f(x^2)$ 且 $f(x)$ 在 $x = 0$ 和 $x = 1$ 处连续, 证明: $f(x)$ 在 $\mathbf{R}$ 上为常数.

证明　首先 $f(-x) = f(x^2) = f(x)$, 所以 $f(x)$ 是偶函数.

当 $x > 0$ 时, 由 $f(x) = f(x^2)$ 得到

$$f(x) = f(\sqrt{x}) = f(\sqrt[4]{x}) = \cdots = f(\sqrt[2^n]{x}),$$

从而由归结原则得到

$$f(x) = \lim_{n \to \infty} f(\sqrt[2^n]{x}) = f\left(\lim_{n \to \infty} \sqrt[2^n]{x}\right) = f(1);$$

而当 $x = 0$ 时, $f(0) = \lim_{x \to 0} f(x) = \lim_{x \to 0} f(1) = f(1)$.

综上所述, $f(x) \equiv f(1), x \in \mathbf{R}$.

例 2.11　设 $f(x)$ 在 $[0, +\infty)$ 上连续, 且对任意的 $n \in \mathbf{N}^*$, $f\left(x + \dfrac{1}{n}\right) = f(x)$, 证明: $f(x)$ 在 $[0, +\infty)$ 上为常值函数.

证明　由条件可知

$$f(x) = f\left(x + \frac{1}{n}\right) = f\left(x + \frac{1}{n} + \frac{1}{n}\right) = \cdots = f(x + 1)$$
$$= f(x + 2) = \cdots = f(x + n),$$

再令 $x = 0$, 则 $f(0) = f(n) = f\left(\dfrac{1}{n}\right)$. 于是, 有

$$f(kn) = f(0) = f\left(\frac{1}{n}\right), \quad f\left(\frac{k}{n}\right) = f\left(\frac{1}{n}\right) = f(0).$$

这样对 $(0,1)$ 中任意的有理数 $\dfrac{m}{n}$,有 $f\left(\dfrac{m}{n}\right) = f\left(\dfrac{1}{n}\right) = f(0)$,再由函数的连续性和有理数的稠密性得到 $f(x) = f(0)$,$\forall x \in (0,1)$.因此

$$f(x) = f(0), \quad \forall x \in [0, +\infty).$$

例 2.12 设 $f(x)$ 为非常值的连续周期函数,证明:$f(x)$ 必有最小正周期.

证明 记 $S = \{t \mid t$ 为 f 的正周期$\}$,则由确界原理知 S 有下确界 $T = \inf S$,易见 $T \geqslant 0$.下面只要证明 $T = \inf S$ 为 $f(x)$ 的周期,且 $T > 0$ 即可.

事实上,由下确界的定义,存在数列 $\{t_n\} \subset S$ 使得 $\lim\limits_{n \to \infty} t_n = T$.又由 $f(x)$ 的连续性得到:$\forall x \in \mathbf{R}$,$f(x) = \lim\limits_{n \to \infty} f(t_n + x) = f(x + T)$.

如果 $T = 0$,也就是 $\lim\limits_{n \to \infty} t_n = 0$,则任意 $x \in \mathbf{R}$ 可以表示为

$$x = k_n t_n + r_n, \quad n \in \mathbf{N}^*, \ k_n \in \mathbf{Z}, \ 0 \leqslant r_n < t_n,$$

因此 $\lim\limits_{n \to \infty} r_n = 0$.又由 $f(x)$ 的周期性可得

$$f(x) = f(k_n t_n + r_n) = f(r_n),$$

最后令 $n \to \infty$,则由函数的连续性得到 $f(x) = f(0)$,即 $f(x)$ 为常值函数.这与假设矛盾,因此 $T > 0$.

注 本题中的连续性假设很重要,否则结论就不对了,比如 Dirichlet 函数.

例 2.13 设函数 $f(x)$ 在闭区间 $[0,1]$ 上连续,且 $f(0) = f(1)$,证明:对任何正整数 n,$\exists \xi \in [0,1]$,使得 $f\left(\xi + \dfrac{1}{n}\right) = f(\xi)$.

证明 当 $n = 1$ 时,取 $\xi = 0$,命题成立.

当 $n > 1$ 时,令 $F(x) = f\left(x + \dfrac{1}{n}\right) - f(x)$,则有

$$F(0) + F\left(\frac{1}{n}\right) + F\left(\frac{2}{n}\right) + \cdots + F\left(\frac{n-1}{n}\right) = 0.$$

若上式中有一项为零,则结论显然成立;若不均为零,则由其和为零知各项有正有负,由零点定理立得结论.

例 2.14(北京大学 2002 年) 设函数 $f(x)$ 在闭区间 $[a, a+2\alpha]$ 上连续,证明:$\exists \xi \in [a, a+\alpha]$,使得 $f(\xi + \alpha) - f(\xi) = \dfrac{f(a + 2\alpha) - f(a)}{2}$.

证明　令 $F(x) = f(x+\alpha) - f(x) - \dfrac{f(a+2\alpha) - f(a)}{2}$，容易验证

$$F(a)F(a+\alpha) \leqslant 0.$$

如果 $F(a) = 0$ 或 $F(a+\alpha) = 0$，则结论成立. 否则，$F(a)F(a+\alpha) < 0$，于是由零点定理，$\exists \xi \in (a, a+\alpha)$ 使得 $F(\xi) = 0$.

例 2.15　设函数 $f(x)$ 在 $[a,b]$ 上连续，若 $x_1, x_2, \cdots, x_n \in [a,b]$ 且有正数 $\lambda_1, \lambda_2, \cdots, \lambda_n > 0$ 满足 $\lambda_1 + \lambda_2 + \cdots + \lambda_n = 1$，证明：存在 $\xi \in [a,b]$，使得

$$f(\xi) = \lambda_1 f(x_1) + \cdots + \lambda_n f(x_n).$$

证明　由题意，可令 $f(\alpha) = \min\limits_{x \in [a,b]} f(x)$，$f(\beta) = \max\limits_{x \in [a,b]} f(x)$，则

$$f(\alpha) \leqslant \lambda_1 f(x_1) + \cdots + \lambda_n f(x_n) \leqslant f(\beta),$$

然后利用介值性立得结论.

注　这是一道非常典型的例题，很多数学分析教材都将其列为例题或习题. 它有很多变形，这点需要大家注意.

例 2.16　设函数 $f(x)$ 在闭区间 $[a,b]$ 上连续，若 $x_1, x_2, \cdots, x_n \in [a,b]$，证明：$\exists \xi \in [a,b]$，使得 $f(\xi) = \dfrac{1}{n^2} \sum\limits_{k=1}^{n} (2k-1) f(x_k)$.

证明　由上例，这里只要取 $\lambda_i = \dfrac{2i-1}{n^2}$，直接验证即可.

例 2.17（扬州大学 2010 年）　设函数 $f(x), g(x)$ 为在 $[0,1]$ 到 $[0,1]$ 上的连续函数，且对任意的 $x \in [0,1]$，$f(g(x)) = g(f(x))$. 求证：若 $f(x)$ 递减，则存在唯一的 $x_0 \in [0,1]$，使得 $f(x_0) = g(x_0) = x_0$.

证明　设函数 $F(x) = f(x) - x$，则 $F(x)$ 在区间 $[0,1]$ 上连续，且对任意的 $x_1, x_2 \in [0,1]$，$x_1 < x_2$，因为 $f(x)$ 递减，所以有

$$F(x_1) - F(x_2) = f(x_1) - f(x_2) + (x_2 - x_1) \geqslant x_2 - x_1 > 0,$$

于是 $F(x)$ 在 $[0,1]$ 上严格递减. 又 $F(0) = f(0) \geqslant 0$，$F(1) = f(1) - 1 \leqslant 0$，则由零点定理以及单调性可知存在唯一的 $x_0 \in [0,1]$，使得

$$F(x_0) = 0, \quad \text{即} \quad f(x_0) = x_0.$$

又由条件 $f(g(x_0)) = g(f(x_0)) = g(x_0)$，说明 $g(x_0)$ 也是 $F(x) = f(x) - x = 0$ 的根，再由 $F(x) = 0$ 根的唯一性，即得 $f(x_0) = g(x_0) = x_0$.

例 2.18（南京大学 2002 年）　设 $f(x) = \sin x - \dfrac{1}{\ln x}$，证明：$f(x)$ 在 $[2, +\infty)$ 内有无穷多个零点.

证明　注意到 $f(x)$ 在 $[2,+\infty)$ 上连续，且对任意的 $n \in \mathbf{N}^*$，有

$$f\left(2n\pi + \frac{\pi}{2}\right) = 1 - \frac{1}{\ln\left(2n\pi + \frac{\pi}{2}\right)} > 0,$$

$$f\left(2n\pi - \frac{\pi}{2}\right) = -1 - \frac{1}{\ln\left(2n\pi - \frac{\pi}{2}\right)} < 0,$$

所以由介值性定理可知 $\exists \xi_n \in \left(2n\pi - \frac{\pi}{2}, 2n\pi + \frac{\pi}{2}\right)$，使得 $f(\xi_n) = 0$，从而可得函数 $f(x)$ 在 $[2,+\infty)$ 内有无穷多个零点.

例 2.19（兰州大学 2002 年）　设函数 $f(x)$ 在 $[a,b]$ 上连续，且 $f(x) \neq 0$，证明：方程 $\displaystyle\int_a^x f(t)\mathrm{d}t + \int_b^x \frac{1}{f(t)}\mathrm{d}t = 0$ 在 $[a,b]$ 上有唯一实根.

证明　由条件可知 $f(x)$ 在 $[a,b]$ 上恒大于或恒小于零，否则由介值性定理可得 $f(x)$ 在 $[a,b]$ 上有零点.下面不妨设 $f(x) > 0, \forall x \in [a,b]$.

令 $F(x) = \displaystyle\int_a^x f(t)\mathrm{d}t + \int_b^x \frac{1}{f(t)}\mathrm{d}t$，则

$$F'(x) = f(x) + \frac{1}{f(x)} > 0,$$

$$F(a) = \int_a^a f(t)\mathrm{d}t + \int_b^a \frac{1}{f(t)}\mathrm{d}t = -\int_a^b \frac{1}{f(t)}\mathrm{d}t < 0,$$

$$F(b) = \int_a^b f(t)\mathrm{d}t + \int_b^b \frac{1}{f(t)}\mathrm{d}t = \int_a^b f(t)\mathrm{d}t > 0,$$

由 $F(x)$ 在 $[a,b]$ 上单调增加、连续及零点定理即得结论.

例 2.20　设函数 $f(x)$ 在 $[a,b]$ 上连续，又有 $\{x_n\} \subset [a,b]$，使 $\lim\limits_{n\to\infty} f(x_n) = A$.证明：存在 $x_0 \in [a,b]$，使 $f(x_0) = A$.

证明　因为 $\{x_n\} \subset [a,b]$，故存在收敛子列 $\{x_{n_k}\}$.设该子列收敛于 x_0，则 $x_0 \in [a,b]$，且有

$$f(x_0) = \lim\limits_{k\to\infty} f(x_{n_k}) = \lim\limits_{n\to\infty} f(x_n) = A.$$

例 2.21　设 $\{f_n(x)\}$ 是区间 (a,b) 内的连续函数列，且对任意 $x_0 \in (a,b)$，数列 $\{f_n(x_0)\}$ 都是有界的.证明：$\{f_n(x)\}$ 在 (a,b) 的某一非空子区间上一致有界.

证明　用反证法.假设 $\{f_n(x)\}$ 在区间 (a,b) 内任何非空子集上非一致有界，则 $\exists x_1 \in (a,b)$ 及 $n_1 \in \mathbf{N}^*$，有 $f_{n_1}(x_1) > 1$.又 f_{n_1} 连续，根据连续函数的保号性知，

存在 $\Delta_1 \subset (a,b)$，Δ_1 为闭子区间，有

$$f_{n_1}(x) > 1, \quad x \in \Delta_1.$$

$\{f_n(x)\}$ 在 Δ_1 上非一致有界，故存在 $x_2 \in \Delta_1$，$n_2 \in \mathbf{N}^*$，$n_2 > n_1$，有 $f_{n_2}(x_2) > 2$，再由保号性知，存在 $\Delta_2 \subset \Delta_1$，$\Delta_2$ 为闭子区间，且限定 Δ_2 的长度不超过 Δ_1 长度的一半，有

$$f_{n_2}(x) > 2, \quad x \in \Delta_2.$$

如此下去得一闭区间套：

$$\Delta_1 \supset \Delta_2 \supset \cdots \supset \Delta_n \supset \cdots,$$

在 Δ_k 上，$f_{n_k}(x) > k$，$k = 1, 2, \cdots$.

由闭区间套定理可得，$\exists x_0 \in \Delta_k$，$k = 1, 2, \cdots$，有

$$f_{n_k}(x_0) > k, \quad k = 1, 2, \cdots.$$

这与 $\{f_n(x_0)\}$ 有界矛盾，故结论成立.

例 2.22　试用有限覆盖定理证明连续函数的零点定理：若函数 $f(x)$ 在 $[a,b]$ 上连续，且 $f(a)f(b) < 0$，则至少存在一点 $\xi \in (a,b)$，使得 $f(\xi) = 0$.

证明　用反证法.假设函数 $f(x) \neq 0$，$\forall x \in (a,b)$，则由函数的连续性知：$\forall x \in (a,b)$，$\exists \delta_x > 0$，$f(x)$ 在 $U(x, \delta_x) \bigcap [a,b]$ 上恒正或恒负.令

$$H = \{U(x, \delta_x) \mid x \in [a,b]\},$$

则 H 为 $[a,b]$ 的一个开覆盖，由有限覆盖定理知存在有限子覆盖 $\{U(x_i, \delta_i) \mid i = 1, 2, \cdots, k\}$，且可设 x_i 彼此不同（若 x_i, x_j 相同，则只保留较大的邻域，它们同样覆盖 $[a,b]$），这样可把 x_i 从小到大重新排列.不失一般性，设 $x_1 < x_2 < \cdots < x_k$，于是 $a \in U(x_1, \delta_1)$，这样 $f(x)$ 在 $U(x_1, \delta_1) \bigcap [a,b]$ 上与 $f(a)$ 同号.

又易知 $U(x_2, \delta_2) \bigcap U(x_1, \delta_1) \neq \varnothing$，所以 $f(x)$ 在 $U(x_2, \delta_2)$ 上与 $f(a)$ 同号.依此类推，$f(x)$ 在 k 个邻域内都与 $f(a)$ 同号，而 $f(b) \in U(x_k, \delta_k)$，这样 $f(b)$ 也与 $f(a)$ 同号，与题设矛盾.因此，至少存在一点 $\xi \in (a,b)$，使得 $f(\xi) = 0$.

例 2.23　试用闭区间套定理证明：若函数 $f(x)$ 在区间 $[a,b]$ 上连续，则 $f(x)$ 在 $[a,b]$ 上有界.

证明　用反证法.设 $f(x)$ 在 $[a,b]$ 上无界，将区间 $[a,b]$ 二等分，则 $f(x)$ 至少在其中一个半区间上无界，记这样的区间为 $[a_1, b_1]$；再将 $[a_1, b_1]$ 作二等分，则 $f(x)$ 至少在其中一个半区间上无界，记这样的区间为 $[a_2, b_2]$.如此继续下去，得一闭区间套 $\{[a_n, b_n]\}$，$f(x)$ 在每一个区间上都是无界的.由闭区间套定理，存在唯一的 $\xi \in [a_n, b_n]$，$\forall n \geqslant 1$.又 $f(x)$ 在 ξ 点连续，则 $f(x)$ 在 ξ 点的某邻域 $U(\xi)$

内有界.而由闭区间套性质,当 n 充分大时,$[a_n,b_n]\subset U(\xi)$,这与 $[a_n,b_n]$ 的构造矛盾,因此 $f(x)$ 在 $[a,b]$ 上有界.

例 2.24 设函数 f 在 $[a,b]$ 上连续,且满足 $f(a)\geqslant a$,$f(b)\leqslant b$,证明:至少存在一点 $\xi\in[a,b]$,使得 $f(\xi)=\xi$.

证明 令 $g(x)=f(x)-x$,$x\in[a,b]$,则 g 在 $[a,b]$ 上连续,且

$$g(a)=f(a)-a\geqslant 0,\quad g(b)=f(b)-b\leqslant 0,$$

由介值性定理立得结论.

例 2.25 设函数 f 在 $[a,b]$ 上递增,满足 $f(a)\geqslant a$,$f(b)\leqslant b$,试用闭区间套定理证明:$\exists\xi\in[a,b]$,使得 $f(\xi)=\xi$.

证明 若 $f(a)=a$ 或 $f(b)=b$,则结论自然成立.下面设 $f(a)>a$,$f(b)<b$.记 $[a_1,b_1]=[a,b]$,$c_1=\dfrac{1}{2}(a_1+b_1)$.若 $f(c_1)=c_1$,显然得证;若 $f(c_1)<c_1$,则取 $[a_2,b_2]=[a_1,c_1]$;若 $f(c_1)>c_1$,则取 $[a_2,b_2]=[c_1,b_1]$.如此继续下去,可得一区间套 $\{[a_n,b_n]\}$.在此过程中,若存在某一区间 $[a_n,b_n]$ 的中点 c_n 使得 $f(c_n)=c_n$,则命题成立,否则有

$$f(a_n)>a_n,\quad f(b_n)<b_n,\quad n=1,2,\cdots. \tag{$*$}$$

又由闭区间套定理,存在唯一的 $\xi\in[a_n,b_n]$,$n=1,2,\cdots$.下证:$f(\xi)=\xi$.

倘若 $f(\xi)<\xi$,则由 $\{a_n\}$ 递增趋于 ξ 和极限的保序性得 $a_n>f(\xi)$,而 $a_n\leqslant\xi$,由 f 的递增性得 $f(a_n)\leqslant f(\xi)<a_n$,这与 $(*)$ 式矛盾.

类似可证,当 $f(\xi)>\xi$ 时同样得到与 $(*)$ 式矛盾.如此命题得证.

2.2 函数的一致连续性

2.2.1 内容提要与知识点解析

1) 函数一致连续的定义

(1) 函数一致连续的 ε-δ 语言

函数 $f(x)$ 在区间 I 上一致连续,当且仅当 $\forall\varepsilon>0$,$\exists\delta=\delta(\varepsilon)>0$($\delta$ 仅依赖于 ε,而与自变量 x 无关),使得对于任意两点 $x',x''\in I$,只要 $|x'-x''|<\delta$,就有 $|f(x')-f(x'')|<\varepsilon$ 成立.

(2) 一致连续的几何意义

对于高度为 $\varepsilon(>0)$,长度不超过 δ 的平行于 x 轴的小矩形,当沿着 x 轴上区间 I 任意滑动时,只要适当调整小矩形上下的高度位置,小矩形总可以覆盖相应区间段上的曲线 $y=f(x)$.

注　用 $\varepsilon\text{-}\delta$ 语言证明函数一致连续的关键在于确定 δ.这里 δ 仅依赖于 ε,与自变量 x 的位置无关,必须用 ε 和其他已知的量表示出 δ,才确定 δ 的存在性.而经典办法就是对上一节介绍的放大法做适当修改.

对于任意的 $\varepsilon>0$ 及任意两点 $x',x''\in I$,要使得 $|f(x')-f(x'')|<\varepsilon$,因为在限定条件 $|x'-x''|<\delta_1$ 下,有 $|f(x')-f(x'')|\leqslant h(|x'-x''|)$,其中 $h(t)$ 是简单放大的无穷小量(当 $t\to 0^+$ 时),所以只要 $h(|x'-x''|)<\varepsilon$ 就可以了.

又因为 $h(t)$ 是表达形式简单的无穷小量,所以由 $h(|x'-x''|)<\varepsilon$ 可以等价地导出 $|x'-x''|<\delta_2$,其中 $\delta_2=\delta_2(\varepsilon)$ 必须仅依赖于 ε.

因此,对于任意的 $\varepsilon>0$,取 $\delta=\min\{\delta_1,\delta_2\}>0$,这里 $\delta=\delta(\varepsilon)$ 仅依赖于 ε,对于任意两点 $x',x''\in I$,只要 $|x'-x''|<\delta$,一定有 $|f(x')-f(x'')|<\varepsilon$ 成立.从而函数 $f(x)$ 在区间 I 上一致连续.

2) 函数不一致连续的定义

函数一致连续的 $\varepsilon\text{-}\delta$ 语言的否定形式如下:函数 $f(x)$ 在区间 I 上不一致连续,当且仅当存在 $\varepsilon_0>0$ 以及两个数列 $x'_n\in I,x''_n\in I$,尽管 $|x'_n-x''_n|<\dfrac{1}{n}$,但有 $|f(x'_n)-f(x''_n)|\geqslant\varepsilon_0>0$ 对于 $n=1,2,\cdots$ 成立.

也即,$f(x)$ 在区间 I 上不一致连续,当且仅当存在两个数列 $x'_n\in I,x''_n\in I$,当 $n\to\infty$ 时,尽管 $|x'_n-x''_n|\to 0$,但 $|f(x'_n)-f(x''_n)|\nrightarrow 0$.

这里的两个数列 x'_n,x''_n 不一定收敛.事实上,应用一致连续的 $\varepsilon\text{-}\delta$ 语言的否定形式来判断函数不一致连续的难点就在于这两个数列的选取.一个简便的方法是选取两个数列 $x'_n\in I,x''_n\in I$ 都趋向于 $x_0\in\bar{I}$,其中 $\bar{I}$ 为区间 I 的闭包.而 x_0 正好是造成函数 $f(x)$ 不一致连续的有问题的点,在该点附近曲线 $y=f(x)$ 震荡或突然变陡峭.注意 x_0 既有可能是区间 I 内部的点,也有可能是端点.

同样,从几何意义可知,若在有穷点 $x_0\in\bar{I}$ 附近,曲线 $y=f(x)$ 突然变陡或发生震荡,则函数 $f(x)$ 在区间 I 上不一致连续.其中,$\bar{I}$ 为区间 I 的闭包.利用这一几何意义判别法非常便于从直观上判别出函数的不一致连续性.

2.2.2　典型例题解析

例 2.26　证明:无界函数 $y=\dfrac{1}{x}$ 在有限区间 $(0,1]$ 上不一致连续.

证明　令 $\varepsilon_0=1>0$,取数列 $x'_n=\dfrac{1}{n+1}\in(0,1],x''_n=\dfrac{1}{n}\in(0,1]$,当 $n\to\infty$ 时,尽管 $|x'_n-x''_n|\to 0$,但 $|f(x'_n)-f(x''_n)|=1\geqslant\varepsilon_0$.所以函数 $y=\dfrac{1}{x}$ 在有限区间 $(0,1]$ 上不一致连续.

例 2.27 证明：有界函数 $y = \sin \dfrac{1}{x}$ 在有限区间 $(0,1]$ 上不一致连续.

证明 令 $\varepsilon_0 = 1 > 0$，取

$$x'_n = \frac{1}{2n\pi + \dfrac{\pi}{2}} \in (0,1], \quad x''_n = \frac{1}{2n\pi} \in (0,1],$$

当 $n \to \infty$ 时，尽管 $|x'_n - x''_n| \to 0$，但 $|f(x'_n) - f(x''_n)| = 1 \geqslant \varepsilon_0$. 所以 $y = \sin \dfrac{1}{x}$ 在有限区间 $(0,1]$ 上不一致连续.

例 2.28 证明：无界函数 $y = x^2$ 在无限区间 $(-\infty, +\infty)$ 上不一致连续.

证明 令 $\varepsilon_0 = 1 > 0$，存在两个数列

$$x'_n = \sqrt{n+1} \in (-\infty, +\infty), \quad x''_n = \sqrt{n} \in (-\infty, +\infty),$$

尽管 $|x'_n - x''_n| \to 0 (n \to \infty)$，但 $|f(x'_n) - f(x''_n)| = 1 \geqslant \varepsilon_0 > 0$.

例 2.29 证明：有界函数 $y = \sin(x^2)$ 在无限区间 $(-\infty, +\infty)$ 上不一致连续.

证明 令 $\varepsilon_0 = 1 > 0$，存在两个数列

$$x'_n = \sqrt{2n\pi + \frac{\pi}{2}} \in (-\infty, +\infty), \quad x''_n = \sqrt{2n\pi} \in (-\infty, +\infty),$$

尽管 $|x'_n - x''_n| \to 0 (n \to \infty)$，但 $|f(x'_n) - f(x''_n)| = 1 \geqslant \varepsilon_0 > 0$.

注 类似可以验证 $y = \cos(x^2)$ 在无限区间 $(-\infty, +\infty)$ 上也不一致连续.

例 2.30 若函数 $f(x)$ 在区间 I 上满足 Lipschitz 条件，即存在常数 $L > 0$，使得

$$|f(x') - f(x'')| \leqslant L|x' - x''|$$

对于任意两点 $x', x'' \in I$ 都成立，证明：函数 $f(x)$ 在区间 I 上一致连续.

证明 对于任意的 $\varepsilon > 0$，存在 $\delta = \dfrac{\varepsilon}{L} > 0$，使得对于任意两点 $x' \in I, x'' \in I$，只要 $|x' - x''| < \delta$，就有 $|f(x') - f(x'')| < \varepsilon$ 成立. 所以函数 $f(x)$ 在区间 I 上一致连续.

例 2.31 若函数 $f(x)$ 在区间 I 上可导，导数 $f'(x)$ 在区间 I 上有界，证明：函数 $f(x)$ 在区间 I 上一致连续.

证明 设 $|f'(x)| \leqslant M$，则由 Lagrange 中值定理，$\forall x', x'' \in I$ 有

$$|f(x') - f(x'')| = |f'(\xi)||x' - x''| \leqslant M|x' - x''|,$$

所以，$\forall \varepsilon > 0, \exists \delta = \dfrac{\varepsilon}{M} > 0$，使得对于任意两点 $x', x'' \in I$，只要 $|x' - x''| < \delta$，就有 $|f(x') - f(x'')| < \varepsilon$ 成立. 从而 $f(x)$ 在区间 I 上一致连续.

注　本题可作为定理使用，用它判断可导函数的一致连续性时非常方便.

例 2.32（清华大学 1999 年）　若函数 $f(x)$ 在 $[a, +\infty)$ 上可导，且

$$\lim_{x \to +\infty} |f'(x)| = \lambda, \quad \lambda \text{ 为常数或 } +\infty,$$

证明：$f(x)$ 在 $[a, +\infty)$ 上一致连续的充要条件是 λ 为常数.

证明　（充分性）若 λ 为常数，则由局部有界性得到 $\exists A > a$ 使得 $f'(x)$ 在 $[A, +\infty)$ 上有界，从而 $f(x)$ 在 $[A, +\infty)$ 上一致连续. 又由 Cantor 定理知 $f(x)$ 在 $[a, A]$ 上一致连续，从而在 $[a, +\infty)$ 上一致连续.

（必要性）若极限 $\lim\limits_{x \to +\infty} |f'(x)| = +\infty$，则 $\forall \delta > 0, \exists A > a$，当 $x > A$ 时，有 $|f'(x)| > \dfrac{1}{\delta}$. 于是对 $\varepsilon_0 = \dfrac{1}{2}$，取任意两点 $x_1, x_2 > A$ 且满足 $|x_1 - x_2| = \dfrac{\delta}{2} < \delta$，则由 Lagrange 中值定理可得

$$|f(x_1) - f(x_2)| = |f'(\xi)||x_1 - x_2| > \frac{1}{\delta}\frac{\delta}{2} = \frac{1}{2} = \varepsilon_0,$$

于是 $f(x)$ 在 $[A, +\infty)$ 上非一致连续，矛盾.

例 2.33　上面例 2.31 的逆命题是否成立？如果正确，请加以证明；如果不正确，请举出反例.

解　不正确. 反例如下：

函数 $f(x) = \arcsin x$ 在区间 $[-1, 1]$ 上连续，从而由 Cantor 一致连续定理可知 $f(x) = \arcsin x$ 在 $[-1, 1]$ 上也一致连续，当然在子区间 $(-1, 1) \subset [-1, 1]$ 上也一致连续，但其导函数 $f'(x) = \dfrac{1}{\sqrt{1 - x^2}}$ 在开区间 $(-1, 1)$ 上无界.

例 2.34　若函数 $f(x)$ 在 $\mathbf{R}$ 上连续，且为周期函数，证明 $f(x)$ 在 $\mathbf{R}$ 上一致连续，并由此说明 $\cos(x^2)$ 不是周期函数.

解　若 $f(x)$ 为常值函数，则结论显然成立.

若 $f(x)$ 不是常值函数，则存在最小正周期，设为 $T > 0$. 因为函数 $f(x)$ 在 $\mathbf{R}$ 上连续，故 $f(x)$ 在任意一个闭区间 $[(k-1)T, kT], k \in \mathbf{Z}$ 上一致连续，即 $\forall \varepsilon > 0$，$\exists \delta > 0 (\delta < T)$，当 $x_1, x_2 \in [(k-1)T, kT]$ 且满足 $|x_1 - x_2| < \delta$ 时，成立

$$|f(x_1) - f(x_2)| < \frac{\varepsilon}{2}.$$

因此，$\forall x_1, x_2 \in \mathbf{R}$，当 $|x_1 - x_2| < \delta$ 时，若 $x_1, x_2 \in [(k-1)T, kT]$，则

$$|f(x_1) - f(x_2)| < \frac{\varepsilon}{2};$$

若 $x_1 \in [(k-1)T, kT]$，$x_2 \in [kT, (k+1)T]$，则

$$|f(x_1) - f(x_2)| \leqslant |f(x_1) - f(kT)| + |f(kT) - f(x_2)|$$
$$< \frac{\varepsilon}{2} + \frac{\varepsilon}{2} = \varepsilon.$$

于是 $f(x)$ 在 $\mathbf{R}$ 上一致连续.

若 $\cos(x^2)$ 是周期函数，则 $\cos(x^2)$ 在 $\mathbf{R}$ 上一致连续，但是可以验证 $\cos(x^2)$ 在 $\mathbf{R}$ 上非一致连续，所以 $\cos(x^2)$ 不是周期函数.

例 2.35 若函数 $f(x)$ 在 $(0,1]$ 上连续、可导，极限 $\lim\limits_{x \to 0^+} \sqrt{x}\, f'(x) = a$ 存在且有限，证明：$f(x)$ 在 $(0,1]$ 上一致连续.

证明 由极限 $\lim\limits_{x \to 0^+} \sqrt{x}\, f'(x) = a$ 可知 $\exists M > 0, 1 > \delta_1 > 0, \forall x \in (0, \delta_1]$，有 $|\sqrt{x}\, f'(x)| \leqslant M$. 又注意到 $\sqrt{x}$ 在 $(0,1]$ 上一致连续，因而 $\forall \varepsilon > 0, \exists \delta > 0$，当 $x_1, x_2 \in (0, \delta_1]$，$|x_1 - x_2| < \delta$ 时，有 $|\sqrt{x_1} - \sqrt{x_2}| < \varepsilon$.

利用 Cauchy 中值定理，$\forall x_1, x_2 \in (0, \delta_1]$，$\exists \xi \in (0, \delta_1]$，使得

$$\frac{f(x_1) - f(x_2)}{\sqrt{x_1} - \sqrt{x_2}} = 2\sqrt{\xi}\, f'(\xi),$$

于是

$$|f(x_1) - f(x_2)| \leqslant 2M |\sqrt{x_1} - \sqrt{x_2}| < 2M\varepsilon,$$

故函数 $f(x)$ 在 $(0, \delta_1]$ 上一致连续. 又因为 $f(x)$ 在 $[\delta_1, 1]$ 上一致连续，所以 $f(x)$ 在 $(0,1]$ 上一致连续.

例 2.36 若函数 $f(x)$ 在区间 I 上一致连续，证明：函数 $f(x)$ 在任何子区间 $I_0 \subset I$ 上也一致连续.

证明 由一致连续定义，该结论显然成立.

例 2.37 若函数 $f(x), g(x)$ 在区间 I 上一致连续，证明：这两个函数的线性组合 $\alpha f(x) + \beta g(x)$ 也在区间 I 上一致连续.

证明 由一致连续定义，该结论显然成立.

例 2.38 若函数 $f(x), g(x)$ 在无限区间 I 上一致连续，且 $f(x), g(x)$ 在区间 I 上有界，证明：这两个函数的乘积 $f(x)g(x)$ 也在区间 I 上一致连续.

证明 由一致连续的定义可证 $f(x)g(x)$ 也在区间 I 上一致连续.

例 2.39　若函数 $f(x),g(x)$ 在有限区间 I 上一致连续,证明:这两个函数的乘积 $f(x)g(x)$ 也在区间 I 上一致连续.

证明　由函数 $f(x),g(x)$ 在有限区间 I 上一致连续可以推知 $f(x),g(x)$ 在区间 I 上都有界,再由一致连续的定义可证 $f(x)g(x)$ 也在区间 I 上一致连续.

例 2.40　判断命题"若 $f(x),g(x)$ 在区间 I 上一致连续,则它们的商 $\dfrac{f(x)}{g(x)}$ 也在区间 I 上一致连续"是否正确.若正确,请加以证明;若不正确,请举出反例.

解　不正确.反例如下:

取函数 $f(x)=1,g(x)=x$.因为导数 $f'(x)=0,g'(x)=1$ 有界,故 $f(x)$,$g(x)$ 在区间 $(0,1)$ 上一致连续,但它们的商 $\dfrac{f(x)}{g(x)}=\dfrac{1}{x}$ 在区间 $(0,1)$ 上不一致连续.

例 2.41　若函数 $f(x)$ 在区间 $(a,b]$ 和 $[b,c)$ 上一致连续,证明:$f(x)$ 在两区间的并集 (a,c) 上一致连续.

证明　用一致连续的定义可以证明.

例 2.42　判断命题"若函数 $f(x)$ 在区间 (a,b) 和区间 (b,c) 上一致连续,则函数 $f(x)$ 在两区间的并集 $(a,b)\bigcup(b,c)$ 上一致连续"是否正确.如果正确,请加以证明;如果不正确,请举出反例.

解　不正确.反例如下:

因为函数 $f(x)=\dfrac{|\sin x|}{x}$ 在端点 $x=0$ 的单侧极限存在,所以区间 $[-1,0)$ 和 $(0,1]$ 上的连续函数 $f(x)=\dfrac{|\sin x|}{x}$ 也是区间 $[-1,0)$ 和 $(0,1]$ 上的一致连续函数.下面我们取点列 $x'_n=-\dfrac{1}{n},x''_n=\dfrac{1}{n}$,当 $n\to\infty$ 时,尽管 $|x'_n-x''_n|\to 0$,但

$$|f(x'_n)-f(x''_n)|\to 2\neq 0.$$

因此,函数 $f(x)=\dfrac{|\sin x|}{x}$ 在区间的并集 $[-1,0)\bigcup(0,1]$ 上不一致连续.

例 2.43　证明:两个一致连续函数的复合函数也是一致连续的.

证明　用一致连续的定义直接验证.

例 2.44　设 (a,b) 为有限开区间,证明:函数 $f(x)$ 在区间 (a,b) 上一致连续当且仅当函数 $f(x)$ 在区间 (a,b) 上连续,且两个单侧极限 $f(a+0),f(b-0)$ 都存在且为有穷值.

证明　(充分性)设函数

$$F(x)=\begin{cases}f(x), & x\in(a,b),\\ f(a+0), & x=a,\\ f(b-0), & x=b,\end{cases}$$

则 $F(x)$ 在有界闭区间 $[a,b]$ 上连续,再由 Cantor 一致连续定理可知 $F(x)$ 在 $[a,b]$ 上一致连续,从而 $F(x)=f(x)$ 在子区间 $(a,b)\subset[a,b]$ 上也一致连续.

（必要性）由函数 $f(x)$ 在区间 (a,b) 上一致连续知,对于任意的 $\varepsilon>0$,存在 $\delta=\delta(\varepsilon)>0$（$\delta$ 仅依赖于 ε,与自变量 x 无关）,使得对任意两点 $x',x''\in(a,b)$,只要 $|x'-x''|<\delta$,就有 $|f(x')-f(x'')|<\varepsilon$ 成立.由此推知,当

$$0<x'-a<\delta,\quad 0<x''-a<\delta$$

时,当然有 $|x'-x''|<\delta$,从而有 $|f(x')-f(x'')|<\varepsilon$.再由单侧极限的柯西收敛准则知,函数 $f(x)$ 在点 $x=a$ 的右侧极限存在且为有穷值.同理可证函数 $f(x)$ 在点 $x=b$ 的左侧极限存在且为有穷值.

例 2.45 设函数 $f(x)$ 在区间 $[a,+\infty)$ 上连续,且极限 $\lim\limits_{x\to+\infty}f(x)$ 为有穷值,证明:函数 $f(x)$ 在区间 $[a,+\infty)$ 上一致连续.

证明 由极限 $\lim\limits_{x\to+\infty}f(x)=A$ 的定义,$\forall\varepsilon>0,\exists b>a$,当 $x\geqslant b$ 时,有

$$|f(x)-A|<\frac{\varepsilon}{3}.$$

又函数 $f(x)$ 在有界闭区间 $[a,b]$ 上连续,从而由 Cantor 一致连续定理,$f(x)$ 在区间 $[a,b]$ 上也一致连续.因此对上述的 $\varepsilon>0$,存在 $\delta=\delta(\varepsilon)>0,\forall x',x''\in[a,b]$,当 $|x'-x''|<\delta$ 时,有

$$|f(x')-f(x'')|<\frac{\varepsilon}{3}.$$

因此,$\forall\varepsilon>0,\exists\delta=\delta(\varepsilon)>0,\forall x',x''\in[a,+\infty)$,当 $|x'-x''|<\delta$ 时,

(1) 若 $x',x''\in[a,b]$,有 $|f(x')-f(x'')|<\dfrac{\varepsilon}{3}$;

(2) 若 $x',x''\in[b,+\infty)$,有

$$|f(x')-f(x'')|\leqslant|f(x')-A|+|f(x'')-A|<\frac{2\varepsilon}{3};$$

(3) 若 $x'\in[a,b),x''\in(b,+\infty)$,有

$$|f(x')-f(x'')|\leqslant|f(x')-f(b)|+|f(x'')-f(b)|$$
$$<\frac{\varepsilon}{3}+\frac{2\varepsilon}{3}=\varepsilon.$$

所以 $f(x)$ 在区间 $[a,+\infty)$ 上一致连续.

例 2.46　判断例 2.45 的逆命题是否正确. 如果正确, 请加以证明; 如果不正确, 请举出反例.

解　不正确. 反例如下:

取 $f(x)=\sin x$. 因为导数 $f'(x)=\cos x$ 有界, 故 $f(x)=\sin x$ 在区间 $[0,+\infty)$ 上一致连续, 但极限 $\lim\limits_{x\to+\infty}f(x)$ 不存在.

例 2.47　若函数 $f(x)$ 在区间 (a,b) 上一致连续, 证明: $f(x)$ 在 (a,b) 上有界.

证明　由函数 $f(x)$ 在区间 (a,b) 上一致连续可知 $f(x)$ 在点 $x=a, x=b$ 处的单侧极限存在, 再由极限的局部有界性定理知, 函数 $f(x)$ 在开区间 $(a,a+\delta_1)$ 和开区间 $(b-\delta_2,b)$ 上有界. 因为函数 $f(x)$ 在有界闭区间 $[a+\delta_1,b-\delta_2]$ 上连续, 从而在 $[a+\delta_1,b-\delta_2]$ 上有界, 所以函数 $f(x)$ 在区间 (a,b) 上有界.

例 2.48　判断例 2.47 的逆命题是否正确. 如果正确, 请加以证明; 如果不正确, 请举出反例.

解　不正确. 反例如下:

函数 $y=\sin\dfrac{1}{x}$ 在区间 $(0,1]$ 上有界, 但不一致连续.

例 2.49　设函数 $f(x)$ 在有限区间 I 上有定义, 试证明: 函数 $f(x)$ 在区间 I 上一致连续当且仅当 $f(x)$ 把柯西列映射为柯西列.

证明　(必要性) 由定义易于证明.

(充分性) 用反证法. 若 $f(x)$ 在区间 I 上不一致连续, 则 $\exists\varepsilon_0>0$ 及两个数列 $x'_n\in I, x''_n\in I$, 尽管 $|x'_n-x''_n|<\dfrac{1}{n}$, 但 $|f(x'_n)-f(x''_n)|\geqslant\varepsilon_0>0$ 对于 $n=1,2,\cdots$ 成立. 因为数列 $x'_n\in I$ 有界, 由致密性定理, 数列 x'_n 存在子列

$$x'_{n_k}\to a\quad(k\to\infty)$$

收敛, 又由不等式 $|x'_{n_k}-x''_{n_k}|<\dfrac{1}{n_k}\leqslant\dfrac{1}{k}$ 知数列 x''_n 也存在子列

$$x''_{n_k}\to a\quad(k\to\infty)$$

收敛. 为方便起见, 将两个收敛子列仍记为 x'_n, x''_n. 构造新数列:

$$x'_1,\ x''_1,\ x'_2,\ x''_2,\ \cdots,\ x'_n,\ x''_n,\ \cdots,$$

显然此为收敛列, 从而为柯西列. 由题知, 其像数列

$$f(x'_1),\ f(x''_1),\ f(x'_2),\ f(x''_2),\ \cdots,\ f(x'_n),\ f(x''_n),\ \cdots$$

仍为柯西列, 则 $0<\varepsilon_0\leqslant|f(x'_n)-f(x''_n)|\to0$, 矛盾.

2.3 练习题

1. 若函数 $f(x)$ 在区间 $[a,b]$ 上单调有界,证明:

(1) 函数 $f(x)$ 的不连续点一定为第一类不连续点;

(2) 函数 $f(x)$ 的不连续点至多可列;

(3) 若有 $f([a,b]) \supset [f(a),f(b)]$ 包含关系,则函数 $f(x)$ 在 $[a,b]$ 上连续.

2. (华南理工大学 2008 年) 证明:函数

$$f(x) = \begin{cases} \cos\pi x, & x \text{ 为有理数}, \\ 0, & x \text{ 为无理数} \end{cases}$$

在 $x_k = k + \dfrac{1}{2}$ (k 为任意整数) 处连续,而在其他点处不连续.

3. 给出函数 $f(x) = \dfrac{2^{\frac{1}{x}} - 1}{2^{\frac{1}{x}} + 1}$ 的间断点及其类型.

4. 指出函数 $f(x) = x\left[\dfrac{1}{x}\right]$ 在 $(0, +\infty)$ 上的间断点及其类型.

5. (中山大学 2009 年) 设函数 $f(x)$ 在 $(-\infty, +\infty)$ 上连续,证明:对任意的 x 满足 $f(2x) = f(x)e^x$ 的充要条件是 $f(x) = f(0)e^x$.

6. 设函数 $f(x)$ 在区间 $(-\infty, +\infty)$ 上有定义,在 $x = 0$ 处连续,且 $\forall x \in \mathbf{R}$ 满足 $f(2x) = f(x)$,证明:$f(x)$ 为常数.

7. 设 $f(x)$ 为 $\mathbf{R}$ 上的周期函数,且其周期小于任意小的正数,证明:若 $f(x)$ 在 $\mathbf{R}$ 上连续,则 $f(x)$ 为常值函数.

8. 设函数 $f(x)$ 在 $\mathbf{R}$ 上单调,$g(x) = f(x+0)$,证明:函数 $g(x)$ 在 $\mathbf{R}$ 上的每一点均右连续.

9. (武汉大学 2013 年) 设函数 $f(x)$ 在区间 $[0,2a]$ 上连续,证明:至少存在一点 $\xi \in [0,2a]$,使得 $f(\xi+a) - f(\xi) = 0$.

10. 设 $f(x)$ 在 $[a,b]$ 上连续,$x_1, \cdots, x_n \in (a,b)$,证明:$\exists \xi \in (a,b)$,使得

$$f(\xi) = \frac{1}{n(n+1)} \sum_{k=1}^{n} k f(x_k).$$

11. (中南大学 2007 年) 设 $f(x)$ 为在 $[0,1]$ 到 $[0,1]$ 的连续函数,且 $f(0) = 0$,$f(1) = 1$,$f(f(x)) = x$,求证:$f(x) = x$.

12. 证明:方程 $xe^x = 2$ 在区间 $(0,1]$ 内有且仅有一个实根.

13.（南京师范大学 2001 年）设 $f(x)$ 在 $[a,b]$ 上可积，且 $f(x) \geqslant c > 0$，记

$$F(x) = \int_a^x f(t)\mathrm{d}t - \int_x^b f(t)\mathrm{d}t,$$

证明：$F(x)$ 在 (a,b) 上有且仅有一个实根.

14. 证明：无界函数 $y = x^p (p > 1)$ 在无限区间 $(-\infty, +\infty)$ 上不一致连续.

15. 证明：函数 $y = \cos(x^2)$ 在无限区间 $(-\infty, +\infty)$ 上不一致连续.

16. 若存在两个数列 $x_n' \in I, x_n'' \in I$，使得 $x_n' \to a, x_n'' \to a(n \to \infty)$，其中 $a \in \bar{I}$，而 $\bar{I}$ 为 I 闭包，并当 $n \to \infty$ 时有 $f(x_n') - f(x_n'') \nrightarrow 0$，证明：函数 $f(x)$ 在区间 I 上不一致连续.

17. 证明：函数 $f(x) = x\sin x$ 在区间 $(-\infty, +\infty)$ 上不一致连续.

18. 证明：函数 $f(x) = \sin(x^\alpha)(0 < \alpha < 1)$ 在区间 $[0, +\infty)$ 上一致连续.

19. 设函数 $f(x)$ 在区间 $(-\infty, +\infty)$ 上连续，且极限 $\lim\limits_{x \to -\infty} f(x)$ 和 $\lim\limits_{x \to +\infty} f(x)$ 都是有穷值，证明：$f(x)$ 在区间 $(-\infty, +\infty)$ 上一致连续.

20. 设函数 $f(x)$ 在区间 $(a, +\infty)$ 上连续，且极限 $\lim\limits_{x \to a^+} f(x)$ 和 $\lim\limits_{x \to +\infty} f(x)$ 都是有穷值，证明：函数 $f(x)$ 在区间 $(a, +\infty)$ 上一致连续.

21.（东南大学 2009 年）若 $f(x)$ 在 $(a, +\infty)$ 上可导，且 $\lim\limits_{x \to +\infty} f'(x) = +\infty$，证明：函数 $f(x)$ 在 $(a, +\infty)$ 上非一致连续.

22. 若函数 $f'(x)$ 在 $(0,1]$ 上连续、可导，极限 $\lim\limits_{x \to 0^+} x^\alpha f'(x) (\alpha \in (0,1))$ 存在且有限，证明：$f(x)$ 在 $(0,1]$ 上一致连续.

23. 设 $f(x)$ 在 $(-\infty, +\infty)$ 上一致连续，证明：存在常数 $a > 0, b > 0$，使得

$$|f(x)| \leqslant a|x| + b, \quad x \in (-\infty, +\infty).$$

24. 设函数 $f(x)$ 在区间 $[0, +\infty)$ 上一致连续，对于任意的 $x \geqslant 0$ 和正整数 n，有 $\lim\limits_{n \to \infty} f(x + n) = 0$，证明：$\lim\limits_{x \to +\infty} f(x) = 0$.

25. 设函数 $f(x)$ 在区间 $[a, +\infty)$ 上连续，函数 $g(x)$ 在区间 $[a, +\infty)$ 上一致连续，且 $\lim\limits_{x \to +\infty} (f(x) - g(x)) = 0$，证明：函数 $f(x)$ 在区间 $[a, +\infty)$ 上一致连续.

第3章 一元函数微分学

本章讨论一元函数微分学,主要内容有一元函数求导方法、隐函数的求导、微分中值定理、Taylor 公式、微分不等式的证明、凸函数及其应用、导函数的性质和导数的应用,包括函数的极值、洛必达法则、函数作图等等.

3.1 导数与微分

3.1.1 内容提要与知识点解析

1) 一点处导数的定义

设函数 $y = f(x)$ 在点 x_0 的某邻域内有定义,若极限

$$\lim_{x \to x_0} \frac{f(x) - f(x_0)}{x - x_0}$$

存在,则称 $f(x)$ 在点 x_0 可导,并称该极限为函数 f 在点 x_0 的导数,记为 $f'(x_0)$ 或 $f'(x)|_{x=x_0}$. 若此极限不存在,则称 $f(x)$ 在点 x_0 不可导.

下列一点处极限的等价形式也是常用的:

$$f'(x_0) = \lim_{\Delta x \to 0} \frac{f(x_0 + \Delta x) - f(x_0)}{\Delta x} = \lim_{h \to 0} \frac{f(x_0 + h) - f(x_0)}{h} = \lim_{\Delta x \to 0} \frac{\Delta f}{\Delta x}.$$

需要注意的是,当这些极限不存在时,可以求函数的单侧导数,也就是左右导数. 如果函数 $y = f(x)$ 在点 x_0 的右邻域内有定义,并且

$$\lim_{x \to x_0^+} \frac{f(x) - f(x_0)}{x - x_0}$$

存在,则称此极限为函数 f 在点 x_0 的右导数,记为 $f'_+(x_0)$ 或 $f'_+(x)|_{x=x_0}$. 同理可定义 f 在点 x_0 的左导数 $f'_-(x_0)$. 易见 f 在点 x_0 可导当且仅当 f 在点 x_0 的左右导数都存在且相等.

注 (1) 可导和可微都是函数局部上的性质. 可导一定是连续的,反之未必. 事实上,只要函数 $f(x)$ 在点 x_0 的左右导数都存在,就可得到 $f(x)$ 在点 x_0 连续.

(2) 函数 $f(x)$ 在点 x_0 可导不能得到其在点 x_0 的某邻域也可导,比如函数

$f(x)=x^2 D(x)$，其中 $D(x)$ 是 Dirichlet 函数，则 $f(x)$ 仅在原点可导；同样，$f(x)$ 仅在点 x_0 可导不能得到其在点 x_0 的某邻域也连续，比如函数

$$f(x)=\begin{cases} x^2, & x\ \text{为有理数}, \\ 0, & x\ \text{为无理数}, \end{cases}$$

不难验证它仅在原点连续可导，除了原点处处不连续.

2）导数的重要性质

性质 1（导函数的极限定理）　设函数 $f(x)$ 在点 x_0 的邻域 $U(x_0)$ 内连续，在 $U^\circ(x_0)$ 内可导且 $\lim\limits_{x\to x_0} f'(x)$ 存在，则 $f(x)$ 在点 x_0 可导且 $\lim\limits_{x\to x_0} f'(x)=f'(x_0)$.

注　（1）导函数的极限定理说明导函数在其定义域内没有第一类的间断点. 用导函数的极限定理可以很方便地讨论分段函数在分段点处的导数.

（2）如果 $f(x)$ 在点 x_0 的空心邻域 $U^\circ(x_0)$ 内可导，且极限 $\lim\limits_{x\to x_0} f'(x)$ 存在，不能得到 $f(x)$ 在点 x_0 可导. 比如对函数 $f(x)=x^3\sin\dfrac{1}{x}$，取 $x_0=0$.

性质 2（导函数的介值性定理）　若 $f(x)$ 在 $[a,b]$ 上可导，且 $f'(a)<f'(b)$，则对任意的 $\eta\in(f'(a),f'(b))$，存在 $\xi\in(a,b)$，使得 $f'(\xi)=\eta$.

注　导函数的介值性定理也称为 Darboux 定理，它说明了虽然导函数不一定连续，但仍然有介值性. 这里要注意和连续函数的介值性定理的区别.

3）导数的几何意义

函数 $f(x)$ 在点 x_0 的导数 $f'(x_0)$ 是曲线 $y=f(x)$ 在点 $(x_0,f(x_0))$ 处切线的斜率. 这里要注意的是 $f(x)$ 在点 x_0 可导，则 $f(x)$ 在点 $(x_0,f(x_0))$ 必有切线，反之未必. 比如函数 $y=\sqrt[3]{x}$ 在原点有切线，但其在 $x_0=0$ 不可导.

4）基本求导公式

$$C'=0,$$

$$(\sin x)'=\cos x,$$

$$(\tan x)'=\sec^2 x,$$

$$(\sec x)'=\tan x\sec x,$$

$$(\arctan x)'=\frac{1}{1+x^2},$$

$$(\arcsin x)'=\frac{1}{\sqrt{1-x^2}},$$

$$(a^x)'=a^x\ln a\quad(a>0\ \text{且}\ a\neq 1),$$

$$(\log_a|x|)'=\frac{1}{x\ln a}\quad(a>0\ \text{且}\ a\neq 1),$$

$$(x^\alpha)'=\alpha x^{\alpha-1},$$

$$(\cos x)'=-\sin x,$$

$$(\cot x)'=-\csc^2 x,$$

$$(\csc x)'=-\cot x\csc x,$$

$$(\text{arccot}\,x)'=-\frac{1}{1+x^2},$$

$$(\arccos x)'=-\frac{1}{\sqrt{1-x^2}},$$

$$(e^x)'=e^x,$$

$$(\ln|x|)'=\frac{1}{x}.$$

5) 求导法则

(1) 四则运算法则

假设函数 $f(x),g(x)$ 在点 x 可导,则 $f(x)\pm g(x)$, $f(x)g(x)$ 在点 x 可导,当 $g(x)\neq 0$ 时,$\dfrac{f(x)}{g(x)}$ 也在点 x 可导,且有

$$(f(x)\pm g(x))'=f'(x)\pm g'(x),$$

$$(f(x)g(x))'=f'(x)g(x)+f(x)g'(x),$$

$$\left(\frac{f(x)}{g(x)}\right)'=\frac{f'(x)g(x)-f(x)g'(x)}{g^2(x)}.$$

(2) 复合函数的求导链式法则

设函数 $u=\varphi(x)$ 在点 x_0 可导,函数 $y=f(u)$ 在点 $u_0=\varphi(x_0)$ 可导,则复合函数 $y=f(\varphi(x))$ 在点 x_0 可导,且有 $(f(\varphi(x)))'|_{x=x_0}=f'(\varphi(x))\varphi'(x)|_{x=x_0}$.

(3) 反函数的求导法则

设函数 $y=f(x)$ 为 $x=\varphi(y)$ 的反函数,若 $\varphi(y)$ 在点 y_0 的某邻域内连续且 $\varphi'(y_0)\neq 0$,则 $y=f(x)$ 在点 $x_0=\varphi(y_0)$ 可导,且有 $f'(x_0)=\dfrac{1}{\varphi'(y_0)}$.

(4) 参数方程的求导法则

设函数 $y=f(x)$ 由参数方程 $\begin{cases}x=\varphi(t),\\ y=\psi(t),\end{cases}\alpha\leqslant t\leqslant\beta$ 确定,若 $x=\varphi(t)$ 有反函数且 $\varphi(t),\psi(t)$ 均可导,$\varphi'(t)\neq 0$,则 $\dfrac{\mathrm{d}y}{\mathrm{d}x}=\dfrac{\psi'(t)}{\varphi'(t)}$.

6) 函数一点处的微分定义

设函数 $y=f(x)$ 在点 x_0 的某邻域内有定义,若函数 $y=f(x)$ 在点 x_0 的增量 $\Delta y=f(x_0+\Delta x)-f(x_0)$ 可表示为

$$\Delta y=A\Delta x+o(\Delta x),$$

其中 A 是仅与 x_0 有关的常数,则称 $y=f(x)$ 在点 x_0 可微,线性主部 $A\Delta x$ 称为函数 $y=f(x)$ 在点 x_0 的微分,记为

$$\mathrm{d}y|_{x=x_0}=A\Delta x \quad \text{或} \quad \mathrm{d}f(x)|_{x=x_0}=A\Delta x.$$

由函数 $y=x$ 的微分可知 $\mathrm{d}x=\Delta x$,再由导数的定义可知此时 $A=f'(x_0)$.

注 从微分的定义可以看出,微分的思想就是线性化,因此对一元函数而言,虽然可微与可导是等价的,但是它们描述的几何意义有所不同.导数描述的是变化率,微分则是在局部上可以直线代替曲线.从应用上说,导数侧重于研究函数的性态,注重理论性;微分常用于函数值的近似计算,更注重实用性.

7) 微分的性质

一阶微分具有形式不变性,即对函数 $y = f(u)$,有 $\mathrm{d}y = f'(u)\mathrm{d}u$,不论 u 是自变量还是另一个可微函数的因变量均成立.这个性质常用来求函数的导数.需要注意的是,高阶微分不再具有形式不变性.

8) 高阶导数的定义

函数 $y = f(x)$ 的一阶导数 $f'(x)$ 的导数称为函数 $y = f(x)$ 的二阶导数,记为 $f''(x)$.一般地,函数 $y = f(x)$ 的 $n-1$ 阶导数 $f^{(n-1)}(x)$ 的导数称为 $y = f(x)$ 的 n 阶导数,记为 $f^{(n)}(x)$ 或 $\dfrac{\mathrm{d}^n y}{\mathrm{d}x^n}$.二阶和二阶以上导数称为 $y = f(x)$ 的高阶导数.

9) 高阶导数常用的计算方法

(1) 四则运算

$$(f(x) \pm g(x))^{(n)} = f^{(n)}(x) \pm g^{(n)}(x).$$

(2) Leibniz 公式

$$(f(x)g(x))^{(n)} = \sum_{k=0}^{n} \mathrm{C}_n^k f^{(k)}(x) g^{(n-k)}(x).$$

(3) 数学归纳法

先求出函数的一阶、二阶等前几阶导数,总结归纳出其 n 阶导数的一般形式,然后用归纳法进行证明.

(4) Taylor 公式法

要求 $y = f(x)$ 在 $x = x_0$ 点的 n 阶导数,可以先将 $f(x)$ 在 $x = x_0$ 点作 Taylor 展开,然后由 Taylor 展开式的系数的唯一性得到 $f^{(n)}(x_0)$.

10) 常用的高阶导数公式

$$(x^k)^{(n)} = \begin{cases} k(k-1)\cdots(k-n+1)x^{k-n}, & n < k, \\ k!, & n = k, \\ 0, & n > k, \end{cases}$$

$$(\sin x)^{(n)} = \sin\left(x + \frac{n\pi}{2}\right), \quad (\cos x)^{(n)} = \cos\left(x + \frac{n\pi}{2}\right),$$

$$(\ln x)^{(n)} = (-1)^{n-1} \frac{(n-1)!}{x^n}, \quad \left(\frac{1}{x}\right)^{(n)} = (-1)^n \frac{n!}{x^{n+1}},$$

$$(\mathrm{e}^x)^{(n)} = \mathrm{e}^x, \quad (a^x)^{(n)} = a^x (\ln a)^n.$$

11) 高阶微分

与高阶导数相对应,函数 $y = f(x)$ 的一阶微分 $\mathrm{d}y$ 的微分称为 $f(x)$ 的二阶微分,记为 $\mathrm{d}^2 f(x)$. 一般地,$f(x)$ 的 $n-1$ 阶微分 $\mathrm{d}^{n-1} f(x)$ 的微分称为 $f(x)$ 的 n 阶微分,记为 $\mathrm{d}^n f(x)$. 这里需要注意的是高阶微分不再具有形式不变形. 同时,要注意 $\mathrm{d}^n x$,$\mathrm{d}x^n$ 和 $\mathrm{d}(x^n)$ 这三个式子的不同含义,其中

$$\mathrm{d}^n x = 0,\ n \geqslant 2;\quad \mathrm{d}x^n = (\mathrm{d}x)^n;\quad \mathrm{d}(x^n) = n x^{n-1} \mathrm{d}x.$$

从微分和可导的定义可以看出 $\mathrm{d}^n f(x) = f^{(n)}(x) \mathrm{d}x^n$,因此对一元函数来说,只要能计算出 $f(x)$ 的各阶导数,就能给出其相应的各阶微分.

3.1.2 典型例题解析

例 3.1(武汉大学 2003 年) 设 $F(x) = \int_{-1}^{x} \sqrt{|t|} \ln|t| \, \mathrm{d}t$,求 $F'(0)$.

解 因为

$$
\begin{aligned}
F'_+(0) &= \lim_{x \to 0^+} \frac{F(x) - F(0)}{x - 0} \\
&= \lim_{x \to 0^+} \frac{\int_{-1}^{x} \sqrt{|t|} \ln|t| \, \mathrm{d}t - \int_{-1}^{0} \sqrt{|t|} \ln|t| \, \mathrm{d}t}{x} \\
&= \lim_{x \to 0^+} \frac{\int_{0}^{x} \sqrt{|t|} \ln|t| \, \mathrm{d}t}{x} \\
&= \lim_{x \to 0^+} \sqrt{x} \ln|x| = 0,
\end{aligned}
$$

同理可得 $F'_-(0) = 0$,所以 $F'(0) = 0$.

注 这里是求分段函数在一个点上的导数,通常用左右导数来确定函数在此点是否可导.

例 3.2 设函数 $f(x)$,$g(x)$ 在原点的某邻域 $U(0)$ 有定义,且 $\forall x \in U(0)$ 成立 $|f(x)| \leqslant |g(x)|$,又 $g(0) = g'(0) = 0$,求 $f'(0)$.

解 首先 $|f(0)| \leqslant |g(0)| = 0$,所以 $f(0) = 0$. 于是,$\forall x \in U(0)$,有

$$0 \leqslant \left| \frac{f(x) - f(0)}{x - 0} \right| = \left| \frac{f(x)}{x} \right| \leqslant \left| \frac{g(x)}{x} \right| = \left| \frac{g(x) - g(0)}{x - 0} \right|,$$

两边对 $x \to 0$ 取极限,得到 $0 \leqslant |f'(0)| \leqslant |g'(0)| = 0$,从而 $f'(0) = 0$.

例 3.3 设函数

$$
f(x) = \begin{cases} \dfrac{g(x) - \cos x}{x}, & x \neq 0, \\ a, & x = 0, \end{cases}
$$

其中 $g(x)$ 具有二阶连续导数且 $g(0)=g'(0)=1$.

(1) 确定 a 的值,使得 $f(x)$ 在 $x=0$ 处连续;

(2) 求 $f'(x)$;

(3) 讨论 $f'(x)$ 在 $x=0$ 处的连续性.

解 (1) 注意到 $g(0)=1$,由洛必达法则可得

$$\lim_{x \to 0} f(x) = \lim_{x \to 0} \frac{g(x) - \cos x}{x} = \lim_{x \to 0} \frac{g(x) - 1 + 1 - \cos x}{x}$$
$$= \lim_{x \to 0} (g'(x) + \sin x) = g'(0) = 1,$$

所以当 $a=1$ 时,使得 $f(x)$ 在 $x=0$ 处连续.

(2) 当 $x=0$ 时,有

$$f'(0) = \lim_{x \to 0} \frac{f(x) - f(0)}{x - 0} = \lim_{x \to 0} \frac{\dfrac{g(x) - \cos x}{x} - g'(0)}{x}$$
$$= \lim_{x \to 0} \frac{g(x) - \cos x - x g'(0)}{x^2}$$
$$= \frac{1}{2} \lim_{x \to 0} \frac{g'(x) - g'(0) + \sin x}{x}$$
$$= \frac{1}{2} g''(0) + \frac{1}{2},$$

所以 $f(x)$ 的导数为

$$f'(x) = \begin{cases} \dfrac{x(g'(x) + \sin x) - g(x) + \cos x}{x^2}, & x \neq 0, \\ \dfrac{1}{2}(g''(0) + 1), & x = 0. \end{cases}$$

(3) 直接运算可得

$$\lim_{x \to 0} f'(x) = \lim_{x \to 0} \frac{x(g'(x) + \sin x) - g(x) + \cos x}{x^2}$$
$$= \lim_{x \to 0} \frac{1}{2}(g''(x) + \cos x) = \frac{1}{2}(g''(0) + 1)$$
$$= f'(0),$$

所以 $f'(x)$ 在 $x=0$ 处连续.

例 3.4 设函数 $f(x)$ 在 $\mathbf{R}$ 上满足:对任意的 $x, y \in \mathbf{R}$,有

$$f(x + y) = f(x) + f(y) + 2xy,$$

且 $f'(0)$ 存在，求 $f'(x)$.

解 由条件 $f(0)=f(0)+f(0)$，可得 $f(0)=0$. 又 $f'(0)$ 存在，所以

$$f'(0)=\lim_{\Delta x \to 0}\frac{f(\Delta x)-f(0)}{\Delta x}=\lim_{\Delta x \to 0}\frac{f(\Delta x)}{\Delta x},$$

由此可得

$$f'(x)=\lim_{\Delta x \to 0}\frac{f(x+\Delta x)-f(x)}{\Delta x}=\lim_{\Delta x \to 0}\frac{f(\Delta x)+2x\Delta x}{\Delta x}$$

$$=\lim_{\Delta x \to 0}\frac{f(\Delta x)}{\Delta x}+2x=f'(0)+2x.$$

例 3.5 设函数 $f(x)$ 在 $x_0 \in (\alpha_n, \beta_n)$ 处可导，$n \in \mathbf{N}^*$，且 $\lim\limits_{n \to \infty}\alpha_n=\lim\limits_{n \to \infty}\beta_n=x_0$. 证明：$\lim\limits_{n \to \infty}\dfrac{f(\beta_n)-f(\alpha_n)}{\beta_n-\alpha_n}=f'(x_0)$.

证明 对 $\dfrac{f(\beta_n)-f(\alpha_n)}{\beta_n-\alpha_n}$ 变形得到

$$\frac{f(\beta_n)-f(\alpha_n)}{\beta_n-\alpha_n}=\frac{f(\beta_n)-f(x_0)}{\beta_n-x_0}\frac{\beta_n-x_0}{\beta_n-\alpha_n}-\frac{f(\alpha_n)-f(x_0)}{\alpha_n-x_0}\frac{\alpha_n-x_0}{\beta_n-\alpha_n}$$

$$=\frac{f(\beta_n)-f(x_0)}{\beta_n-x_0}\left(1+\frac{\alpha_n-x_0}{\beta_n-\alpha_n}\right)-\frac{f(\alpha_n)-f(x_0)}{\alpha_n-x_0}\frac{\alpha_n-x_0}{\beta_n-\alpha_n}$$

$$=\frac{f(\beta_n)-f(x_0)}{\beta_n-x_0}+\left[\frac{f(\beta_n)-f(x_0)}{\beta_n-x_0}-\frac{f(\alpha_n)-f(x_0)}{\alpha_n-x_0}\right]\frac{\alpha_n-x_0}{\beta_n-\alpha_n}.$$

因为 $f(x)$ 在 x_0 处可导，所以

$$\frac{f(\beta_n)-f(x_0)}{\beta_n-x_0}\to f'(x_0), \quad \beta_n \to x_0,$$

同理可得

$$\frac{f(\beta_n)-f(x_0)}{\beta_n-x_0}-\frac{f(\alpha_n)-f(x_0)}{\alpha_n-x_0}\to 0, \quad \alpha_n, \beta_n \to x_0,$$

而 $\dfrac{\alpha_n-x_0}{\beta_n-\alpha_n}$ 是有界量，所以

$$\lim_{n \to \infty}\frac{f(\beta_n)-f(\alpha_n)}{\beta_n-\alpha_n}=f'(x_0).$$

例 3.6 设函数 $f(x)$ 在 $[0,1]$ 上连续，在 $(0,1)$ 内可导，且有

$$|xf'(x)-f(x)+f(0)| \leqslant x^2 M, \quad \forall x \in (0,1),$$

其中 M 为一个正常数,证明:$f(x)$ 在 $x_0=0$ 处的右导数 $f'_+(0)$ 存在.

证明　$\forall x \in (0,1)$,定义 $F(x)=\dfrac{f(x)-f(0)}{x-0}$,则 $F(x)$ 在 $(0,1)$ 内可导且

$$F'(x)=\frac{xf'(x)-f(x)+f(0)}{x^2},$$

于是得到

$$|F'(x)|=\left|\frac{xf'(x)-f(x)+f(0)}{x^2}\right| \leqslant \frac{x^2 M}{x^2}=M.$$

因此 $\forall \varepsilon > 0, \exists \delta = \min\left\{\dfrac{\varepsilon}{M},1\right\}$,当 $x',x'' \in (0,1)$ 且满足 $|x'-x''|<\delta$ 时有

$$|F(x')-F(x'')|=|F'(\zeta)(x'-x'')| \leqslant M|x'-x''|<\varepsilon.$$

从而由函数极限的 Cauchy 收敛准则得到 $\lim\limits_{x\to 0^+}F(x)$ 存在,也就是 $f(x)$ 在 $x_0=0$ 处的右导数 $f'_+(0)$ 存在.

例 3.7(浙江大学 2001 年)　设可微函数 $y=y(x)$ 满足方程

$$y=-y\mathrm{e}^x + 2\mathrm{e}^y \sin x - 7x,$$

求 $y'(0)$.

解　方程两边同时对 x 求导,可得

$$y'=-y'\mathrm{e}^x - y\mathrm{e}^x + 2\mathrm{e}^y y' \sin x + 2\mathrm{e}^y \cos x - 7,$$

又易知道 $y(0)=0$,最后得到 $y'(0)=-y'(0)+2-7$,即

$$y'(0)=-\frac{5}{2}.$$

例 3.8　设 $y=\displaystyle\int_1^{1+\sin t}(1+\mathrm{e}^{\frac{1}{u}})\mathrm{d}u$,函数 $t=t(x)$ 由 $\begin{cases} x=\cos 2v \\ t=\sin v \end{cases}$,所确定,求 $\dfrac{\mathrm{d}y}{\mathrm{d}x}$.

解　由方程组可得 $x=1-2\sin^2 v=1-2t^2$,进而

$$\frac{\mathrm{d}y}{\mathrm{d}x}=\frac{\cos t(1+\mathrm{e}^{\frac{1}{1+\sin t}})}{-4t}=-\frac{\cos t(1+\mathrm{e}^{\frac{1}{1+\sin t}})}{4t}.$$

例 3.9　证明:曲线 $\begin{cases} x=a(\cos t + t\sin t) \\ y=a(\sin t - t\cos t) \end{cases}$ 上任意一点处的法线到原点的距离为 a.

证明　任意取曲线上一点 $P(x_0,y_0)=(x(t_0),y(t_0))$,则 $\dfrac{\mathrm{d}y}{\mathrm{d}x}\Big|_{t=t_0}=\tan t_0$,所

以过点 $P(x_0, y_0)$ 的法线的斜率为 $k = -\cot t_0$,从而过点 $P(x_0, y_0)$ 的法线方程为

$$y - a(\sin t_0 - t_0 \cos t_0) = -\cot t_0 (x - a(\cos t_0 + t_0 \sin t_0)),$$

化简得到 $x \cos t_0 + y \sin t_0 = a$.再由点到直线的距离公式即可得证.

例 3.10 设 $f(x) = x^2 \varphi(x)$,其中 $\varphi'(x)$ 在 $x = 0$ 的某邻域内连续,求 $f''(0)$.

解 因为 $f'(x) = 2x\varphi(x) + x^2 \varphi'(x)$,所以 $f'(0) = 0$,再由二阶导数的定义可得

$$f''(0) = \lim_{x \to 0} \frac{f'(x) - f'(0)}{x - 0} = \lim_{x \to 0} \frac{2x\varphi(x) + x^2 \varphi'(x)}{x} = 2\varphi(0).$$

注 此例中 $f''(0)$ 不能由 $f''(0) = f''(x)|_{x=0}$ 计算,因为 φ 不一定二阶可导.

例 3.11(浙江大学 2002 年) 设函数 $f(x) = \begin{cases} e^{-\frac{1}{x^2}}, & x \neq 0 \\ 0, & x = 0 \end{cases}$,求 $f^{(n)}(0)$.

解 当 $x \neq 0$ 时,$f'(x) = \dfrac{2}{x^3} e^{-\frac{1}{x^2}}$,$f''(x) = \left(\dfrac{4}{x^6} - \dfrac{6}{x^4}\right) e^{-\frac{1}{x^2}}$.一般地,由归纳法可以验证

$$f^{(n)}(x) = P_n\left(\frac{1}{x}\right) e^{-\frac{1}{x^2}},$$

其中 $P_n\left(\dfrac{1}{x}\right)$ 是关于 $\dfrac{1}{x}$ 的 $3n$ 次多项式.

根据条件可以得到

$$f'(0) = \lim_{x \to 0} \frac{e^{-\frac{1}{x^2}} - 0}{x} \xlongequal{\diamondsuit\, t = \frac{1}{x}} \lim_{t \to \infty} \frac{e^{-t^2}}{1/t} = \lim_{t \to \infty} \frac{t}{e^{t^2}} = 0.$$

再利用归纳法,不妨假设 $f^{(n-1)}(0) = 0$,于是

$$f^{(n)}(0) = \lim_{x \to 0} \frac{f^{(n-1)}(x) - f^{(n-1)}(0)}{x - 0} = \lim_{x \to 0} \frac{P_{n-1}\left(\dfrac{1}{x}\right) e^{-\frac{1}{x^2}}}{x}$$

$$\xlongequal{\diamondsuit\, t = \frac{1}{x}} \lim_{t \to \infty} \frac{t P_{n-1}(t)}{e^{t^2}} = 0.$$

即由归纳法可知 $f^{(n)}(0) = 0$.

例 3.12 设 $g(x)$ 在 $[0,1]$ 上无穷次可微,且存在 $M > 0$ 使得 $|g^{(n)}(x)| \leqslant M$,若

$$g\left(\frac{1}{n}\right) = \ln(1 + 2n) - \ln n, \quad n \in \mathbf{N}^*,$$

求 $g^{(k)}(0)$.

解　因为 $g(x)$ 的各阶导数有界,从而由 Taylor 展开式得到

$$g\left(\frac{1}{n}\right)=g(0)+g'(0)\frac{1}{n}+\frac{1}{2!}g''(0)\frac{1}{n^2}+\cdots+\frac{1}{k!}g^{(k)}(0)\frac{1}{n^k}+\cdots.$$

又因为

$$\ln\left(2+\frac{1}{n}\right)=\ln 2+\ln'(2)\frac{1}{n}+\frac{1}{2!}\ln''(2)\frac{1}{n^2}+\cdots+\frac{1}{k!}\ln^{(k)}(2)\frac{1}{n^k}+\cdots,$$

且

$$g\left(\frac{1}{n}\right)=\ln(1+2n)-\ln n=\ln\left(2+\frac{1}{n}\right),\quad n\in \mathbf{N}^*,$$

则由 Taylor 展开式的唯一性得到

$$g^{(k)}(0)=\ln^{(k)}(2)=\begin{cases}\ln 2, & k=0,\\ (-1)^{k-1}\dfrac{(k-1)!}{2^k}, & k=1,2,\cdots.\end{cases}$$

例 3.13　设 $f(x)$ 在 $\mathbf{R}$ 上有界且二次可微,证明:存在 $x_0\in \mathbf{R}$ 使得 $f''(x_0)=0$.

证明　如果 $f''(x)$ 在 $\mathbf{R}$ 上变号,则由导函数的介值性定理知存在 $x_0\in \mathbf{R}$,使得 $f''(x_0)=0$.

如果 $f''(x)$ 在 $\mathbf{R}$ 上不变号,不妨设 $f''(x)>0$,则 $f'(x)$ 严格单调增加,所以存在一点 $c\in \mathbf{R}$,使得 $f'(c)\neq 0$.进而由 Taylor 定理得到

$$f(x)=f(c)+f'(c)(x-c)+\frac{1}{2}f''(\xi)(x-c)^2,$$

其中 ξ 介于 x 与 c 之间,再由 $f''(x)>0$ 知 $f''(\xi)>0$.因此:

如果 $f'(c)>0$,则 $f(x)\to+\infty,x\to+\infty$;

如果 $f'(c)<0$,则 $f(x)\to+\infty,x\to-\infty$.

这均与 $f(x)$ 在 $\mathbf{R}$ 上有界矛盾,所以 $f''(x)$ 在 $\mathbf{R}$ 上一定变号.

例 3.14(Darboux 定理)　设函数 $f(x)$ 在闭区间 $[a,b]$ 上可导,对于任意的 $\mu,\nu\in[a,b]$,若 $f'(\mu)<f'(\nu)$(如果 μ,ν 在区间端点,则考虑单侧导数),则对任意的 c 满足 $f'(\mu)<c<f'(\nu)$,一定存在 ξ 介于 μ,ν 之间,使得 $f'(\xi)=c$.

证明　设 $F(x)=f(x)-cx$.不妨设 $\mu<\nu$,则可得

$$F'(\mu)=f'(\mu)-c<0,\quad F'(\nu)=f'(\nu)-c>0,$$

即

$$F'(\mu) = \lim_{x \to \mu} \frac{F(x) - F(\mu)}{x - \mu} < 0, \quad F'(\nu) = \lim_{x \to \nu} \frac{F(x) - F(\nu)}{x - \nu} > 0.$$

根据极限的保号性可知:存在 $x_1, x_2 \in (\mu, \nu)$,使得

$$\frac{F(x_1) - F(\mu)}{x_1 - \mu} < 0, \quad \frac{F(x_2) - F(\nu)}{x_2 - \nu} > 0,$$

从而得到

$$F(x_1) < F(\mu), \quad F(x_2) < F(\nu).$$

又因为 $F(x)$ 在 $[a, b]$ 上可导,从而连续.由最值定理,$F(x)$ 在闭区间 $[a, b]$ 上存在最小值点 $\xi \in (\mu, \nu)$,也即 ξ 为极小值点,从而由 Fermat 引理得到结论.

注 这个例子说明即便函数的导函数不具有连续性,也可以具有介值性.这是导函数的一个重要特性.

例 3.15(导函数的极限定理) 设函数 $f(x)$ 在点 x_0 的邻域 $U(x_0)$ 内连续,在 $U^{\circ}(x_0)$ 内可导且 $\lim\limits_{x \to x_0} f'(x)$ 存在,则 $f(x)$ 在点 x_0 可导且 $f'(x_0) = \lim\limits_{x \to x_0} f'(x)$.

证明 对任意 $x \in U^{\circ}(x_0)$,函数 $f(x)$ 在 (x_0, x) 或 (x, x_0) 内满足 Lagrange 中值定理的条件,从而在 x_0, x 间存在一点 ξ,使得

$$f'(\xi) = \frac{f(x) - f(x_0)}{x - x_0}.$$

注意到当 $x \to x_0$ 时,$\xi \to x_0$,所以,若记 $\lim\limits_{x \to x_0} f'(x) = A$,则

$$\lim_{x \to x_0} \frac{f(x) - f(x_0)}{x - x_0} = \lim_{x \to x_0} f'(\xi) = A,$$

从而 $f(x)$ 在点 x_0 可导且 $f'(x_0) = \lim\limits_{x \to x_0} f'(x)$.

注 一个函数在某点存在极限,但不一定在该点连续.而本例说明对于处处可导的函数,若导函数在某点存在极限,则导函数必在该点连续.这样就得到导函数的又一个重要的特性(如下面的例子所示).

例 3.16(导函数的重要特性) 若函数 $f(x)$ 在区间 I 上可导,则导函数 $f'(x)$ 在 I 上不存在第一类间断点.

证明 用反证法.如果 $f'(x)$ 在区间 I 上存在第一类间断点 x_0,不失一般性,设 $U(x_0) \subset I$,则 $f'(x)$ 在点 x_0 的左极限 $f'(x_0 - 0)$ 与右极限 $f'(x_0 + 0)$ 均存在.由 $f(x)$ 在 $U(x_0)$ 内的可导性得到 $f(x)$ 在 $U(x_0)$ 内连续,又 $f'(x_0)$ 存在,由上例及 $f'_+(x_0) = f'_-(x_0) = f'(x_0)$ 得到

$$f'(x_0 + 0) = f'(x_0 - 0) = f'(x_0).$$

这表明 $f'(x)$ 在点 x_0 连续,从而与假设矛盾.

　　注　导函数的这个特性说明导函数至多有第二类的间断点,也就是说如果一个函数有第一类间断点,那这个函数一定是没有原函数的.关于导函数的连续性,下面给出一个充分条件.

　　例 3.17　若函数 $f(x)$ 在区间 (a,b) 内可导且导函数 $f'(x)$ 在 (a,b) 内单调,则 $f'(x)$ 在 (a,b) 内连续.

　　证明　注意到单调函数至多有第一类的间断点,导函数至多有第二类的间断点,因而 $f'(x)$ 在 (a,b) 内没有间断点,也就是 $f'(x)$ 在 (a,b) 内连续.

3.2　微分中值定理与应用

3.2.1　内容提要与知识点解析

1) 极值的定义

设函数 $f(x)$ 定义在点 x_0 的某邻域 $U(x_0)$ 内,若任意取一点 $x \in U(x_0)$,均成立 $f(x) \leqslant f(x_0)$ 或 $f(x) \geqslant f(x_0)$,则称函数 $f(x)$ 在点 x_0 取极大值或极小值,并称 x_0 为极大值点或极小值点.极大值和极小值统称为函数 $f(x)$ 的极值,极大值点和极小值点统称为 $f(x)$ 的极值点.

　　注　极值是函数在局部上的性质,所以极小值有可能大于极大值.常用的判别极值存在的方法是利用函数导数的符号,本质上还是利用函数的单调性.

　　(1) 极值存在的第一充分条件

设函数 $f(x)$ 在点 x_0 连续,在 $U^{\circ}(x_0,\delta)$ 内可导.

　　① 若 $x \in U^{\circ}_{-}(x_0,\delta)$ 时 $f'(x) \leqslant 0$,$x \in U^{\circ}_{+}(x_0,\delta)$ 时 $f'(x) \geqslant 0$,则 $f(x)$ 在点 x_0 取极小值;

　　② 若 $x \in U^{\circ}_{-}(x_0,\delta)$ 时 $f'(x) \geqslant 0$,$x \in U^{\circ}_{+}(x_0,\delta)$ 时 $f'(x) \leqslant 0$,则 $f(x)$ 在点 x_0 取极大值.

　　(2) 极值存在的第二充分条件

设函数 $f(x)$ 在点 x_0 连续,在 $U(x_0,\delta)$ 内一阶可导,且 $f''(x_0)$ 存在,若 $f'(x_0)=0$,$f''(x_0) \neq 0$,则

　　① 当 $f''(x_0) < 0$ 时,$f(x)$ 在点 x_0 取极大值;

　　② 当 $f''(x_0) > 0$ 时,$f(x)$ 在点 x_0 取极小值.

极值存在的第二充分条件可以借助于 Taylor 定理推广到更一般的情形,也就是利用更高阶导数来判别极值点的存在性.

（3）推广的极值存在的第二充分条件

设函数 $f(x)$ 在点 x_0 存在 n 阶导数,若

$$f^{(k)}(x_0)=0, \ k=1,2,\cdots,n-1 \quad 且 \quad f^{(n)}(x_0)\neq 0.$$

① 当 n 是奇数时,x_0 不是 $f(x)$ 的极值点;

② 当 n 是偶数时,x_0 是 $f(x)$ 的极值点,且当 $f^{(n)}(x_0)>0$ 时 x_0 为极小值点,当 $f^{(n)}(x_0)<0$ 时 x_0 为极大值点.

2）微分中值定理

Fermat 引理是研究微分中值定理的基础,说明了可导函数的稳定点和极值点之间的关系.也就是:如果函数 $f(x)$ 在点 x_0 的某邻域有定义,且在点 x_0 可导,若 x_0 为 $f(x)$ 的极值点,则 $f'(x_0)=0$.

注 ① 极值点未必是稳定点,稳定点也未必是极值点.但是对于可导函数而言,极值点一定是稳定点.因此对于一般的函数来说,极值点必为函数的稳定点或不可导点.这就为我们寻找函数的极值点提供了途径.

② 最值点也未必是极值点,但若最值点落在区间内部(不是区间端点),最值点必是极值点,由此最值点只可能是极值点或区间端点.也就是说最值点一定为稳定点、不可导点或区间端点.因此,要求解闭区间上函数的最值,只要先求出函数的稳定点和不可导点,最后比较稳定点、不可导点和区间端点上的函数值就可以了.

（1）（Rolle 定理）若函数 $f(x)$ 在闭区间 $[a,b]$ 上满足:

① 在闭区间 $[a,b]$ 上连续;

② 在开区间 (a,b) 内可导;

③ 在区间端点上的函数值相等,即 $f(a)=f(b)$,

则至少存在一点 $\xi\in(a,b)$,使得 $f'(\xi)=0$.

注 ① 从几何上看,Rolle 定理表明在曲线 $y=f(x)$ 上至少存在一点,使得在该点有水平的切线.

② Rolle 定理有如下推广的形式:若函数 $f(x)$ 在开区间 (a,b)(此区间有界或无界均可)内可导,且 $\lim\limits_{x\to a^+}f(x)=\lim\limits_{x\to b^-}f(x)=A$,其中 A 为有限数,$+\infty$ 或 $-\infty$,则在 (a,b) 内至少存在一点 ξ,使得 $f'(\xi)=0$.

（2）（Lagrange 中值定理）若函数 $f(x)$ 在闭区间 $[a,b]$ 上满足:

① 在闭区间 $[a,b]$ 上连续;

② 在开区间 (a,b) 内可导,

则至少存在一点 $\xi\in(a,b)$,使得 $f'(\xi)=\dfrac{f(b)-f(a)}{b-a}$.

注 ① 从几何上看,Lagrange 中值定理表明在曲线 $y=f(x)$ 上至少存在一

点,使得该点的切线平行于连接区间端点的直线.

② 注意定理结论的几种不同的表示形式:

$$f(b) - f(a) = f'(\xi)(b-a), \quad \xi \in (a,b);$$

$$f(b) - f(a) = f'(a + \theta(b-a))(b-a), \quad \theta \in (0,1);$$

$$f(a+h) - f(a) = f'(a + \theta h)h, \quad \theta \in (0,1).$$

在不同的情形,使用其中的某一种形式可能更为方便.特别地,有时为解题的方便,也可以将结论写为

$$b - a = \frac{f(b) - f(a)}{f'(\xi)}.$$

在实际解题过程中经常用的形式是取 $b = x, a = x_0$,此时上式又可写为

$$f(x) - f(x_0) = f'(\xi)(x - x_0), \quad \xi \text{ 介于 } x_0 \text{ 与 } x \text{ 之间.}$$

③ Lagrange 中值定理有一个直接且非常有用的推论:在区间 I 上可导的函数,若其导数处处为零,则此函数一定是常值函数.

(3) (Cauchy 中值定理) 若函数 $f(x), g(x)$ 在闭区间 $[a,b]$ 上满足:

① 在闭区间 $[a,b]$ 上连续;

② 在开区间 (a,b) 内可导;

③ $\forall x \in (a,b), g'(x) \neq 0$,

则至少存在一点 $\xi \in (a,b)$,使得 $\dfrac{f'(\xi)}{g'(\xi)} = \dfrac{f(b) - f(a)}{g(b) - g(a)}$.

注　① 从几何上看,Cauchy 中值定理表明在直角坐标 uv 平面内以 x 为参数的曲线 $\begin{cases} u = g(x), \\ v = f(x) \end{cases}$ 上至少存在一点,使得该点的切线平行于连接区间端点的直线.

② 从上面 Rolle 定理、Lagrange 中值定理和 Cauchy 中值定理的表述可以看出,Cauchy 中值定理是这三个定理中最一般的形式,其一个特殊情形(取 $g(x) = x$)是 Lagrange 中值定理,而 Lagrange 中值定理的一个特例是 Rolle 定理.后两个定理的证明大多是基于 Rolle 定理来完成的,不过在参考文献[3]中,作者采用了一种不常见的证明方法,有兴趣的读者可以参考一下.定理的证明方法包含了在应用中值定理解决一些中值点存在性问题时的一个重要的方法 —— 辅助函数法.

3) 微分中值定理的应用

微分中值定理的一个重要应用是得到函数的 Taylor 公式.若函数 $f(x)$ 在点 x_0 存在 n 阶导数,则可以得到 $f(x)$ 的 Taylor 多项式:

$$T_n(x) = \sum_{k=0}^{n} \frac{f^{(k)}(x_0)}{k!}(x - x_0)^k,$$

其中 $\frac{f^{(k)}(x_0)}{k!}$ 称为 Taylor 多项式的 Taylor 系数.

常用的 Taylor 公式一个是带 Peano 型余项的公式:若函数 $f(x)$ 在点 x_0 存在 n 阶导数,则有

$$f(x) = T_n(x) + o((x - x_0)^n), \quad x \to x_0.$$

该公式常用来对 $f(x)$ 做一些定性的估计,比如利用 Taylor 公式计算函数的极限.

另一个是带 Lagrange 型余项的 Taylor 公式(Taylor 定理):若 $f(x)$ 在 $[a,b]$ 上存在 n 阶导数,在 (a,b) 内存在 $n+1$ 阶导数,则对任意的 $x, x_0 \in [a,b]$,至少存在一点 ξ 介于 x, x_0 之间,使得

$$f(x) = T_n(x) + \frac{f^{(n+1)}(\xi)}{(n+1)!}(x - x_0)^{n+1}.$$

这个公式经常用来对 $f(x)$ 进行一些定量的分析,比如求 $f(x)$ 的近似值.

除此之外,Taylor 公式中的余项还可以是 Cauchy 型余项和积分型余项.

带 Cauchy 型余项的 Taylor 公式:设 $f(x)$ 在 $U(x_0)$ 上有 $n+1$ 阶导数,则对于任意的 $x \in U(x_0)$,成立

$$f(x) = T_n(x) + \frac{f^{(n+1)}(x_0 + \theta(x - x_0))}{n!}(1 - \theta)^n (x - x_0)^{n+1},$$

其中 $0 < \theta < 1$.

带积分型余项的 Taylor 公式:设 $f(x)$ 在 $U(x_0)$ 上有 $n+1$ 阶导数,则对于任意的 $x \in U(x_0)$,成立

$$f(x) = T_n(x) + \frac{1}{n!}\int_{x_0}^{x} f^{(n+1)}(t)(x - t)^n \, dt.$$

上述公式中如果取 $x_0 = 0$,则称相应的公式为 Maclaurin 公式.在这里建议大家把 Taylor 公式和后面的函数的幂级数展开联系起来学习,分清楚两者之间的联系和区别.一些常用函数的 Taylor 公式最好能记住.下面列举一些函数带 Peano 型余项的 Maclaurin 公式:

$$e^x = 1 + x + \frac{x^2}{2!} + \cdots + \frac{x^n}{n!} + o(x^n);$$

$$\sin x = x - \frac{x^3}{3!} + \frac{x^5}{5!} \cdots + (-1)^n \frac{x^{2n+1}}{(2n+1)!} + o(x^{2n+1});$$

$$\cos x = 1 - \frac{x^2}{2!} + \frac{x^4}{4!} \cdots + (-1)^n \frac{x^{2n}}{(2n)!} + o(x^{2n});$$

$$\ln(1+x) = x - \frac{x^2}{2!} + \frac{x^3}{3!} \cdots + (-1)^{n-1} \frac{x^n}{n!} + o(x^n);$$

$$\frac{1}{1-x} = 1 + x + x^2 + \cdots + x^n + o(x^n);$$

$$(1+x)^\alpha = 1 + \alpha x + \frac{\alpha(\alpha-1)}{2!} x^2 + \cdots + \frac{\alpha(\alpha-1)\cdots(\alpha-n+1)}{n!} x^n + o(x^n).$$

注意这些公式在不定式极限计算中的应用.尤其最后一个公式,α 取不同的值可得到一系列函数的 Taylor 展开式.事实上,这个公式除了在不定式极限的计算方面有应用外,在级数敛散性的判别中也很有用处.

注   Taylor 公式一般是由 Cauchy 中值定理推导的,因而也可以看成是更一般的中值定理.三个微分中值定理可以写成下面统一的形式:

微分中值定理的统一形式   若 $f(x),g(x),h(x)$ 在 $[a,b]$ 上连续,在 (a,b) 内可导,定义函数

$$F(x) = \begin{vmatrix} f(a) & g(a) & h(a) \\ f(b) & g(b) & h(b) \\ f(x) & g(x) & h(x) \end{vmatrix},$$

则至少存在一点 $\xi \in (a,b)$,使得

$$F'(\xi) = \begin{vmatrix} f(a) & g(a) & h(a) \\ f(b) & g(b) & h(b) \\ f'(\xi) & g'(\xi) & h'(\xi) \end{vmatrix} = 0.$$

事实上,如果取 $g(x) = x, h(x) = 1$,上面结论就是 Lagrange 中值定理;若进一步有 $f(a) = f(b)$,就是 Rolle 定理了;若取 $h(x) = 1$,便得到

$$f'(\xi)(g(b) - g(a)) = g'(\xi)(f(b) - f(a)),$$

也就是 Cauchy 中值定理.

4) 一些具体的应用

如何灵活地运用中值定理是本章学习的重点和难点.一般来说,如果题目中要解决中值点的问题,若所给条件只有函数的连续性,这时就考虑使用连续函数在闭区间上的性质(零点定理、介值性定理等);若所给条件含有函数一阶可微的性质,这时往往是需要考虑使用微分中值定理;若所给条件含有函数二阶或更高阶可微的性质,则需要考虑连续使用 Rolle 定理或 Lagrange 中值定理或直接使用 Taylor 公式(通常使用 Taylor 公式的可能性更大).但无论什么情况,要使用这些定理解决

中值点的问题,往往需要对结论做一些恒等变形,从而找到合适的辅助函数,这也是解决此类问题的关键.具体来说,对以下这些问题可以考虑使用微分中值定理:

(1) 对给定的可微函数证明中值公式、等式或不等式成立;

(2) 研究函数或方程在指定区间内的根或零点的存在性和个数问题;

(3) 研究可微函数的整体性质,比如单调性、有界性、一致连续性、最值问题、导函数的极限等;

(4) 计算不定式极限,主要使用 L'Hospital 法则;

(5) 研究函数图像的性态,如单调性、凸凹性、渐近性等,进而描绘函数的图像;

(6) 函数值的近似计算和方程根的近似求解.

5) 凸函数的几种等价定义

凸函数是数学分析中一类重要的研究对象,凸性使得函数具有良好的性质,也是证明很多不等式的一个重要工具.

(1) 设函数 $f(x)$ 在区间 I 上有定义,若 $\forall x_1, x_2 \in I$ 以及 $\forall \lambda \in (0,1)$,成立

$$f(\lambda x_1 + (1-\lambda)x_2) \leqslant \lambda f(x_1) + (1-\lambda)f(x_2),$$

则称函数 $f(x)$ 为 I 上的凸函数或称 $f(x)$ 在 I 上凸.若上式中的"$\leqslant$"改为"$<$",则称 $f(x)$ 在 I 上严格凸.

若把"$\leqslant$"和"$<$"改为"$\geqslant$"和"$>$",则相应的可以定义凹函数和严格凹函数.由于凸凹函数的定义只是相差一个符号,因此只要考虑凸函数就行了.

(2) 设函数 $f(x)$ 在区间 I 上有定义,若对任意的 $x_1, x_2 \in I$,成立

$$f\left(\frac{x_1 + x_2}{2}\right) \leqslant \frac{f(x_1) + f(x_2)}{2},$$

则称函数 $f(x)$ 为 I 上的凸函数.

注   在没有更多的条件下,上述(1) 和(2) 中所定义的凸性是有差别的.比如在(2) 的意义下 Dirichlet 函数是凸的,而这与我们对凸函数的直观认识是有差别的,出现这种现象的原因在于 Dirichlet 函数是不连续的.因此有下列结论:

命题 3.1   如果 $f(x)$ 在 I 上连续,则定义(1) 和定义(2) 是等价的.

证明   下面我们利用闭区间上连续函数的性质给出一个直接的证明.

由(1) 推出(2) 是显然的,只有取 $\lambda = 1/2$ 即可.下面证明由定义(2) 推出(1).

用反证法.如果(1) 中的不等式不成立,即存在 $x_1', x_2' \in I$ 及 $\lambda_0 \in (0,1)$ 使得

$$f(\lambda_0 x_1' + (1-\lambda_0)x_2') > \lambda_0 f(x_1') + (1-\lambda_0)f(x_2').$$

于是令

$$g(\lambda) = f(\lambda x_1' + (1-\lambda)x_2') - \lambda f(x_1') - (1-\lambda)f(x_2'),$$

则由 $f(x)$ 的连续性易知 $g(\lambda)$ 在 $[0,1]$ 上连续,所以 $M=g(\lambda_1)=\max\limits_{\lambda\in[0,1]}g(\lambda)$ 存在.又注意到 $g(0)=g(1)=0$ 及 $g(\lambda_0)>0$,所以 $M>0$.令 $\lambda^*=\sup\{\lambda\mid g(\lambda)=M\}$,则 $g(\lambda)$ 在 $[\lambda_1,\lambda^*]$ 上为常值 M.现取 $\alpha>0$,使得 $U(\lambda^*,\alpha)\subset(0,1)$.这样可以取两个介于 x_1' 和 x_2' 之间的点 x_1^*,x_2^*,其中

$$x_1^*=(\lambda^*-\alpha)x_1'+(1-\lambda^*+\alpha)x_2',$$
$$x_2^*=(\lambda^*+\alpha)x_1'+(1-\lambda^*-\alpha)x_2',$$

再由定义(2)有

$$f\left(\frac{x_1^*+x_2^*}{2}\right)\leqslant\frac{1}{2}(f(x_1^*)+f(x_2^*)).$$

将 x_1^* 和 x_2^* 的定义代入上式并注意到 $g(\lambda)$ 的定义,我们得到

$$g(\lambda^*)\leqslant\frac{1}{2}(g(\lambda^*-\alpha)+g(\lambda^*+\alpha))<\frac{1}{2}(M+M)=M,$$

这是因为按照 λ^* 的取法,$g(\lambda^*-\alpha)$ 和 $g(\lambda^*+\alpha)$ 中至少有一个严格比 M 小.于是得到矛盾.

从形式上看,定义(2)比定义(1)更为简洁,也更易于验证.定义(2)本身也有自身的几何含义.如图 3.1 所示,如果把 $f(x)$ 看成是由 x 轴上的点到一个固定点 P 的距离,则定义(2)表明三角形两条边的和大于第三边.

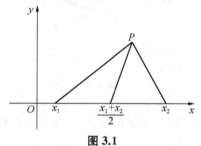

图 3.1

(3) 设函数 $f(x)$ 在区间 I 上有定义,若对任意的 $x_1,x_2,\cdots,x_n\in I$ 以及任意的 $\lambda_i\geqslant0$ 满足 $\sum\limits_{i=1}^{n}\lambda_i=1$,成立

$$f(\lambda_1x_1+\lambda_2x_2+\cdots+\lambda_nx_n)\leqslant\lambda_1f(x_1)+\lambda_2f(x_2)+\cdots+\lambda_nf(x_n),$$

则称函数 $f(x)$ 为 I 上的凸函数.

上面的不等式也称为 Jensen 不等式,这是关于凸函数的一个重要不等式.

6）凸函数的判别方法

前面凸函数的定义都没有假设函数的可微性,在不利用可微这个条件下,我们有下列判别凸函数的方法.

命题 3.2 设 $f(x)$ 为定义在 I 上的函数,则下述论断相互等价：

(1) $f(x)$ 为 I 上的凸函数；

(2) 对 I 上任意三点 $x_1 < x_2 < x_3$,有 $\dfrac{f(x_2) - f(x_1)}{x_2 - x_1} \leqslant \dfrac{f(x_3) - f(x_2)}{x_3 - x_2}$；

(3) 对 I 上任意三点 $x_1 < x_2 < x_3$,行列式 $\begin{vmatrix} 1 & x_1 & f(x_1) \\ 1 & x_2 & f(x_2) \\ 1 & x_3 & f(x_3) \end{vmatrix} \geqslant 0$；

(4) 对 I 上任意内点 x_0,存在实数 α,使得对任意 $x \in I$,有

$$f(x) \geqslant \alpha(x - x_0) + f(x_0).$$

从几何直观上来说(见图 3.2),论断(2) 反映了 $f(x)$ 的图像上两条相邻弦之间的斜率关系；论断(3) 说明以 $f(x)$ 的图像上的三点 $A(x_1, f(x_1))$,$B(x_2, f(x_2))$ 及 $C(x_3, f(x_3))$ 所围的有向面积是非负的；论断(4) 说明 $f(x)$ 图像在一条特定直线的上方.

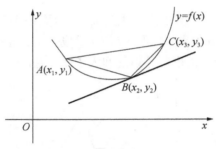

图 3.2

下面我们再给出一个比较有意思的非可导性判别条件 —— 利用积分来判别函数的凸性.

命题 3.3 如果区间 $[a, b]$ 上的函数 $f(x)$ 可以表示成一个 $[a, b]$ 上的单调增加函数 $h(x)$ 的积分,即 $f(x) = \displaystyle\int_a^x h(t)\mathrm{d}t$,则 $f(x)$ 为 $[a, b]$ 上的凸函数.

7）凸函数的其他判别方法

在函数一阶或二阶可导的前提下,判别函数的凸性就更方便了.常用的判别方法有如下几个：

命题 3.4 设 $f(x)$ 为定义在 I 上的函数且可导,若 $f'(x)$ 单调递增,则 $f(x)$ 在 I 上凸；若 $f'(x)$ 单调递减,则 $f(x)$ 在 I 上凹.

命题 3.5　设 $f(x)$ 为定义在 I 上的可导函数,则 $f(x)$ 在 I 上凸当且仅当对任意的 $x_0 \in I$,成立

$$f(x) \geqslant f(x_0) + f'(x_0)(x - x_0).$$

命题 3.6　设 $f(x)$ 为定义在 I 上的二阶可导函数,则 $f''(x) \geqslant 0$ 当且仅当 $f(x)$ 在 I 上凸,$f''(x) \leqslant 0$ 当且仅当 $f(x)$ 在 I 上凹.

关于凸函数,还有一个重要的点就是函数凸凹性质发生改变的点,也就是函数的拐点.通常我们可以根据函数在某点两边二阶导函数符号是否改变来判别拐点的存在性.

注　(1) 凸函数的一些重要性质,比如在 I 内任意一点存在左右导数,以及在 I 的内部连续、内闭有界、内闭一致连续等,后面通过例题进行介绍.

(2) 描绘函数的图像是微分中值定理的一个综合运用,只要我们把函数的各种性质尽可能地发掘出来,就能够大致给出函数的图像.这些性质包括函数的定义域、值域、连续性、单调性、周期性、奇偶性、极值点和极值、凸凹性和拐点、渐进性等.从微分中值定理的应用可以看到,上述好多性质都可以通过微分中值定理进行验证和运算,这里就不再详细展开了.

3.2.2　典型例题解析

Rolle 定理是微分中值定理中的一个基础定理,其形式可以推广到更一般的情形.下面我们通过例题给出这些形式.

例 3.18　设函数 $f(x)$ 在 (a,b) 内可导 $(-\infty \leqslant a < b \leqslant +\infty)$,且

$$f(a+0) = f(b-0) = A, \quad \text{其中} -\infty \leqslant A \leqslant +\infty,$$

证明:至少存在一点 $\xi \in (a,b)$,使得 $f'(\xi) = 0$.

证明　对 A 的取值进行分类.

(1) A 是一个有限数.若 $f(x) \equiv A$,则结论显然成立.

若 $f(x) \not\equiv A$,则存在 $x_0 \in (a,b)$ 使得 $f(x_0) \neq A$.我们不妨设 $f(x_0) > A$,取 $\alpha \in (A, f(x_0))$,则由 $f(a+0) = f(b-0) = A$ 且 $\alpha > A$,以及极限的保号性可知,存在 $x_1 \in (a, x_0), x_2 \in (x_0, b)$ 使得

$$f(x_1) < \alpha < f(x_0), \quad f(x_2) < \alpha < f(x_0).$$

再由闭区间上的连续函数的介值性,存在 $\xi_1 \in (x_1, x_0)$ 及 $\xi_2 \in (x_0, x_2)$ 使得

$$f(\xi_1) = f(\xi_2) = \alpha,$$

最后在闭区间 $[\xi_1, \xi_2]$ 上应用 Rolle 定理可得结论.

(2) $A=-\infty(A=+\infty$ 时同理可证$)$,即 $f(a+0)=f(b-0)=-\infty$.令 $x_0\in$ (a,b),取 $\alpha\in(-\infty,f(x_0))$.由极限的保号性可知,存在 $x_1\in(a,x_0),x_2\in(x_0,b)$ 使得

$$f(x_1)<\alpha<f(x_0),\quad f(x_2)<\alpha<f(x_0).$$

再由闭区间上的连续函数的介值性,存在 $\xi_1\in(x_1,x_0)$ 及 $\xi_2\in(x_0,x_2)$ 使得

$$f(\xi_1)=f(\xi_2)=\alpha,$$

最后在闭区间$[\xi_1,\xi_2]$上应用 Rolle 定理可得结论.

注 关于中值点的存在性的问题,可以直接使用中值定理,但更多的是先构造辅助函数,然后对辅助函数使用中值定理,有时也可以用反证法.

例 3.19 设函数 $f(x)$ 在闭区间$[a,b]$上连续,在(a,b) 内除有一点外皆可导,证明:存在 $\xi\in(a,b)$,使得 $|f(b)-f(a)|\leqslant|f'(\xi)|(b-a)$.

证明 设函数 $f(x)$ 在点 $x_0\in(a,b)$ 不可导.在区间(a,x_0)和(x_0,b)上分别使用 Lagrange 中值定理得到

$$f(x_0)-f(a)=f'(\xi_1)(x_0-a),\quad f(b)-f(x_0)=f'(\xi_2)(b-x_0),$$

两式相加得到

$$f(b)-f(a)=f'(\xi_1)(x_0-a)+f'(\xi_2)(b-x_0),$$

再两边取绝对值即得

$$\begin{aligned}|f(b)-f(a)|&\leqslant|f'(\xi_1)|(x_0-a)+|f'(\xi_2)|(b-x_0)\\&\leqslant|f'(\xi)|(x_0-a)+|f'(\xi)|(b-x_0)\\&=|f'(\xi)|(b-a),\end{aligned}$$

其中 $|f'(\xi)|=\max\{|f'(\xi_1)|,|f'(\xi_2)|\}$,即 $\xi=\begin{cases}\xi_1,&|f'(\xi_1)|\geqslant|f'(\xi_2)|,\\\xi_2,&|f'(\xi_1)|\leqslant|f'(\xi_2)|.\end{cases}$

例 3.20 设 $f(x)$ 在$[0,1]$上连续可导且 $f(0)=0,f(1)=1$,若 $k_1,k_2,\cdots,k_n$ 为 n 个正数,求证:存在 $x_1,x_2,\cdots,x_n\in[0,1]$ 互不相等使得 $\sum\limits_{i=1}^n\dfrac{k_i}{f'(x_i)}=\sum\limits_{i=1}^n k_i$.

分析 先把要证的结论做适当简化,即

$$\sum_{i=1}^n\frac{k_i}{f'(x_i)}=\sum_{i=1}^n k_i\quad\text{可等价写为}\quad\sum_{i=1}^n\frac{k_i}{\sum\limits_{j=1}^n k_j f'(x_i)}=1,$$

再令 $m=\sum\limits_{j=1}^n k_j,\lambda_i=\dfrac{k_i}{m}$,则结论变为 $\sum\limits_{i=1}^n\dfrac{\lambda_i}{f'(x_i)}=1$.

证明　由条件 $f(0)=0,f(1)=1$ 及 $\lambda_1 \in (0,1)$，由连续函数的介值性定理，存在 $c_1 \in (0,1)$ 使得 $f(c_1)=\lambda_1$.再由 Lagrange 中值定理知

$$\lambda_1 = f(c_1) - f(0) = f'(x_1)(c_1 - 0), \quad x_1 \in (0, c_1),$$

即 $\dfrac{\lambda_1}{f'(x_1)} = c_1 - 0 = c_1 - c_0$,其中 $c_0 = 0$.

注意到 $\lambda_2 = \lambda_1 + \lambda_2 - \lambda_1$,并且 $\lambda_1 < \lambda_1 + \lambda_2 < 1$,所以再由介值性定理,存在 $c_2 \in (c_1, 1)$ 使得 $f(c_2) = \lambda_1 + \lambda_2$.又由 Lagrange 中值定理可得

$$\lambda_2 = f(c_2) - f(c_1) = f'(x_2)(c_2 - c_1), \quad x_2 \in (c_1, c_2),$$

即 $\dfrac{\lambda_2}{f'(x_2)} = c_2 - c_1$.

同理可得:存在 $c_3 \in (c_2, 1)$ 使得 $f(c_3) = \lambda_1 + \lambda_2 + \lambda_3$,有

$$\lambda_3 = f(c_3) - f(c_2) = f'(x_3)(c_3 - c_2), \quad x_3 \in (c_2, c_3),$$

即 $\dfrac{\lambda_3}{f'(x_3)} = c_3 - c_2$.直至 $c_n = 1$ 使得 $f(c_n) = \lambda_1 + \lambda_2 + \cdots + \lambda_n = 1$,有

$$\lambda_n = f(c_n) - f(c_{n-1}) = f'(x_n)(1 - c_{n-1}), \quad x_n \in (c_{n-1}, 1),$$

即 $\dfrac{\lambda_n}{f'(x_n)} = 1 - c_{n-1}$.

综上,可得

$$\frac{\lambda_1}{f'(x_1)} + \cdots + \frac{\lambda_n}{f'(x_n)} = c_1 - c_0 + \cdots + 1 - c_{n-1} = 1 - c_0 = 1 - 0 = 1.$$

例3.21　设函数 $f(x)$ 在 $[0, +\infty)$ 上可微,且 $0 \leqslant f'(x) \leqslant f(x)$, $f(0) = 0$,求证: $f(x) \equiv 0, x \in [0, +\infty)$.

证法 1(归纳法)　由 $f'(x) \geqslant 0$ 可知函数 $f(x)$ 单调增加,再在区间 $[0, x]$ 上运用 Lagrange 中值定理,可得

$$f(x) = f(x) - f(0) = f'(\xi) x \leqslant f(\xi) x \leqslant f(x) x,$$

即 $f(x)(1 - x) \leqslant 0$.

因此,当 $x \in (0, 1)$ 时, $f(x) \equiv 0$.由 $f(x)$ 的连续性得到 $f(1) = 0$,也就是

$$f(x) \equiv 0, \quad x \in [0, 1].$$

现假设 $f(x) \equiv 0, x \in [n-1, n]$,当 $x \in (n, n+1)$ 时,有

$$f(x) = f(x) - f(n) = f'(\xi)(x-n)$$
$$\leqslant f(\xi)(x-n) \leqslant f(x)(x-n).$$

注意到 $0 < x-n < 1$, 所以 $f(x) \equiv 0$. 由 $f(x)$ 的连续性得到 $f(n+1) = 0$, 也就是

$$f(x) \equiv 0, \quad x \in [n, n+1].$$

综上可得 $f(x) \equiv 0, x \in [0, +\infty)$.

证法2(借助辅助函数)　注意到只要证 $f(x) \leqslant 0$. 由 $f'(x) \leqslant f(x)$ 易得

$$e^{-x}(f'(x) - f(x)) \leqslant 0, \quad 即 \quad (e^{-x}f(x))' \leqslant 0,$$

于是 $e^{-x}f(x)$ 单调减少. 又 $f(0) = 0$, 所以对任意的 $x \in [0, +\infty)$, 有

$$e^{-x}f(x) \leqslant e^0 f(0) = 0,$$

即 $f(x) \leqslant 0$.

例3.22　设函数 $f(x)$ 在区间 $[0, +\infty)$ 上可微, 且 $f(0) = 0$, 若存在 $A > 0$, 使得 $|f'(x)| \leqslant A|f(x)|, \forall x \in [0, +\infty)$, 求证: $f(x) \equiv 0, x \in [0, +\infty)$.

证明　因为

$$|f(x)| = |f(x) - f(0)| = |f'(\xi_1)x|$$
$$\leqslant A|f(\xi_1)x|, \quad 0 < \xi_1 < x,$$

现取 $x \in \left(0, \dfrac{1}{2A}\right)$, 则

$$|f(x)| \leqslant A|f(\xi_1)|\frac{1}{2A} = \frac{1}{2}|f(\xi_1)| = \frac{1}{2}|f(\xi_1) - f(0)|$$

$$= \frac{1}{2}|f'(\xi_2)|\xi_1 \leqslant \frac{1}{2}A|f(\xi_2)|\xi_1$$

$$\leqslant \frac{1}{2}A|f(\xi_2)|\frac{1}{2A} = \frac{1}{2^2}|f(\xi_2)|, \quad 0 < \xi_2 < \xi_1.$$

一直继续下去, 可得

$$|f(x)| \leqslant \frac{1}{2^n}|f(\xi_n)|, \quad 0 < \xi_n < \xi_{n-1} < \cdots < \xi_1 < x.$$

又函数 $f(x)$ 在区间 $\left[0, \dfrac{1}{2A}\right]$ 上连续进而有界, 从而对 $|f(x)| \leqslant \dfrac{1}{2^n}|f(\xi_n)|$ 两边令 $n \to \infty$ 取极限, 得到 $f(x) \equiv 0, x \in \left[0, \dfrac{1}{2A}\right]$.

类似可证 $f(x) \equiv 0, x \in \left[\dfrac{i-1}{2A}, \dfrac{i}{2A}\right], i = 2, 3, \cdots, n, \cdots$, 最后即得

$$f(x) \equiv 0, \quad x \in [0, +\infty).$$

例 3.23　设函数 $f(x)$ 在 $[0, +\infty)$ 上可微,且 $f(0)=0$,$f'(x)$ 在 $(0, +\infty)$ 内单调减少,证明:$\dfrac{f(x)}{x}$ 在 $(0, +\infty)$ 内单调减少.

证明　令 $F(x) = \dfrac{f(x)}{x}$,则 $F'(x) = \dfrac{xf'(x)-f(x)}{x^2}$.因为

$$f(x) = f(x) - f(0) = f'(\xi)x \geqslant f'(x)x, \quad 0 < \xi < x,$$

于是 $xf'(x) - f(x) \leqslant 0$,从而 $F'(x) \leqslant 0$.

例 3.24　设 $f(x)$ 在 $(0, +\infty)$ 上可微,且 $\lim\limits_{x \to +\infty} f'(x) = 0$,证明:$\lim\limits_{x \to +\infty} \dfrac{f(x)}{x} = 0$.

证明　因为 $\lim\limits_{x \to +\infty} f'(x) = 0$,所以 $\forall \varepsilon > 0$,$\exists A > 0$,当 $x > A > 0$ 时,有

$$|f'(x)| < \frac{\varepsilon}{2}.$$

由 Lagrange 中值定理,$\forall x > A > 0$,$\exists \xi \in (A, x)$,使得

$$f(x) = f(A) + f'(\xi)(x - A),$$

两边同除以 x 再取绝对值得到

$$\left| \frac{f(x)}{x} \right| \leqslant \left| \frac{f(A)}{x} \right| + \left| \frac{f'(\xi)(x-A)}{x} \right| < \left| \frac{f(A)}{x} \right| + \frac{\varepsilon}{2}.$$

再令 $M = \max\left\{ A, \dfrac{2|f(A)|}{\varepsilon} \right\}$,则当 $x > M$ 时,有

$$\left| \frac{f(x)}{x} \right| < \left| \frac{f(A)}{x} \right| + \frac{\varepsilon}{2} < \frac{\varepsilon}{2} + \frac{\varepsilon}{2} = \varepsilon.$$

例 3.25　设 $f(x)$ 在 $[0,1]$ 上连续,$(0,1)$ 内可微,且 $f(0)=f(1)=0$,证明:对任意的 $x_0 \in (0,1)$,存在 $\xi \in (0,1)$,使得 $f'(\xi) = f(x_0)$.

证明　令 $F(x) = f(x) - xf(x_0)$,则 $F(0) = 0$,且

$$F(x_0) = f(x_0) - x_0 f(x_0) = (1 - x_0)f(x_0),$$

$$F(1) = f(1) - f(x_0) = -f(x_0),$$

于是

$$F(1)F(x_0) = -(1 - x_0)f^2(x_0) \leqslant 0.$$

若 $f(x_0) = 0$,则由 Rolle 定理,存在 $\xi \in (x_0, 1)$,使得 $F'(\xi) = 0$,即

$$f'(\xi) = f(x_0).$$

若 $f(x_0) \neq 0$,因为 $F(1)F(x_0) < 0$,则由连续函数的介值性定理可知,存在 $\eta \in (x_0, 1)$ 使得 $F(\eta) = 0$,再在 $[0, \eta]$ 上使用 Rolle 定理即证.

例 3.26 设 $k > 0$,问 k 取何值时方程 $\arctan x - kx = 0$ 存在正的实根?

分析 本题结论由几何图像是容易得到的,严格的证明可以借助于中值定理. 因此,中值定理也是证明方程的根或函数零点存在性的一个重要方法.

解 设函数 $f(x) = \arctan x - kx$.注意到 $f(0) = 0$,因此,若方程有正根 x_0 使得 $f(x_0) = 0$,则存在 $\xi \in (0, x_0)$,使得

$$f'(\xi) = \frac{1}{1 + \xi^2} - k = 0,$$

由此可见 $0 < k < 1$.

反之,若 $0 < k < 1$,则 $f'(0) = 1 - k > 0$,又 $f'(x) = \frac{1}{1 + x^2} - k$ 在 $x = 0$ 处连续,故存在 $\delta > 0$,当 $x \in [0, \delta)$ 时 $f'(x) > 0$,因此 $f(x)$ 在 $[0, \delta)$ 上单调增加.

取 $x_1 \in (0, \delta)$,则 $f(x_1) > f(0) = 0$.又因为 $\lim\limits_{x \to +\infty} f(x) = -\infty$,故存在 $x_2 > x_1$ 使得 $f(x_2) < 0$.最后由函数 $f(x)$ 在区间 $[x_1, x_2]$ 上的连续性及介值性定理可知, 存在 $x_0 \in [x_1, x_2]$ 使得 $f(x_0) = 0$.

例 3.27 已知函数 $f(x)$ 在 $[a, b]$ 上连续,在 (a, b) 内有二阶导数,证明:存在 一点 $\xi \in (a, b)$,使得 $f(b) - 2f\left(\dfrac{a+b}{2}\right) + f(a) = \dfrac{(b-a)^2}{4} f''(\xi)$.

分析 等式的左端可改写为

$$f(b) - 2f\left(\frac{a+b}{2}\right) + f(a)$$

$$= \left[f(b) - f\left(\frac{a+b}{2}\right) \right] - \left[f\left(\frac{a+b}{2}\right) - f(a) \right]$$

$$= \left[f\left(\frac{a+b}{2} + \frac{b-a}{2}\right) - f\left(\frac{a+b}{2}\right) \right] - \left[f\left(a + \frac{b-a}{2}\right) - f(a) \right].$$

证法 1 令 $F(x) = f\left(x + \dfrac{b-a}{2}\right) - f(x)$,则等式左端为 $F\left(\dfrac{b+a}{2}\right) - F(a)$. 由 Lagrange 中值定理可得

$$F\left(\frac{b+a}{2}\right) - F(a) = F'(\xi_1)\left(\frac{b+a}{2} - a\right) = F'(\xi_1)\frac{b-a}{2}$$

$$= \left[f'\left(\xi_1 + \frac{b-a}{2}\right) - f'(\xi_1) \right]\frac{b-a}{2}$$

$$= \left[f''\left(\xi_1 + \theta \frac{b-a}{2}\right) \right] \left(\frac{b-a}{2}\right)^2, \quad \theta \in (0,1)$$

$$= \frac{(b-a)^2}{4} f''(\xi), \quad a < \xi < b.$$

证法 2　取 $x_0 = \dfrac{a+b}{2}$, 将 $f(a)$ 和 $f(b)$ 分别在 x_0 点作 Taylor 展开, 得到

$$f(a) = f(x_0) + f'(x_0)(a - x_0) + \frac{1}{2}(a - x_0)^2 f''(\xi_1), \quad a < \xi_1 < x_0,$$

$$f(b) = f(x_0) + f'(x_0)(b - x_0) + \frac{1}{2}(b - x_0)^2 f''(\xi_2), \quad x_0 < \xi_2 < b,$$

其中 $a - x_0 = -(b - x_0) = -\dfrac{b-a}{2}$. 两式相加可得

$$f(a) + f(b) = 2f(x_0) + \frac{(b-a)^2}{4}\left[\frac{f''(\xi_1) + f''(\xi_2)}{2}\right].$$

最后由导函数的介值性定理(Darboux 定理): 存在 $\xi \in (\xi_1, \xi_2) \subset (a, b)$, 使得

$$f''(\xi) = \frac{f''(\xi_1) + f''(\xi_2)}{2}.$$

例 3.28　设 $f(x)$ 在 $[a,b]$ 上连续, 在 (a,b) 内可导, 且 $a \geqslant 0$, $f(a) \neq f(b)$, 证明: 存在 $\xi, \eta \in (a,b)$, 使得 $f'(\xi) = \dfrac{a+b}{2\eta} f'(\eta)$.

证明　结论可改写为

$$\frac{f'(\xi)}{1}(b - a) = \frac{f'(\eta)}{2\eta}(b^2 - a^2),$$

并取 $F(x) = f(x)$, $G(x) = x^2$.

由 Lagrange 中值定理可得

$$\frac{f(b) - f(a)}{b - a} = f'(\xi),$$

又由 Cauchy 中值定理可得

$$\frac{f(b) - f(a)}{b^2 - a^2} = \frac{f'(\eta)}{2\eta}.$$

综合上面两个等式即得结论中的等式.

在使用中值定理时, 可以适当使用反证的方法.

例 3.29 设 $f(x)$ 满足 $f''(x)+f'(x)g(x)-f(x)=0$，其中 $g(x)$ 为任意一个函数. 证明：若 $f(x_0)=f(x_1)=0, x_0 < x_1$，则 $f(x) \equiv 0, \forall x \in [x_0, x_1]$.

证明 用反证法. 由 $f(x)$ 在 $[x_0, x_1]$ 上连续，所以存在 $\xi, \eta \in [x_0, x_1]$ 使得

$$f(\xi)=\max_{[x_0, x_1]}f(x), \quad f(\eta)=\min_{[x_0, x_1]}f(x).$$

若 $f(\xi) \neq 0$，由 $f(x_0)=f(x_1)=0$，则 $f(\xi) > 0$，再由 Fermat 引理得到 $f'(\xi)=0$，带入题设得到

$$f''(\xi)+f'(\xi)g(\xi)-f(\xi)=0,$$

即 $f''(\xi)=f(\xi)>0$，从而 ξ 为极小值点，得到矛盾.

同理，若 $f(\eta) \neq 0$，则可得 η 为极大值点，也得到矛盾.

综上可得 $f(\xi)=f(\eta)=0$，所以 $f(x) \equiv 0, \forall x \in [x_0, x_1]$.

下面来看看中值定理问题中所涉及的不等式问题，具体的处理方法和证明中值点的存在性比较相似.

例 3.30 设函数 $f(x), g(x)$ 在 $[a,b]$ 上可导，$f'(x)>g'(x)$，$f(a)=g(a)$，证明：在 $(a,b]$ 上，$f(x)>g(x)$.

证明 令 $\varphi(x)=f(x)-g(x)$，在 $[a,b]$ 上 $\varphi'(x)>0$，也就是 $\varphi(x)$ 在 $[a,b]$ 上严格单调增加，又注意到 $\varphi(a)=0$，所以对任意 $x \in (a,b]$，$\varphi(x)>\varphi(a)=0$.

下面的例子说明可以利用 Taylor 展式证明中值点的存在性.

例 3.31 设函数 $f(x)$ 在 $(-\infty, +\infty)$ 内二阶可导，且 $f(x)$ 在 $(-\infty, +\infty)$ 内有界，证明：存在 $\xi \in (-\infty, +\infty)$，使得 $f''(\xi)=0$.

证明 $f''(x)$ 在 $(-\infty, +\infty)$ 内不能恒正或恒负. 否则，设 $f''(x)>0$，则存在一点 $x_0 \in (-\infty, +\infty)$ 使得 $f'(x_0) \neq 0$. 于是由 Taylor 展开式，可得

$$f(x)=f(x_0)+f'(x_0)(x-x_0)+\frac{f''(\eta)}{2}(x-x_0)^2$$
$$\geq f(x_0)+f'(x_0)(x-x_0).$$

若 $f'(x_0)>0$，则 $\lim_{x \to +\infty} f(x)=+\infty$；若 $f'(x_0)<0$，则 $\lim_{x \to -\infty} f(x)=+\infty$. 这与 $f(x)$ 在 $(-\infty, +\infty)$ 内有界矛盾. 因而存在 $a, b \in (-\infty, +\infty)$，使得

$$f''(a)<0, \quad f''(b)>0,$$

这样由导函数的介值性定理知：存在 $\xi \in (-\infty, +\infty)$，使得 $f''(\xi)=0$.

下面的例子说明可以利用 Taylor 展式估计中值点处的函数值.

例 3.32 设函数 $f(x)$ 在 $[a,b]$ 内二阶可导，且 $f'(a)=f'(b)=0$. 证明：存在一点 $\xi \in (a,b)$，使得 $|f''(\xi)| \geq \dfrac{4}{(b-a)^2}|f(b)-f(a)|$.

证明　利用 Taylor 展开式将 $f\left(\dfrac{a+b}{2}\right)$ 分别在 a,b 处展开,得到

$$f\left(\frac{a+b}{2}\right)=f(a)+f'(a)\left(\frac{a+b}{2}-a\right)+\frac{f''(\xi_1)}{2}\left(\frac{a+b}{2}-a\right)^2,\quad a<\xi_1<\frac{a+b}{2},$$

$$f\left(\frac{a+b}{2}\right)=f(b)+f'(b)\left(\frac{a+b}{2}-b\right)+\frac{f''(\xi_2)}{2}\left(\frac{a+b}{2}-b\right)^2,\quad \frac{a+b}{2}<\xi_2<b.$$

两式相减并注意 $f'(a)=f'(b)=0$,得到

$$f(b)-f(a)+\frac{1}{8}(f''(\xi_2)-f''(\xi_1))(b-a)^2=0.$$

记 $|f''(\xi)|=\max\{|f''(\xi_2)|,|f''(\xi_1)|\}$,则

$$|f(b)-f(a)|=\frac{1}{8}|(f''(\xi_2)-f''(\xi_1))|(b-a)^2$$

$$\leqslant\frac{1}{4}|f''(\xi)|(b-a)^2.$$

例 3.33　设函数 $f(x)$ 在 $[0,1]$ 内二阶可导,且 $|f(x)|\leqslant a$,$|f''(x)|\leqslant b$,其中 $a,b>0$,求证:$\forall c\in(0,1)$,有 $|f'(c)|\leqslant 2a+\dfrac{b}{2}$.

证明　首先

$$f(x)=f(c)+f'(c)(x-c)+\frac{f''(\xi)}{2}(x-c)^2,\quad \xi\text{ 介于 }x,c\text{ 之间},$$

再分别取 $x=0,1$,则可以得到

$$f(0)=f(c)+f'(c)(0-c)+\frac{f''(\xi_0)}{2}(0-c)^2,\quad 0<\xi_0<c,$$

$$f(1)=f(c)+f'(c)(1-c)+\frac{f''(\xi_1)}{2}(1-c)^2,\quad c<\xi_1<1.$$

两式相减得到

$$f(1)-f(0)=f'(c)+\frac{1}{2}\big[f''(\xi_1)(1-c)^2-f''(\xi_0)c^2\big],$$

化简得到

$$|f'(c)|\leqslant|f(1)|+|f(0)|+\frac{1}{2}|f''(\xi_1)(1-c)^2-f''(\xi_0)c^2|$$

$$\leqslant 2a + \frac{b}{2}[(1-c)^2 + c^2] \leqslant 2a + \frac{b}{2}[(1-c)+c]$$

$$= 2a + \frac{b}{2}.$$

利用 Taylor 展开式还可以求不定式极限以及无穷极限等.

例 3.34 求极限 $\lim\limits_{x \to +\infty}\left[\left(x^3 - x^2 + \frac{x}{2}\right)e^{\frac{1}{x}} - \sqrt{1+x^6}\right]$.

解 注意到当 $x \to +\infty$ 时,有

$$e^{\frac{1}{x}} = 1 + \frac{1}{x} + \frac{1}{2x^2} + \frac{1}{6x^3} + o\left(\frac{1}{x^3}\right),$$

$$\sqrt{1+x^6} = x^3\left(1+\frac{1}{x^6}\right)^{\frac{1}{2}} = x^3\left(1 + \frac{1}{2x^6} + o\left(\frac{1}{x^6}\right)\right),$$

于是得到

$$\left(x^3 - x^2 + \frac{x}{2}\right)e^{\frac{1}{x}} - \sqrt{1+x^6} = \frac{1}{12x} + \frac{1}{12x^2} - \frac{1}{2x^3} + \frac{1}{6} + o(1), \quad x \to +\infty,$$

从而原极限为 $\frac{1}{6}$.

例 3.35 设函数 $f(x)$ 在区间 $[0, +\infty)$ 上二阶连续可微,若极限 $\lim\limits_{x \to +\infty} f(x)$ 存在,且 $|f''(x)| \leqslant M$,证明: $\lim\limits_{x \to +\infty} f'(x) = 0$.

证明 对任意的 $h > 0$,有

$$f(x+h) = f(x) + f'(x)h + \frac{1}{2}f''(\xi)h^2, \quad x < \xi < x+h,$$

于是得到

$$f'(x) = \frac{1}{h}[f(x+h) - f(x)] - \frac{1}{2}f''(\xi)h.$$

记 $A = \lim\limits_{x \to +\infty} f(x)$,则

$$|f'(x)| \leqslant \frac{1}{h}(|f(x+h) - A| + |f(x) - A|) + \frac{1}{2}Mh.$$

因此 $\forall \varepsilon > 0$,取 h 充分小,有 $\frac{1}{2}Mh < \frac{\varepsilon}{2}$,.又 $A = \lim\limits_{x \to +\infty} f(x)$,对上述 ε,$\exists M_1 > 0$,使得当 $x > M_1$ 时,有

$$| f(x) - A | < \frac{\varepsilon h}{4}, \quad | f(x+h) - A | < \frac{\varepsilon h}{4}.$$

于是

$$| f'(x) | \leqslant \frac{1}{h} | f(x+h) - A | + | f(x) - A | + \frac{1}{2} M h < \frac{\varepsilon}{4} + \frac{\varepsilon}{4} + \frac{\varepsilon}{2} = \varepsilon.$$

例 3.36　证明：(1) 设函数 $f(x)$ 在 $(a, +\infty)$ 上可导，若 $\lim\limits_{x \to +\infty} f(x), \lim\limits_{x \to +\infty} f'(x)$ 均存在，则 $\lim\limits_{x \to +\infty} f'(x) = 0$.

(2) 设函数 $f(x)$ 在 $(a, +\infty)$ 上 n 阶可导，若 $\lim\limits_{x \to +\infty} f(x), \lim\limits_{x \to +\infty} f^{(n)}(x)$ 均存在，则 $\lim\limits_{x \to +\infty} f^{(k)}(x) = 0$，其中 $k = 1, 2, \cdots, n$.

证明　(1) 任意取 $h \neq 0$，可得

$$f(x+h) - f(x) = f'(x+\theta h) h, \quad \theta \in (0, 1).$$

因为 $\lim\limits_{x \to +\infty} f(x), \lim\limits_{x \to +\infty} f'(x)$ 均存在，所以对 $h \neq 0$，$\lim\limits_{x \to +\infty} f'(x+\theta h) = 0$，即得

$$\lim_{x \to +\infty} f'(x) = 0.$$

(2) 记 $A = \lim\limits_{x \to +\infty} f^{(n)}(x)$，对 $h \neq 0$，有

$$f(x+h) - f(x) = f'(x) h + \frac{f''(x)}{2} h^2 + \cdots + \frac{f^{(n-1)}(x)}{(n-1)!} h^{n-1}$$
$$+ \frac{f^{(n)}(x+\theta h)}{n!} h^n, \quad \theta \in (0, 1),$$

对上式两边取极限得到

$$\lim_{x \to +\infty} \left[f'(x) h + \frac{f''(x)}{2} h^2 + \cdots + \frac{f^{(n-1)}(x)}{(n-1)!} h^{n-1} \right] = -\frac{A}{n!} h^n,$$

即

$$\lim_{x \to +\infty} \left[f'(x) + \frac{f''(x)}{2} h + \cdots + \frac{f^{(n-1)}(x)}{(n-1)!} h^{n-2} \right] = -\frac{A}{n!} h^{n-1}.$$

现取定 $n-1$ 个互不相同的 $h_1, h_2, \cdots, h_{n-1}$，记

$$g_i(x) = f'(x) + \frac{f''(x)}{2} h_i + \cdots + \frac{f^{(n-1)}(x)}{(n-1)!} h_i^{n-2}, \quad i = 1, 2, \cdots, n-1.$$

注意到上述方程组的系数行列式为范德蒙行列式

$$\begin{vmatrix} 1 & h_1 & h_1^2 & \cdots & h_1^{n-2} \\ 1 & h_2 & h_2^2 & \cdots & h_2^{n-2} \\ \vdots & \vdots & \vdots & \cdots & \vdots \\ 1 & h_{n-1} & h_{n-1}^2 & \cdots & h_{n-1}^{n-2} \end{vmatrix} \neq 0,$$

所以存在 $c_{ij}(i,j=1,2,\cdots,n-1)$，使得

$$\frac{f^{(i)}(x)}{i!} = \sum_{j=1}^{n-1} c_{ij} g_j(x).$$

又因为 $\lim\limits_{x\to+\infty} g_j(x) = -\dfrac{A}{n!} h_j^{n-1}$，所以 $\lim\limits_{x\to+\infty} f^{(i)}(x)$ 存在，再由（1）可得结论.

注 本题也可以用反证法，不过需要下面的结论.

例 3.37 设函数 $f(x)$ 在 $[a,+\infty)$ 上可导，且存在 $\alpha>0$，使得 $\forall x\in[a,+\infty)$，有 $|f'(x)|\geqslant\alpha$，证明：$\lim\limits_{x\to+\infty}|f(x)|=+\infty$.

证明 $\forall x\in[a,+\infty)$，$\exists \xi\in(a,x)$，使得

$$\frac{f(x)-f(a)}{x-a} = f'(\xi),$$

这样得到

$$\begin{aligned} |f(x)| &\geqslant |f(x)-f(a)| - |f(a)| \\ &\geqslant \alpha(x-a) - |f(a)| \to +\infty, \quad x\to+\infty. \end{aligned}$$

注 用反证法证明例 3.36：设 $\lim\limits_{x\to+\infty} f^{(k)}(x)=\beta_k$.

（1）如果 $\beta_1\neq 0$，由保号性，$\exists b_1>a$，$\forall x\in[b_1,+\infty)$，有

$$|f'(x)|\geqslant \frac{|\beta_1|}{2}.$$

于是由例 3.37 立即得到 $\lim\limits_{x\to+\infty}|f(x)|=+\infty$，矛盾.

（2）如果 $\beta_k\neq 0$，由保号性，$\exists b_k>a$，$\forall x\in[b_k,+\infty)$，有

$$|f^{(k)}(x)|\geqslant \frac{|\beta_k|}{2}.$$

由例 3.37 得 $|\beta_{k-1}|=+\infty$，也就是 $\lim\limits_{x\to+\infty}|f^{(k-1)}(x)|=+\infty$. 故 $\forall \alpha_{k-1}>0$，$\exists b_{k-1}>a$，使得 $\forall x\in[b_{k-1},+\infty)$，$|f^{(k-1)}(x)|\geqslant\alpha_{k-1}$，再由例 3.37 得到 $|\beta_{k-2}|=+\infty$. 同样的方法，可得到 $|\beta_j|=+\infty(j=0,1,2,\cdots,k-1)$，这与 $\beta_0\in\mathbf{R}$ 矛盾.

接下来，我们说明如何利用 Taylor 展开式求解中值点的极限（有时也称为中值点的渐进性）.

例 3.38　设 $h>0, f(x)$ 在 $U(a,h)$ 内有 $n+2$ 阶连续导数,且 $f^{(n+2)}(a)\neq 0$,$f(x)$ 在 $U(a,h)$ 内成立 Taylor 公式

$$f(a+h)=f(a)+f'(a)h+\cdots+\frac{f^{(n)}(a)}{n!}h^n$$
$$+\frac{f^{(n+1)}(a+\theta h)}{(n+1)!}h^{n+1},\quad \theta\in(0,1),$$

证明: $\lim\limits_{h\to 0}\theta=\dfrac{1}{n+2}$.

证明　当 $h\to 0$ 时,有

$$f(a+h)=f(a)+f'(a)h+\cdots+\frac{f^{(n+1)}(a)}{(n+1)!}h^{n+1}+\frac{f^{(n+2)}(a)}{(n+2)!}h^{n+2}+o(h^{n+2}),$$

将条件中的等式与上式相减得到

$$\frac{f^{(n+1)}(a+\theta h)-f^{(n+1)}(a)}{(n+1)!}h^{n+1}=\frac{f^{(n+2)}(a)}{(n+2)!}h^{n+2}+o(h^{n+2}).$$

又存在 $\theta_1\in(0,1)$,使得 $f^{(n+1)}(a+\theta h)-f^{(n+1)}(a)=f^{(n+2)}(a+\theta_1 h)\theta h$,将其代入上式可得

$$\theta=\frac{f^{(n+2)}(a)}{(n+2)!}\frac{(n+1)!}{f^{(n+2)}(a+\theta_1 h)}+\frac{o(h)}{h}\frac{(n+1)!}{f^{(n+2)}(a+\theta_1 h)}.$$

注意到 $f^{(n+2)}(a)\neq 0$,则上式两边对 $h\to 0$ 取极限即得结论.

下面我们再说明中值定理在求函数极值问题上的应用.

例 3.39　设 $1<a<b, f(x)=\dfrac{1}{x}+\ln x$,证明: $0<f(b)-f(a)\leqslant\dfrac{1}{4}(b-a)$.

证明　易见存在 $\xi\in(a,b)$,使得

$$f(b)-f(a)=f'(\xi)(b-a)=\frac{\xi-1}{\xi^2}(b-a)>0.$$

令 $g(x)=\dfrac{x-1}{x^2}(x>1)$,则

$$g'(x)=\frac{x(2-x)}{x^4}\begin{cases}>0,&1<x<2,\\=0,&x=2,\\<0,&x>2,\end{cases}$$

所以 $x=2$ 为 $g(x)$ 在 $(1,+\infty)$ 内唯一极大值点,也是最大值点.于是

$$g(x) \leqslant g(2) = \frac{1}{4}.$$

例 3.40 已知三次方程 $x^3 - 3a^2x - 6a^2 + 3a = 0$ 只有一个实根而且是正的,求 a 的取值范围.

解 当 $a = 0$ 时,方程变为 $x^3 = 0$,此时 $x = 0$,略去.

当 $a \neq 0$ 时,令 $f(x) = b$,其中 $f(x) = x^3 - 3a^2x$,$b = 6a^2 - 3a$.于是

$$f(x) = x^3 - 3a^2x, \quad f'(x) = 3x^2 - 3a^2 = 3(x - |a|)(x + |a|),$$

并注意到 $\lim\limits_{x \to \pm\infty} f(x) = \pm\infty$.作表如下:

x	$(-\infty, -\lvert a \rvert)$	$-\lvert a \rvert$	$(-\lvert a \rvert, \lvert a \rvert)$	$\lvert a \rvert$	$(\lvert a \rvert, +\infty)$
$f'(x)$	$+$	0	$-$	0	$+$
$f(x)$	↗	极大值	↘	极小值	↗

可见 $f(x) = b$ 有正实根当且仅当 $b > f(-|a|)$.于是

当 $a > 0$ 时,得到 $\frac{1}{2}(3 - \sqrt{3}) < a < \frac{1}{2}(3 + \sqrt{3})$;

当 $a < 0$ 时,得到 $-\frac{1}{2}(3 + \sqrt{15}) < a < 0$.

下面几个例子说明凸函数的一些性质和运用.

例 3.41 求证:$e^x > 1 + x + \dfrac{x^2}{2}, x > 0$;$e^x < 1 + x + \dfrac{x^2}{2}, x < 0$.

证明 令 $f(x) = e^x - \dfrac{x^2}{2}$,则 $f(0) = 1$,$f'(x) = e^x - x$,$f'(0) = 1$,所以 $f(x)$ 在 $x = 0$ 处的切线为 $y = 1 + x$.

又 $f''(x) = e^x - 1 > 0(x > 0)$,所以函数 $f(x)$ 在 $(0, +\infty)$ 上是凸的,得到 $f(x) > 1 + x$,即

$$e^x > 1 + x + \frac{x^2}{2};$$

同理 $f''(x) = e^x - 1 < 0(x < 0)$,所以函数 $f(x)$ 在 $(-\infty, 0)$ 是凹的,得到

$$e^x < 1 + x + \frac{x^2}{2}.$$

例 3.42 证明:$f(x)$ 在 I 上凸,当且仅当 $\forall x_1, x_2 \in I$ 成立

$$\varphi(\lambda) = f(\lambda x_1 + (1 - \lambda) x_2)$$

为 $[0, 1]$ 上的凸函数.

证明　（必要性）由 $f(x)$ 在 I 上凸，任意取 $k \in (0,1)$，$\lambda_1, \lambda_2 \in [0,1]$，得到

$$\varphi(k\lambda_1 + (1-k)\lambda_2)$$
$$= f[(k\lambda_1 + (1-k)\lambda_2)x_1 + (1-k\lambda_1-(1-k)\lambda_2)x_2]$$
$$= f[k(\lambda_1 x_1 + (1-\lambda_1)x_2) + (1-k)(\lambda_2 x_1 + (1-\lambda_2)x_2)]$$
$$\leqslant kf(\lambda_1 x_1 + (1-\lambda_1)x_2) + (1-k)f(\lambda_2 x_1 + (1-\lambda_2)x_2)$$
$$= k\varphi(\lambda_1) + (1-k)\varphi(\lambda_2).$$

（充分性）$f(\lambda x_1 + (1-\lambda)x_2) = \varphi(\lambda) = \varphi(\lambda \cdot 1 + (1-\lambda) \cdot 0)$
$$\leqslant \lambda\varphi(1) + (1-\lambda)\varphi(0)$$
$$= \lambda f(x_1) + (1-\lambda)f(x_2).$$

例 3.43　设 $f(x)$ 在 I 上凸，证明：$f(x)$ 在 I 的任意一个闭区间上有界.

证明　任意取 $[a,b] \subset I$，令 $M = \max\limits_{x \in [a,b]} f(x)$.

$\forall x \in [a,b]$，令 $\lambda = \dfrac{x-a}{b-a} \in [0,1]$，即 $x = \lambda b + (1-\lambda)a$，于是

$$f(x) = f(\lambda b + (1-\lambda)a) \leqslant \lambda f(b) + (1-\lambda)f(a)$$
$$\leqslant \lambda M + (1-\lambda)M$$
$$= M,$$

这说明 $f(x)$ 在 $[a,b]$ 上有上界.

接下来取 $c = \dfrac{a+b}{2}$，$\forall x \in [a,b]$，设 x 关于点 c 的对称点为 x'，则

$$f(c) \leqslant \frac{f(x) + f(x')}{2} \leqslant \frac{1}{2}f(x) + \frac{1}{2}M,$$

由此推出 $f(x) \geqslant 2f(c) - M$，这表明 $f(x)$ 在 $[a,b]$ 上有下界.

例 3.44　设函数 $f(x)$ 在区间 (a,b) 上凸，证明：$f(x)$ 在 $[\alpha,\beta] \subset (a,b)$ 上满足 Lipschitz 条件.

证明　任意取 $[\alpha,\beta] \subset (a,b)$，令 h 充分小，使得 $[\alpha-h, \beta+h] \subset (a,b)$.

现 $\forall x_1, x_2 \in [\alpha,\beta]$，令 $x_1 < x_2$，且 $x_3 = x_2 + h$，则由上例可知函数 $f(x)$ 在区间 $[\alpha-h, \beta+h]$ 上有上界 M 和下界 m，于是

$$\frac{f(x_2) - f(x_1)}{x_2 - x_1} \leqslant \frac{f(x_3) - f(x_2)}{x_3 - x_2} \leqslant \frac{M-m}{h},$$

即得 $f(x_2) - f(x_1) \leqslant \dfrac{M-m}{h}(x_2 - x_1)$.

若 $x_1 > x_2$，则取 $x_3 = x_2 - h$，同理可得.

注　本例说明开区间上的凸函数是内闭一致连续的.

例 3.45（南京师范大学 2006 年）　设 $f(x)$ 在 $[0,1]$ 上连续且大于零，令

$$F(x) = \int_{\frac{x}{2}}^{1} f(t)\mathrm{d}t - \int_{0}^{\frac{x}{2}} \frac{1}{f(t)}\mathrm{d}t,$$

证明：方程 $F(x) = 0$ 在 $(0,2)$ 内有且只有一个根.

证明　因为

$$F(0) = \int_{0}^{1} f(t)\mathrm{d}t > 0, \quad F(2) = -\int_{0}^{1} \frac{1}{f(t)}\mathrm{d}t < 0,$$

则由介值性定理，至少存在一点 $\xi \in (0,2)$ 使得 $F(\xi) = 0$. 又 $f(x) > 0$，从而

$$F'(x) = f\left(\frac{x}{2}\right)\left(-\frac{1}{2}\right) - \frac{1}{2}\frac{1}{f\left(\frac{x}{2}\right)} = -\frac{1}{2}\left[f(x/2) + \frac{1}{f(x/2)}\right] < 0,$$

所以 $F(x) = 0$ 在 $(0,2)$ 内严格单调减小，因而结论成立.

3.3　练习题

1. 设 $f(x)$ 在点 $x = 0$ 的某个邻域内连续，且 $f(0) = 0, \lim\limits_{x \to 0} \dfrac{f(x)}{1 - \cos x} = 2$.

(1) 求 $f'(x)$；

(2) 求 $\lim\limits_{x \to 0} \dfrac{f(x)}{x^2}$；

(3) 证明：$f(x)$ 在 $x = 0$ 处取得极小值.

2. 设 $f(x) = \begin{cases} \dfrac{\ln(1+x)}{x}, & x \neq 0, \\ 1, & x = 0, \end{cases}$ 试证明：$f'(x)$ 在 $x = 0$ 处连续.

3. 设函数 $f(x) = \begin{cases} \mathrm{e}^x(\sin x + \cos x), & x \leqslant 0, \\ ax^2 + bx + c, & x > 0, \end{cases}$ 确定常数 a, b, c，使得 $f''(x)$ 在区间 $(-\infty, +\infty)$ 上处处存在.

4. 设 $f(x) = a_1 \sin x + a_2 \sin(2x) + \cdots + a_n \sin(nx)$，且 $|f(x)| \leqslant |\sin x|$，其中 $a_i (i = 1, 2, \cdots, n)$ 为实常数，证明：$|a_1 + 2a_2 + \cdots + na_n| \leqslant 1$.

5. 设定义在 $[0,1]$ 上的函数 $f(x)$ 满足 $f(0) = 0, f'(0) = a$，求

$$\lim_{x \to 0}\left[f\left(\frac{1}{n^2}\right) + f\left(\frac{2}{n^2}\right) + \cdots + f\left(\frac{n}{n^2}\right)\right].$$

6. 设 $f(x)$ 在 $[a,b]$ 上单调，证明：$F(x) = \int_{a}^{x} f(t)\mathrm{d}t$ 对每一个 $x \in [a,b]$，其单侧导数 $F'_+(x), F'_-(x)$ 均存在.

7. 设 $f(x) = \begin{cases} \dfrac{\sin x}{x}, & x \neq 0, \\ 1, & x = 0, \end{cases}$ 求 $f^{(k)}(x), k = 1, 2, \cdots$.

8. 设 $\dfrac{1}{2}\ln(x^2 + y^2) = \arctan\dfrac{y}{x}$，求 $\dfrac{\mathrm{d}^2 y}{\mathrm{d}x^2}$.

9. 设 $x = x(t)$ 由方程 $\sin t - \displaystyle\int_1^{x-t} \mathrm{e}^{-s^2}\,\mathrm{d}s = 0$ 确定，试求 $\dfrac{\mathrm{d}^2 x}{\mathrm{d}t^2}\bigg|_{t=0}$.

10. 设 $f(x)$ 在整个实轴上具有二阶导数，且 $\lim\limits_{x \to 0}\dfrac{f(x)}{x} = 0$，$f(1) = 0$，试证明：在 $(0,1)$ 内至少存在一点 x_0，使得 $f''(x_0) = 0$.

11. 设 $f(x)$ 在 $[a, b]$ 上可导，且 $a < f(x) < b$，$f'(x) \neq 1$. 证明：$f(x)$ 在区间 (a, b) 内存在唯一不动点，即方程 $f(x) = x$ 在 (a, b) 内存在唯一实根.

12. 设 $f(x)$ 在 $(-\infty, +\infty)$ 上可导，$f'(x) = -\dfrac{x}{2}f(x)$，且 $f(0) = 1$，证明：

$$f(x) = \mathrm{e}^{-\frac{x^2}{4}}, \quad x \in (-\infty, +\infty).$$

13. 设 $y_0 \in \mathbf{R}$，$y_n = \arctan(k y_{n-1})(0 < k < 1)$，证明：

(1) $|y_{n+1} - y_n| \leqslant k |y_n - y_{n-1}|$；

(2) $\lim\limits_{n \to \infty} y_n$ 收敛.

14. 设 $f(x)$ 在 $[a, +\infty)$ 上二阶可微，且 $f(a) > 0$，$f'(a) < 0$，当 $x > a$ 时，$f''(x) < 0$. 证明：方程 $f(x) = 0$ 在 $[a, +\infty)$ 上有唯一实根.

15. 设 $f(x)$ 在 $[0, 1]$ 上连续，在 $(0, 1)$ 内可导，且 $f(0) = 0$，$f(1) = 1$. 证明：对任意正数 a, b，存在 $\xi_1, \xi_2 \in (0, 1)(\xi_1 \neq \xi_2)$，使得 $\dfrac{a}{f'(\xi_1)} + \dfrac{b}{f'(\xi_2)} = a + b$.

16. 设 $f(x)$ 在闭区间 $[a, b]$ 上连续，在开区间 (a, b) 内可导，且 $f'(x) > 0$. 若极限 $\lim\limits_{x \to a^+}\dfrac{f(2x - a)}{x - a}$ 存在，证明：

(1) 在 (a, b) 内，$f(x) > 0$；

(2) 在 (a, b) 内存在一点 ξ，使得 $\dfrac{b^2 - a^2}{\displaystyle\int_a^b f(x)\,\mathrm{d}x} = \dfrac{2\xi}{f(\xi)}$；

(3) 在 (a, b) 内存在与 ξ 相异的点 η，使得 $f'(\eta)(b^2 - a^2) = \dfrac{2\xi}{\xi - a}\displaystyle\int_a^b f(x)\,\mathrm{d}x$.

17. 设 $\alpha > \beta > \mathrm{e}$，证明：$\beta^\alpha > \alpha^\beta$.

18. 设 $a > 0$，讨论方程 $\ln x = ax^2$ 有几个实根.

19. 已知函数 $f(x)$ 在区间 $(0, 1]$ 上连续、可导，且存在正常数 $\alpha \in (0, 1)$，使得极限 $\lim\limits_{x \to 0^+} x^\alpha f'(x)$ 存在，证明：$f(x)$ 在 $(0, 1]$ 上一致连续.

20. 求极限 $\lim\limits_{x \to 0} \dfrac{\sqrt[n]{1+x}-1}{x}, n \in \mathbf{N}^*$.

21. 求极限 $\lim\limits_{x \to 0}\left(\dfrac{a^x+b^x+c^x}{3}\right)^{\frac{1}{x}}$.

22. 求极限 $\lim\limits_{x \to 0} \dfrac{\mathrm{e}^{2x}+\mathrm{e}^{-2x}-2}{\ln(1-5x^2)}$.

23. 求极限 $\lim\limits_{x \to 0}\left(\dfrac{1}{\ln(1+x)}-\dfrac{1}{x}\right)$.

24. 求极限 $\lim\limits_{x \to \infty} \dfrac{1}{x^2}\displaystyle\int_0^{x^2}(\arctan t)^2\,\mathrm{d}t$.

25. 已知 $f(x)$ 满足 $\lim\limits_{x \to 0} \dfrac{\sin 3x - xf(x)}{x^3}=0$，求极限 $\lim\limits_{x \to 0} \dfrac{3-f(x)}{x^2}$.

26. 若 $-\infty < a < b < c < +\infty$，函数 $f(x)$ 在 $[a,c]$ 上连续且二阶可导，证明：存在一点 $\xi \in (a,c)$，使得

$$\dfrac{f(a)}{(a-b)(a-c)}+\dfrac{f(b)}{(b-c)(b-a)}+\dfrac{f(c)}{(c-a)(c-b)}=\dfrac{1}{2}f''(\xi).$$

27. 设 $f(x)$ 在区间 $(0,+\infty)$ 内有二阶导函数，$\lim\limits_{x \to +\infty} f(x)=0$，且 $x \in (0,+\infty)$ 时有 $|f''(x)| \leqslant 1$，证明：$\lim\limits_{x \to +\infty} f'(x)=0$.

28. 证明：对任意的 $n \in \mathbf{N}^*$，有 $\left|\mathrm{e}^{-1}-\left(\dfrac{1}{2}-\dfrac{1}{3!}+\cdots+\dfrac{(-1)^n}{n!}\right)\right| < \dfrac{1}{(n+1)!}$.

29. 对任意的 $y_0 > 0$，求 $\varphi(x)=y_0 x^{y_0}(1-x)$ 在 $(0,1)$ 内的最大值，并证明该最大值对任意的 $y_0 > 0$ 均小于 e^{-1}.

30. 证明不等式：$2^x \geqslant 1+x^2, x \in [0,1]$.

31. 求平面曲线 $\begin{cases} x=a(\cos t + t\sin t), \\ y=a(\sin t - t\sin t) \end{cases}$ 上对应于 $t=t_0$ 点的法线方程，并讨论曲线在 $t \in (0,\pi)$ 一段上的凹凸性.

32. 求 $f(x)=2\tan x - \tan^2 x$ 在 $\left[-\dfrac{\pi}{3}, \dfrac{\pi}{3}\right]$ 上的最大值和最小值.

33. 设 $a > 0$，确定方程 $x=\mathrm{e}^{ax}$ 根的个数.

34. 判断命题"若 $f(x)$ 在 $[a,b]$ 上连续，且在点 $x_0 \in (a,b)$ 取得极小值，则存在 $\delta > 0$，使得 $f(x)$ 在 $(x_0-\delta, x_0)$ 内单调增加，在 $(x_0, x_0+\delta)$ 内单调减少"是否正确. 如果正确，请加以证明；如果不正确，请举出反例.

35. 求 $f(x)=\dfrac{x^2}{1+x^2}$ 的极值与拐点，并求过拐点的切线方程.

36. 求 $f(x)=x-2\arctan x$ 的极值、拐点与渐近线.

第4章 一元函数积分学

本章主要内容有不定积分的概念和求解方法、定积分的概念及计算、定积分在几何学中的应用、函数可积的条件及性质、积分中值定理、广义积分的概念和收敛性判别等.

4.1 不定积分

4.1.1 内容提要与知识点解析

1）原函数的定义

设函数 $f(x)$ 与 $F(x)$ 在区间 I 上有定义，若 $F'(x) = f(x)$，则称 $F(x)$ 为函数 $f(x)$ 在区间 I 上的一个原函数.

2）原函数的存在性

若函数 $f(x)$ 在 I 上连续，则 $f(x)$ 在 I 上存在原函数.

注 （1）不连续函数是否具有原函数？

① 由于导函数至多有第二类间断点（若 f 在 I 上可导，则导函数 f' 在 I 上不存在第一类间断点），因此含有第一类间断点的函数一定没有原函数.

② 含有第二类间断点的函数有时有原函数，有时无原函数.比如：

$$f(x) = \begin{cases} 2x\sin\dfrac{1}{x} - \cos\dfrac{1}{x}, & x \neq 0, \\ 0, & x = 0, \end{cases}$$

此时 $x = 0$ 是 $f(x)$ 的第二类间断点，但其有原函数

$$F(x) = \begin{cases} x^2\sin\dfrac{1}{x}, & x \neq 0, \\ 0, & x = 0; \end{cases}$$

又如函数

$$D(x) = \begin{cases} 1, & x \in \mathbf{Q}, \\ -1, & x \notin \mathbf{Q}, \end{cases}$$

此时每一点均是 $D(x)$ 的第二类间断点,由于 $D(x)$ 没有介值性,根据导函数的介值性定理知 $D(x)$ 没有原函数.

(2) $\int e^{x^2} dx, \int \dfrac{1}{\ln x} dx, \int \dfrac{\sin x}{x} dx$ 等原函数存在,但不能用初等函数表示,称它们为"积不出来"(后面介绍可用变上限积分或函数项级数形式来表示).

(3) 周期函数的原函数不一定是周期函数,比如 $f(x) = \sin x + 1$ 是周期函数,但其原函数 $F(x) = -\cos x + x + C$ 不是周期函数.但可导的周期函数的导函数一定是周期函数.

3) 原函数的性质

若 $F(x)$ 为 $f(x)$ 在区间 I 上的一个原函数.

(1) $F(x) + C$ 也是 $f(x)$ 在 I 上的原函数;

(2) $f(x)$ 在 I 上的任意两个原函数之间只相差一个常数.

4) 不定积分的定义

函数 $f(x)$ 在区间 I 上的全体原函数称为 f 在 I 上的不定积分,记作 $\int f(x) dx$. 若 $F(x)$ 是 $f(x)$ 的一个原函数,则记

$$\int f(x) dx = F(x) + C.$$

此时,有

$$\left(\int f(x) dx\right)' = f(x), \quad d\left(\int f(x) dx\right) = f(x) dx.$$

5) 不定积分的几何意义

若 $F(x)$ 为 $f(x)$ 的一个原函数(忽略区间),则称 $y = F(x)$ 的图像为 $f(x)$ 的一条积分曲线.函数 $f(x)$ 的不定积分在几何上表示 $f(x)$ 的某一条积分曲线沿纵轴方向任意平移所得到的一切积分曲线组成的曲线族.

6) 不定积分的线性性质

设 $f(x), g(x)$ 的原函数均存在,则对任意常数 k_1, k_2,函数 $k_1 f(x) \pm k_2 g(x)$ 的原函数也存在,且

$$\int [k_1 f(x) \pm k_2 g(x)] dx = k_1 \int f(x) dx \pm k_2 \int g(x) dx.$$

7) 不定积分求解的基本公式

由于求原函数问题归结为求导数的逆运算,所以由基本求导公式可以反推出如下基本求不定积分的公式(这些公式是需要记住的):

(1) $\int 1 dx = x + C$;

(2) $\int x^{\alpha} dx = \dfrac{1}{\alpha+1} x^{\alpha+1} + C (\alpha \neq -1)$, $\int \dfrac{1}{x} dx = \ln|x| + C$;

(3) $\int e^x dx = e^x + C$, $\int a^x dx = \dfrac{a^x}{\ln a} + C (a > 0, a \neq 1)$;

(4) $\int \cos ax\, dx = \dfrac{1}{a} \sin ax + C (a \neq 0)$, $\int \sin ax\, dx = -\dfrac{1}{a} \cos ax + C (a \neq 0)$,

$\int \tan x\, dx = -\ln|\cos x| + C$, $\int \cot x\, dx = \ln|\sin x| + C$,

$\int \sec x\, dx = \ln|\sec x + \tan x| + C$, $\int \csc x\, dx = \ln|\csc x - \cot x| + C$;

(5) $\int \sec^2 x\, dx = \tan x + C$, $\int \csc^2 x\, dx = -\cot x + C$,

$\int \sec x \cdot \tan x\, dx = \sec x + C$, $\int \csc x \cdot \cot x\, dx = -\csc x + C$;

(6) $\int \dfrac{1}{a^2 + x^2} dx = \dfrac{1}{a} \arctan \dfrac{x}{a} + C$, $\int \dfrac{1}{\sqrt{a^2 - x^2}} dx = \arcsin \dfrac{x}{a} + C$,

$\int \dfrac{1}{x^2 - a^2} dx = \dfrac{1}{2a} \ln\left|\dfrac{x-a}{x+a}\right| + C$, $\int \dfrac{1}{\sqrt{x^2 \pm a^2}} dx = \ln|x + \sqrt{x^2 \pm a^2}| + C$;

(7) $\int \sqrt{a^2 - x^2}\, dx = \dfrac{1}{2}\left(x\sqrt{a^2 - x^2} + a^2 \arcsin \dfrac{x}{a}\right) + C$,

$\int \sqrt{x^2 \pm a^2}\, dx = \dfrac{1}{2}\left(x\sqrt{x^2 \pm a^2} \pm a^2 \ln|x + \sqrt{x^2 \pm a^2}|\right) + C$.

8) 求不定积分的基本方法

求不定积分的基本方法是以不定积分线性性质和基本积分公式表为基础.

(1) 直接积分法：对函数进行简单的变形，利用基本公式求不定积分.

(2) 换元积分法：形如

$$\int f(x) dx \underset{\text{第一类换元法}}{\overset{\text{第二类换元法}}{\rightleftharpoons}} \int f[\varphi(t)] \varphi'(t) dt.$$

第一类换元法也称为凑微分法，其关键在于拼凑出 $\varphi'(t) dt = dx$;

第二类换元法也称为变量代换法，其关键在于选取 $\varphi(t)$ 且 φ^{-1} 存在.

注　第二类换元积分法主要包括三角代换（去根式）、倒代换$\left(x = \dfrac{1}{t}, \text{分母次}\right.$

幂高于分子时$\left.\right)$、根式代换（比如根式内含 e^x）等，求解时需注意代换的可逆性，给

出最终结果时要将变量换回自变量 x.

（3）分部积分法：形如

$$\int u(x)v'(x)\mathrm{d}x = u(x)v(x) - \int u'(x)v(x)\mathrm{d}x.$$

使用原则是由 $v'(x)$ 易得到 $v(x)$，且 $\int u'(x)v(x)\mathrm{d}x$ 比 $\int u(x)v'(x)\mathrm{d}x$ 易求解.常用于求解两类不同函数相乘的不定积分，这里不同函数是指不同的基本初等函数.

注 使用分部积分法时大致会产生升幂、降幂、循环和递推四种形式.一般 $v'(x)$ 的选取最为困难，基本经验是按"反、对、幂、三、指"（反三角函数、对数函数、幂函数、三角函数、指数函数 e^x）排序，次序在后的优先考虑选为 $v'(x)$，有时三角函数和指数函数均可选为 $v'(x)$.

（4）几种特殊类型的不定积分求解

① 对有理函数的不定积分 $\int \dfrac{P(x)}{Q(x)}\mathrm{d}x$ 的求解，一般分为以下几步：

（ⅰ）将假分式化为真分式；

（ⅱ）将分母 $Q(x)$ 进行标准分解；

（ⅲ）利用待定系数将 $\dfrac{P(x)}{Q(x)}$ 写成简单的有理分式之和；

（ⅳ）利用待定系数法确定系数（有时可取特定 x 的值）；

（ⅴ）求各分式的积分.

② 对三角函数有理式的不定积分 $\int R(\sin x,\cos x)\mathrm{d}x$ 的求解，一般利用万能代换 $t=\tan\dfrac{x}{2}$ 将其转化为有理函数的积分.对于一些特殊情形，可选取如下更简单的方法：

（ⅰ）若 $R(-\sin x,\cos x)=-R(\sin x,\cos x)$，可令 $t=\cos x$；

（ⅱ）若 $R(\sin x,-\cos x)=-R(\sin x,\cos x)$，可令 $t=\sin x$；

（ⅲ）若 $R(-\sin x,-\cos x)=R(\sin x,\cos x)$，可令 $t=\tan x$.

③ 某些无理根式的不定积分：

（ⅰ）$\int R\left(x,\sqrt[n]{\dfrac{ax+b}{cx+d}}\right)\mathrm{d}x\,(ad-bc\neq0)$：只需令 $t=\sqrt[n]{\dfrac{ax+b}{cx+d}}$，可转化为有理函数的积分.

（ⅱ）$\int R(x,\sqrt{ax^2+bx+c})\mathrm{d}x$：对 ax^2+bx+c 进行配方处理，进而转化为如下三种类型之一：

$$\int R(u,\sqrt{u^2+k^2})\mathrm{d}u,\quad \int R(u,\sqrt{u^2-k^2})\mathrm{d}u,\quad \int R(u,\sqrt{k^2-u^2})\mathrm{d}u,$$

再利用三角代换转换为三角函数有理式的不定积分.注意,有时还可利用欧拉代换处理这种无理根式的不定积分.比如:

当 $a>0$,令 $\sqrt{ax^2+bx+c}=\sqrt{a}\,x+t$;

当 $c>0$,令 $\sqrt{ax^2+bx+c}=tx+\sqrt{c}$.

注　几类常用有理函数的不定积分($k\in\mathbf{N}^*,a\neq0$):

(1) $\displaystyle\int\frac{1}{(x-a)^k}\mathrm{d}x=\begin{cases}\ln\mid x-a\mid+C, & k=1,\\[3mm]\dfrac{1}{(1-k)(x-a)^{k-1}}+C, & k\neq1;\end{cases}$

(2) $\displaystyle\int\frac{x}{(x^2+a^2)^k}\mathrm{d}x=\begin{cases}\dfrac{1}{2}\ln(x^2+a^2)+C, & k=1,\\[3mm]\dfrac{1}{2(1-k)(x^2+a^2)^{k-1}}+C, & k\neq1;\end{cases}$

(3) $\displaystyle I_k=\int\frac{1}{(x^2+a^2)^k}\mathrm{d}x$

$$=\begin{cases}\dfrac{1}{a}\arctan\dfrac{x}{a}+C, & k=1,\\[3mm]\dfrac{x}{2a^2(k-1)(x^2+a^2)^{k-1}}+\dfrac{2k-3}{2a^2(k-1)}I_{k-1}, & k\neq1.\end{cases}$$

4.1.2　典型例题解析

例 4.1　计算积分 $\displaystyle\int\mid x-1\mid\mathrm{d}x$.

解　因为 $f(x)=\mid x-1\mid=\begin{cases}x-1, & x\geqslant1,\\1-x, & x<1\end{cases}$ 为连续函数,所以 $f(x)$ 存在原函数.此时,若

$$F(x)=\begin{cases}\dfrac{1}{2}x^2-x, & x\geqslant1,\\[3mm]-\dfrac{1}{2}x^2+x+C_1, & x<1\end{cases}$$

为 $f(x)$ 的一个原函数,则由 $F(x)$ 在 $x=1$ 处连续知

$$\lim_{x\to1^+}F(x)=F(1)=-\frac{1}{2}=\lim_{x\to1^-}F(x)=\frac{1}{2}+C_1,$$

故 $C_1=-1$.从而

$$\int |x-1| \, dx = F(x) + C = \begin{cases} \dfrac{1}{2}x^2 - x + C, & x \geqslant 1, \\[2mm] -\dfrac{1}{2}x^2 + x - 1 + C, & x < 1. \end{cases}$$

例 4.2　计算积分 $\displaystyle\int \frac{x^2}{(1-x)^{2020}} dx$.

解法 1　原式 $\displaystyle = -\int \frac{1-x^2-1}{(1-x)^{2020}} dx = -\int \frac{1+x}{(1-x)^{2019}} dx + \int \frac{1}{(1-x)^{2020}} dx$

$$= -\int \frac{1}{(1-x)^{2019}} dx + \int \frac{1-x-1}{(1-x)^{2019}} dx + \int \frac{1}{(1-x)^{2020}} dx$$

$$= -\int \frac{1}{(1-x)^{2018}} d(1-x) + 2\int \frac{1}{(1-x)^{2019}} d(1-x)$$

$$-\int \frac{1}{(1-x)^{2020}} d(1-x)$$

$$= \frac{(1-x)^{-2017}}{2017} - \frac{(1-x)^{-2018}}{1009} + \frac{(1-x)^{-2019}}{2019} + C.$$

解法 2　令 $1-x=t, dx=-dt$,则

$$原式 = -\int \frac{(1-t)^2}{t^{2020}} dt = -\int \frac{1}{t^{2020}} dt + \int \frac{2}{t^{2019}} dt - \int \frac{1}{t^{2018}} dt$$

$$= \frac{t^{-2019}}{2019} - \frac{t^{-2018}}{1009} + \frac{t^{-2017}}{2017} + C$$

$$= \frac{(1-x)^{-2019}}{2019} - \frac{(1-x)^{-2018}}{1009} + \frac{(1-x)^{-2017}}{2017} + C.$$

例 4.3　计算积分 $\displaystyle\int \frac{\arcsin e^x}{e^x} dx$.

解　由分部积分法,可得

$$\int \frac{\arcsin e^x}{e^x} dx = \int \arcsin e^x \, d(-e^{-x}) = -e^{-x} \cdot \arcsin e^x + \int e^{-x} \cdot \frac{e^x}{\sqrt{1-e^{2x}}} dx$$

$$= -e^{-x} \cdot \arcsin e^x + \int \frac{1}{\sqrt{1-e^{2x}}} dx.$$

对于 $\displaystyle\int \frac{1}{\sqrt{1-e^{2x}}} dx$,令 $t=\sqrt{1-e^{2x}}$,则 $x=\dfrac{1}{2}\ln(1-t^2), dx=\dfrac{t}{t^2-1} dt$.因此

$$\int \frac{\arcsin e^x}{e^x} dx = -e^{-x} \cdot \arcsin e^x + \frac{1}{2}\ln\left|\frac{1-\sqrt{1-e^{2x}}}{1+\sqrt{1-e^{2x}}}\right| + C$$

$$= -\mathrm{e}^{-x} \cdot \mathrm{arcsine}^x + \ln | 1 - \sqrt{1 - \mathrm{e}^{2x}} | - x + C.$$

例 4.4　计算积分 $\displaystyle\int \frac{1}{x^2 \sqrt{x^2 - a^2}} \mathrm{d}x.$

解　$\displaystyle\int \frac{1}{x^2 \sqrt{x^2 - a^2}} \mathrm{d}x \xrightarrow{\diamondsuit\, x = a\sec t} \int \frac{a\sec t \cdot \tan t}{a^2 \sec^2 t \cdot a\tan t} \mathrm{d}t = \int \frac{1}{a^2} \cos t \,\mathrm{d}t$

$$= \frac{1}{a^2} \sin t + C = \frac{1}{a^2} \frac{\sqrt{x^2 - a^2}}{x} + C.$$

注　本题也可考虑倒代换 $x = \dfrac{1}{t}.$

例 4.5　求不定积分 $\displaystyle\int x \ln \frac{1+x}{1-x} \mathrm{d}x.$

解　$\displaystyle\int x \ln \frac{1+x}{1-x} \mathrm{d}x = \int \ln \frac{1+x}{1-x} \mathrm{d}\left(\frac{x^2}{2}\right) = \frac{x^2}{2} \ln \frac{1+x}{1-x} - \int \frac{x^2}{1-x^2} \mathrm{d}x$

$$= \frac{x^2}{2} \ln \frac{1+x}{1-x} + \int \left(1 - \frac{1}{1-x^2}\right) \mathrm{d}x$$

$$= \frac{x^2}{2} \ln \frac{1+x}{1-x} + x - \frac{1}{2} \ln \frac{1+x}{1-x} + C.$$

例 4.6　计算积分 $\displaystyle\int \frac{x\,\mathrm{e}^x}{\sqrt{\mathrm{e}^x - 2}} \mathrm{d}x \,(x > 1).$

解　令 $\sqrt{\mathrm{e}^x - 2} = u$，则 $\mathrm{e}^x = u^2 + 2, x = \ln(u^2 + 2), \mathrm{d}x = \dfrac{2u\,\mathrm{d}u}{u^2 + 2}.$ 于是

$$\int \frac{x\,\mathrm{e}^x}{\sqrt{\mathrm{e}^x - 2}} \mathrm{d}x = 2\int \ln(2 + u^2) \mathrm{d}u = 2u\ln(2 + u^2) - 4\int \frac{u^2}{2 + u^2} \mathrm{d}u$$

$$= 2u\ln(2 + u^2) - 4\int \left(1 - \frac{2}{2 + u^2}\right) \mathrm{d}u$$

$$= 2u\ln(2 + u^2) - 4u + \frac{8}{\sqrt{2}} \arctan \frac{u}{\sqrt{2}} + C$$

$$= 2\sqrt{\mathrm{e}^x - 2}\,(x - 2) + 4\sqrt{2}\arctan \sqrt{\frac{\mathrm{e}^x}{2} - 1} + C.$$

例 4.7　计算积分 $\displaystyle\int \frac{x + \sin x}{1 + \cos x} \mathrm{d}x.$

解　$\displaystyle\int \frac{x + \sin x}{1 + \cos x} \mathrm{d}x = \int \frac{x}{2\cos^2 \dfrac{x}{2}} \mathrm{d}x + \int \frac{\sin x}{1 + \cos x} \mathrm{d}x$

$$= \int x \, \mathrm{d}\left(\tan\frac{x}{2}\right) - \int \frac{1}{1+\cos x} \mathrm{d}(1+\cos x)$$

$$= x\tan\frac{x}{2} - \int \tan\frac{x}{2}\mathrm{d}(x) - \ln(1+\cos x)$$

$$= x\tan\frac{x}{2} + 2\ln\cos\frac{x}{2} - \ln(1+\cos x) + C.$$

例 4.8 计算积分 $\displaystyle\int \mathrm{e}^x \frac{1+\sin x}{1+\cos x}\mathrm{d}x$.

解 $\displaystyle\int \mathrm{e}^x \frac{1+\sin x}{1+\cos x}\mathrm{d}x = \int \mathrm{e}^x \frac{\left(\cos\frac{x}{2}+\sin\frac{x}{2}\right)^2}{2\cos^2\frac{x}{2}}\mathrm{d}x = \frac{1}{2}\int \mathrm{e}^x \left(1+\tan\frac{x}{2}\right)^2 \mathrm{d}x$

$$= \frac{1}{2}\int \mathrm{e}^x \left(\sec^2\frac{x}{2} + 2\tan\frac{x}{2}\right)\mathrm{d}x$$

$$= \int \mathrm{e}^x \mathrm{d}\left(\tan\frac{x}{2}\right) + \int \mathrm{e}^x \tan\frac{x}{2}\mathrm{d}x$$

$$= \mathrm{e}^x \tan\frac{x}{2} + C.$$

例 4.9 求积分 $\displaystyle\int \frac{\cos x + \sin x}{2\sin x + 3\cos x}\mathrm{d}x$.

解 注意到 $(2\sin x + 3\cos x)' = 2\cos x - 3\sin x$，可令

$$\cos x + \sin x = a(2\cos x - 3\sin x) + b(2\sin x + 3\cos x),$$

这样得到

$$\begin{cases} 2b - 3a = 1, \\ 3b + 2a = 1, \end{cases} \qquad 解之得 \qquad a = -\frac{1}{13}, b = \frac{5}{13},$$

于是

$$原积分 = \int \frac{\frac{5}{13}(2\sin x + 3\cos x) - \frac{1}{13}(2\cos x - 3\sin x)}{2\sin x + 3\cos x}\mathrm{d}x$$

$$= \frac{5}{13}\int \mathrm{d}x - \frac{1}{13}\int \frac{(2\sin x + 3\cos x)'}{2\sin x + 3\cos x}\mathrm{d}x$$

$$= \frac{5}{13}x - \frac{1}{13}\ln\left| 2\sin x + 3\cos x \right| + C.$$

注 本题解法一般可以用来处理形如 $\displaystyle\int \frac{a\sin x + b\cos x}{c\sin x + d\cos x}\mathrm{d}x \ (ad \neq bc)$ 的积分.

例 4.10　求积分 $I = \int \dfrac{1}{1+x^4} dx$.

解　注意到积分

$$I = \int \frac{1}{1+x^4} dx = \frac{1}{2} \int \frac{x^2+1}{1+x^4} dx - \frac{1}{2} \int \frac{x^2-1}{1+x^4} dx = \frac{1}{2}(I_1 - I_2),$$

其中

$$I_1 = \int \frac{1+\dfrac{1}{x^2}}{x^2+\dfrac{1}{x^2}} dx = \int \frac{d\left(x-\dfrac{1}{x}\right)}{\left(x-\dfrac{1}{x}\right)^2 + (\sqrt{2})^2} = \frac{1}{\sqrt{2}} \arctan \frac{x^2-1}{\sqrt{2}\,x} + C_1,$$

$$I_2 = \int \frac{1-\dfrac{1}{x^2}}{x^2+\dfrac{1}{x^2}} dx = \int \frac{d\left(x+\dfrac{1}{x}\right)}{\left(x+\dfrac{1}{x}\right)^2 - (\sqrt{2})^2} = \frac{1}{2\sqrt{2}} \ln \left| \frac{x^2-\sqrt{2}\,x+1}{x^2+\sqrt{2}\,x+1} \right| + C_2,$$

得到原积分为

$$I = \frac{1}{2\sqrt{2}} \arctan \frac{x^2-1}{\sqrt{2}\,x} - \frac{1}{4\sqrt{2}} \ln \left| \frac{x^2-\sqrt{2}\,x+1}{x^2+\sqrt{2}\,x+1} \right| + C.$$

注　本题也可以直接对分母进行因式分解,然后利用有理函数积分的方法来计算,但过程要繁杂得多.

分段函数的积分也是要注意的,其中重要的一点是处理好分段点处的连续性.

例 4.11　求积分 $I = \int f(x) dx$,其中 $f(x) = \begin{cases} e^{\sin x} \cos x, & x \leqslant 0, \\ \sin \sqrt{x} + 1, & x > 0. \end{cases}$

解　当 $x \leqslant 0$ 时,有

$$I = \int f(x) dx = \int e^{\sin x} \cos x \, dx = \int e^{\sin x} \, d\sin x = e^{\sin x} + C_1,$$

当 $x > 0$ 时,有

$$I = \int f(x) dx = \int (\sin \sqrt{x} + 1) dx = -2\sqrt{x} \cos \sqrt{x} + 2\sin \sqrt{x} + x + C_2.$$

注意到 $f(x)$ 的原函数在 $x = 0$ 处连续,进而 $1 + C_1 = C_2$,所以原积分为

$$I = \begin{cases} e^{\sin x} + C, & x \leqslant 0, \\ -2\sqrt{x} \cos \sqrt{x} + 2\sin \sqrt{x} + x + 1 + C, & x > 0. \end{cases}$$

例 4.12 求积分 $I = \int \dfrac{1}{y^2} \mathrm{d}x$, 其中 $y = y(x)$ 是由方程 $y^2(x-y) = x^2$ 确定的隐函数.

解 要从方程里把函数 $y(x)$ 表示出来显然不现实. 注意由 $y^2(x-y) - y^2 = x^2 - y^2$ 得到

$$\left(y - \frac{x}{y} - 1 \right)\left(\frac{x}{y} - 1 \right) = 1,$$

再令 $\dfrac{x}{y} = t$, 即 $x = ty$, 得到

$$y = \frac{t^2}{t-1}, \quad x = \frac{t^3}{t-1}, \quad \mathrm{d}x = \frac{t^2(2t-3)}{(t-1)^2}\mathrm{d}t,$$

所以

$$
\begin{aligned}
I &= \int \frac{1}{y^2}\mathrm{d}x = \int \frac{(t-1)^2}{t^4}\,\frac{t^2(2t-3)}{(t-1)^2}\mathrm{d}t \\
&= 2\ln|t| + \frac{3}{t} + C \\
&= 2\ln\left| \frac{x}{y} \right| + \frac{3y}{x} + C.
\end{aligned}
$$

4.2 定积分

4.2.1 内容提要与知识点解析

1) 定积分的定义

设函数 $f(x)$ 定义在区间 $[a,b]$ 上, J 是一常数. 对 $[a,b]$ 作任意分割

$$T : a = x_0 < x_1 < \cdots < x_{n-1} < x_n = b,$$

记 $\Delta_i = [x_{i-1}, x_i]$, $\Delta x_i = x_i - x_{i-1}(i=1,2,\cdots,n)$, $\| T \| = \max\limits_{1 \leqslant i \leqslant n}\{\Delta x_i\}$. 若 $\forall \varepsilon > 0$, $\exists \delta > 0$, 当 $\| T \| < \delta$ 时, $\forall \xi_i \in \Delta_i$, 有

$$\left| \sum_{i=1}^{n} f(\xi_i)\Delta x_i - J \right| < \varepsilon,$$

则称函数 $f(x)$ 在区间 $[a,b]$ 上黎曼可积, 并称 J 为 $f(x)$ 在 $[a,b]$ 上的定积分, 记作 $J = \int_a^b f(x)\mathrm{d}x$, 即

$$J = \int_a^b f(x)\mathrm{d}x = \lim_{\|T\| \to 0} \sum_{i=1}^n f(\xi_i)\Delta x_i.$$

2) 定积分的几何意义

设 $f(x)$ 为 $[a,b]$ 上的连续函数，$\int_a^b f(x)\mathrm{d}x$ 表示由曲线 $y = f(x)$，直线 $x = a$，$x = b$ 及 x 轴所围曲边梯形面积的代数和（x 轴上方取正面积，x 轴下方取负面积）.

3) 定积分的性质

（1）线性性质

若 $f(x), g(x) \in R[a,b]$（$R[a,b]$ 表示 $[a,b]$ 上的可积函数类），则

① $\alpha f(x) \pm \beta g(x) \in R[a,b]$（$\alpha, \beta$ 为常数）；

② $\int_a^b [\alpha f(x) \pm \beta g(x)]\mathrm{d}x = \alpha \int_a^b f(x)\mathrm{d}x \pm \beta \int_a^b g(x)\mathrm{d}x$.

（2）若 $f(x), g(x) \in R[a,b]$，则 $f(x) \cdot g(x) \in R[a,b]$. 但一般

$$\int_a^b f(x) \cdot g(x)\mathrm{d}x \neq \int_a^b f(x)\mathrm{d}x \cdot \int_a^b g(x)\mathrm{d}x.$$

注　① 若 $f(x), g(x) \in R[a,b]$，有下列不等式：

连续性 Cauchy 不等式：$\left(\int_a^b f(x)g(x)\mathrm{d}x\right)^2 \leqslant \left(\int_a^b f^2(x)\mathrm{d}x\right)\left(\int_a^b g^2(x)\mathrm{d}x\right)$；

Hölder 积分不等式：对任意 $p, q > 0$ 且 $\dfrac{1}{p} + \dfrac{1}{q} = 1$，有

$$\int_a^b |f(x)g(x)|\,\mathrm{d}x \leqslant \left(\int_a^b |f(x)|^p \mathrm{d}x\right)^{\frac{1}{p}} \left(\int_a^b |g(x)|^q \mathrm{d}x\right)^{\frac{1}{q}}.$$

② 函数的连续、可导性质对乘法封闭；一致连续性质在有限区间对乘法封闭，在无限区间不一定封闭；广义积分对乘法不封闭.

（3）积分区间可加性

若 $f(x) \in R[a,b]$，则 $\forall c \in [a,b]$ 有 $f(x) \in R[a,c]$，$f(x) \in R[c,b]$，且

$$\int_a^b f(x)\mathrm{d}x = \int_a^c f(x)\mathrm{d}x + \int_c^b f(x)\mathrm{d}x.$$

（4）$\int_a^b f(x)\mathrm{d}x = -\int_b^a f(x)\mathrm{d}x$（积分与路径有关）.

（5）保序性

若 $f(x), g(x) \in R[a,b]$ 且 $f(x) \geqslant g(x)$，则 $\int_a^b f(x)\mathrm{d}x \geqslant \int_a^b g(x)\mathrm{d}x$.

特别地，当 $f(x) \geqslant 0$ 时，$\int_a^b f(x)\mathrm{d}x \geqslant 0$.

注 由定积分的保序性可以看到：

① 若函数 $f(x) \in C[a,b]$（$C[a,b]$ 表示 $[a,b]$ 上的连续函数类），$f(x) \geqslant 0$ 且 $f(x) \not\equiv 0$，则 $\int_a^b f(x)\mathrm{d}x > 0$；

② 若函数 $f(x) \in R[a,b]$ 且 $f(x) > 0$，则 $\int_a^b f(x)\mathrm{d}x > 0$；

③ 若函数 $f(x) \in R[a,b]$ 且 $\int_a^b f(x)\mathrm{d}x > 0$，则存在 $[a_1,b_1] \subset [a,b]$，使得对任意 $x \in [a_1,b_1]$，有 $f(x) > 0$.

（6）绝对可积性

若 $f(x) \in R[a,b]$，则 $|f(x)| \in R[a,b]$，且

$$\left| \int_a^b f(x)\mathrm{d}x \right| \leqslant \int_a^b |f(x)|\,\mathrm{d}x.$$

注 定积分的绝对可积性中给出的不等式是不等式 $\left| \sum_{k=1}^n a_k \right| \leqslant \sum_{k=1}^n |a_k|$ 在积分中的推广，可应用于积分估值.

（7）第一积分中值定理

① 若 $f(x) \in C[a,b]$，则 $\exists \xi \in [a,b]$ 使得 $\int_a^b f(x)\mathrm{d}x = f(\xi)(b-a)$；

② 若 $f(x), g(x) \in C[a,b]$ 且 $g(x)$ 在 $[a,b]$ 上不变号，则 $\exists \xi \in [a,b]$ 使得

$$\int_a^b f(x)g(x)\mathrm{d}x = f(\xi)\int_a^b g(x)\mathrm{d}x;$$

③ 若 $f(x) \in C[a,b]$，$g(x) \in R[a,b]$ 且 $g(x)$ 在 $[a,b]$ 上不变号，则 $\exists \xi \in [a,b]$ 使得

$$\int_a^b f(x)g(x)\mathrm{d}x = f(\xi)\int_a^b g(x)\mathrm{d}x.$$

（8）第二积分中值定理

设 $f(x) \in R[a,b]$，则

① 若 $g(x)$ 在 $[a,b]$ 上单调减少且 $g(x) \geqslant 0$，则 $\exists \xi \in [a,b]$ 使得

$$\int_a^b f(x)g(x)\mathrm{d}x = g(a)\int_a^\xi f(x)\mathrm{d}x;$$

② 若 $g(x)$ 在 $[a,b]$ 上单调增加且 $g(x) \geqslant 0$，则 $\exists \xi \in [a,b]$ 使得

$$\int_a^b f(x)g(x)\mathrm{d}x = g(b)\int_\xi^b f(x)\mathrm{d}x;$$

③ 若 $g(x)$ 在 $[a,b]$ 上单调,则 $\exists \xi \in [a,b]$ 使得

$$\int_a^b f(x)g(x)\mathrm{d}x = g(a)\int_a^\xi f(x)\mathrm{d}x + g(b)\int_\xi^b f(x)\mathrm{d}x.$$

注　利用第二积分中值定理可证广义积分的 Dirichlet 判别法和 Abel 判别法.

（9）变限积分的性质

① 若 $f(x) \in R[a,b]$,则其变上限定积分 $F(x) = \int_a^x f(t)\mathrm{d}t \in C[a,b]$;

②（原函数存在定理）若 $f(x) \in C[a,b]$,则 $F(x) = \int_a^x f(t)\mathrm{d}x \in C^1[a,b]$,即 $F(x)$ 是连续可导函数且 $F'(x) = f(x)$（其中 $C^k[a,b]$ 表示 $[a,b]$ 上 k 阶可导的函数集合）;

③（求导公式）若 $f(x) \in C[a,b]$,$\varphi(x),\psi(x) \in C[a,b]$ 且在 $[a,b]$ 上可导,则

$$\left(\int_{\varphi(x)}^{\psi(x)} f(t)\mathrm{d}t\right)' = f(\psi(x))\psi'(x) - f(\varphi(x))\varphi'(x).$$

4）定积分的计算

（1）利用定积分的定义

（2）利用 Newton-Leibniz 公式（N-L 公式）

设函数 $f(x)$ 定义于区间 $[a,b]$,$f(x) \in R[a,b]$ 且 $f(x)$ 在 $[a,b]$ 上存在原函数 $F(x)$,则

$$\int_a^b f(x)\mathrm{d}x = F(b) - F(a).$$

该公式也称为微积分基本原理.

（3）利用分部积分法

$$\begin{aligned}
\int_a^b u(x)v'(x)\mathrm{d}x &= \int_a^b u(x)\mathrm{d}v(x) \\
&= u(x)\cdot v(x)\Big|_a^b - \int_a^b v(x)\mathrm{d}u(x) \\
&= u(x)\cdot v(x)\Big|_a^b - \int_a^b v(x)u'(x)\mathrm{d}x.
\end{aligned}$$

注　分部积分法有时会用于递推公式.比如

$$I_n = \int_0^{\frac{\pi}{2}} \sin^n x\,\mathrm{d}x \Rightarrow I_n = \frac{n-1}{n}I_{n-2}(I_0 \text{ 和 } I_1 \text{ 已知})$$

$$\Rightarrow I_n = \begin{cases} \dfrac{(2m-1)!!}{(2m)!!} \cdot \dfrac{\pi}{2}, & n=2m, \\[3mm] \dfrac{(2m)!!}{(2m+1)!!}, & n=2m+1. \end{cases}$$

而 $J_n = \int_0^{\frac{\pi}{2}} \cos^n x \, dx$ 也类似可得.

（4）利用换元积分法

注 由于定积分是一个数，因此最后不需要像不定积分那样代回自变量.

（5）利用函数的奇偶性和周期性

设 $f(x)$ 为可积函数，且 $a>0$.

① 若 $f(x)$ 是 $[-a, a]$ 上的奇函数，则 $\int_{-a}^{a} f(x) \, dx = 0$；

② 若 $f(x)$ 是 $[-a, a]$ 上的偶函数，则 $\int_{-a}^{a} f(x) \, dx = 2\int_0^a f(x) \, dx$；

③ 若 $f(x)$ 是以 T 为周期的函数，则

$$\int_a^{a+T} f(x) \, dx = \int_0^T f(x) \, dx, \quad \int_a^{a+nT} f(x) \, dx = n\int_0^T f(x) \, dx;$$

④ $\int_0^{\pi} x f(\sin x) \, dx = \dfrac{\pi}{2} \int_0^{\pi} f(\sin x) \, dx.$

（6）利用积分区间可加性

注 ① 可积函数不一定有原函数（如 Riemann 函数），有原函数的函数也不一定是可积函数；

② 在 Newton - Leibniz 公式中，若 $f(x) \in R[a,b]$，$F(x) \in C[a,b]$ 且除有限个点外 $F'(x) = f(x)$，则仍然成立 $\int_a^b f(x) \, dx = F(b) - F(a)$；

③ 在计算定积分时，可将被积函数展开成幂级数，然后逐项求积分；

④ 在计算定积分时，可引入参变量，利用含参量积分的性质计算定积分.

5）定积分的应用（几何学方面）

（1）计算平面曲线的弧长

① （参数形式曲线）设 $C_1 : \begin{cases} x = \varphi(t), \\ y = \psi(t), \end{cases} t \in [\alpha, \beta]$ 为光滑曲线，则弧长公式为

$$L = \int_\alpha^\beta \sqrt{[\varphi'(t)]^2 + [\psi'(t)]^2} \, dt;$$

② （直角坐标系曲线）设 $f(x) \in C^1[a,b]$，则曲线 $C_2 : y = f(x), x \in [a,b]$ 的弧长为

$$L = \int_a^b \sqrt{1 + [f'(x)]^2} \, \mathrm{d}x \, ;$$

③（极坐标系曲线）设 $\rho(\theta) \in C^1[\alpha, \beta]$，曲线 $C_3 : \rho = \rho(\theta)$，$\theta \in [\alpha, \beta]$ 弧长为

$$L = \int_\alpha^\beta \sqrt{\rho^2(\theta) + [\rho'(\theta)]^2} \, \mathrm{d}\theta.$$

（2）计算平面图形的面积

①（直角坐标系曲线）由连续曲线 $C : y = f(x)$ 及直线 $x = a$，$x = b$ 与 x 轴所围平面图形的面积为

$$S = \int_a^b |f(x)| \, \mathrm{d}x \quad \left(S = \int_a^b |f_2(x) - f_1(x)| \, \mathrm{d}x \right).$$

②（参数形式曲线）设 $C : \begin{cases} x = \varphi(t), \\ y = \psi(t), \end{cases} t \in [\alpha, \beta]$ 为连续曲线，且 $\varphi \in C^1[\alpha, \beta]$，$\varphi'(t) \neq 0$，则由曲线 C 及直线 $x = \varphi(\alpha)$，$x = \varphi(\beta)$ 所围平面图形的面积为

$$S = \int_\alpha^\beta |\psi(t) \varphi'(t)| \, \mathrm{d}t.$$

③（极坐标系曲线）由连续曲线 $C : \rho = \rho(\theta)$，$\theta \in [\alpha, \beta]$ 且 $\beta - \alpha \leqslant 2\pi$ 与两条直线 $\theta = \alpha$，$\theta = \beta$ 所围平面图形的面积为

$$S = \frac{1}{2} \int_\alpha^\beta \rho^2(\theta) \, \mathrm{d}\theta.$$

（3）计算几何体的体积（计算立体的体积）

① 已知截面面积的立体的体积

设立体 Ω 位于平面 $x = a$ 与 $x = b$ 之间（$a < b$），垂直于 x 轴的截面面积为连续函数 $A(x)$，则该立体的体积为

$$V = \int_a^b A(x) \, \mathrm{d}x.$$

② 旋转体的体积

（ⅰ）（直角坐标系曲线）由连续曲线 $C : y = f(x)$，$x \in [a, b]$，直线 $x = a$，$x = b$（$a < b$）和 x 轴所围平面图形绕 x 轴旋转一周所得旋转体的体积为

$$V_x = \pi \int_a^b f^2(x) \, \mathrm{d}x \, ;$$

绕 y 轴旋转一周（曲边梯形 $0 \leqslant y \leqslant f(x)$，$0 \leqslant a \leqslant x \leqslant b$ 绕 y 轴旋转）所得旋转体的体积为

$$V_y = 2\pi \int_a^b x f(x) \mathrm{d}x.$$

（ⅱ）（参数形式曲线）设连续曲线 $C : \begin{cases} x = \varphi(t), \\ y = \psi(t), \end{cases} t \in [\alpha, \beta]$ 且 $\varphi \in C^1[\alpha, \beta]$，$\varphi'(t) \neq 0$，由曲线 C 及直线 $x = \varphi(\alpha), x = \varphi(\beta)$ 所围平面图形绕 x 轴旋转一周所得旋转体的体积为

$$V_x = \pi \left| \int_\alpha^\beta \psi^2(t) \varphi'(t) \mathrm{d}t \right|.$$

（ⅲ）（极坐标系曲线）由连续曲线 $C : \rho = \rho(\theta), \theta \in [\alpha, \beta] \subset [0, \pi]$ 与两条直线 $\theta = \alpha, \theta = \beta$ 所围平面图形绕极轴旋转一周所得立体的体积为

$$V = \frac{2\pi}{3} \int_\alpha^\beta \rho^3(\theta) \sin\theta \mathrm{d}\theta.$$

（4）计算旋转曲面的面积

①（直角坐标系曲线）由平面曲线 $C : y = f(x), x \in [a, b]$ 绕 x 轴旋转一周所得旋转曲面的面积为

$$S = 2\pi \int_a^b f(x) \sqrt{1 + [f'(x)]^2} \mathrm{d}x \quad （设 f(x) \geqslant 0）.$$

②（参数形式曲线）设光滑曲线 $C : \begin{cases} x = \varphi(t), \\ y = \psi(t), \end{cases} t \in [\alpha, \beta]$，且 $\psi(t) \geqslant 0$，由 C 绕 x 轴旋转一周所得旋转曲面的面积为

$$S = 2\pi \int_\alpha^\beta \psi(t) \sqrt{[\varphi'(t)]^2 + [\psi'(x)]^2} \mathrm{d}t.$$

③（极坐标系曲线）设 $\rho(\theta) \in C^1[\alpha, \beta] \subset [0, \pi]$，由曲线 $\rho = \rho(\theta), \theta \in [\alpha, \beta]$ 绕极轴旋转一周所得旋转曲面的面积为

$$S = 2\pi \int_\alpha^\beta \rho(\theta) \sin\theta \sqrt{\rho^2(\theta) + [\rho'(\theta)]^2} \mathrm{d}\theta.$$

6）可积性理论

（1）函数可积的必要条件

若 $f(x)$ 在 $[a, b]$ 上可积，则 $f(x)$ 在 $[a, b]$ 上有界.

注 有界函数未必可积（如 Dirichlet 函数），闭区间上的无界函数一定不可积.

（2）函数可积的充要条件

① $f(x)$ 在区间 $[a, b]$ 上可积 $\Leftrightarrow \forall \varepsilon > 0, \exists \delta > 0$，对 $[a, b]$ 上的任意分割 T，

当 $\|T\| < \delta$ 时,有 $\sum_{i=1}^{n} w_i \Delta x_i < \varepsilon$,其中

$$w_i = \mu_i - m_i, \quad \mu_i = \sup_{x \in \Delta_i} f(x), \quad m_i = \inf_{x \in \Delta_i} f(x), \quad \Delta_i = [x_{i-1}, x_i].$$

② $f(x)$ 在区间 $[a,b]$ 上可积 $\Leftrightarrow \forall \varepsilon > 0$,∃ 分割 T,使得相应振幅对应的和

$$\sum_{T} w_i \Delta x_i < \varepsilon.$$

③ $f(x)$ 在区间 $[a,b]$ 上可积 $\Leftrightarrow \forall \varepsilon > 0, \exists \delta > 0$,对 $[a,b]$ 上的任意分割 T,当 $\|T\| < \delta$ 时,对应于振幅 $w_k' \geqslant \varepsilon$ 的那些线段长度之和 $\sum_{w_k' \geqslant \varepsilon} \Delta x_i < \varepsilon$.

(3) 函数可积的充分条件(可积函数类)

① 若 $f(x) \in C[a,b]$,则 $f(x) \in R[a,b]$;

② 若 $f(x)$ 为 $[a,b]$ 上的单调函数,则 $f(x) \in R[a,b]$;

③ 若 $f(x)$ 为 $[a,b]$ 上只有有限个间断点的有界函数,则 $f(x) \in R[a,b]$;

④ 若 $f(x)$ 为 $[a,b]$ 上的有界函数,在 $\{x_n\} \subset [a,b]$ 上各点不连续,且

$$\lim_{n \to \infty} x_n = x_0,$$

则 $f(x) \in R[a,b]$.

注　$f(x)$ 在 $[a,b]$ 上可积 $\Leftrightarrow f$ 在 $[a,b]$ 上的不连续点所构成的集合至多是零测度集.一个要注意的函数是 Riemann 函数:

$$R(x) = \begin{cases} \dfrac{1}{q}, & x = \dfrac{p}{q}, \text{其中 } p, q \text{ 互素,} \\ 0, & x = 0, 1 \text{ 及} (0,1) \text{ 内的无理数,} \end{cases}$$

它在 $[0,1]$ 上可积且 $\int_0^1 R(x)\mathrm{d}x = 0$.这是因为 Riemann 函数在无理点上连续,在有理点上间断,而有理数集是零测度集.

由可积函数的充要条件知:

① $f^2(x) \in R[a,b] \Leftarrow f(x) \in R[a,b] \Rightarrow |f(x)| \in R[a,b]$;

② $f^2(x) \in R[a,b] \nRightarrow f(x) \in R[a,b] \nLeftarrow |f(x)| \in R[a,b]$;

③ $f^2(x) \in R[a,b] \Leftrightarrow |f(x)| \in R[a,b]$.

一个典型的反例是

$$D(x) = \begin{cases} 1, & x \text{ 为} [-1,1] \text{ 上的有理数,} \\ -1, & x \text{ 为} [-1,1] \text{ 上的无理数.} \end{cases}$$

容易看出 $|D(x)|$ 及 $D^2(x)$ 在 $[-1,1]$ 上可积,但 $D(x)$ 在 $[-1,1]$ 上不可积.

4.2.2 典型例题解析

例 4.13 计算定积分 $I = \int_0^{2\pi} \dfrac{1}{2+\sin x}\mathrm{d}x$.

分析 本题若直接使用万能公式 $t = \tan\dfrac{x}{2}$,则积分 $I = \int_0^0 \dfrac{1}{1+t+t^2}\mathrm{d}t = 0$.但这样做是不对的,因为这样的变换不满足换元法的条件.在使用换元法时一定要注意验证换元法的条件是不是满足.本题正确的做法是把积分区间分成若干个区间来计算.

解 记 $f(x) = \dfrac{1}{2+\sin x}$,则积分 $I = \int_{-\pi}^{\pi} f\mathrm{d}x = \int_{-\pi}^{-\frac{\pi}{2}} f\mathrm{d}x + \int_{-\frac{\pi}{2}}^{\frac{\pi}{2}} f\mathrm{d}x + \int_{\frac{\pi}{2}}^{\pi} f\mathrm{d}x$,利用变量代换可得

$$\int_{-\pi}^{-\frac{\pi}{2}} f\mathrm{d}x = \int_{-\frac{\pi}{2}}^0 f\mathrm{d}x, \quad \int_{\frac{\pi}{2}}^{\pi} f\mathrm{d}x = \int_0^{\frac{\pi}{2}} f\mathrm{d}x,$$

这样 $I = 2\int_{-\frac{\pi}{2}}^{\frac{\pi}{2}} f\mathrm{d}x$.最后令 $t = \tan\dfrac{x}{2}$,得到

$$I = 2\int_{-1}^1 \dfrac{1}{t^2+t+1}\mathrm{d}t = \dfrac{4}{\sqrt{3}}\arctan\dfrac{2}{\sqrt{3}}\left(t+\dfrac{1}{2}\right)\Big|_{-1}^1 = \dfrac{2\pi}{\sqrt{3}}.$$

定积分的运算是一种基本和重要的运算,大家一定要熟练掌握计算定积分的常用方法.除了利用变量代换、分部积分法、奇偶函数的积分、函数周期性质等等方法外,也要注意能处理含有绝对值的函数、分段函数以及一些抽象函数的积分.

例 4.14(武汉理工大学 2004 年) 计算定积分 $I = \int_0^{n\pi} x\mid\sin x\mid\mathrm{d}x$.

解 由分部积分法和正弦函数的周期性得到

$$I = \int_0^{n\pi} x\mid\sin x\mid\mathrm{d}x = \sum_{k=1}^n \int_{(k-1)\pi}^{k\pi} x\mid\sin x\mid\mathrm{d}x$$

$$= \sum_{k=1}^n \int_0^{\pi} (t+(k-1)\pi)\sin t\,\mathrm{d}t \quad (\diamondsuit\; t = x-(k-1)\pi)$$

$$= -\sum_{k=1}^n \int_0^{\pi} (t+(k-1)\pi)\mathrm{d}\cos t = \sum_{k=1}^n \left[(2k-1)\pi + \int_0^{\pi}\cos t\,\mathrm{d}t\right]$$

$$= n^2\pi.$$

例 4.15 设函数 $f(x)$ 在 $(-\infty, +\infty)$ 上满足

$$f(x) = f(x-\pi) + \sin x,$$

并且 $f(x) = x$, $x \in [0, \pi)$, 计算 $I = \int_\pi^{3\pi} f(x)\mathrm{d}x$.

解　当 $x \in [\pi, 3\pi)$ 时, 成立

$$f(x) = \begin{cases} x - \pi + \sin x, & x \in [\pi, 2\pi), \\ x - 2\pi, & x \in [2\pi, 3\pi), \end{cases}$$

所以

$$I = \int_\pi^{3\pi} f(x)\mathrm{d}x = \int_\pi^{2\pi} (x - \pi + \sin x)\mathrm{d}x + \int_{2\pi}^{3\pi} (x - 2\pi)\mathrm{d}x = \pi^2 - 2.$$

例 4.16　计算积分 $I = \int_0^\pi f(x)\mathrm{d}x$, 其中 $f(x) = \int_0^x \dfrac{\sin t}{\pi - t}\mathrm{d}x$.

解　这里容易想到利用二重积分交换积分次序来求解, 即

$$I = \int_0^\pi \int_0^x \frac{\sin t}{\pi - t}\mathrm{d}t\,\mathrm{d}x = \int_0^\pi \mathrm{d}t \int_t^\pi \frac{\sin t}{\pi - t}\mathrm{d}x$$

$$= \int_0^\pi \frac{\sin t}{\pi - t}(\pi - t)\mathrm{d}t = \int_0^\pi \sin t\,\mathrm{d}t = 2.$$

注　实际上, 这种情况也可以利用分部积分法来求解 (留给大家做练习).

例 4.17　求 A, B, 使得 $A \leqslant \int_0^1 \sqrt{1 + x^4}\,\mathrm{d}x \leqslant B$ 满足 $B - A \leqslant \dfrac{1}{10}$.

解　将区间 $[0, 1]$ 作 n 等分, 由定积分的定义知

$$\int_0^1 \sqrt{1 + x^4}\,\mathrm{d}x \approx \frac{1}{n} \sum_{i=1}^n f(\xi_i),$$

其中 $\xi_i \in \left[\dfrac{i-1}{n}, \dfrac{i}{n}\right]$ $(i = 1, 2, \cdots, n)$. 因为 $f(x) = \sqrt{1 + x^4}$ 在 $[0, 1]$ 上单调增, 所以

$$f\left(\frac{i-1}{n}\right) \leqslant f(\xi_i) \leqslant f\left(\frac{i}{n}\right) \quad (i = 1, 2, \cdots, n),$$

故

$$\frac{1}{n} \sum_{i=1}^n f\left(\frac{i-1}{n}\right) \leqslant \int_0^1 \sqrt{1 + x^4}\,\mathrm{d}x \leqslant \frac{1}{n} \sum_{i=1}^n f\left(\frac{i}{n}\right).$$

注意到

$$\frac{1}{n} \sum_{i=1}^n f\left(\frac{i}{n}\right) - \frac{1}{n} \sum_{i=1}^n f\left(\frac{i-1}{n}\right) = \frac{1}{n}[f(1) - f(0)] = \frac{1}{n}(\sqrt{2} - 1),$$

因此可取 $n=5$，此时

$$A=\frac{1}{5}\sum_{i=1}^{5}f\left(\frac{i-1}{5}\right),\quad B=\frac{1}{5}\sum_{i=1}^{5}f\left(\frac{i}{5}\right),$$

使得

$$A\leqslant\int_0^1\sqrt{1+x^4}\,\mathrm{d}x\leqslant B\quad\text{且}\quad B-A=\frac{1}{5}(\sqrt{2}-1)\leqslant\frac{1}{10}.$$

例 4.18 设 $f(x)$ 在 $[A,B]$ 上连续，对任意的 $a,b\in(A,B),a<b$，证明：

$$\lim_{h\to0}\int_a^b\frac{f(x+h)-f(x)}{h}\mathrm{d}x=f(b)-f(a).$$

分析 本题看似简单，但是容易出错.比如下面的做法是错误的：

$$\lim_{h\to0}\int_a^b\frac{f(x+h)-f(x)}{h}\mathrm{d}x=\int_a^b\lim_{h\to0}\frac{f(x+h)-f(x)}{h}\mathrm{d}x$$
$$=\int_a^bf'(x)\mathrm{d}x=f(b)-f(a).$$

证明
$$\lim_{h\to0}\int_a^b\frac{f(x+h)-f(x)}{h}\mathrm{d}x=\lim_{h\to0}\frac{1}{h}\left(\int_a^bf(x+h)\mathrm{d}x-\int_a^bf(x)\mathrm{d}x\right)$$
$$=\lim_{h\to0}\frac{1}{h}\left(\int_{a+h}^{b+h}f(x)\mathrm{d}x-\int_a^bf(x)\mathrm{d}x\right)$$
$$=\lim_{h\to0}\frac{f(b+h)-f(a+h)}{1}$$
$$=f(b)-f(a).$$

注 本题中的连续性条件不是必要的,若减弱成可积,结论也是成立的（请看下面的例子）.

例 4.19 设 $f(x)$ 在 $[A,B]$ 上可积，对任意的 $a,b\in(A,B)$ 且 a,b 是 $f(x)$ 的两个连续点，证明：

$$\lim_{h\to0}\int_a^b\frac{f(x+h)-f(x)}{h}\mathrm{d}x=f(b)-f(a).$$

证明
$$\lim_{h\to0}\int_a^b\frac{f(x+h)-f(x)}{h}\mathrm{d}x=\lim_{h\to0}\frac{1}{h}\left(\int_a^bf(x+h)\mathrm{d}x-\int_a^bf(x)\mathrm{d}x\right)$$
$$=\lim_{h\to0}\frac{1}{h}\left(\int_{a+h}^{b+h}f(x)\mathrm{d}x-\int_a^bf(x)\mathrm{d}x\right)$$
$$=\lim_{h\to0}\frac{1}{h}\left(\int_b^{b+h}f(x)\mathrm{d}x-\int_a^{a+h}f(x)\mathrm{d}x\right)$$

$$= f(b) - f(a).$$

注　上面最后一步用到这样一个结论:如果函数 $f(x)$ 在 $[a,b]$ 上可积,对任意的 $x \in (a,b)$,且 x 是 $f(x)$ 的连续点,则 $\dfrac{\mathrm{d}}{\mathrm{d}x}\displaystyle\int_a^x f(t)\mathrm{d}t = f(x)$.

例 4.20　若函数 $f(x)$ 在 $[a,b]$ 上连续,证明:

$$2\int_a^b f(x) \cdot \left[\int_x^b f(t)\mathrm{d}t\right]\mathrm{d}x = \left(\int_a^b f(x)\mathrm{d}x\right)^2.$$

证明　令 $F(x) = \displaystyle\int_x^b f(t)\mathrm{d}t$,由 $f(x)$ 在 $[a,b]$ 上连续知 $F'(x) = -f(x)$,故

$$2\int_a^b f(x) \cdot \left[\int_x^b f(t)\mathrm{d}t\right]\mathrm{d}x = 2\int_a^b [-F'(x)] \cdot F(x)\mathrm{d}x$$

$$= -2\int_a^b F(x)\mathrm{d}F(x)$$

$$= F^2(a) - F^2(b).$$

注意到 $F(a) = \displaystyle\int_a^b f(t)\mathrm{d}t, F(b) = 0$,因此

$$2\int_a^b f(x) \cdot \left[\int_x^b f(t)\mathrm{d}t\right]\mathrm{d}x = \left(\int_a^b f(x)\mathrm{d}x\right)^2.$$

例 4.21　求 $\displaystyle\lim_{x \to +\infty}\int_x^{x+2} t\sin\frac{3}{t}f(t)\mathrm{d}t$,其中 $f(t)$ 可微且 $\displaystyle\lim_{x \to +\infty}f(t) = 1$.

解　由积分中值定理知,存在一点 $\xi \in [x, x+2]$,有

$$\int_x^{x+2} t\sin\frac{3}{t}f(t)\mathrm{d}t = 2\xi\sin\frac{3}{\xi}f(\xi),$$

故

$$\lim_{x \to +\infty}\int_x^{x+2} t\sin\frac{3}{t}f(t)\mathrm{d}t = 2\lim_{\xi \to +\infty}\xi\sin\frac{3}{\xi}f(\xi) = \lim_{\xi \to +\infty} 6\frac{\sin\dfrac{3}{\xi}}{\dfrac{3}{\xi}}f(\xi) = 6.$$

例 4.22　设 f 为连续函数,证明: $\displaystyle\lim_{n \to \infty}\frac{2}{\pi}\int_0^1 \frac{n}{n^2x^2+1}f(x)\mathrm{d}x = f(0)$.

证明　由函数 f 在 $[0,1]$ 上连续可知 f 在 $[0,1]$ 上一致连续,于是 $\forall \varepsilon > 0$, $\exists \delta > 0 (\delta < 1)$, $\forall x_1, x_2 \in [0,1]$: $|x_1 - x_2| < \delta$ 有 $|f(x_1) - f(x_2)| < \dfrac{2\varepsilon}{3\pi}$.又 f 在 $[0,1]$ 上有界,故 $\exists M > 0$, $\forall x \in [0,1]$ 有 $|f(x)| < M$.因此

$$\left| \int_0^1 \frac{n}{n^2 x^2 + 1} f(x) \mathrm{d}x - \frac{\pi}{2} f(0) \right|$$

$$= \left| \int_0^1 \frac{n}{n^2 x^2 + 1} [f(x) - f(0)] \mathrm{d}x + \left[\int_0^1 \frac{n}{n^2 x^2 + 1} \mathrm{d}x - \frac{\pi}{2} \right] f(0) \right|$$

$$\leqslant \left| \int_0^\delta \frac{n}{n^2 x^2 + 1} [f(x) - f(0)] \mathrm{d}x \right| + \left| \int_\delta^1 \frac{n}{n^2 x^2 + 1} [f(x) - f(0)] \mathrm{d}x \right|$$

$$+ \left| \arctan n - \frac{\pi}{2} \right| \cdot |f(0)|$$

$$\leqslant \int_0^\delta \frac{n}{n^2 x^2 + 1} |f(x) - f(0)| \mathrm{d}x + \int_\delta^1 \frac{n}{n^2 x^2 + 1} |f(x) - f(0)| \mathrm{d}x$$

$$+ \left| \arctan n - \frac{\pi}{2} \right| \cdot |f(0)|$$

$$< \frac{2\varepsilon}{3\pi} \int_0^\delta \frac{n}{n^2 x^2 + 1} \mathrm{d}x + 2M \int_\delta^1 \frac{n}{n^2 \delta^2 + 1} \mathrm{d}x + \left| \arctan n - \frac{\pi}{2} \right| \cdot |f(0)|$$

$$= \frac{2\varepsilon}{3\pi} \arctan n\delta + \frac{2nM}{n^2 \delta^2 + 1} (1 - \delta) + \left| \arctan n - \frac{\pi}{2} \right| \cdot |f(0)|$$

$$< \frac{\varepsilon}{3} + \frac{1}{n} \cdot \frac{2M}{\delta^2} + \left| \arctan n - \frac{\pi}{2} \right| \cdot |f(0)|.$$

当 n 充分大时,必有

$$\frac{1}{n} \cdot \frac{2M}{\delta^2} < \frac{\varepsilon}{3}, \quad \left| \arctan n - \frac{\pi}{2} \right| \cdot |f(0)| < \frac{\varepsilon}{3},$$

即

$$\left| \int_0^1 \frac{n}{n^2 x^2 + 1} f(x) \mathrm{d}x - \frac{\pi}{2} f(0) \right| < \varepsilon,$$

故

$$\lim_{n \to \infty} \frac{2}{\pi} \int_0^1 \frac{n}{n^2 x^2 + 1} f(x) \mathrm{d}x = f(0).$$

例 4.23 计算 $\lim\limits_{n \to \infty} \dfrac{2}{\pi} f(n) \sin \dfrac{1}{n}$,其中 $f(x) = \displaystyle\int_x^{x^2} \left(1 + \frac{1}{2t} \right)^t \sin \frac{1}{\sqrt{t}} \mathrm{d}t \ (x > 0)$.

解 由积分中值定理知

$$f(x) = \left(1 + \frac{1}{2\xi} \right)^\xi \sin \frac{1}{\sqrt{\xi}} \cdot (x^2 - x),$$

其中 ξ 位于 x 与 x^2 之间,此时 $\lim\limits_{x \to +\infty} f(x) = +\infty$. 因此,由 L'Hospital 法则知

$$\lim_{x\to+\infty} f(x)\sin\frac{1}{x} = \lim_{x\to+\infty} \frac{\displaystyle\int_x^{x^2}\left(1+\frac{1}{2t}\right)^t\sin\frac{1}{\sqrt{t}}\mathrm{d}t}{\dfrac{1}{\sin\dfrac{1}{x}}}$$

$$\overset{\frac{\infty}{\infty}}{=\!=\!=} \lim_{x\to+\infty} \frac{\left(1+\dfrac{1}{2x^2}\right)^{x^2}\sin\dfrac{1}{x}\cdot 2x - \left(1+\dfrac{1}{2x}\right)^x\sin\dfrac{1}{\sqrt{x}}\cdot 1}{\dfrac{1}{x^2}\cdot\dfrac{\cos\dfrac{1}{x}}{\sin^2\dfrac{1}{x}}}$$

$$= \lim_{x\to+\infty} \frac{2\left(1+\dfrac{1}{2x^2}\right)^{x^2}x\sin\dfrac{1}{x} - \left(1+\dfrac{1}{2x}\right)^x\sin\dfrac{1}{\sqrt{x}}}{\dfrac{\dfrac{1}{x^2}}{\sin^2\dfrac{1}{x}}\cdot\cos\dfrac{1}{x}}$$

$$= \frac{2\mathrm{e}^{\frac{1}{2}}\cdot 1 - \mathrm{e}^{\frac{1}{2}}\cdot 0}{1\cdot 1} = 2\sqrt{\mathrm{e}},$$

因此 $\lim\limits_{n\to\infty}\dfrac{2}{\pi}f(n)\sin\dfrac{1}{n} = \dfrac{4\sqrt{\mathrm{e}}}{\pi}$.

例 4.24　求证：

(1) $\lim\limits_{n\to\infty}\displaystyle\int_a^{\frac{\pi}{2}}(1-\sin x)^n\mathrm{d}x = 0$,其中 $a\in(0,1)$.

(2) $\lim\limits_{n\to\infty}\displaystyle\int_0^{\frac{\pi}{2}}(1-\sin x)^n\mathrm{d}x = 0$.

证明　(1) 当 $x\in\left[a,\dfrac{\pi}{2}\right]$ 时,$0\leqslant 1-\sin x\leqslant 1-\sin a<1$,故

$$0\leqslant\int_a^{\frac{\pi}{2}}(1-\sin x)^n\mathrm{d}x\leqslant\int_a^{\frac{\pi}{2}}(1-\sin a)^n\mathrm{d}x = (1-\sin a)^n\cdot\left(\frac{\pi}{2}-a\right),$$

进而

$$0\leqslant\lim_{n\to\infty}\int_a^{\frac{\pi}{2}}(1-\sin x)^n\mathrm{d}x\leqslant\lim_{n\to\infty}(1-\sin a)^n\cdot\left(\frac{\pi}{2}-a\right) = 0,$$

因此 $\lim\limits_{n\to\infty}\displaystyle\int_a^{\frac{\pi}{2}}(1-\sin x)^n\mathrm{d}x = 0$.

(2) $\forall \varepsilon > 0 (0 < \varepsilon < 1)$，由(1)可知 $\lim\limits_{n\to\infty}\int_{\frac{\varepsilon}{2}}^{\frac{\pi}{2}}(1-\sin x)^n \mathrm{d}x = 0$. 所以 $\exists N \in \mathbf{N}^*$，当 $n > N$ 时有

$$\left|\int_{\frac{\varepsilon}{2}}^{\frac{\pi}{2}}(1-\sin x)^n \mathrm{d}x\right| < \frac{\varepsilon}{2}.$$

又

$$\left|\int_0^{\frac{\varepsilon}{2}}(1-\sin x)^n \mathrm{d}x\right| \leqslant \int_0^{\frac{\varepsilon}{2}}|(1-\sin x)^n|\mathrm{d}x \leqslant \int_0^{\frac{\varepsilon}{2}}1\mathrm{d}x = \frac{\varepsilon}{2},$$

从而

$$\left|\int_0^{\frac{\pi}{2}}(1-\sin x)^n \mathrm{d}x\right| \leqslant \left|\int_0^{\frac{\varepsilon}{2}}(1-\sin x)^n \mathrm{d}x\right| + \left|\int_{\frac{\varepsilon}{2}}^{\frac{\pi}{2}}(1-\sin x)^n \mathrm{d}x\right|$$
$$< \frac{\varepsilon}{2} + \frac{\varepsilon}{2} = \varepsilon,$$

因此 $\lim\limits_{n\to\infty}\int_0^{\frac{\pi}{2}}(1-\sin x)^n \mathrm{d}x = 0$.

积分不等式是一类重要的不等式，在数学分析的学习和考研中有相当的分量，同时也是一个难点.下面我们举例说明如何处理一些积分不等式.

例 4.25 设 $f(x)$ 在 $[0,1]$ 上具有连续的二阶导数，且

$$f(0) = f(1) = 0, \quad f(x) \neq 0, \ x \in (0,1).$$

证明:如果积分 $\int_0^1 \left|\frac{f''(x)}{f(x)}\right|\mathrm{d}x$ 存在，则 $\int_0^1 \left|\frac{f''(x)}{f(x)}\right|\mathrm{d}x \geqslant 4$.

证明 由题设可知函数 $f(x)$ 在 $(0,1)$ 上不变号，所以不妨设 $f(x) > 0$.首先由 $f(x)$ 在 $[0,1]$ 上连续，得到:$\exists c \in (0,1)$ 使得 $f(c) = \max\limits_{x\in[0,1]} f(x)$.于是对任意的 $a,b \in (0,1)$，$a < b$，成立

$$\int_0^1 \left|\frac{f''(x)}{f(x)}\right|\mathrm{d}x \geqslant \int_0^1 \frac{|f''(x)|}{f(c)}\mathrm{d}x = \frac{1}{f(c)}\int_0^1 |f''(x)|\mathrm{d}x$$
$$\geqslant \frac{1}{f(c)}\int_a^b |f''(x)|\mathrm{d}x \geqslant \frac{1}{f(c)}\left|\int_a^b f''(x)\mathrm{d}x\right|$$
$$= \frac{1}{f(c)}|f'(b) - f'(a)|.$$

接下来注意到 $f(0) = f(1) = 0$，由 Lagrange 中值定理得到

$$f(c) = f(c) - f(0) = f'(\xi_1)c, \quad \xi_1 \in (0,c),$$

$$f(c) = f(c) - f(1) = f'(\xi_2)(c-1), \quad \xi_2 \in (c,1).$$

若取 $a = \xi_1, b = \xi_2$,则可得

$$\int_0^1 \left| \frac{f''(x)}{f(x)} \right| \mathrm{d}x \geqslant \frac{1}{f(c)} \mid f'(\xi_2) - f'(\xi_1) \mid$$

$$= \frac{1}{f(c)} \left| \frac{f(c)}{c-1} - \frac{f(c)}{c} \right|$$

$$= \frac{1}{f(c)} \left| \frac{cf(c) - (c-1)f(c)}{c(c-1)} \right|$$

$$= \frac{1}{c(1-c)}.$$

最后注意到

$$c(1-c) \leqslant \left(\frac{c + (1-c)}{2} \right)^2 = \frac{1}{4},$$

从而得到

$$\int_0^1 \left| \frac{f''(x)}{f(x)} \right| \mathrm{d}x \geqslant 4.$$

例 4.26　设 $f(x)$ 在 $[a,b]$ 上具有连续的二阶导数,$f\left(\frac{a+b}{2} \right) = 0$,证明:

$$\left| \int_a^b f(x)\mathrm{d}x \right| \leqslant \frac{M(b-a)^3}{24},$$

其中 $M = \sup\limits_{x \in [a,b]} \mid f''(x) \mid$.

证明　$\forall x \in [a,b]$,由 Taylor 展开式可知,$\exists \xi$ 介于 x 与 $\frac{a+b}{2}$ 之间使得

$$f(x) = f\left(\frac{a+b}{2} \right) + f'\left(\frac{a+b}{2} \right)\left(x - \frac{a+b}{2} \right) + \frac{1}{2}f''(\xi)\left(x - \frac{a+b}{2} \right)^2,$$

对上面等式两边同时积分得到

$$\left| \int_a^b f(x)\mathrm{d}x \right| \leqslant \frac{1}{2}\int_a^b \mid f''(\xi) \mid \left(x - \frac{a+b}{2} \right)^2 \mathrm{d}x$$

$$\leqslant \frac{M}{6}\left(x - \frac{a+b}{2} \right)^3 \Big|_a^b = \frac{M(b-a)^3}{24}.$$

注　一般来说含有两个及两个以上定积分的不等式称为积分不等式,而上面几个例子虽然是含有积分的不等式,但更准确地说是积分值的估计.定积分的一个

难点是下面几个例子所示的积分不等式的证明.在积分不等式的证明中,构造辅助函数、变上限积分、微分中值定理、函数的单调性和凸性、函数的 Taylor 展开以及积分中值定理等等都是常用和重要的方法.

例 4.27 设函数 $f(x)$ 在区间 $[0,1]$ 上可微, $f(0)=0$ 且 $0<f'(x)<1$,对任意的 $x\in(0,1)$,证明:

$$\left(\int_0^1 f(x)\mathrm{d}x\right)^2>\int_0^1 f^3(x)\mathrm{d}x.$$

证法 1 由条件可知 $f(x)$ 在 $[0,1]$ 上严格单调增加不恒为零,因此不等式可等价写成

$$A=\frac{\left(\int_0^1 f(x)\mathrm{d}x\right)^2}{\int_0^1 f^3(x)\mathrm{d}x}>1.$$

如果令 $F(x)=\left(\int_0^x f(t)\mathrm{d}t\right)^2$, $G(x)=\int_0^x f^3(t)\mathrm{d}t$,这样只需证明 $A=\frac{F(1)}{G(1)}>1$.而

$$\frac{F(1)}{G(1)}=\frac{F(1)-F(0)}{G(1)-G(0)},$$

由题设及 Cauchy 中值定理可得

$$A=\frac{F'(\xi)}{G'(\xi)}=\frac{2\int_0^\xi f(t)\mathrm{d}t}{f^2(\xi)}=\frac{2\int_0^\xi f(t)\mathrm{d}t-2\int_0^0 f(t)\mathrm{d}t}{f^2(\xi)-f^2(0)}=\frac{2f(\zeta)}{2f(\zeta)f'(\zeta)}$$
$$=\frac{1}{f'(\zeta)}>1,\quad 0<\zeta<\xi<1.$$

证法 2 结论也等价于 $\left(\int_0^1 f(x)\mathrm{d}x\right)^2-\int_0^1 f^3(x)\mathrm{d}x>0$,因此可令

$$F(x)=\left(\int_0^x f(t)\mathrm{d}t\right)^2-\int_0^x f^3(t)\mathrm{d}t,$$

注意到 $F(x)=0$,接下来只要证明 $F'(x)>0,\forall x\in(0,1)$ 即可.事实上,有

$$F'(x)=2f(x)\int_0^x f(t)\mathrm{d}t-f^3(x)=f(x)\left[2\int_0^x f(t)\mathrm{d}t-f^2(x)\right].$$

再令 $G(x)=2\int_0^x f(t)\mathrm{d}t-f^2(x)$,则 $G(0)=0$,且

$$G'(x)=2f(x)-2f(x)f'(x)=2f(x)(1-f'(x))>0.$$

综合上面两式就得到 $F'(x)>0,\forall x\in(0,1)$.

例 4.28　设 $f(x)$ 在 $[a,b]$ 上连续且单调增加,证明:

$$\int_a^b t f(t)\,\mathrm{d}t \geqslant \frac{a+b}{2}\int_a^b f(t)\,\mathrm{d}t.$$

证明　令 $F(x)=\int_a^x t f(t)\,\mathrm{d}t - \frac{a+x}{2}\int_a^x f(t)\,\mathrm{d}t$,则 $F(a)=0$.再利用积分中值定理得到

$$F'(x)=x f(x)-\frac{1}{2}\int_a^x f(t)\,\mathrm{d}t-\frac{a+x}{2}f(x)$$

$$=\frac{x-a}{2}f(x)-\frac{1}{2}\int_a^x f(t)\,\mathrm{d}t$$

$$=\frac{x-a}{2}(f(x)-f(\xi))\geqslant 0,\quad a<\xi<x,$$

所以 $F(x)$ 在 $[a,b]$ 上连续且单调增加,也就是 $F(x)\geqslant F(a)=0$.

例 4.29　设函数 $\varphi(x)$ 在 $[a,b]$ 上连续,$f(x)$ 是 $\varphi([a,b])$ 上的可微凸函数,证明:$\frac{1}{b-a}\int_a^b f(\varphi(t))\,\mathrm{d}t \geqslant f\left(\frac{1}{b-a}\int_a^b \varphi(t)\,\mathrm{d}t\right)$.

证明　首先由 $\varphi(x)$ 在 $[a,b]$ 上连续可以知道 $\varphi([a,b])$ 是一个区间.令 $c=\frac{1}{b-a}\int_a^b \varphi(t)\,\mathrm{d}t$,则 $c\in\varphi([a,b])$.又 $f(x)$ 是凸函数,则 $\forall x\in\varphi([a,b])$,有

$$f(x)\geqslant f(c)+f'(c)(x-c).$$

再令 $x=\varphi(t)$,在 $[a,b]$ 上积分得到并注意 $c=\frac{1}{b-a}\int_a^b \varphi(t)\,\mathrm{d}t$,得到

$$\int_a^b f(\varphi(t))\,\mathrm{d}t \geqslant \int_a^b (f(c)+f'(c)(x-c))\,\mathrm{d}t$$

$$=(b-a)f(c)+f'(c)\int_a^b \varphi(t)\,\mathrm{d}t-f'(c)c(b-a)$$

$$=(b-a)f(c)$$

$$=(b-a)f\left(\frac{1}{b-a}\int_a^b \varphi(t)\,\mathrm{d}t\right).$$

上式两边同除以 $b-a$ 就得到

$$\frac{1}{b-a}\int_a^b f(\varphi(t))\,\mathrm{d}t \geqslant f\left(\frac{1}{b-a}\int_a^b \varphi(t)\,\mathrm{d}t\right).$$

注　本例说明在一定条件下凸函数先复合后取积分均值与先取积分均值后复合两者之间的关系.

例 4.30 设函数 $f(x)$ 在 $[0,1]$ 上单调不增,证明:$\forall \alpha \in (0,1)$,有

$$\int_0^\alpha f(x)\mathrm{d}x \geqslant \alpha \int_0^1 f(x)\mathrm{d}x.$$

证法 1 不等式等价于

$$\int_0^\alpha f(x)\mathrm{d}x \geqslant \alpha \int_0^\alpha f(x)\mathrm{d}x + \alpha \int_\alpha^1 f(x)\mathrm{d}x$$

$$\Leftrightarrow (1-\alpha)\int_0^\alpha f(x)\mathrm{d}x \geqslant \alpha \int_\alpha^1 f(x)\mathrm{d}x$$

$$\Leftrightarrow \frac{1}{\alpha}\int_0^\alpha f(x)\mathrm{d}x \geqslant \frac{1}{1-\alpha}\int_\alpha^1 f(x)\mathrm{d}x.$$

而由 $f(x)$ 在 $[0,1]$ 上单调不增得到

$$\frac{1}{\alpha}\int_0^\alpha f(x)\mathrm{d}x \geqslant f(\alpha) \geqslant \frac{1}{1-\alpha}\int_\alpha^1 f(x)\mathrm{d}x,$$

这样就证明了不等式.

证法 2 $\forall \alpha \in (0,1)$,当 $0 \leqslant t \leqslant 1$ 时有 $0 \leqslant \alpha t \leqslant t$,又 $f(x)$ 在 $[0,1]$ 上单调不增,所以

$$f(\alpha t) \geqslant f(t).$$

现令 $x = \alpha t$,则得到

$$\int_0^\alpha f(x)\mathrm{d}x = \alpha \int_0^1 f(\alpha t)\mathrm{d}t \geqslant \alpha \int_0^1 f(t)\mathrm{d}t = \alpha \int_0^1 f(x)\mathrm{d}x.$$

注 本例说明单调不增的函数在小区间上的平均值不小于大区间上的平均值.若函数单调不减,也有类似的结果.

接下来,我们再举一些关于函数可积和可积性应用的例子.

例 4.31 设 $f(x)$ 在 $[a,b]$ 上可积,证明:$F(x) = \int_a^x f(t)\mathrm{d}t$ 在 $[a,b]$ 上连续.

证明 $\forall x_0 \in [a,b]$,取 Δx 使得 $x_0 + \Delta x \in [a,b]$,则

$$F(x_0 + \Delta x) - F(x_0) = \int_a^{x_0+\Delta x} f(t)\mathrm{d}t - \int_a^{x_0} f(t)\mathrm{d}t = \int_{x_0}^{x_0+\Delta x} f(t)\mathrm{d}t.$$

又由 $f(x)$ 在 $[a,b]$ 上可积知 $f(x)$ 在 $[a,b]$ 上有界,即 $\exists M > 0$ 使得

$$|f(x)| \leqslant M, \quad x \in [a,b],$$

故

$$| F(x_0 + \Delta x) - F(x_0) | = \left| \int_{x_0}^{x_0 + \Delta x} f(t) \mathrm{d}t \right| \leqslant \int_{x_0}^{x_0 + \Delta x} | f(t) | \mathrm{d}t$$
$$\leqslant M \Delta x \to 0 \quad (\Delta x \to 0),$$

即 $F(x)$ 在点 x_0 连续,从而在 $[a, b]$ 上连续.

例 4.32(南京师范大学 2006 年)　讨论下列函数在 $[0, 1]$ 上的可积性:

(1) $f(x) = \begin{cases} \dfrac{1}{x}, & x \neq 0, \\ 0, & x = 0; \end{cases}$　　　(2) $f(x) = \begin{cases} \dfrac{1}{x} - \left[\dfrac{1}{x} \right], & x \neq 0, \\ 0, & x = 0. \end{cases}$

解　(1) 由于 $f(x)$ 在 $[0, 1]$ 上无界,故 $f(x)$ 在 $[0, 1]$ 上不可积.

(2) $f(x)$ 的不连续点为 0 及 $\dfrac{1}{n}(n \in \mathbf{Z} \backslash \{0\})$.令 $x_n = \dfrac{1}{n}$,此时 $\lim\limits_{n \to \infty} x_n = 0 \in$ $[0, 1]$.由可积的充分条件 ④ 知 $g(x)$ 在 $[0, 1]$ 上可积.

例 4.33　设函数 $f(x)$ 在 $[0, 1]$ 上有定义,证明:$f(x) \in R[a, b]$ 的充要条件是存在 $J \in \mathbf{R}$,对于任意 $\varepsilon > 0$,存在 $[a, b]$ 的一个分割

$$T : a = x_0 < x_1 < \cdots < x_{n-1} < x_n = b,$$

对于任意 $\xi_i \in \Delta_i = [x_{i-1}, x_i](i = 1, 2, \cdots, n)$ 有 $\left| \sum\limits_{i=1}^{n} f(\xi_i) \Delta x_i - J \right| < \varepsilon$.

证明　(必要性) 由可积的定义可得.

(充分性) 只需证明 $\forall \varepsilon > 0$,$\exists [a, b]$ 的一个分割 T,使得

$$\sum_{i=1}^{n} w_i \Delta x_i < k\varepsilon \quad (k > 0)$$

即可.

事实上,令

$$\mu_i = \sup_{x \in \Delta_i} f(x), \quad m_i = \inf_{x \in \Delta_i} f(x),$$

由确界原理知,$\forall \varepsilon > 0$,$\exists \xi'_i, \xi''_i \in [x_{i-1}, x_i]$ 使得

$$f(\xi'_i) > \mu_i - \frac{\varepsilon}{b - a}, \quad f(\xi''_i) < m_i + \frac{\varepsilon}{b - a},$$

故

$$\sum_{i=1}^{n} f(\xi'_i) \Delta x_i > \sum_{i=1}^{n} \mu_i \Delta x_i - \varepsilon, \quad \sum_{i=1}^{n} f(\xi''_i) \Delta x_i < \sum_{i=1}^{n} m_i \Delta x_i + \varepsilon.$$

于是

$$\left| \sum_{i=1}^{n} f(\xi_i') \Delta x_i - \sum_{i=1}^{n} \mu_i \Delta x_i \right| < \varepsilon, \quad \left| \sum_{i=1}^{n} f(\xi_i'') \Delta x_i - \sum_{i=1}^{n} m_i \Delta x_i \right| < \varepsilon.$$

此时,有

$$\left| \sum_{i=1}^{n} \mu_i \Delta x_i - J \right| \leqslant \left| \sum_{i=1}^{n} \mu_i \Delta x_i - \sum_{i=1}^{n} f(\xi_i') \Delta x_i \right| + \left| \sum_{i=1}^{n} f(\xi_i') \Delta x_i - J \right|$$
$$< \varepsilon + \varepsilon = 2\varepsilon,$$

$$\left| \sum_{i=1}^{n} m_i \Delta x_i - J \right| \leqslant \left| \sum_{i=1}^{n} m_i \Delta x_i - \sum_{i=1}^{n} f(\xi_i'') \Delta x_i \right| + \left| \sum_{i=1}^{n} f(\xi_i'') \Delta x_i - J \right|$$
$$< \varepsilon + \varepsilon = 2\varepsilon,$$

故

$$\sum_{i=1}^{n} w_i \Delta x_i = \sum_{i=1}^{n} \mu_i \Delta x_i - \sum_{i=1}^{n} m_i \Delta x_i$$
$$\leqslant \left| \sum_{i=1}^{n} \mu_i \Delta x_i - J \right| + \left| \sum_{i=1}^{n} m_i \Delta x_i - J \right| < 4\varepsilon.$$

例 4.34 若函数 $f(x) \in R[a,b]$,证明:$f(x)$ 在 $[a,b]$ 内必有无限多个处处稠密的连续点.

证明 (1) 先证 $[a,b]$ 上存在连续点.

由函数 $f(x) \in R[a,b]$ 可知,对于 $\varepsilon = b-a > 0$,存在区间 $[a,b]$ 上的分割 $T\left(\parallel T \parallel < \dfrac{b-a}{2} \right)$ 使得

$$\sum_{T_1} w_i \Delta x_i < b-a,$$

即存在 T_1 中的小区间 $[x_{k-1}, x_k]$ 使得 $w_k < 1$.

记 $[a_1, b_1] = [x_{k-1}, x_k]$,则 $f(x) \in R[a_1, b_1]$,对 $\dfrac{b-a}{2} > 0$,存在 $[a,b]$ 上的分割 T_2 满足 $\parallel T_2 \parallel < \dfrac{b_1 - a_1}{2} < \dfrac{b-a}{2^2}$ 使得 $\sum_{T_2} w_i \Delta x_i < \dfrac{b-a}{2}$,即存在 T_2 中的小区间 $[x_{k-1}, x_k]$ 使得 $w_k < \dfrac{1}{2}$.

记 $[a_2, b_2] = [x_{k-1}, x_k]$,则 $f(x) \in R[a_2, b_2]$,对 $\dfrac{b-a}{3} > 0$,存在 $[a,b]$ 上的分割 T_3 满足 $\parallel T_3 \parallel < \dfrac{b_2 - a_2}{2} < \dfrac{b-a}{2^3}$ 使得 $\sum_{T_3} w_i \Delta x_i < \dfrac{b-a}{3}$,即存在 T_3 中的

小区间 $[x_{k-1}, x_k]$ 使得 $w_k < \dfrac{1}{3}$.

依次进行下去,得到区间套 $\{[a_n, b_n]\}$ 满足:

① $[a_{n+1}, b_{n+1}] \subset [a_n, b_n]$;

② $b_n - a_n = \dfrac{b-a}{2^n}$;

③ $w^f[a_n, b_n] < \dfrac{1}{n}$.

由闭区间套定理知,存在唯一的 x_0 使得 $x_0 \in [a_n, b_n]$,此时函数 $f(x)$ 在 x_0 处连续.事实上,$\forall \varepsilon > 0$,$\exists n \in \mathbf{N}^*$,使得 $\dfrac{1}{n} < \varepsilon$.再取 $\delta = \min\{x_0 - a_n\}$,则 $\delta > 0$ 使得 $U(x_0, \delta) \subset [a_n, b_n]$,当 $x \in U(x_0, \delta)$ 时,有

$$| f(x) - f(x_0) | \leqslant w^f[a_n, b_n] < \frac{1}{n} < \varepsilon,$$

故 $f(x)$ 在 x_0 处连续.

(2) 再证明连续点的稠密性.

即证明对于任意的 $[\alpha, \beta] \subset [a, b]$,在 $[\alpha, \beta]$ 上存在 $f(x)$ 的连续点.事实上,对于任意的 $[\alpha, \beta] \subset [a, b]$,函数 $f(x)$ 在 $[\alpha, \beta]$ 上可积,由上述证明知在 $[\alpha, \beta]$ 上存在 $f(x)$ 的连续点.

例 4.35(厦门大学 2004 年) (1) 设有界函数 $f(x)$ 在 $[a, b]$ 上可积,且

$$\int_a^b | f(x) | \, \mathrm{d}x = 0,$$

证明:在 $f(x)$ 的连续点处有 $f(x) = 0$;

(2) 设函数 $f(x)$ 在 $[a, b]$ 上有定义,并且在 $[a, b]$ 上每一点的极限都为零,证明:$f(x)$ 在 $[a, b]$ 上可积,且 $\int_a^b f(x) \mathrm{d}x = 0$.

证明 (1) 用反证法.如果 $f(x)$ 在连续点 $x = x_0$ 处不为零,则由连续函数的局部保号性可知存在 $a \leqslant c \leqslant x_0 \leqslant d \leqslant b$,使得当 $x \in [c, d]$ 时有

$$| f(x) | > \frac{1}{2} | f(x_0) |,$$

从而可得

$$\int_a^b | f(x) | \, \mathrm{d}x \geqslant \int_c^d | f(x) | \, \mathrm{d}x \geqslant \frac{d-c}{2} | f(x_0) |,$$

矛盾.所以 $f(x)$ 在连续点处有 $f(x)=0$.

(2) 设 x_0 为 $[a,b]$ 上任意一点,由条件知 $\lim\limits_{x\to x_0}f(x)=0$,即 $\forall\varepsilon_1>0,\exists\delta_{x_0}>0$,当 $0<|x-x_0|<\delta_{x_0}$ 时,有 $|f(x)|\leqslant\varepsilon_1$.如此 $\{U(x_0,\delta_{x_0})\,|\,x_0\in[a,b]\}$ 构成了 $[a,b]$ 的一个开覆盖,由有限覆盖定理,其中存在有限子覆盖 $\{U(x_i,\delta_{x_i})\,|\,i=1,2,\cdots,k\}$,除有限个点 $x_1,x_2,\cdots,x_k$ 之外,有 $|f(x)|\leqslant\varepsilon_1$.

于是 $\forall\varepsilon>0$,取 $\varepsilon_1=\dfrac{\varepsilon}{4(b-a)}>0$,且

$$M>\max\{|f(x_1)|,|f(x_2)|,\cdots,|f(x_k)|,\varepsilon_1\},$$

作一分割 T,使含有 $x_1,x_2,\cdots,x_k$ 的各小区间之总长 $\sum{}'\Delta x_i<\dfrac{\varepsilon}{4M}$,则

$$\sum\omega_i\Delta x_i=\sum{}'\omega_i\Delta x_i+\sum{}''\omega_i\Delta x_i\leqslant 2M\cdot\frac{\varepsilon}{4M}+2\varepsilon_1(b-a)=\varepsilon,$$

其中 $\sum{}'$ 表示含有 $x_1,x_2,\cdots,x_k$ 的各小区间对应项之和,$\sum{}''$ 为其余各项之和.因此,由可积准则可知 $f(x)$ 在 $[a,b]$ 上可积.

再由可积性,$\forall i\in\mathbf{N}^*$,选取 $\xi_i\neq x_j(j=1,2,\cdots,k)$,则有

$$\left|\sum_{i=1}^nf(\xi_i)\Delta x_i\right|<\varepsilon_1(b-a),$$

由此可得 $\displaystyle\int_a^bf(x)\mathrm{d}x=0$.

例 4.36 设函数 $f(x)$ 在 $[a,b]$ 上可积且非负,证明:$\displaystyle\int_a^bf(x)\mathrm{d}x=0$ 的充要条件是 $f(x)$ 在连续点上恒为零.

证明 必要性由上例(1)可知,下面证充分性.

设函数 $f(x)$ 在连续点上恒为零.由例 4.34 可知 $f(x)$ 在区间 $[a,b]$ 上的连续点处处稠密,所以对 $[a,b]$ 上的任意分割 T,$f(x)$ 在 $[a,b]$ 上属于分割 T 的达布下和 $s(T)=0$,于是

$$\int_a^bf(x)\mathrm{d}x=\lim_{\|T\|\to 0}s(T)=0.$$

例 4.37(南开大学 2006 年) 设 $f(x)$ 在 $[0,2]$ 上有界可积,且 $\displaystyle\int_0^2f(x)\mathrm{d}x=0$.证明:存在 $\alpha\in[0,1]$,使得 $\displaystyle\int_a^{a+1}f(x)\mathrm{d}x=0$.

证明 令 $F(x)=\displaystyle\int_x^{x+1}f(t)\mathrm{d}t$.由条件可知 $F(x)$ 在 $[0,1]$ 上连续.又由

$$F(0) + F(1) = \int_0^1 f(x)\,\mathrm{d}x + \int_1^2 f(x)\,\mathrm{d}x = \int_0^2 f(x)\,\mathrm{d}x = 0,$$

所以 $F(0)$ 和 $F(1)$ 不同时为正或不同时为负.

若 $F(0)$ 和 $F(1)$ 均为零,结论显然成立.若 $F(0)$ 和 $F(1)$ 都不为零,则 $F(0)$ 和 $F(1)$ 就一定异号,这样由连续函数的介值性定理可知存在 $\alpha \in [0,1]$,使得

$$F(\alpha) = 0, \quad 即 \quad \int_\alpha^{\alpha+1} f(x)\,\mathrm{d}x = 0.$$

4.3　广义积分

4.3.1　内容提要与知识点解析

1) 无穷限广义积分的定义

设函数 $f(x)$ 在 $[a, +\infty)$ 上有定义,且在任何有限区间 $[a, w]$ 上可积,若

$$\lim_{w \to +\infty} \int_a^w f(x)\,\mathrm{d}x$$

存在,则称在 $f(x)$ 在 $[a, +\infty)$ 可积,该极限值为 $f(x)$ 在 $[a, +\infty)$ 上的无穷积分,记作 $\int_a^{+\infty} f(x)\,\mathrm{d}x$,此时也称 $\int_a^{+\infty} f(x)\,\mathrm{d}x$ 收敛;否则称 $\int_a^{+\infty} f(x)\,\mathrm{d}x$ 发散.

注　利用定义判别广义积分的敛散性是先求定积分,然后判别极限的存在性.但很多函数是不容易求积分的,因此利用定义判别其收敛性往往较困难.

2) 无穷积分收敛的 Cauchy 准则

无穷积分 $\int_a^{+\infty} f(x)\,\mathrm{d}x$ 收敛 $\Leftrightarrow \forall \varepsilon > 0, \exists A > a$,当 $w_1, w_2 > A$ 时有

$$\left| \int_{w_1}^{w_2} f(x)\,\mathrm{d}x \right| < \varepsilon;$$

无穷积分 $\int_a^{+\infty} f(x)\,\mathrm{d}x$ 发散 $\Leftrightarrow \exists \varepsilon_0 > 0, \forall A > a, \exists w_1', w_2' > A$ 使得

$$\left| \int_{w_1'}^{w_2'} f(x)\,\mathrm{d}x \right| \geqslant \varepsilon_0.$$

注　利用 Cauchy 准则判别广义积分的敛散性可以不用求相应积分,这是其相应于利用定义判别广义积分敛散性的优点.但它只能判别广义积分的敛散性,在收敛时不能求积分值.

3) 无穷积分的性质

(1) 线性性质：若 $\int_a^{+\infty} f_1(x)\mathrm{d}x$ 与 $\int_a^{+\infty} f_2(x)\mathrm{d}x$ 都收敛，则

$$\int_a^{+\infty} [\alpha f_1(x) + \beta f_2(x)]\mathrm{d}x \quad (\text{其中 } \alpha, \beta \text{ 为任意常数})$$

也收敛，且

$$\int_a^{+\infty} [\alpha f_1(x) \pm \beta f_2(x)]\mathrm{d}x = \alpha \int_a^{+\infty} f_1(x)\mathrm{d}x \pm \beta \int_a^{+\infty} f_2(x)\mathrm{d}x.$$

(2) 区间可加性：若 $\int_a^{+\infty} f(x)\mathrm{d}x$ 收敛，则

$$\int_a^{+\infty} f(x)\mathrm{d}x = \int_a^{c} f(x)\mathrm{d}x + \int_c^{+\infty} f(x)\mathrm{d}x, \quad \forall c \in [a, +\infty).$$

(3) 保序性：若 $\int_a^{+\infty} f(x)\mathrm{d}x$ 和 $\int_a^{+\infty} g(x)\mathrm{d}x$ 都收敛，且对任意 $x \in [a, +\infty)$，有 $f(x) \leqslant g(x)$，则

$$\int_a^{+\infty} f(x)\mathrm{d}x \leqslant \int_a^{+\infty} g(x)\mathrm{d}x.$$

(4) 绝对收敛性：若 $\int_a^{+\infty} f(x)\mathrm{d}x$ 绝对收敛，则 $\int_a^{+\infty} f(x)\mathrm{d}x$ 收敛，且

$$\left| \int_a^{+\infty} f(x)\mathrm{d}x \right| \leqslant \int_a^{+\infty} |f(x)|\mathrm{d}x.$$

注 判别广义积分绝对收敛和条件收敛时应注意：

① 绝对收敛必收敛，但收敛未必绝对收敛，有可能条件收敛；

② 若 $\int_a^{+\infty} f(x)\mathrm{d}x$ 绝对收敛，$\int_a^{+\infty} g(x)\mathrm{d}x$ 条件收敛，则 $\int_a^{+\infty} [f(x) + g(x)]\mathrm{d}x$ 条件收敛.

(5) 若 $\int_a^{+\infty} f(x)\mathrm{d}x$ 和 $\int_a^{+\infty} g(x)\mathrm{d}x$ 都收敛，$\int_a^{+\infty} f(x)g(x)\mathrm{d}x$ 未必收敛.

比如，$\int_1^{+\infty} \dfrac{\sin x}{\sqrt{x}}\mathrm{d}x$ 收敛，但 $\int_1^{+\infty} \dfrac{\sin^2 x}{x}\mathrm{d}x$ 发散.

(6) $\int_a^{+\infty} f^2(x)\mathrm{d}x$ 收敛 $\underset{\not\Rightarrow}{\Leftarrow} \int_a^{+\infty} f(x)\mathrm{d}x$ 收敛 $\underset{\not\Rightarrow}{\Leftarrow} \int_a^{+\infty} |f(x)|\mathrm{d}x$ 收敛；

$\int_a^{+\infty} f^2(x)\mathrm{d}x$ 收敛 $\underset{\not\Rightarrow}{\Leftarrow} \int_a^{+\infty} |f(x)|\mathrm{d}x$ 收敛.

比如，$\int_1^{+\infty} \dfrac{\sin x}{\sqrt{x}}\mathrm{d}x$ 收敛，$\int_1^{+\infty} \dfrac{|\sin x|}{\sqrt{x}}\mathrm{d}x$ 发散，$\int_1^{+\infty} \dfrac{\sin^2 x}{x}\mathrm{d}x$ 发散；

$\int_1^{+\infty} \dfrac{1}{x} \mathrm{d}x$ 发散，$\int_1^{+\infty} \dfrac{1}{x^2} \mathrm{d}x$ 收敛.

又如，取函数

$$f(x) = \begin{cases} n^2, & n \leqslant x < n + \dfrac{1}{n^4}, \\[2mm] 0, & n + \dfrac{1}{n^4} \leqslant x < n + 1, \end{cases}$$

则有 $\int_1^{+\infty} f(x)\mathrm{d}x$ 收敛，$\int_1^{+\infty} f^2(x)\mathrm{d}x$ 发散.

4) 无穷积分收敛性判别

(1) 比较判别法：设 $0 \leqslant f(x) \leqslant g(x), x \in [a, +\infty)$.

① 若 $\int_a^{+\infty} g(x)\mathrm{d}x$ 收敛，则 $\int_a^{+\infty} f(x)\mathrm{d}x$ 也收敛；

② 若 $\int_a^{+\infty} f(x)\mathrm{d}x$ 发散，则 $\int_a^{+\infty} g(x)\mathrm{d}x$ 也发散.

(2) 比较判别法的极限形式：设 $f(x) \geqslant 0, g(x) > 0, x \in [a, +\infty)$ 且

$$\lim_{x \to +\infty} \frac{f(x)}{g(x)} = l.$$

① 当 $0 < l < +\infty$ 时，$\int_a^{+\infty} f(x)\mathrm{d}x$ 与 $\int_a^{+\infty} g(x)\mathrm{d}x$ 具有相同的敛散性；

② 当 $l = 0$ 时，若 $\int_a^{+\infty} g(x)\mathrm{d}x$ 收敛，则 $\int_a^{+\infty} f(x)\mathrm{d}x$ 也收敛；

③ 当 $l = +\infty$ 时，若 $\int_a^{+\infty} g(x)\mathrm{d}x$ 发散，则 $\int_a^{+\infty} f(x)\mathrm{d}x$ 也发散.

注　设 $g(x) = \dfrac{1}{x^p}$，当 $p > 1$ 时，$\int_1^{+\infty} \dfrac{1}{x^p}\mathrm{d}x$ 收敛；当 $p \leqslant 1$ 时，$\int_1^{+\infty} \dfrac{1}{x^p}\mathrm{d}x$ 发散.

(3) Cauchy 判别法：设函数 $f(x)$ 在 $[a, +\infty)(a > 0)$ 上有定义，且在任何有限区间 $[a, A]$ 上可积.

① 若 $|f(x)| \leqslant \dfrac{1}{x^p}, x \in [a, +\infty)$ 且 $p > 1$，则 $\int_a^{+\infty} |f(x)|\mathrm{d}x$ 收敛，进而积分 $\int_a^{+\infty} f(x)\mathrm{d}x$ 收敛；

② 若 $|f(x)| \geqslant \dfrac{1}{x^p}, x \in [a, +\infty)$ 且 $p \leqslant 1$，则 $\int_a^{+\infty} |f(x)|\mathrm{d}x$ 发散，但此时积分 $\int_a^{+\infty} f(x)\mathrm{d}x$ 未必发散.

Cauchy 判别法的极限形式：设函数 $f(x)$ 在 $[a, +\infty)$ 上有定义，在任何有限

区间 $[a,A]$ 上可积,且 $\lim\limits_{x \to +\infty} x^p \mid f(x) \mid = \lim\limits_{x \to +\infty} \dfrac{\mid f(x) \mid}{\dfrac{1}{x^p}} = l$,则

① 当 $p > 1, 0 \leqslant l < +\infty$ 时,$\displaystyle\int_a^{+\infty} \mid f(x) \mid \mathrm{d}x$ 收敛,进而 $\displaystyle\int_a^{+\infty} f(x)\mathrm{d}x$ 收敛;

② 当 $p \leqslant 1, 0 < l \leqslant +\infty$ 时,$\displaystyle\int_a^{+\infty} \mid f(x) \mid \mathrm{d}x$ 发散.

(4) A-D 判别法

① Abel 判别法:若 $\displaystyle\int_a^{+\infty} f(x)\mathrm{d}x$ 收敛,函数 $g(x)$ 在 $[a, +\infty)$ 上单调有界,则

$\displaystyle\int_a^{+\infty} f(x)g(x)\mathrm{d}x$ 收敛;

② Dirichlet 判别法:若 $F(A) = \displaystyle\int_a^A f(x)\mathrm{d}x$ 在 $[a, +\infty)$ 上有界,函数 $g(x)$ 在

$[a, +\infty)$ 上单调且 $\lim\limits_{x \to +\infty} g(x) = 0$,则 $\displaystyle\int_a^{+\infty} f(x)g(x)\mathrm{d}x$ 收敛.

(5) 正项级数积分判别法:设 $f(x)$ 是区间 $[1, +\infty)$ 上的非负递减正函数,则

正项级数 $\displaystyle\sum_{n=1}^{\infty} f(n)$ 与积分 $\displaystyle\int_1^{+\infty} f(x)\mathrm{d}x$ 具有相同敛散性.

5) 无穷积分的计算

(1) 利用定义计算;

(2) 利用广义 N-L 公式计算;

(3) 利用换元积分法、广义分部积分法计算.

6) 瑕积分的定义

设函数 $f(x)$ 在 $[a,b)$ 上有定义,b 是 $f(x)$ 的唯一瑕点($f(x)$ 在 b 的左邻域内

无界).若 $\forall w \in (a,b)$,函数 $f(x)$ 在 $[a,w]$ 上可积且极限 $\lim\limits_{w \to b^-} \displaystyle\int_a^w f(x)\mathrm{d}x$ 存在,则

称 $f(x)$ 在 $[a,b]$ 上可积,极限值为 $f(x)$ 在 $[a,b]$ 上的瑕积分,记作 $\displaystyle\int_a^b f(x)\mathrm{d}x$,此

时也称瑕积分 $\displaystyle\int_a^b f(x)\mathrm{d}x$ 收敛.

7) Cauchy 准则(以 b 为瑕点为例)

瑕积分 $\displaystyle\int_a^b f(x)\mathrm{d}x$ 收敛 $\Leftrightarrow \forall \varepsilon > 0, \exists \delta > 0$,当 $w_1, w_2 \in (b - \delta, b)$ 时,有

$$\left| \int_{w_1}^{w_2} f(x)\mathrm{d}x \right| < \varepsilon;$$

瑕积分 $\displaystyle\int_a^b f(x)\mathrm{d}x$ 发散 $\Leftrightarrow \exists \varepsilon_0 > 0, \forall \delta > 0, \exists w_1', w_2' \in (b - \delta, b)$,使得

$$\left| \int_{w_1'}^{w_2'} f(x)\mathrm{d}x \right| \geqslant \varepsilon_0.$$

8) 瑕积分的性质

无穷积分的前五条性质同样适合于瑕积分,所不同的是

$$\int_a^b f^2(x)\mathrm{d}x \ \text{收敛} \Rightarrow \int_a^b f(x)\mathrm{d}x \ \text{收敛} \quad \left(\mid f(x) \mid \leqslant \frac{1+f^2(x)}{2} \right).$$

9) 瑕积分收敛性判别

(1) 比较判别法及比较判别法的极限形式:类似于无穷积分收敛性判别.

(2) 借助 $\int_a^b \dfrac{1}{(b-x)^p}\mathrm{d}x$,当 $p<1$ 时收敛,当 $p \geqslant 1$ 时发散,得到

Cauchy 判别法:设函数 $f(x)$ 在 $[a,b)$ 上有定义,而 b 为 $f(x)$ 的唯一瑕点,若 $\forall w \in (a,b)$,$f(x)$ 在 $[a,w]$ 上可积,则

① 当 $\mid f(x) \mid \leqslant \dfrac{1}{(b-x)^p}$ 且 $0<p<1$ 时 $\int_a^b \mid f(x) \mid \mathrm{d}x$ 收敛;

② 当 $\mid f(x) \mid \geqslant \dfrac{1}{(b-x)^p}$ 且 $p \geqslant 1$ 时 $\int_a^{+\infty} \mid f(x) \mid \mathrm{d}x$ 发散.

Cauchy 判别法的极限形式:设函数 $f(x)$ 在 $[a,b)$ 上有定义,而 b 为唯一瑕点,若 $\forall w \in [a,b)$,f 在 $[a,w]$ 上可积,且

$$\lim_{x \to b^-} (b-x)^p \mid f(x) \mid = \lim_{x \to b^-} \frac{\mid f(x) \mid}{\dfrac{1}{(b-x)^p}} = l.$$

① 当 $0<p<1,0 \leqslant l<+\infty$ 时,$\int_a^b \mid f(x) \mid \mathrm{d}x$ 收敛;

② 当 $p \geqslant 1,0<l \leqslant +\infty$ 时,$\int_a^b \mid f(x) \mid \mathrm{d}x$ 发散.

(3) A-D 判别法

① Abel 判别法:若 $\int_a^b f(x)\mathrm{d}x$ 收敛,$g(x)$ 在 $[a,b)$ 上单调有界,则 $\int_a^b f(x)g(x)\mathrm{d}x$ 收敛;

② Dirichlet 判别法:若 $F(w) = \int_a^w f(x)\mathrm{d}x$ 在 $[a,b)$ 上有界,$g(x)$ 在 $[a,b)$ 上单调且 $\lim\limits_{x \to b^-} g(x) = 0$,则 $\int_a^b f(x)g(x)\mathrm{d}x$ 收敛.

(4) 将瑕积分通过变量代换化为无穷积分来判别.

10) 瑕积分的计算

瑕积分的计算与无穷积分类似,这里不重复叙述了.

注 1 (1) 广义积分 $\int_a^{+\infty} f(x)\mathrm{d}x$ 收敛时, $\lim\limits_{x\to+\infty} f(x)=0$ 未必成立.例如:

$$f(x)=\begin{cases} n^2, & n\leqslant x<n+\dfrac{1}{n^4}, \\ 0, & n+\dfrac{1}{n^4}\leqslant x\leqslant n+1. \end{cases}$$

但若附加下列条件之一即可:

① $\lim\limits_{x\to+\infty} f(x)$ 存在;

② $\int_a^{+\infty} f'(x)\mathrm{d}x$ 收敛;

③ $f(x)$ 单调(此时可推出 $\lim\limits_{x\to+\infty} xf(x)=0$);

④ $f(x)$ 在 $[a,+\infty)$ 上一致连续;

⑤ $f'(x)$ 在 $[a,+\infty)$ 上有界.

(2) $\lim\limits_{x\to+\infty} f(x)=0$(即使 $f(x)$ 连续)时, $\int_a^{+\infty} f(x)\mathrm{d}x$ 未必收敛.例如: $\int_1^{+\infty} \dfrac{1}{\sqrt{x}}\mathrm{d}x$.

注 2 对于具体函数(已知表达式)判断其广义积分的敛散性时,我们一般采用 Cauchy 判别法的极限形式或 A–D 判别法进行判别.

注 3 (1) 设

$$I=\int_0^{+\infty} \frac{1}{x^p}\mathrm{d}x=\int_0^1 \frac{1}{x^p}\mathrm{d}x+\int_1^{+\infty} \frac{1}{x^p}\mathrm{d}x=I_1+I_2.$$

对 I_1 来说,以 $x=0$ 为瑕点的瑕积分, $p<1$ 时收敛, $p\geqslant 1$ 时发散;对 I_2 来说,此时为无穷积分, $p>1$ 时收敛, $p\leqslant 1$ 时发散.故 I 对任意 $p\in\mathbf{R}$ 都是发散的.

(2) 设

$$J=\int_0^{+\infty} \frac{\sin x}{x^p}\mathrm{d}x=\int_0^1 \frac{\sin x}{x^p}\mathrm{d}x+\int_1^{+\infty} \frac{\sin x}{x^p}\mathrm{d}x=J_1+J_2.$$

对于 J_1 来说,当 $p<1$ 时, $\left|\dfrac{\sin x}{x^p}\right|\leqslant\dfrac{1}{x^p}$,因 $\int_0^1 \dfrac{1}{x^p}\mathrm{d}x$ 收敛,故 $\int_0^1 \dfrac{\sin x}{x^p}\mathrm{d}x$ 绝对收敛;当 $p=1$ 时,因为 $\lim\limits_{x\to 0}\dfrac{\sin x}{x}=1$,所以 $x=0$ 为可去间断点,故而 J_1 为正常积分,显然收敛;当 $1<p<2$ 时,由

$$\lim_{x\to 0} x^{p-1}\frac{\sin x}{x^p}=\lim_{x\to 0}\frac{\sin x}{x}=1$$

知 J_1 收敛;当 $p \geqslant 2$ 时,由

$$\lim_{x \to 0} x^{p-1} \frac{\sin x}{x^p} = \lim_{x \to 0} \frac{\sin x}{x} = 1$$

知 J_1 发散.即当 $p < 2$ 时收敛,$p \geqslant 2$ 时发散($p < 2$ 时绝对收敛).

对于 J_2 来说,当 $p > 1$ 时绝对收敛,当 $0 < p \leqslant 1$ 时条件收敛,当 $p \leqslant 0$ 时发散.

综上,对于 J 来说,当 $p \leqslant 0$ 时发散,当 $0 < p \leqslant 1$ 时条件收敛,当 $1 < p < 2$ 时绝对收敛,当 $p \geqslant 2$ 时发散.

注 4   在无穷积分的收敛性判别中,比较判别法要求被积函数为非负的,且判定敛散性时需找到另一个函数进行比较,而这往往是困难的.

4.3.2   典型例题解析

广义积分中的题目类型主要有广义积分的计算和敛散性判别(条件收敛和绝对收敛)问题、无穷限积分收敛与被积函数的极限是否为零的问题、广义积分的极限问题以及一些综合问题.

例 4.38   计算广义积分 $\displaystyle\int_0^{+\infty} \frac{1}{1+x^4} \mathrm{d}x$.

解   令 $x = \dfrac{1}{t}$,则 $I = \displaystyle\int_0^{+\infty} \frac{t^2}{1+t^4} \mathrm{d}t$,故

$$I = \frac{1}{2} \int_0^{+\infty} \frac{1+x^2}{1+x^4} \mathrm{d}x = \frac{1}{2} \int_0^{+\infty} \frac{1+\dfrac{1}{x^2}}{x^2+\dfrac{1}{x^2}} \mathrm{d}x$$

$$= \frac{1}{2} \int_0^{+\infty} \frac{\mathrm{d}\left(x-\dfrac{1}{x}\right)}{\left(x-\dfrac{1}{x}\right)^2+2} = \frac{1}{2\sqrt{2}} \arctan \frac{x-\dfrac{1}{x}}{\sqrt{2}} \Bigg|_0^{+\infty}$$

$$= \frac{\pi}{2\sqrt{2}}.$$

例 4.39   计算下列广义积分:

(1) $I = \displaystyle\int_0^{\frac{\pi}{2}} \ln\sin x \, \mathrm{d}x$;   (2) $I = \displaystyle\int_0^{\frac{\pi}{2}} \ln\cos x \, \mathrm{d}x$;   (3) $I = \displaystyle\int_0^{\pi} \frac{x \sin x}{1-\cos x} \mathrm{d}x$.

解   (1) 这里 $x = 0$ 是唯一瑕点.令 $t = \dfrac{x}{2}$,可得

$$I = \int_0^{\frac{\pi}{4}} 2\ln\sin 2t \, \mathrm{d}t = \frac{\pi}{2}\ln 2 + 2\int_0^{\frac{\pi}{4}} \ln\sin t \, \mathrm{d}t + 2\int_0^{\frac{\pi}{4}} \ln\cos t \, \mathrm{d}t$$

$$= \frac{\pi}{2}\ln 2 + 2\int_0^{\frac{\pi}{4}} \ln\sin t \, dt + 2\int_{\frac{\pi}{4}}^{\frac{\pi}{2}} \ln\sin t \, dt$$

$$= \frac{\pi}{2}\ln 2 + 2\int_0^{\frac{\pi}{2}} \ln\sin x \, dx$$

$$= \frac{\pi}{2}\ln 2 + 2I,$$

解之得 $I = \int_0^{\frac{\pi}{2}} \ln\sin x \, dx = -\frac{\pi}{2}\ln 2.$

(2) 类似于(1)，积分值 $I = \int_0^{\frac{\pi}{2}} \ln\cos x \, dx = -\frac{\pi}{2}\ln 2.$

(3) $\int_0^{\pi} \frac{x\sin x}{1-\cos x} \, dx = \int_0^{\pi} \frac{x\cos\frac{x}{2}}{\sin\frac{x}{2}} \, dx \xlongequal{\Leftrightarrow t = \frac{x}{2}} 4\int_0^{\frac{\pi}{2}} \frac{t\cos t}{\sin t} \, dt$

$$= 4\int_0^{\frac{\pi}{2}} t \, d\ln\sin t = 4\left[t\ln\sin t \Big|_0^{\frac{\pi}{2}} - \int_0^{\pi} \ln\sin t \, dt\right] = 2\pi\ln 2.$$

注 由

$$I = \int_0^{\frac{\pi}{2}} \ln\sin x \, dx = \int_0^{\frac{\pi}{2}} \ln\cos x \, dx \Rightarrow 2I = \int_0^{\frac{\pi}{2}} [\ln\sin x + \ln\cos x] \, dx$$

$$\Rightarrow 2I = \int_0^{\frac{\pi}{2}} \ln\frac{\sin 2x}{2} \, dx = \int_0^{\frac{\pi}{2}} \ln\sin 2x \, dx - \frac{\pi}{2}\ln 2,$$

又

$$\int_0^{\frac{\pi}{2}} \ln\sin 2x \, dx \xlongequal{\Leftrightarrow 2x = t} \frac{1}{2}\int_0^{\pi} \ln\sin t \, dt = \int_0^{\frac{\pi}{2}} \ln\sin t \, dt = I,$$

故 $I = -\frac{\pi}{2}\ln 2.$

例 4.40 计算广义积分 $I = \int_0^{+\infty} \frac{1}{(1+x^2)(1+x^3)} \, dx.$

解 令 $t = \frac{1}{x}$，则

$$I = \int_{+\infty}^0 \frac{1}{\left(1+\frac{1}{t^2}\right)\left(1+\frac{1}{t^3}\right)}\left(-\frac{1}{t^2}\right) dt = \int_0^{+\infty} \frac{x^3}{(1+x^2)(1+x^3)} \, dx,$$

所以

$$I = \frac{1}{2}\Big(\int_0^{+\infty} \frac{1}{(1+x^2)(1+x^3)}dx + \int_0^{+\infty} \frac{x^3}{(1+x^2)(1+x^3)}dx\Big)$$

$$= \frac{1}{2}\int_0^{+\infty} \frac{1+x^3}{(1+x^2)(1+x^3)}dx = \frac{1}{2}\int_0^{+\infty} \frac{1}{1+x^2}dx$$

$$= \frac{1}{2}\arctan x \Big|_0^{+\infty} = \frac{\pi}{4}.$$

注　用同样的方法可以计算 $\int_0^{+\infty} \frac{1}{(1+x^2)(1+x^p)}dx = \frac{\pi}{4}(p>0)$，留作练习.

例 4.41　计算广义积分 $I = \int_0^{\frac{\pi}{2}} \cos 2nx \ln\cos x\, dx$.

分析　本题有一定难度，需要用到处理级数收敛性的一些公式，比如

$$\sin(2n+1)t = \Big(1+2\sum_{k=1}^{n} \cos 2kt\Big)\sin t;$$

又注意到被积函数中含有对数，应首先通过分部积分法把对数去掉.

解　$I = \frac{1}{2n}\int_0^{\frac{\pi}{2}} \ln\cos x\, d\sin 2nx$

$$= \frac{1}{2n}\sin 2nx \ln\cos x \Big|_0^{\frac{\pi}{2}} + \frac{1}{2n}\int_0^{\frac{\pi}{2}} \frac{\sin x \sin 2nx}{\cos x}dx = \frac{1}{2n}\int_0^{\frac{\pi}{2}} \frac{\sin x \sin 2nx}{\cos x}dx$$

$$= \frac{1}{2n}\int_0^{\frac{\pi}{2}} \frac{\cos 2nx \cos x - \cos(2n+1)x}{\cos x}dx$$

$$= \frac{1}{2n}\int_0^{\frac{\pi}{2}} \cos 2nx\, dx - \frac{1}{2n}\int_0^{\frac{\pi}{2}} \frac{\cos(2n+1)x}{\cos x}dx$$

$$= -\frac{1}{2n}\int_0^{\frac{\pi}{2}} \frac{\cos(2n+1)x}{\cos x}dx \quad \Big(\diamondsuit\ x = t - \frac{\pi}{2}\Big)$$

$$= \frac{(-1)^{n-1}}{2n}\int_{\frac{\pi}{2}}^{\pi} \frac{\sin(2n+1)t}{\sin t}dt = \frac{(-1)^{n-1}}{2n}\int_{\frac{\pi}{2}}^{\pi} \Big(1+2\sum_{k=1}^{n} \cos 2kt\Big)dt$$

$$= (-1)^{n-1}\frac{\pi}{4n}.$$

例 4.42　计算 $\max\limits_{s\in[0,1]} I(s)$，其中 $I(s) = \int_0^1 |\ln|s-t||\, dt$.

解　首先计算 $I(s)$. 当 $s\in[0,1]$ 时，有

$$I(s) = \int_0^1 |\ln|s-t||\, dt = -\int_0^s \ln(s-t)dt - \int_s^1 \ln(t-s)dt$$

$$= 1 - s\ln s - (1-s)\ln(1-s),$$

再由 $I'(s) = \ln\Big(\frac{1}{s}-1\Big) = 0$ 得 $s = \frac{1}{2}$，且 $I\Big(\frac{1}{2}\Big) = 1 + \ln 2$. 又注意到

$$\lim_{s \to 0^+} I(s) = \lim_{s \to 1^-} I(s) = 1,$$

所以 $\max\limits_{s \in [0,1]} I(s) = 1 + \ln 2.$

例 4.43（Froullani 公式） 设 f 在 $[0, +\infty)$ 上连续,$0 < a < b$.

(1) 若 $\lim\limits_{x \to +\infty} f(x) = k$,则 $\displaystyle\int_0^{+\infty} \frac{f(ax) - f(bx)}{x} \mathrm{d}x = [f(0) - k] \ln \frac{b}{a}$;

(2) 若 $\displaystyle\int_0^{+\infty} \frac{f(x)}{x} \mathrm{d}x$ 收敛,则 $\displaystyle\int_0^{+\infty} \frac{f(ax) - f(bx)}{x} \mathrm{d}x = f(0) \ln \frac{b}{a}$.

证明 (1) 对任意的 $\varepsilon > 0$ 及 $A > \varepsilon$ 有

$$\int_\varepsilon^A \frac{f(ax) - f(bx)}{x} \mathrm{d}x$$

$$= \int_\varepsilon^A \frac{f(ax)}{x} \mathrm{d}x - \int_\varepsilon^A \frac{f(bx)}{x} \mathrm{d}x = \int_{a\varepsilon}^{aA} \frac{f(t)}{t} \mathrm{d}t - \int_{b\varepsilon}^{bA} \frac{f(t)}{t} \mathrm{d}t$$

$$= \left[\int_{a\varepsilon}^{b\varepsilon} \frac{f(t)}{t} \mathrm{d}t + \int_{b\varepsilon}^{aA} \frac{f(t)}{t} \mathrm{d}t \right] - \left[\int_{b\varepsilon}^{aA} \frac{f(t)}{t} \mathrm{d}t + \int_{aA}^{bA} \frac{f(t)}{t} \mathrm{d}t \right]$$

$$= \int_{a\varepsilon}^{b\varepsilon} \frac{f(t)}{t} \mathrm{d}t - \int_{aA}^{bA} \frac{f(t)}{t} \mathrm{d}t.$$

由积分中值定理知,$\exists \xi_1 \in (a\varepsilon, b\varepsilon), \xi_2 \in (aA, bA)$,使得

$$\int_{a\varepsilon}^{b\varepsilon} \frac{f(t)}{t} \mathrm{d}t - \int_{aA}^{bA} \frac{f(t)}{t} \mathrm{d}t = f(\xi_1) \ln \frac{b}{a} - f(\xi_2) \ln \frac{b}{a} = [f(\xi_1) - f(\xi_2)] \ln \frac{b}{a},$$

故

$$\int_\varepsilon^A \frac{f(ax) - f(bx)}{x} \mathrm{d}x = [f(\xi_1) - f(\xi_2)] \ln \frac{b}{a}.$$

又由 $f(x)$ 在 $[0, +\infty)$ 上连续知

$$\lim_{\xi_1 \to 0^+} f(\xi_1) = f(0), \quad \lim_{\xi_2 \to +\infty} f(\xi_2) = k,$$

于是取 $\varepsilon \to 0^+, A \to +\infty$ 得

$$\int_0^{+\infty} \frac{f(ax) - f(bx)}{x} \mathrm{d}x = [f(0) - k] \ln \frac{b}{a}.$$

(2) 由上一问知

$$\int_\varepsilon^A \frac{f(ax) - f(bx)}{x} \mathrm{d}x = \int_{a\varepsilon}^{b\varepsilon} \frac{f(t)}{t} \mathrm{d}t - \int_{aA}^{bA} \frac{f(t)}{t} \mathrm{d}t. \qquad (*)$$

对 $(*)$ 式右边第一个积分应用积分中值定理知,$\exists \xi \in (a\varepsilon, b\varepsilon)$,使得

$$\int_{a\varepsilon}^{b\varepsilon} \frac{f(t)}{t} \mathrm{d}t = f(\xi)\ln\frac{b}{a} \to f(0)\ln\frac{b}{a} \quad (\xi \to 0^+).$$

对（＊）式右边第二个积分，由 $\int_0^{+\infty} \frac{f(x)}{x}\mathrm{d}x$ 收敛知 $\lim\limits_{A\to+\infty}\int_{aA}^{bA}\frac{f(t)}{t}\mathrm{d}t = 0$. 于是，对（＊）式取 $\varepsilon \to 0^+, A \to +\infty$ 得

$$\int_0^{+\infty} \frac{f(ax)-f(bx)}{x}\mathrm{d}x = f(0)\ln\frac{b}{a}.$$

例 4.44　设 $f(x)$ 在 $[1,+\infty)$ 上连续，且 $f(x) > 0 (x \geqslant 1)$，若

$$\lim_{x\to+\infty}\frac{\ln f(x)}{\ln x} = -\lambda \quad (\lambda > 1),$$

证明：$\int_1^{+\infty} f(x)\mathrm{d}x$ 收敛.

证明　由 $\lim\limits_{x\to+\infty}\dfrac{\ln f(x)}{\ln x} = -\lambda$ 知，$\forall \varepsilon > 0, \exists M \geqslant 1$，当 $x > M$ 时有

$$\frac{\ln f(x)}{\ln x} < -\lambda + \varepsilon,$$

即有

$$\ln x^{-\lambda+\varepsilon} > \ln f(x) \Rightarrow f(x) < \frac{1}{x^{\lambda-\varepsilon}}.$$

注意到 $\lambda > 1$ 和 ε 的任意性，我们有 $\lambda - \varepsilon > 1$，则由比较判别法知 $\int_M^{+\infty} f(x)\mathrm{d}x$ 收敛. 又 $\int_1^M f(x)\mathrm{d}x$ 为正常积分，故 $\int_1^{+\infty} f(x)\mathrm{d}x$ 收敛.

例 4.45　讨论广义积分 $\int_0^1 \dfrac{1}{\sqrt{x-x^2}}\mathrm{d}x$ 的敛散性.

解　因为 $x=0$ 和 $x=1$ 都是瑕点，故

$$I = \int_0^1 \frac{1}{\sqrt{x-x^2}}\mathrm{d}x = \int_0^{\frac{1}{2}} \frac{1}{\sqrt{x-x^2}}\mathrm{d}x + \int_{\frac{1}{2}}^1 \frac{1}{\sqrt{x-x^2}}\mathrm{d}x = I_1 + I_2.$$

对 $I_1 = \int_0^{\frac{1}{2}} \dfrac{1}{\sqrt{x(1-x)}}\mathrm{d}x$ 来说，$x=0$ 为瑕点，由

$$\lim_{x\to 0^+}\left[\sqrt{x-0}\cdot\frac{1}{\sqrt{x(1-x)}}\right] = 1$$

知 I_1 收敛；

对 $I_2 = \int_{\frac{1}{2}}^{1} \dfrac{1}{\sqrt{x(1-x)}} \mathrm{d}x$ 来说，$x=1$ 为瑕点. 由

$$\lim_{x \to 1-} \left[\sqrt{1-x} \cdot \dfrac{1}{\sqrt{x(1-x)}} \right] = 1$$

知 I_2 收敛.

综上，可知 I 收敛（绝对收敛）.

例 4.46 证明：$\displaystyle\int_0^{+\infty} \dfrac{\sin x^2}{1+x^p} \mathrm{d}x \ (p \geqslant 0)$ 是收敛的.

证明 因为

$$\int_0^{+\infty} \dfrac{\sin x^2}{1+x^p} \mathrm{d}x = \int_0^1 \dfrac{\sin x^2}{1+x^p} \mathrm{d}x + \int_1^{+\infty} \dfrac{\sin x^2}{1+x^p} \mathrm{d}x = I_1 + I_2.$$

对 I_1 来说，这是一个正常积分，因此只需要考虑第二个积分 I_2.

设 $f(x) = x\sin x^2, g(x) = \dfrac{1}{x(1+x^p)}$，则 $\forall u > 1$，有

$$\left| \int_1^u x\sin x^2 \mathrm{d}x \right| = \dfrac{1}{2} \left| \cos u^2 - \cos 1 \right| \leqslant 1,$$

而 $g(x)$ 在 $[1, +\infty)$ 上单调减少且 $\displaystyle\lim_{x \to +\infty} g(x) = 0$，则由 Dirichlet 判别法知 I_2 是收敛的.

综上，$\displaystyle\int_0^{+\infty} \dfrac{\sin x^2}{1+x^p} \mathrm{d}x \ (p \geqslant 0)$ 是收敛的.

注 A-D 判别法仅能用来判别积分是否收敛，不能用来判别积分是否绝对收敛. 相似的几个积分，如 $\displaystyle\int_1^{+\infty} \dfrac{\sin x}{x^p} \mathrm{d}x \ (p > 0)$，$\displaystyle\int_0^{+\infty} \sin x^2 \mathrm{d}x$ 用类似的方法也可以说明是收敛的（注意利用变量代换 $x^2 = t$，积分 $\displaystyle\int_0^{+\infty} \sin x^2 \mathrm{d}x = \int_0^{+\infty} \dfrac{\sin t}{2\sqrt{t}} \mathrm{d}t$）. 如果要讨论它们是绝对收敛还是条件收敛，就要复杂一些了. 下例所示的方法具有一般意义，大家一定要好好掌握.

例 4.47 讨论 $I = \displaystyle\int_0^{+\infty} \dfrac{\sin x}{x^p} \mathrm{d}x \ (p > 0)$ 的收敛性. 如果收敛，是绝对收敛还是条件收敛？

解 因为

$$I = \int_0^{+\infty} \frac{\sin x}{x^p} \mathrm{d}x = \int_0^1 \frac{\sin x}{x^p} \mathrm{d}x + \int_1^{+\infty} \frac{\sin x}{x^p} \mathrm{d}x = I_1 + I_2.$$

对 I_1，$x = 0$ 是可能的瑕点，由 Cauchy 判别法并注意到 $\sin x \sim x (x \to 0)$，得

$$\lim_{x \to 0^+} x^{p-1} \frac{\sin x}{x^p} = 1,$$

所以当 $p - 1 < 1$，即 $p < 2$ 时，积分收敛，事实上也是绝对收敛；当 $p - 1 \geqslant 1$，即 $p \geqslant 2$ 时，积分发散.

对 I_2，注意到 $\left| \dfrac{\sin x}{x^p} \right| \leqslant \dfrac{1}{x^p}$，所以当 $p > 1$ 时，积分绝对收敛；当 $0 < p \leqslant 1$ 时，有

$$\left| \frac{\sin x}{x^p} \right| \geqslant \frac{\sin^2 x}{x^p} = \frac{1 - \cos 2x}{2x^p},$$

由 Dirichlet 判别法可知积分 $\displaystyle\int_1^{+\infty} \frac{\sin x}{x^p} \mathrm{d}x$ 和 $\displaystyle\int_1^{+\infty} \frac{\cos 2x}{x^p} \mathrm{d}x$ 收敛，而 $\displaystyle\int_1^{+\infty} \frac{1}{x^p} \mathrm{d}x$ 是发散的，所以由上述不等式知道积分 $\displaystyle\int_1^{+\infty} \left| \frac{\sin x}{x^p} \right| \mathrm{d}x$ 是发散的，从而当 $0 < p \leqslant 1$ 时 I_2 是条件收敛的.

综上，当 $1 < p < 2$ 时，积分绝对收敛；当 $0 < p \leqslant 1$ 时，积分条件收敛；当 $p \geqslant 2$ 时，积分发散.

例 4.48　讨论积分 $I = \displaystyle\int_0^1 \frac{1}{x^\alpha} \sin \frac{1}{x} \mathrm{d}x$ 的收敛性.

解　首先，由 $\left| \dfrac{1}{x^\alpha} \sin \dfrac{1}{x} \right| \leqslant \dfrac{1}{x^\alpha}$ 知，当 $\alpha < 1$ 时积分绝对收敛.

其次，注意到当 $\alpha = 2$ 时被积函数的原函数能写出来，且

$$I = \int_0^1 \frac{1}{x^2} \sin \frac{1}{x} \mathrm{d}x = -\int_0^1 \sin \frac{1}{x} \mathrm{d} \frac{1}{x} = \lim_{\varepsilon \to 0^+} \cos \frac{1}{x} \Big|_\varepsilon^1,$$

显然发散.

再考虑 $1 \leqslant \alpha < 2$ 的情形. 此时

$$I = \int_0^1 \frac{1}{x^\alpha} \sin \frac{1}{x} \mathrm{d}x = \int_0^1 x^{2-\alpha} \frac{1}{x^2} \sin \frac{1}{x} \mathrm{d}x,$$

其中 $x^{2-\alpha}$ 在 $(0,1]$ 上单调，且 $\lim\limits_{x \to 0^+} x^{2-\alpha} = 0$，又对任意的 $\varepsilon \in (0,1)$，有

$$\left| \int_\varepsilon^1 \frac{1}{x^2} \sin \frac{1}{x} \mathrm{d}x \right| \leqslant 2,$$

因而由 Dirichlet 判别法知，$I = \displaystyle\int_0^1 \frac{1}{x^a} \sin \frac{1}{x} \mathrm{d}x$ 收敛.而

$$\int_0^1 \left| \frac{1}{x^a} \sin \frac{1}{x} \right| \mathrm{d}x \geqslant \int_0^1 \left| \frac{1}{x^a} \sin^2 \frac{1}{x} \right| \mathrm{d}x = \int_0^1 \frac{1 - \cos \dfrac{2}{x}}{2x^a} \mathrm{d}x,$$

类似于上例的方法，得到 $\displaystyle\int_0^1 \left| \frac{1}{x^a} \sin \frac{1}{x} \right| \mathrm{d}x$ 发散，所以当 $1 \leqslant \alpha < 2$ 时积分条件收敛.

当 $\alpha > 2$ 时，因为

$$\int_{\frac{1}{(2n+1)\pi}}^{\frac{1}{2n\pi}} \frac{1}{x^a} \sin \frac{1}{x} \mathrm{d}x \geqslant \int_{\frac{1}{(2n+1)\pi}}^{\frac{1}{2n\pi}} \frac{1}{x^2} \sin \frac{1}{x} \mathrm{d}x = 2,$$

所以由 Cauchy 准则，积分 $I = \displaystyle\int_0^1 \frac{1}{x^a} \sin \frac{1}{x} \mathrm{d}x$ 在 $\alpha > 2$ 时发散.

注 本题也可以使用变量代换 $x = \dfrac{1}{t}$ 转化成无穷积分来进行判别.

例 4.49 设 $p > q > 1$ 时，证明：$\displaystyle\int_0^{+\infty} \frac{\mathrm{d}x}{1 + x^p \mid \sin x \mid^q}$ 收敛.

证明 注意到当 $t \in \left[0, \dfrac{\pi}{2}\right]$ 时，成立 $\dfrac{2}{\pi} t \leqslant \sin t \leqslant t$，于是

$$\begin{aligned}
\int_0^{+\infty} \frac{\mathrm{d}x}{1 + x^p \mid \sin x \mid^q} &= \sum_{n=0}^{\infty} \int_{n\pi}^{(n+1)\pi} \frac{\mathrm{d}x}{1 + x^p \mid \sin x \mid^q} \\
&= \sum_{n=0}^{\infty} \int_0^{\pi} \frac{\mathrm{d}t}{1 + (t + n\pi)^p \sin^q t} \quad (\text{令 } x = n\pi + t) \\
&\leqslant \sum_{n=0}^{\infty} \int_0^{\pi} \frac{\mathrm{d}t}{1 + (n\pi)^p \sin^q t} \\
&\leqslant 2 \sum_{n=0}^{\infty} \int_0^{\frac{\pi}{2}} \frac{\mathrm{d}t}{1 + (n\pi)^p \left(\dfrac{2}{\pi} t\right)^q} \\
&\leqslant 2 \sum_{n=0}^{\infty} \int_0^{\frac{\pi}{2}} \frac{\mathrm{d}t}{1 + n^p t^q} \quad (\text{令 } u = n^{\frac{p}{q}} t) \\
&\leqslant \pi + 2 \sum_{n=1}^{\infty} \frac{1}{n^{\frac{p}{q}}} \int_0^{\frac{\pi}{2} \cdot n^{p/q}} \frac{\mathrm{d}u}{1 + u^q} < +\infty.
\end{aligned}$$

注 本例是利用级数的方法来判别广义积分的敛散性，也体现出了广义积分和数项级数之间的关系.由本例可以看到 $\displaystyle\int_0^{+\infty} \frac{\mathrm{d}x}{1 + x^4 \sin^2 x}$，$\displaystyle\int_0^{+\infty} \frac{\mathrm{d}x}{1 + x^4 \mid \sin x \mid^3}$ 等

积分都是收敛的,但如果 $p=q$,积分就有可能发散了.

例 4.50　证明:广义积分 $\displaystyle\int_0^{+\infty} \dfrac{\mathrm{d}x}{1+x^2\sin^2 x}$ 发散.

证明　同上例类似,有

$$\int_0^{+\infty} \frac{\mathrm{d}x}{1+x^2\sin^2 x} = \sum_{n=0}^{\infty} \int_{n\pi}^{(n+1)\pi} \frac{\mathrm{d}x}{1+x^2\sin^2 x},$$

令 $x=n\pi+t$,则得到

$$\int_0^{+\infty} \frac{\mathrm{d}x}{1+x^2\sin^2 x} = \sum_{n=0}^{\infty} \int_0^{\pi} \frac{\mathrm{d}t}{1+(t+n\pi)^2\sin^2 t}.$$

注意到

$$\int_0^{\pi} \frac{\mathrm{d}t}{1+(t+n\pi)^2\sin^2 t} > \int_0^{\frac{1}{(n+1)\pi}} \frac{\mathrm{d}t}{1+(t+n\pi)^2\sin^2 t},$$

又当 $0<t<\dfrac{1}{(n+1)\pi}$ 时,有

$$(t+n\pi)^2\sin^2 t < (n+1)^2\pi^2 t^2 < (n+1)^2\pi^2 \frac{1}{(n+1)^2\pi^2} = 1,$$

这样

$$\int_0^{\pi} \frac{\mathrm{d}t}{1+(t+n\pi)^2\sin^2 t} > \int_0^{\frac{1}{(n+1)\pi}} \frac{\mathrm{d}t}{1+(t+n\pi)^2\sin^2 t} > \frac{1}{2\pi(n+1)}.$$

因为级数 $\displaystyle\sum_{n=1}^{\infty} \dfrac{1}{2\pi(n+1)}$ 发散,于是得到 $\displaystyle\sum_{n=0}^{\infty} \int_0^{\pi} \dfrac{\mathrm{d}t}{1+(t+n\pi)^2\sin^2 t}$ 发散,从而原积分也是发散的.

例 4.51　若 $\displaystyle\int_a^{+\infty} f(x)\mathrm{d}x$ 收敛且 $f(x)$ 在 $[a,+\infty)$ 上一致连续,证明:

$$\lim_{x\to+\infty} f(x) = 0.$$

证明　由 $f(x)$ 的一致连续性,$\forall \varepsilon>0, \exists \varepsilon>\delta>0$,当 $x_1, x_2 \in [a,+\infty)$ 时,只要 $|x_1-x_2|<\delta$,则成立

$$|f(x_1)-f(x_2)| < \frac{\varepsilon}{2}.$$

又 $\displaystyle\int_a^{+\infty} f(x)\mathrm{d}x$ 收敛,所以对上述 $\delta>0, \exists M_0>a, \forall x', x'' \in [M_0, +\infty)$,有

$$\left| \int_{x'}^{x''} f(x)\mathrm{d}x \right| < \frac{\delta^2}{2}.$$

对任意的 $t > M_0 > a$，取 $x', x'' \in [M_0, +\infty)$ 使得 $x' < t < x''$ 且 $x'' - x' = \delta$，则

$$|f(x)| \delta = \left| \int_{x'}^{x''} f(x)\mathrm{d}t - \int_{x'}^{x''} f(t)\mathrm{d}t + \int_{x'}^{x''} f(t)\mathrm{d}t \right|$$

$$\leqslant \int_{x'}^{x''} |f(x) - f(t)| \mathrm{d}t + \left| \int_{x'}^{x''} f(t)\mathrm{d}t \right|$$

$$< \frac{\varepsilon}{2} \cdot \delta + \frac{\delta^2}{2},$$

即 $|f(x)| < \dfrac{\varepsilon}{2} + \dfrac{\delta}{2} < \varepsilon$.

例 4.52 若 $\displaystyle\int_a^{+\infty} f^2(x)\mathrm{d}x$ 收敛且 $f(x)$ 在 $[a, +\infty)$ 上一致连续，证明：

$$\lim_{x \to +\infty} f(x) = 0.$$

证明 用反证法. 假如 $\lim\limits_{x \to +\infty} f(x) \neq 0$，则 $\exists \varepsilon_0 > 0, \forall M > 0, \exists x' > M > 0$，使得

$$|f(x')| \geqslant \varepsilon_0.$$

又因为函数 $f(x)$ 在 $[a, +\infty)$ 上一致连续，则对上述 $\varepsilon_0 > 0, \exists \delta > 0$，使得对任意 $x_1, x_2 \in [a, +\infty)$，只要 $|x_1 - x_2| < \delta$，成立

$$|f(x_1) - f(x_2)| < \frac{\varepsilon_0}{2}.$$

于是当 $x \in (x', x' + \delta)$ 时，有

$$|f(x)| = |f(x) - f(x') + f(x')|$$

$$\geqslant ||f(x) - f(x')| - |f(x')|| \geqslant \frac{\varepsilon_0}{2},$$

从而得到

$$\left| \int_{x'}^{x'+\delta} f^2(x)\mathrm{d}x \right| \geqslant \frac{\varepsilon_0^2}{4}\delta.$$

这样由 Cauchy 收敛准则可知 $\displaystyle\int_a^{+\infty} f^2(x)\mathrm{d}x$ 发散，得到矛盾. 所以 $\lim\limits_{x \to +\infty} f(x) = 0$.

注 由上两个例子的证明可以看出，$\displaystyle\int_a^{+\infty} f(x)\mathrm{d}x$ 收敛和 $\displaystyle\int_a^{+\infty} f^2(x)\mathrm{d}x$ 收敛可

以替换为 $\int_a^{+\infty} f^\alpha(x)\mathrm{d}x$ 收敛(只要 $\alpha > 0$ 就行).

例 4.53　若 $\int_a^{+\infty} f(x)\mathrm{d}x$ 收敛且 $f(x)$ 在 $[a, +\infty)$ 上单调,证明:

$$\lim_{x \to +\infty} xf(x) = 0.$$

证明　不妨假设 $f(x)$ 在 $[a, +\infty)$ 上单调减少,于是由函数极限的单调有界原理得到 $\lim\limits_{x \to +\infty} f(x)$ 存在.又 $\int_a^{+\infty} f(x)\mathrm{d}x$ 收敛,所以 $\lim\limits_{x \to +\infty} f(x) = 0$.

这样由 Cauchy 准则,$\forall \varepsilon > 0, \exists A > a$,使得当 $\dfrac{x}{2} > A > a$ 时,成立

$$\left| \int_{\frac{x}{2}}^{x} f(t)\mathrm{d}t \right| < \varepsilon.$$

又由 $f(x)$ 在 $[a, +\infty)$ 上单调减少,得到

$$\left| \int_{\frac{x}{2}}^{x} f(t)\mathrm{d}t \right| > \frac{x}{2} f(x),$$

这样就得到 $0 \leqslant \dfrac{x}{2} f(x) < \varepsilon$,即 $0 \leqslant xf(x) < 2\varepsilon$.

注　以上几例说明 $\int_a^{+\infty} f(x)\mathrm{d}x$ 收敛时,附加一些条件才能得到 $\lim\limits_{x \to +\infty} f(x) = 0$. 前面我们还说明即便在 $f(x)$ 连续的前提下,也不能得到 $\lim\limits_{x \to +\infty} f(x) = 0$,不过我们可以找到一个数列,使得在此数列上 $\lim\limits_{n \to \infty} f(x_n) = 0$.

例 4.54　若 $\int_a^{+\infty} f(x)\mathrm{d}x$ 收敛且函数 $f(x)$ 在 $[a, +\infty)$ 上连续,证明:存在数列 $x_n \in [a, +\infty)$ 满足 $\lim\limits_{n \to \infty} x_n = +\infty$,使得 $\lim\limits_{n \to \infty} f(x_n) = 0$.

证明　用反证法.如果结论不成立,则 $f(x)$ 在 $[a, +\infty)$ 上最多只有有限个零点,故存在 $M_0 > a$ 使得当 $x > M_0 > a$ 时,$f(x) \neq 0$.不妨设 $f(x) > 0, x > M_0$.于是由函数 $f(x)$ 的连续性,$f(x)$ 在 $[n, n+1]$ 上有最小值点 x_n,其中 n 是正整数,且 $f(x_n) > 0$.易见 $\lim\limits_{n \to \infty} x_n = +\infty$.

再由反证法的假设可知 $\lim\limits_{n \to \infty} f(x_n) \neq 0$,于是 $\exists \varepsilon_0, \forall N_k$,当 $x_{n_k} > N_k$ 时,均有 $f(x_{n_k}) \geqslant \varepsilon_0$.这样当 $x \in [n_k, n_k + 1]$ 时,便有 $f(x) \geqslant f(x_{n_k}) \geqslant \varepsilon_0$,于是

$$\int_{n_k}^{n_k+1} f(x)\mathrm{d}x \geqslant \varepsilon_0,$$

由 Cauchy 准则得到积分 $\int_a^{+\infty} f(x)\mathrm{d}x$ 发散,从而得到矛盾.

4.4 练习题

1. 计算不定积分 $\displaystyle\int \frac{\cos x \sin^3 x}{1+\cos^2 x}\mathrm{d}x$.

2. 计算不定积分 $\displaystyle\int \frac{\arctan x}{x^2(1+x^2)}\mathrm{d}x$.

3. 建立 $I_n = \displaystyle\int \frac{1}{x^n\sqrt{x^2+1}}\mathrm{d}x$ 的递推公式.

4. 求不定积分 $\displaystyle\int t^a \ln t\,\mathrm{d}t\,(a$ 为常数$)$.

5. 求不定积分 $\displaystyle\int \left(\ln\ln x + \frac{1}{\ln x}\right)\mathrm{d}x$.

6. 求不定积分 $\displaystyle\int \frac{x}{x^3-3x+2}\mathrm{d}x$.

7. 设 $f(x)$ 的一阶导数在 $[0,1]$ 上连续,且 $f(0)=f(1)=0$,求证:

$$\left|\int_0^1 f(x)\mathrm{d}x\right| \leqslant \frac{1}{4}\max_{0\leqslant x\leqslant 1}|f'(x)|.$$

8. 设 $f(x)$ 为 $[a,b]$ 上的连续增加函数,证明: $\displaystyle\int_a^b xf(x)\mathrm{d}x \leqslant \frac{a+b}{2}\int_a^b f(x)\mathrm{d}x$.

9. 计算 $I = \displaystyle\int_{-1}^1 x(1+x^{2021})(\mathrm{e}^x - \mathrm{e}^{-x})\mathrm{d}x$.

10. 计算 $J = \displaystyle\int_0^{n\pi} \sqrt{1-\sin 2x}\,\mathrm{d}x$(其中 n 为正整数).

11. 设 $f(x)$ 为 $[-1,1]$ 上可积且在 $x=0$ 处连续的函数,令

$$\varphi_n(x) = \begin{cases} (1-x)^n, & 0\leqslant x\leqslant 1, \\ \mathrm{e}^{nx}, & -1\leqslant x < 0, \end{cases}$$

证明: $\displaystyle\lim_{n\to\infty}\frac{n}{2}\int_{-1}^1 f(x)\varphi_n(x)\mathrm{d}x = f(0)$.

12. 证明: $\displaystyle\lim_{x\to 0^+}\int_0^1 \frac{x\cos t}{x^2+t^2}\mathrm{d}t = \frac{\pi}{2}$.

13. 设 $f(x)$ 在 $[0,1]$ 上连续且 $|f(x)|<1, x\in(0,1)$,证明:

$$\lim_{n\to\infty}\int_0^1 f^n(x)\mathrm{d}x = 0.$$

14. 设 $f(x), g(x)$ 在 $[0,1]$ 上连续且单调增加,证明:

$$\int_0^1 f(x)g(x)\mathrm{d}x \geqslant \int_0^1 f(x)\mathrm{d}x\int_0^1 g(x)\mathrm{d}x.$$

15. 设 $f(x)$ 在 $[a,b]$ 上连续,在 (a,b) 内可导,$f(a)=0,f'(x)\geqslant 1$,证明

$$\left(\int_a^b f(x)\mathrm{d}x\right)^2\leqslant\int_a^b f^3(x)\mathrm{d}x,$$

并说明等号在什么情况下成立.

16. 设 $f(x)$ 在 $[a,b]$ 上有二阶导数且 $\forall x\in[a,b]$,有 $f(x)f''(x)<0$,证明:

$$\frac{1}{b-a}\int_a^b|f(x)|\mathrm{d}x>\frac{1}{2}|f(a)+f(b)|.$$

17. 设函数 $f(x)$ 在 $[a,b]$ 上单调不减,证明:$\forall\alpha\in(0,1)$,有

$$\frac{1}{\alpha}\int_0^\alpha f(x)\mathrm{d}x\leqslant\int_0^1 f(x)\mathrm{d}x.$$

18. 若 $f(x)$ 在 $[a,b]$ 上二次可微,$f\left(\dfrac{a+b}{2}\right)=0$,证明:

$$\left|\int_a^b f(x)\mathrm{d}x\right|\leqslant\frac{M(b-a)^3}{24},\quad M=\max_{a\leqslant x\leqslant b}|f''(x)|.$$

19. 判断积分 $\displaystyle\int_0^{+\infty}\frac{1}{x^p+x^q}\mathrm{d}x$ 的收敛性,其中 p,q 为参数.

20. 若 $\displaystyle\int_0^{+\infty}f(x)\mathrm{d}x$ 收敛,且满足下列条件之一,证明:$\lim\limits_{x\to+\infty}f(x)=0$.

(1) $\lim\limits_{x\to+\infty}f(x)$ 存在;

(2) $f(x)$ 单调.

21. 判断下列广义积分是否收敛,若收敛求出积分值.

(1) $\displaystyle\int_0^{+\infty}x^n\mathrm{e}^{-ax}\mathrm{d}x$,其中 n 为正整数,α 为正常数;

(2) $\displaystyle\int_0^{+\infty}\frac{\ln x}{1+x^2}\mathrm{d}x.$

22. 设函数 $f(x)$ 在区间 $[a,+\infty)$ 上单调,且 $\displaystyle\int_a^{+\infty}f(x)\mathrm{d}x$ 收敛,证明:

$$\lim_{\lambda\to+\infty}\int_a^{+\infty}f(x)\sin\lambda x\mathrm{d}x=0.$$

23. (1) 设函数 $f(x)$ 在 $(0,1]$ 上单调,且积分 $\displaystyle\int_0^1 f(x)\mathrm{d}x$ 收敛,证明:

$$\int_0^1 f(x)\mathrm{d}x=\lim_{n\to\infty}\frac{1}{n}\sum_{k=1}^n f\left(\frac{k}{n}\right).$$

(2) 若去掉单调性条件,上述结论是否仍成立?说明理由.

第 5 章　　级数

本章主要涉及级数理论,包括数项级数、函数项级数、幂级数和傅里叶级数,重点是数项级数收敛性的判别与应用、函数项级数一致收敛性的判别及和函数的性质与应用、幂级数的性质与应用、函数的幂级数展开、函数的傅里叶级数展开等.

5.1　数项级数

5.1.1　内容提要与知识点解析

1) 数项级数及收敛性的定义

设 $\{u_n\}$ 为数列,对它的各项依次相加的表达式 $u_1+u_2+\cdots+u_n+\cdots$ 称为数项级数,简称为级数,记为 $\sum\limits_{n=1}^{\infty}u_n$. 若数项级数 $\sum\limits_{n=1}^{\infty}u_n$ 的部分和数列 $\{S_n\}\left(S_n=\sum\limits_{k=1}^{n}u_k\right)$ 收敛于 S,则称级数 $\sum\limits_{n=1}^{\infty}u_n$ 收敛,且和为 S,记作 $\sum\limits_{n=1}^{\infty}u_n=S$. 若部分和数列 $\{S_n\}$ 不存在极限,则称级数发散.

注　$\sum\limits_{n=1}^{\infty}u_n$ 中各项依次相加,不能随意调动位置. 当级数收敛时,$\sum\limits_{n=1}^{\infty}u_n$ 表示该级数的和,也即级数的和有意义;当级数发散时,$\sum\limits_{n=1}^{\infty}u_n$ 仅仅是形式上的记号.

2) 正项级数特有的敛散性的判别方法

当级数的通项都非负时,称此级数为正项级数. 正项级数有很多特有的敛散性的判别方法,虽然这些方法仅适用于正项级数,但是对一般项级数敛散性的判别也非常有用,比如判别级数的绝对收敛性. 下面我们列出一些常用的正项级数敛散性的判别方法.

(1) 数列判别法:正项级数 $\sum\limits_{n=1}^{\infty}u_n$ 的部分和数列 $\{S_n\}$ 有上界当且仅当 $\sum\limits_{n=1}^{\infty}u_n$ 收敛.

(2) 积分判别法:若函数 $f(x)$ 在 $[1,+\infty)$ 上非负减少,则 $\int_{1}^{+\infty}f(x)\mathrm{d}x$ 收敛当且仅当 $\sum\limits_{n=1}^{\infty}f(n)$ 收敛.

（3）比较判别法：设 $\sum\limits_{n=1}^{\infty} u_n$，$\sum\limits_{n=1}^{\infty} v_n$ 为两个正项级数，若其通项满足

$$u_n \leqslant \alpha v_n, \quad n \geqslant N,$$

其中 α 是一个正常数，则有下列结论：

① 若 $\sum\limits_{n=1}^{\infty} v_n$ 收敛，则 $\sum\limits_{n=1}^{\infty} u_n$ 收敛；

② 若 $\sum\limits_{n=1}^{\infty} u_n$ 发散，则 $\sum\limits_{n=1}^{\infty} v_n$ 发散.

注 1　在实际使用过程中，更常用的是比较判别法的极限形式：设 $\lim\limits_{n\to\infty} \dfrac{u_n}{v_n} = l$，

① 若 $0 < l < +\infty$，则 $\sum\limits_{n=1}^{\infty} u_n$，$\sum\limits_{n=1}^{\infty} v_n$ 同敛散；

② 若 $l = +\infty$，则 $\sum\limits_{n=1}^{\infty} v_n$ 发散得到 $\sum\limits_{n=1}^{\infty} u_n$ 发散；

③ 若 $l = 0$，则 $\sum\limits_{n=1}^{\infty} v_n$ 收敛得到 $\sum\limits_{n=1}^{\infty} u_n$ 收敛.

注 2　使用比较判别法的一个难点是找到一个恰当的比较对象.通常我们使用几何级数和 p- 级数作为比较对象，而使用几何级数作为比较对象时可以得到比式判别法（d'Alembert 判别法）和根式判别法（Cauchy 判别法）以及其极限形式.

（4）比式判别法：设 $\sum\limits_{n=1}^{\infty} u_n$ 为正项级数，若

① 当 n 足够大时，成立 $\dfrac{u_{n+1}}{u_n} \leqslant q < 1$，则 $\sum\limits_{n=1}^{\infty} u_n$ 收敛；

② 当 n 足够大时，成立 $\dfrac{u_{n+1}}{u_n} \geqslant 1$，则 $\sum\limits_{n=1}^{\infty} u_n$ 发散.

注　在实际使用过程中，比式判别法的极限形式更为方便.

设 $\varlimsup\limits_{n\to\infty} \dfrac{u_{n+1}}{u_n} = \bar{l}$，$\varliminf\limits_{n\to\infty} \dfrac{u_{n+1}}{u_n} = \underline{l}$，则

① 当 $\bar{l} < 1$ 时，$\sum\limits_{n=1}^{\infty} u_n$ 收敛；

② 当 $\underline{l} > 1$ 时，$\sum\limits_{n=1}^{\infty} u_n$ 发散；

③ 当 $\bar{l} = 1$ 或者 $\underline{l} = 1$ 时，$\sum\limits_{n=1}^{\infty} u_n$ 可能收敛也可能发散，也就是说此时判别法失效了 $\left(\text{可以参照级数} \sum\limits_{n=1}^{\infty} \dfrac{1}{n} \text{和} \sum\limits_{n=1}^{\infty} \dfrac{1}{n^2}\right)$.

(5) 根式判别法:设 $\sum\limits_{n=1}^{\infty} u_n$ 为正项级数,若

① 当 n 足够大时,成立 $\sqrt[n]{u_n} \leqslant q < 1$,则 $\sum\limits_{n=1}^{\infty} u_n$ 收敛;

② 当 n 足够大时,成立 $\sqrt[n]{u_n} > 1$,则 $\sum\limits_{n=1}^{\infty} u_n$ 发散.

注1 在实际使用过程中,根式判别法的极限形式更为方便. 设 $\varlimsup\limits_{n\to\infty} \sqrt[n]{u_n} = l$,则

① 当 $l < 1$ 时,$\sum\limits_{n=1}^{\infty} u_n$ 收敛;

② 当 $l > 1$ 时,$\sum\limits_{n=1}^{\infty} u_n$ 发散;

③ 当 $l = 1$ 时,$\sum\limits_{n=1}^{\infty} u_n$ 可能收敛也可能发散,也就是说此时判别法失效了$\Big($可以 参照级数 $\sum\limits_{n=1}^{\infty} \dfrac{1}{n}$ 和 $\sum\limits_{n=1}^{\infty} \dfrac{1}{n^2}\Big)$.

注2 由于 $\varliminf\limits_{n\to\infty} \dfrac{u_{n+1}}{u_n} \leqslant \varliminf\limits_{n\to\infty} \sqrt[n]{u_n} \leqslant \varlimsup\limits_{n\to\infty} \sqrt[n]{u_n} \leqslant \varlimsup\limits_{n\to\infty} \dfrac{u_{n+1}}{u_n}$,所以一般由比式判别 法能判别的敛散性问题都可以用根式判别法进行判别,反过来则不一定.当比式判 别法和根式判别法失效的时候,我们还可以考虑使用 Raabe(拉贝) 判别法或对数 判别法.

(6) Raabe 判别法:设 $\sum\limits_{n=1}^{\infty} u_n$ 为正项级数,若

$$\lim_{n\to\infty} n\Big(1 - \frac{u_{n+1}}{u_n}\Big) = \lambda \quad \text{或} \quad \lim_{n\to\infty} n\Big(\frac{u_n}{u_{n+1}} - 1\Big) = \lambda,$$

① 当 $\lambda > 1$ 时,$\sum\limits_{n=1}^{\infty} u_n$ 收敛;

② 当 $\lambda < 1$ 时,$\sum\limits_{n=1}^{\infty} u_n$ 发散;

③ 当 $\lambda = 1$ 时,判别法失效.

(7) 对数判别法:设 $\sum\limits_{n=1}^{\infty} u_n$ 为正项级数,$\alpha > 0$ 为一个常数,则

① 当 $\lim\limits_{n\to\infty} \dfrac{\ln\dfrac{1}{u_n}}{\ln n} \geqslant 1 + \alpha$ 时,$\sum\limits_{n=1}^{\infty} u_n$ 收敛;

② 当 $\lim\limits_{n\to\infty}\dfrac{\ln\dfrac{1}{u_n}}{\ln n}\leqslant 1$ 时，$\sum\limits_{n=1}^{\infty}u_n$ 发散.

注　根式判别法和比式判别法是用几何级数作为比较对象，Raabe 判别法和对数判别法则是用 p- 级数作为比较对象，因而后者适用的范围比前者要广. 但要说明的是，因为没有一个收敛最慢的级数来作为比较对象，所以任何一个判别法都不能判别所有级数的敛散性.

现在我们知道判别正项级数 $\sum\limits_{n=1}^{\infty}u_n$ 的敛散性一般有积分判别法、比较判别法及比较判别法的极限形式、比式判别法及比式判别法的极限形式、根式判别法及根式判别法的极限形式、Raabe 判别法、对数判别法等，那自然要问：选择哪种方法更加方便呢？ 一般而言，应根据通项 u_n 自身的特点选择相应的判别方法：

① 若 $\lim\limits_{n\to\infty}u_n\neq 0$，则级数发散；若 $\lim\limits_{n\to\infty}u_n=0$，需要进一步讨论.

② 若 u_n 可在 $n\to\infty$ 时找到同阶估计，用比较判别法或比较判别法的极限形式.

③ 若 $u_n=f(n)$，且 $f(n)$ 关于 n 是单调减少，用积分判别法.

④ 若 u_n 含阶乘或连乘形式，用比式判别法或比式判别法的极限形式；此时若

$$\lim_{n\to\infty}\frac{u_{n+1}}{u_n}=1,$$

则进一步选择 Raabe 判别法.

⑤ 若 u_n 含幂指形式，则用根式判别法或根式判别法的极限形式；若通项中含有多个对数形式，可以考虑使用对数判别法.

利用上面的判别方法，我们可以知道：

① 已知 $\sum\limits_{n=1}^{\infty}u_n$ 为正项级数，若 $\dfrac{u_{n+1}}{u_n}<1$ 或 $\sqrt[n]{u_n}<1$ 成立，是不能判断 $\sum\limits_{n=1}^{\infty}u_n$ 收敛的 $\Big($ 例如正项级数 $\sum\limits_{n=1}^{\infty}\dfrac{1}{n}$ 发散 $\Big)$；反之也不成立.

② 若正项级数 $\sum\limits_{n=1}^{\infty}u_n$ 收敛，则 $\begin{cases}\sum\limits_{n=1}^{\infty}u_n^2\ \text{收敛，反之不成立；}\\[2mm]\sum\limits_{n=1}^{\infty}\sqrt{u_nu_{n+1}}\ \text{收敛；}\\[2mm]\sum\limits_{n=1}^{\infty}\dfrac{\sqrt{u_n}}{n}\ \text{收敛.}\end{cases}$

③ 已知 $\sum\limits_{n=1}^{\infty} u_n$ 为正项级数, $\begin{cases} 若 \{nu_n\} 有界,则 \sum\limits_{n=1}^{\infty} u_n^2 收敛; \\ 若 \lim\limits_{n \to \infty} nu_n = a \neq 0,则 \sum\limits_{n=1}^{\infty} u_n 发散. \end{cases}$

④ 若级数 $\sum\limits_{n=1}^{\infty} u_n^2$ 与 $\sum\limits_{n=1}^{\infty} v_n^2$ 都收敛,则级数 $\sum\limits_{n=1}^{\infty} (u_n + v_n)^2$ 也收敛.

注 比较判别法中,在确定比较对象时,我们还可以利用函数和数列中的一些等价无穷小量,比如 $\ln\left(1 + \dfrac{1}{n}\right) \sim \dfrac{1}{n} (n \to \infty), \sqrt[n]{a} - 1 \sim \dfrac{1}{n}\ln a (n \to \infty)$ 等等.另外,要注意斯特林公式 $n! \sim \sqrt{2\pi}\, n^{n + \frac{1}{2}} e^{-n} (n \to \infty)$.

3)一般项级数的判别方法

(1)Cauchy 准则

$$\sum_{n=1}^{\infty} u_n \text{ 收敛} \Leftrightarrow \forall \varepsilon > 0, \exists N \in \mathbf{N}^*, \forall n > N \text{ 及 } p \in \mathbf{N}^*, \text{有} \left| \sum_{k=n+1}^{n+p} u_k \right| < \varepsilon.$$

$$\sum_{n=1}^{\infty} u_n \text{ 发散} \Leftrightarrow \exists \varepsilon_0 > 0, \forall N \in \mathbf{N}^*, \exists n_0 > N \text{ 及 } p_0 \in \mathbf{N}^*, \text{有} \left| \sum_{k=n_0+1}^{n_0+p_0} u_k \right| \geqslant \varepsilon_0.$$

注 不难发现,Cauchy 准则只涉及级数通项本身的信息,同时一个级数是否收敛与前面有限项的取值无关.这里取 $p = 1$,易得级数收敛的必要条件,即 $\sum\limits_{n=1}^{\infty} u_n$ 收敛的必要条件是

$$\lim_{n \to \infty} u_n = 0.$$

这个条件对于判别级数的发散性是很方便的.

(2)利用正项级数的判别法

若级数 $\sum\limits_{n=1}^{\infty} |u_n|$ 收敛,则 $\sum\limits_{n=1}^{\infty} u_n$ 也收敛.反之不成立,例如 $\sum\limits_{n=1}^{\infty} \dfrac{(-1)^{n-1}}{n}$.基于此,我们可以对通项 u_n 加绝对值,进而转化为对正项级数 $\sum\limits_{n=1}^{\infty} |u_n|$ 的判定,实际结果就是级数的绝对收敛性.如果级数没有绝对收敛性,但级数本身是收敛的,则称级数条件收敛.绝对收敛和条件收敛是两个独立的概念,不要混淆.

(3)Leibniz 判别法

级数 $\sum\limits_{n=1}^{\infty} (-1)^{n-1} a_n (a_n > 0)$ 称为交错级数.若 $\{a_n\}$ 单调递减且收敛于 0,则称级数 $\sum\limits_{n=1}^{\infty} (-1)^{n-1} a_n$ 为 Leibniz 级数,其有如下性质:

① Leibniz 级数一定收敛;

② Leibniz 级数的余项级数 $R_n = \sum\limits_{k=n+1}^{\infty} (-1)^{k-1} a_k$ 满足

$$|R_n| = \left| \sum_{k=n+1}^{\infty} (-1)^{k-1} a_k \right| \leqslant a_{n+1}.$$

（4）级数 $\sum\limits_{n=1}^{\infty} a_n b_n$ 的判别方法——Abel 判别法及 Dirichlet 判别法

由 Abel 判别法 $\begin{cases} \sum\limits_{n=1}^{\infty} a_n \text{ 收敛}, \\ \{b_n\} \text{ 单调有界} \end{cases}$ 或 Dirichlet 判别法 $\begin{cases} \sum\limits_{n=1}^{\infty} a_n \text{ 的部分和数列有界}, \\ \{b_n\} \text{ 单调且收敛于 } 0 \end{cases}$

都可以得到 $\sum\limits_{n=1}^{\infty} a_n b_n$ 收敛. 值得注意的是, $\{b_n\}$ 单调可以弱化为从某一项开始.

注　关于上述判别方法, 有以下几点需要注意:

① 对交错级数一般考虑用 Leibniz 判别法判别敛散性. 注意

$$\cos n\pi = (-1)^n, \quad \sin\left(\frac{\pi}{2} + n\pi\right) = (-1)^n.$$

② Leibniz 判别法是 Dirichlet 判别法的特例; Dirichlet 判别法和 Abel 判别法可以互相推出.

③ 若 $\sum\limits_{n=1}^{\infty} n u_n$ 收敛, 则 $\sum\limits_{n=1}^{\infty} u_n$ 必定收敛.(Abel 判别法)

④ 当 $\sum\limits_{n=1}^{\infty} u_n$ 和 $\sum\limits_{n=1}^{\infty} v_n$ 都收敛时, $\sum\limits_{n=1}^{\infty} u_n v_n$ 不一定收敛, 例如

$$u_n = (-1)^{n-1} \frac{1}{\sqrt[3]{n}}, \quad v_n = (-1)^{n-1} \frac{1}{\sqrt{n}};$$

但若它们都是正项级数, 则 $\sum\limits_{n=1}^{\infty} u_n v_n$ 一定收敛, 且当 n 充分大时必有

$$u_n v_n \leqslant u_n \quad \text{或} \quad u_n v_n \leqslant v_n.$$

4）收敛级数的运算性质

（1）线性性质:以两个收敛级数的通项的线性组合作为通项的级数仍收敛.

（2）加括号性质:对收敛级数的项任意加括号, 但不改变项的次序, 则加括号后的级数仍收敛.

（3）绝对收敛的级数满足加法交换律, 但条件收敛的级数不满足.

① $\sum\limits_{n=1}^{\infty} u_n$ 绝对收敛 $\Leftrightarrow$ 正、负部级数 $\sum\limits_{n=1}^{\infty} u_n^+$ 与 $\sum\limits_{n=1}^{\infty} u_n^-$ 都收敛; 若 $\sum\limits_{n=1}^{\infty} u_n$ 条件收敛,

则 $\sum\limits_{n=1}^{\infty} u_n^+$ 与 $\sum\limits_{n=1}^{\infty} u_n^-$ 都发散到 $+\infty$.

② 若 $\sum\limits_{n=1}^{\infty} u_n$ 绝对收敛,则它的任何重排级数也绝对收敛且和不变;若 $\sum\limits_{n=1}^{\infty} u_n$ 条件收敛,对任意给定的 $a \in \mathbf{R}$,都存在此级数的重排级数使之等于 a.

(4) 乘法分配律: $\left(\sum\limits_{n=1}^{\infty} u_n\right)\left(\sum\limits_{n=1}^{\infty} v_n\right)$ 所表示的乘积级数排成方法有很多种,常用的有正方形法与对角线法.

① 按正方形法得到的乘积级数为 $\sum\limits_{n=1}^{\infty} a_n$,其中 $a_n = \sum\limits_{i=1}^{n} u_i v_n + \sum\limits_{i=1}^{n-1} u_n v_i$;

② 按对角线法得到的乘积级数为 $\sum\limits_{n=1}^{\infty} b_n$,其中 $b_n = \sum\limits_{k=1}^{n} u_k v_{n+1-k}$(又称为 Cauchy 乘积).

值得注意的是,由 Cauchy 定理知,只要 $\sum\limits_{n=1}^{\infty} u_n$ 与 $\sum\limits_{n=1}^{\infty} v_n$ 绝对收敛,则它们所有可能的乘积级数都绝对收敛且和不变.同时,只要 $\sum\limits_{n=1}^{\infty} u_n$ 与 $\sum\limits_{n=1}^{\infty} v_n$ 收敛,按正方形法得到的乘积级数 $\sum\limits_{n=1}^{\infty} a_n$ 也收敛,且 $\left(\sum\limits_{n=1}^{\infty} u_n\right)\left(\sum\limits_{n=1}^{\infty} v_n\right) = \sum\limits_{n=1}^{\infty} a_n$;但对于 Cauchy 乘积,仅仅条件收敛还不足以保证其敛散性.

注 级数性质的一个重要应用是考察无穷多个数相加后是不是还能满足有限个数相加时的结合律、交换律和分配律.从上面分析我们知道,收敛的级数满足结合律,绝对收敛的级数还满足交换律和分配律.

5.1.2　典型例题解析

首先,我们考虑一下级数的求和问题.

例 5.1 设 $a \in (0,1)$,求级数 $\sum\limits_{n=1}^{\infty} na^n$ 的和.

解 由级数的部分和 $S_n = a + 2a^2 + \cdots + na^n$ 可得

$$aS_n = a^2 + 2a^3 + \cdots + (n-1)a^n + na^{n+1},$$

于是

$$(1-a)S_n = a + a^2 + \cdots + a^n - na^{n+1} = \frac{a(1-a^n)}{1-a} - na^{n+1},$$

从而级数的和为

$$\lim_{n\to\infty} S_n = \lim_{n\to\infty}\left(\frac{a(1-a^n)}{(1-a)^2} - \frac{na^{n+1}}{1-a}\right) = \frac{a}{(1-a)^2}.$$

例 5.2（武汉大学 2004 年） 求级数 $\sum\limits_{k=1}^{\infty}\arctan\dfrac{1}{2k^2}$ 的和.

解 注意到 $\arctan x - \arctan y = \arctan\dfrac{x-y}{1+xy}$，而

$$\frac{1}{2k^2} = \frac{\dfrac{1}{2k-1} - \dfrac{1}{2k+1}}{1 + \dfrac{1}{2k-1}\dfrac{1}{2k+1}},$$

所以级数的前 n 项和

$$S_n = \sum_{k=1}^{n}\left(\arctan\frac{1}{2k-1} - \arctan\frac{1}{2k+1}\right) = \arctan 1 - \arctan\frac{1}{2n+1},$$

于是级数的和为 $\lim\limits_{n\to\infty} S_n = \dfrac{\pi}{4}$.

注 上面的例子说明求和的一个重要方法是将部分和变形成可以两两抵消的情形.除此以外还可以建立部分和的方程,通过求解方程得到部分和.

例 5.3 求级数 $\sum\limits_{n=1}^{\infty} q^n\cos nx\,(\mid q\mid < 1)$ 的和.

解法 1 因为

$$2q\cos x S_n = \sum_{k=1}^{n} 2q^{k+1}\cos x\cos kx = \sum_{k=1}^{n} q^{k+1}(\cos(k+1)x + \cos(k-1)x)$$

$$= S_n + q^{n+1}\cos(n+1)x - q\cos x + (q^2 + q^2 S_n - q^{n+2}\cos nx),$$

解之得

$$S_n = \frac{q^{n+2}\cos nx - q^{n+1}\cos(n+1)x + q\cos x - q^2}{1+q^2 - 2q\cos x},$$

最后取极限得到

$$S = \lim_{n\to\infty} S_n = \frac{q\cos x - q^2}{1+q^2 - 2q\cos x}.$$

解法 2 利用复数的性质先求 $\sum\limits_{k=1}^{n} q^k\mathrm{e}^{ikx}$,因为 $\mid q\mathrm{e}^{ix}\mid = \mid q\mid < 1$,所以得到

$$\sum_{n=1}^{\infty} q^n\mathrm{e}^{inx} = \frac{q\mathrm{e}^{ix}}{1-q\mathrm{e}^{ix}} = \frac{q\cos x - q^2}{1+q^2-2q\cos x} + \mathrm{i}\frac{q\sin x}{1+q^2-2q\cos x},$$

最后利用复数相等就得到

$$S = \frac{q\cos x - q^2}{1 + q^2 - 2q\cos x}.$$

注   还可以利用子列求级数和.因为 $\sum\limits_{n=0}^{\infty} a_n$ 收敛,所以 $\lim\limits_{n\to\infty} a_n = 0$,故若

$$\lim_{n\to\infty} S_{2n} = S, \quad 则 \quad \lim_{n\to\infty} S_{2n+1} = S.$$

例5.4   计算 $1 + \frac{1}{2} + \left(\frac{1}{3} - 1\right) + \frac{1}{4} + \frac{1}{5} + \left(\frac{1}{6} - \frac{1}{2}\right) + \frac{1}{7} + \frac{1}{8} + \left(\frac{1}{9} - \frac{1}{3}\right) + \cdots$

的和.

解   易见 $\lim\limits_{n\to\infty} a_n = 0$,且级数通项

$$a_n = \begin{cases} \dfrac{1}{n}, & n \neq 3k, \\ \dfrac{1}{3k} - \dfrac{1}{k}, & n = 3k. \end{cases}$$

考虑部分和的子列 $\{S_{3n}\}$,有

$$S_{3n} = \left(1 + \frac{1}{2} + \frac{1}{3} + \cdots + \frac{1}{3n}\right) - \left(1 + \frac{1}{2} + \frac{1}{3} + \cdots + \frac{1}{n}\right).$$

由欧拉公式 $1 + \frac{1}{2} + \frac{1}{3} + \cdots + \frac{1}{n} = C + \ln n + \varepsilon_n$,其中 $\lim\limits_{n\to\infty} \varepsilon_n = 0$,这样得到

$$S_{3n} = (C + \ln 3n + \varepsilon_{3n}) - (C + \ln n + \varepsilon_n) = \ln 3 + \varepsilon_{3n} - \varepsilon_n \to \ln 3, \quad n \to \infty,$$

于是得到原级数的和为 $S = \ln 3$.

例5.5(山东大学 2017 年)   设 $x \in [0, \pi]$,求级数 $\sum\limits_{n=1}^{\infty} \dfrac{\sin nx}{n}$ 的和 S.

解   当 $x = 0$ 时,$S(0) = 0$.又当 $x \in (0, \pi]$ 时,$S_n(x) = \sum\limits_{k=1}^{n} \dfrac{\sin kx}{k}$,于是

$$\frac{\mathrm{d}}{\mathrm{d}x} S_n(x) = \sum_{k=1}^{n} \cos kx = \frac{1}{2\sin\frac{x}{2}} \sum_{k=1}^{n} 2\sin\frac{x}{2}\cos kx$$

$$= \frac{1}{2\sin\frac{x}{2}} \sum_{k=1}^{n} \left(\sin\left(k + \frac{1}{2}\right)x - \sin\left(k - \frac{1}{2}\right)x\right)$$

$$= \frac{1}{2\sin\frac{x}{2}}\left(\sin\frac{2n+1}{2}x - \sin\frac{x}{2}\right)$$

$$= \frac{\sin\frac{2n+1}{2}x}{2\sin\frac{x}{2}} - \frac{1}{2}.$$

因为 $S_n(\pi) = 0$，所以

$$S_n(x) = S_n(x) - S_n(\pi) = -\int_x^\pi S_n'(t)\,\mathrm{d}t$$

$$= -\frac{1}{2}\int_x^\pi \frac{\sin\frac{2n+1}{2}t}{2\sin\frac{t}{2}}\,\mathrm{d}t + \frac{1}{2}\int_x^\pi 1\,\mathrm{d}t \to \frac{1}{2}(\pi - x), \quad n \to \infty,$$

最后得到 $S(x) = \begin{cases} 0, & x = 0, \\ \dfrac{1}{2}(\pi - x), & 0 < x \leqslant \pi. \end{cases}$

注　这是一道很有难度的题目，其中用到了黎曼-勒贝格引理，并且题解中的有限和的求法在利用 Abel–Dirichlet 判别法判别有限和的有界性方面经常用到。当然我们还可以利用幂级数和傅里叶级数来求和，相关内容将在后面讲解。

接下来，我们举一些正项级数敛散性判别方面的典型例题。

例 5.6　设 $a_n > 0$，$S_n = \sum_{k=1}^n a_k$，且 $\sum_{n=1}^\infty a_n$ 发散，证明：

(1) 级数 $\sum_{n=1}^\infty \dfrac{a_n}{S_n}$ 发散；

(2) 级数 $\sum_{n=1}^\infty \dfrac{a_n}{S_n^2}$ 收敛。

证明　(1) 由 $a_n > 0$ 得到 $S_n = \sum_{k=1}^n a_k$ 是单调递增的，所以

$$\sum_{k=n+1}^{n+p} \frac{a_k}{S_k} \geqslant \frac{\sum_{k=n+1}^{n+p} a_k}{S_{n+p}} = \frac{S_{n+p} - S_n}{S_{n+p}} = 1 - \frac{S_n}{S_{n+p}}.$$

因为 $S_n \to \infty (n \to \infty)$，所以对任意固定的 n，当 p 充分大时，有

$$\frac{S_n}{S_{n+p}} < \frac{1}{2},$$

从而 $\exists\varepsilon_0=\dfrac{1}{2},\forall N\in\mathbf{N}^*,\exists n_0>N$ 及 $p_0\in\mathbf{N}^*$,成立

$$\sum_{k=n_0+1}^{n_0+p_0}\frac{a_k}{S_k}\geqslant 1-\frac{1}{2}=\varepsilon_0.$$

(2) 因为 $S_n\to\infty(n\to\infty)$,所以

$$\frac{a_n}{S_n^2}=\frac{S_n-S_{n-1}}{S_n^2}\leqslant\frac{S_n-S_{n-1}}{S_{n-1}S_n}=\frac{1}{S_{n-1}}-\frac{1}{S_n},$$

于是

$$\sum_{k=1}^{n}\frac{a_k}{S_k^2}\leqslant\frac{a_1}{S_1^2}+\sum_{k=2}^{n}\left(\frac{1}{S_{k-1}}-\frac{1}{S_k}\right)=\frac{2}{a_1}-\frac{1}{S_n}<\frac{2}{a_1},$$

也就是原级数的部分和序列有界,因而收敛.

注 本题还可以推广到更一般的结论.

例 5.7 设 $a_n>0$.

(1) 若 $\sum\limits_{n=1}^{\infty}a_n$ 收敛,记 $R_n=\sum\limits_{k=n}^{\infty}a_k$ 为 $\sum\limits_{n=1}^{\infty}a_n$ 的余级数,讨论 $\sum\limits_{n=1}^{\infty}\dfrac{a_n}{R_n^p}$ 的敛散性;

(2) 若 $\sum\limits_{n=1}^{\infty}a_n$ 发散,记 $S_n=\sum\limits_{k=1}^{n}a_k$,讨论级数 $\sum\limits_{n=1}^{\infty}\dfrac{a_n}{S_n^p}$ 的敛散性.

解 (1) 首先注意到 R_n 单调递减趋于零.

(i) 当 $p\leqslant 0$ 时,存在 $N\in\mathbf{N}^*$,当 $n>N$ 时,有 $\dfrac{a_n}{R_n^p}=R_n^{-p}a_n\leqslant a_n$,则由 $\sum\limits_{n=1}^{\infty}a_n$ 收敛及比较判别法知原级数收敛.

(ii) 当 $0<p<1$ 时,令 $S=\sum\limits_{k=1}^{n}a_k$,则原级数的部分和序列

$$\sum_{k=1}^{n}\frac{a_k}{R_k^p}=\sum_{k=1}^{n}\int_{R_{k+1}}^{R_k}\frac{1}{R_k^p}\mathrm{d}x\leqslant\sum_{k=1}^{n}\int_{R_{k+1}}^{R_k}\frac{1}{x^p}\mathrm{d}x<\int_0^S\frac{1}{x^p}\mathrm{d}x<+\infty,$$

也就是原级数的部分和序列有界,则原级数收敛.

(iii) 当 $p\geqslant 1$ 且 n 充分大时 $\dfrac{a_n}{R_n^p}\geqslant\dfrac{a_n}{R_n}$,又因为 R_n 单调递减趋于零,有

$$\sum_{k=n_0+1}^{n_0+p_0}\frac{a_k}{R_k}\geqslant\frac{1}{R_{n_0+1}}\sum_{k=n_0+1}^{n_0+p_0}a_k=\frac{1}{R_{n_0+1}}(R_{n_0+1}-R_{n_0+p_0+1})=1-\frac{R_{n_0+p_0+1}}{R_{n_0+1}}.$$

仍然由 R_n 单调递减趋于零,$\exists\varepsilon_0=\dfrac{1}{2},\forall N\in\mathbf{N}^*,\exists n_0>N$ 及 $p_0\in\mathbf{N}^*$ 使得

$$\frac{R_{n_0+p_0+1}}{R_{n_0+1}} < \frac{1}{2},$$

也就是 $\sum\limits_{k=n_0+1}^{n_0+p_0} \frac{a_k}{R_k} > \frac{1}{2}$. 于是由 Cauchy 收敛准则,则原级数发散.

(2) 注意到 $S_n \to +\infty (n \to \infty)$.

（ⅰ）当 $p \leqslant 0$ 时,存在 $N \in \mathbf{N}^*$,当 $n > N$ 时,有 $\frac{a_n}{S_n^p} = S_n^{-p} a_n \geqslant a_n$,则由 $\sum\limits_{n=1}^{\infty} a_n$ 发散及比较判别法知原级数发散;

（ⅱ）当 $0 < p \leqslant 1$ 且 n 充分大时 $\frac{a_n}{S_n^p} \geqslant \frac{a_n}{S_n}$,同例 5.6(1) 的证明,可得 $\sum\limits_{n=1}^{\infty} \frac{a_n}{S_n}$ 发散,再由比较判别法知原级数发散;

（ⅲ）当 $p > 1$ 时,有

$$\begin{aligned}
\sum_{k=1}^{n} \frac{a_k}{S_k^p} &= \frac{a_1}{S_1^p} + \sum_{k=2}^{n} \frac{a_k}{S_k^p} = \frac{a_1}{S_1^p} + \sum_{k=2}^{n} \int_{S_{k-1}}^{S_k} \frac{1}{S_k^p} \mathrm{d}x \\
&\leqslant \frac{a_1}{S_1^p} + \sum_{k=2}^{n} \int_{S_{k-1}}^{S_k} \frac{1}{x^p} \mathrm{d}x \\
&< \frac{a_1}{S_1^p} + \int_{a_1}^{+\infty} \frac{1}{x^p} \mathrm{d}x < +\infty,
\end{aligned}$$

此时原级数的部分和序列有上界,因而收敛.

注 此例表明:正项级数 $\sum\limits_{n=1}^{\infty} a_n$ 发散时,存在 $b_n \to +\infty (n \to \infty)$ 使得 $\sum\limits_{n=1}^{\infty} \frac{a_n}{b_n}$ 发散;正项级数 $\sum\limits_{n=1}^{\infty} a_n$ 收敛时,存在 $b_n \to 0 (n \to \infty)$ 使得 $\sum\limits_{n=1}^{\infty} \frac{a_n}{b_n}$ 发散.

例 5.8 设 $a_n > 0$.

(1) 若 $\sum\limits_{n=1}^{\infty} a_n$ 收敛,能否得到 $na_n \to 0$, $n(a_n - a_{n+1}) \to 0 (n \to \infty)$?

(2) 若 $na_n \to 0$ 或 $n(a_n - a_{n+1}) \to 0 (n \to \infty)$,能否得到 $\sum\limits_{n=1}^{\infty} a_n$ 收敛?

(3) 若 $na_n \to 0 (n \to \infty)$,证明:

（ⅰ）级数 $\sum\limits_{n=1}^{\infty} a_n$ 与 $\sum\limits_{n=1}^{\infty} n(a_n - a_{n+1})$ 同敛散;

（ⅱ）(华东师范大学 2002 年) 级数 $\sum\limits_{n=1}^{\infty} a_n$ 与 $\sum\limits_{n=1}^{\infty} n(a_n - a_{n+1})$ 有一个收敛,则

$$\sum_{n=1}^{\infty} a_n = \sum_{n=1}^{\infty} n(a_n - a_{n+1}).$$

解 （1）不能.首先考虑级数 $\displaystyle\sum_{n=1}^{\infty}\frac{1}{n^2}$,然后令 $a_n=\begin{cases}\dfrac{1}{n}, & n\text{ 为完全平方数,}\\[2mm]\dfrac{1}{n^2}, & n\text{ 不是完全平方数.}\end{cases}$

（2）不能.先取 $a_n=\dfrac{1}{n\ln n}$,再取 $a_n-a_{n+1}=\dfrac{1}{n\ln n}$,则 $n(a_n-a_{n+1})\to 0(n\to\infty)$,但

$$a_{n+1}=a_2-\sum_{k=2}^{n}\frac{1}{k\ln k}\longrightarrow-\infty,\quad n\to\infty.$$

（3）（ⅰ）由

$$\sum_{k=1}^{n}k(a_k-a_{k+1})=(a_1-a_2)+2(a_2-a_3)+\cdots+n(a_n-a_{n+1})$$
$$=\sum_{k=1}^{n+1}a_k-(n+1)a_{n+1},$$

易见结论成立；

（ⅱ）由（ⅰ）的结论易见（ⅱ）也成立.

例 5.9（江苏大学 2006 年） 设 $a_n>0$ 且单调递减,证明:若 $\displaystyle\sum_{n=1}^{\infty}a_n$ 收敛,则

$$na_n\to 0,\quad n\to\infty.$$

证明 对任意的 $n,m\in\mathbf{N}^*$ 且 $n>m$,由

$$(n-m)a_n<a_{m+1}+\cdots+a_n<R_m\Rightarrow na_n\leqslant\frac{nR_m}{n-m}.$$

注意到 $R_m\to 0,m\to\infty$,即 $\forall\varepsilon>0,\exists N_1\in\mathbf{N}^*$,使得 $\forall m_0>N_1$,有 $R_{m_0}<\varepsilon$;又因为 $\displaystyle\lim_{n\to\infty}\frac{n}{n-m_0}=1$,所以 $\exists N_2\in\mathbf{N}^*$,使得 $\forall n>N_2$,有 $\dfrac{n}{n-m_0}<2$.最后,当 $n>\max\{N_1,N_2\}$ 时,有 $0<na_n<2\varepsilon$.

例 5.10 判别下列级数的敛散性:

（1）（武汉大学 2003 年）$\displaystyle\sum_{n=2}^{\infty}\frac{1}{(\ln n)^{\ln n}}$;

（2）（武汉理工大学 2004 年）$\displaystyle\sum_{n=1}^{\infty}\frac{\ln(n+2)}{\left(\alpha+\dfrac{1}{n}\right)^n}$,其中 $\alpha>0$;

（3）（青岛科技大学 2005 年）$\displaystyle\sum_{n=1}^{\infty}\frac{\sqrt{n!}}{(2+\sqrt{1})(2+\sqrt{2})\cdots(2+\sqrt{n})}$;

（4）（中国科学院 2002 年）$\displaystyle\sum_{n=1}^{\infty} n^{-\frac{n+1}{n}}$；

（5）（东南大学 2005 年）$\displaystyle\sum_{n=1}^{\infty}\left[\frac{1}{\sqrt{n}}-\sqrt{\ln\left(1+\frac{1}{n}\right)}\right]$；

（6）$\displaystyle\sum_{n=1}^{\infty}(a^{\frac{1}{n}}+a^{-\frac{1}{n}}-2)$，其中 $a>1$.

解　（1）当 n 足够大时，有

$$\frac{\ln\dfrac{1}{a_n}}{\ln n}=\frac{\ln(\ln n)^{\ln n}}{\ln n}=\ln\ln n>1+\alpha,\quad \alpha>0,$$

由对数判别法知原级数收敛.

（2）注意到

$$\sqrt[n]{\frac{\ln(n+2)}{\left(\alpha+\dfrac{1}{n}\right)^n}}=\frac{\sqrt[n]{\ln(n+2)}}{\alpha+\dfrac{1}{n}}\to\frac{1}{\alpha},\quad n\to\infty,$$

所以由根式判别法知：当 $\alpha>1$ 时，原级数收敛；当 $0<\alpha<1$ 时，原级数发散.

又当 $\alpha=1$ 时，原级数通项为

$$\frac{\ln(n+2)}{\left(1+\dfrac{1}{n}\right)^n}\to+\infty,\quad n\to\infty,$$

由级数收敛的必要条件知原级数发散.

（3）因为

$$n\left(\frac{a_n}{a_{n+1}}-1\right)=\frac{2n}{\sqrt{n+1}}\to+\infty,\quad n\to\infty,$$

所以由 Raabe 判别法知原级数收敛.

（4）因为

$$\frac{n^{-\frac{n+1}{n}}}{n^{-1}}=\frac{1}{\sqrt[n]{n}}\to1,\quad n\to\infty,$$

所以由调和级数的发散性及比较判别法知原级数发散.

（5）注意到 $\dfrac{1}{n+1}<\ln\left(1+\dfrac{1}{n}\right)<\dfrac{1}{n}$，所以

$$\frac{1}{\sqrt{n}} - \sqrt{\ln\left(1+\frac{1}{n}\right)} < \frac{1}{\sqrt{n}} - \frac{1}{\sqrt{n+1}}$$

$$= \frac{1}{\sqrt{n(n+1)}(\sqrt{n}+\sqrt{n+1})} \sim \frac{1}{n^{3/2}}, \quad n \to \infty,$$

由 $\sum\limits_{n=1}^{\infty}\dfrac{1}{n^{3/2}}$ 收敛及比较判别法知原级数收敛.

(6) 因为 $e^x = 1 + x + \dfrac{1}{2}x^2 + o(x^2)(x \to 0)$，所以

$$a^{\frac{1}{n}} = e^{\frac{1}{n}\ln a} = 1 + \frac{1}{n}\ln a + \frac{1}{2}\frac{1}{n^2}(\ln a)^2 + o\left(\frac{1}{n^2}\right), \quad n \to \infty$$

$$a^{-\frac{1}{n}} = e^{-\frac{1}{n}\ln a} = 1 - \frac{1}{n}\ln a + \frac{1}{2}\frac{1}{n^2}(\ln a)^2 + o\left(\frac{1}{n^2}\right), \quad n \to \infty,$$

从而 $a^{\frac{1}{n}} + a^{-\frac{1}{n}} - 2 = \dfrac{1}{n^2}(\ln a)^2 + o\left(\dfrac{1}{n^2}\right)(n \to \infty)$. 因为

$$\lim_{n\to\infty} \frac{a^{\frac{1}{n}} + a^{-\frac{1}{n}} - 2}{\frac{1}{n^2}} = (\ln a)^2 \neq 0,$$

故由比较判别法的极限形式知 $\sum\limits_{n=1}^{\infty}(a^{\frac{1}{n}} + a^{-\frac{1}{n}} - 2)(a > 1)$ 是绝对收敛的.

注 第(6)题的估算过程本质上是 Taylor 展开.

例 5.11(南京大学 2013 年) 设 $\{a_n\}$ 单调递减趋于零,证明:级数 $\sum\limits_{n=1}^{\infty}a_n$ 收敛当且仅当 $\sum\limits_{k=1}^{\infty}3^k a_{3^k}$ 收敛.

证明 由 $\{a_n\}$ 单调递减趋于零知 $a_n \geqslant 0$. 一方面,有

$$\sum_{n=1}^{\infty}a_n = (a_1 + a_2 + a_3) + (a_4 + \cdots + a_9) + (a_{10} + \cdots + a_{27}) + \cdots$$

$$\geqslant 3a_3 + 6a_9 + 18a_{27} + 54a_{81} + \cdots$$

$$= 3a_3 + (3^2 - 3)a_9 + (3^3 - 3^2)a_{27} + (3^4 - 3^3)a_{81} + \cdots$$

$$= (3a_3 + 3^2 a_{3^2} + 3^3 a_{3^3} + 3^4 a_{3^4} + \cdots) - \frac{1}{3}(3^2 a_{3^2} + 3^3 a_{3^3} + 3^4 a_{3^4} + \cdots)$$

$$= a_3 + \frac{2}{3}\sum_{k=1}^{\infty}3^k a_{3^k},$$

另一方面,可得

$$\sum_{n=1}^{\infty} a_n = a_1 + a_2 + (a_3 + a_4 + \cdots + a_8) + (a_9 + \cdots + a_{26}) + (a_{27} + \cdots + a_{80}) + \cdots$$

$$\leqslant a_1 + a_2 + 6a_3 + 18a_9 + 54a_{27} + \cdots$$

$$= a_1 + a_2 + 2(3a_3 + 3^2 a_{32} + 3^3 a_{33} + 3^4 a_{34} + \cdots)$$

$$= a_1 + a_2 + 2\sum_{k=1}^{\infty} 3^k a_{3k},$$

由此可见结论成立.

注　类似的方法可以验证 $\displaystyle\sum_{n=1}^{\infty} a_n$ 收敛当且仅当 $\displaystyle\sum_{k=1}^{\infty} 2^k a_{2k}$ 收敛.

关于正项级数敛散性还有一大类问题是级数与函数及积分相结合的问题.

例 5.12（浙江大学 2006 年）　设 $f(x) = \dfrac{1}{1 - x - x^2}$,证明: $\displaystyle\sum_{n=0}^{\infty} \dfrac{n!}{f^{(n)}(0)}$ 收敛.

证明　首先注意到

$$f(x) = \frac{1}{\left(\dfrac{\sqrt{5}-1}{2} - x\right)\left(\dfrac{\sqrt{5}+1}{2} + x\right)} = \frac{1}{(a-x)(b+x)}$$

$$= \frac{1}{\sqrt{5}} \left(\frac{1}{a-x} + \frac{1}{b+x} \right),$$

所以

$$f^{(n)}(x) = \frac{1}{\sqrt{5}} \left(\frac{n!}{(a-x)^{n+1}} + \frac{(-1)^n n!}{(b+x)^{n+1}} \right),$$

于是

$$\frac{f^{(n)}(0)}{n!} = \frac{1}{\sqrt{5}} \left(\frac{1}{a^{n+1}} + \frac{(-1)^n}{b^{n+1}} \right) = \frac{1}{\sqrt{5}} \frac{1}{a^{n+1}} \left(1 + (-1)^n \left(\frac{a}{b} \right)^{n+1} \right) > 0.$$

再由

$$\frac{\dfrac{n!}{f^{(n)}(0)}}{a^{n+1}} = \frac{\sqrt{5}}{1 + (-1)^n \left(\dfrac{a}{b} \right)^{n+1}} \to \sqrt{5} < +\infty, \quad n \to \infty,$$

因为 $0 < a = \dfrac{\sqrt{5}-1}{2} < 1$,即 $\displaystyle\sum_{n=1}^{\infty} a^{n+1}$ 收敛,所以由比较判别法知原级数收敛.

例 5.13(南京信息工程大学 2013 年)　设 $f(x) = \dfrac{1}{1+x}$，讨论级数 $\displaystyle\sum_{n=1}^{\infty} \dfrac{(n-1)!}{f^{(n)}(0)}$ 的敛散性.

注　本题同上例类似，留作习题.

例 5.14(南京大学 2014 年)　设函数 $f(x)$ 在 $[1, +\infty)$ 上单调递减趋于零，且当 $s > 1$ 时，广义积分 $\displaystyle\int_1^{+\infty} (f(x))^s \mathrm{d}x$ 收敛，证明：

(1) $\displaystyle\lim_{n\to\infty}\Big(\sum_{k=1}^{n} f(k) - \int_1^n f(x)\mathrm{d}x\Big)$ 存在且有限；

(2) $\displaystyle\lim_{s\to 1^+}\Big(\sum_{k=1}^{\infty} (f(k))^s - \int_1^{+\infty} (f(x))^s \mathrm{d}x\Big)$ 存在且有限.

证明　(1) 设

$$\sum_{k=1}^{n} f(k) - \int_1^n f(x)\mathrm{d}x = \sum_{k=2}^{n}\int_{k-1}^{k} f(k)\mathrm{d}x - \sum_{k=2}^{n}\int_{k-1}^{k} f(x)\mathrm{d}x + f(1)$$
$$= \sum_{k=2}^{n}\int_{k-1}^{k} (f(k) - f(x))\mathrm{d}x + f(1)$$
$$= -S_n + f(1),$$

注意到 $x \in [k-1, k]$ 时，有 $f(k) \leqslant f(x) \leqslant f(k-1)$，于是

$$0 \leqslant f(x) - f(k) \leqslant f(k-1) - f(k), \quad x \in [k-1, k],$$

得到

$$0 \leqslant S_n \leqslant \sum_{k=2}^{n}\int_{k-1}^{k} (f(k-1) - f(k))\mathrm{d}x$$
$$= \sum_{k=2}^{n} (f(k-1) - f(k)) = f(1) - f(n),$$

所以

$$\lim_{n\to\infty}\Big(\sum_{k=1}^{n} f(k) - \int_1^n f(x)\mathrm{d}x\Big) = -\lim_{n\to\infty} S_n + f(1)$$

存在且有限.

(2) 因为 $\displaystyle\int_1^{+\infty} (f(x))^s \mathrm{d}x$ 收敛，由积分判别法知 $\displaystyle\sum_{k=1}^{\infty} (f(k))^s$ 也收敛. 又 $f(x)$ 在 $[1, +\infty)$ 上单调递减趋于零，得到

$$f^s(k) \leqslant f^s(x) \leqslant f^s(k-1), \quad x \in [k-1, k],$$

于是

$$f^s(x)-f^s(k)\leqslant f^s(k-1)-f^s(k),\quad x\in[k-1,k],$$

且对 $s>1$，易知 $f^s(k-1)-f^s(k)\geqslant 0.$而

$$\left|\sum_{k=1}^{\infty}(f(k))^s-\int_{1}^{+\infty}(f(x))^s\mathrm{d}x\right|$$

$$=\left|\sum_{k=2}^{\infty}\int_{k-1}^{k}((f(x))^s-(f(k))^s)\mathrm{d}x-(f(1))^s\right|$$

$$\leqslant\sum_{k=2}^{\infty}\int_{k-1}^{k}|f^s(k-1)-f^s(k)|\mathrm{d}x+|f^s(1)|$$

$$\leqslant\sum_{k=2}^{\infty}f^s(k-1)+\sum_{k=2}^{\infty}f^s(k)+|f^s(1)|,$$

所以由优级数判别法及结论(1)知级数 $\sum_{k=2}^{\infty}\int_{k-1}^{k}((f(x))^s-(f(k))^s)\mathrm{d}x-(f(1))^s$
在 $s\geqslant 1$ 时一致收敛，再由和函数的连续性立得结论.

例 5.15　设非负函数 $f(x)$ 在 $[1,+\infty)$ 上单调减少，且 $\lim\limits_{x\to+\infty}\dfrac{\mathrm{e}^x f(\mathrm{e}^x)}{f(x)}=\lambda$，证明：当 $\lambda<1$ 时，级数 $\sum\limits_{n=0}^{\infty}f(n)$ 收敛；当 $\lambda>1$ 时，级数 $\sum\limits_{n=0}^{\infty}f(n)$ 发散.

证明　由题意，可知

$$\sum_{n=0}^{\infty}f(n)\text{ 收敛}\Leftrightarrow\int_{1}^{+\infty}f(x)\mathrm{d}x\text{ 收敛}$$

$$\Leftrightarrow\forall\{x_n\}\text{ 单调上升发散至}+\infty,\lim_{n\to\infty}\int_{1}^{x_n}f(x)\mathrm{d}x\text{ 存在}.$$

当 $\lambda>1$ 时，$\exists M>1$ 使得 $\forall x>M$，有 $\dfrac{\mathrm{e}^x f(\mathrm{e}^x)}{f(x)}>1$，即 $\mathrm{e}^x f(\mathrm{e}^x)>f(x)$.所以对任意的 $x_{n-1}<x_n$，有

$$\int_{x_{n-1}}^{x_n}\mathrm{e}^x f(\mathrm{e}^x)\mathrm{d}x>\int_{x_{n-1}}^{x_n}f(x)\mathrm{d}x.$$

令 $\mathrm{e}^x=t$，得到 $\int_{\mathrm{e}^{x_{n-1}}}^{\mathrm{e}^{x_n}}f(t)\mathrm{d}t>\int_{x_{n-1}}^{x_n}f(x)\mathrm{d}x$，于是取

$$x_1=1,\quad x_2=\mathrm{e},\quad x_3=\mathrm{e}^{x_2},\quad x_4=\mathrm{e}^{x_3},\quad\cdots,\quad x_n=\mathrm{e}^{x_{n-1}},$$

则

$$\int_{x_n}^{x_{n+1}}f(x)\mathrm{d}x>\int_{x_{n-1}}^{x_n}f(x)\mathrm{d}x,$$

从而得到

$$\int_1^{x_n} f(x)\mathrm{d}x = \sum_{k=2}^n \int_{x_{k-1}}^{x_k} f(x)\mathrm{d}x > (n-1)\int_1^{\mathrm{e}} f(x)\mathrm{d}x \to +\infty, \quad n \to \infty,$$

此时原级数发散.

当 $\lambda < 1$ 时,取 $q \in (\lambda,1)$,则 $\exists M > 1$ 使得 $\forall x > M$,有 $\dfrac{\mathrm{e}^x f(\mathrm{e}^x)}{f(x)} < q$,即

$$\mathrm{e}^x f(\mathrm{e}^x) < q f(x).$$

再类似于刚才的讨论,有

$$\int_1^{x_n} f(x)\mathrm{d}x = \sum_{k=2}^n \int_{x_{k-1}}^{x_k} f(x)\mathrm{d}x < \sum_{k=2}^n q^{k-2}\int_1^{\mathrm{e}} f(x)\mathrm{d}x$$

$$< \frac{\int_1^{\mathrm{e}} f(x)\mathrm{d}x}{1-q} < +\infty \quad n \to \infty,$$

此时原级数收敛.

例 5.16 判断级数 $\sum\limits_{n=2}^{\infty} \dfrac{1}{n^p(\ln n)^q}(p,q \geqslant 0)$ 的敛散性.

解 注意到

$$\lim_{n\to\infty} n^{\frac{p+1}{2}} \cdot \frac{1}{n^p(\ln n)^q} = \lim_{n\to\infty} \frac{n^{\frac{1-p}{2}}}{(\ln n)^q} = \begin{cases} +\infty, & p < 1, \\ 0, & p > 1, \\ 0, & p=1, q>0, \\ 1, & p=1, q=0, \end{cases}$$

又由于 $\sum\limits_{n=2}^{\infty} \dfrac{1}{n^{\frac{p+1}{2}}}$ 在 $\dfrac{p+1}{2} > 1$ 即 $p > 1$ 时收敛,在 $\dfrac{p+1}{2} \leqslant 1$ 即 $p \leqslant 1$ 时发散,所以由

比较极限法知:当 $p > 1$ 时,$\sum\limits_{n=2}^{\infty} \dfrac{1}{n^p(\ln n)^q}$ 收敛;当 $p < 1$ 时,$\sum\limits_{n=2}^{\infty} \dfrac{1}{n^p(\ln n)^q}$ 发散.

当 $p = 1$ 时,$\sum\limits_{n=2}^{\infty} \dfrac{1}{n^p(\ln n)^q} = \sum\limits_{n=2}^{\infty} \dfrac{1}{n(\ln n)^q}$,显然 $\dfrac{1}{n(\ln n)^q}$ 单调递减且 $\lim\limits_{n\to\infty} \dfrac{1}{n(\ln n)^q} = 0$,则由积分判别法知 $\sum\limits_{n=2}^{\infty} \dfrac{1}{n(\ln n)^q}$ 与无穷积分 $\int_2^{+\infty} \dfrac{1}{x(\ln x)^q}\mathrm{d}x$ 敛散性相同,且

$$\int_2^{+\infty} \frac{1}{x(\ln x)^q}\mathrm{d}x = \int_2^{+\infty} \frac{\mathrm{d}(\ln x)}{(\ln x)^q} = \int_{\ln 2}^{+\infty} \frac{\mathrm{d}t}{t^q} : \begin{cases} 收敛, & q > 1, \\ 发散, & 0 \leqslant q \leqslant 1. \end{cases}$$

综上可得

$$\sum_{n=2}^{\infty} \frac{1}{n^p (\ln n)^q}: \begin{cases} \text{当 } p > 1 \text{ 或 } p = 1, q > 1 \text{ 时,收敛;} \\ \text{当 } p < 1 \text{ 或 } p = 1, 0 \leqslant q \leqslant 1 \text{ 时,发散.} \end{cases}$$

注　本题主要考查 n^p 与对数 $\ln n$ 所构成的正项级数的敛散性.一般遇到此种形式都选择 $p-$ 级数 $\sum_{n=2}^{\infty} \frac{1}{n^{\frac{p+1}{2}}}$ 进行比较.又如 $\sum_{n=2}^{\infty} \frac{(\ln n)^q}{n^p} (p \in \mathbf{R}, q > 0)$,也可以采用类似办法.事实上,有

$$\lim_{n \to \infty} n^{\frac{p+1}{2}} \cdot \frac{(\ln n)^q}{n^p} = \lim_{n \to \infty} \frac{(\ln n)^q}{n^{\frac{p-1}{2}}} = \lim_{n \to \infty} \left[\frac{\ln n}{n^{\frac{p-1}{2} \cdot \frac{1}{q}}} \right]^q = \begin{cases} 0, & p > 1. \\ +\infty, & p \leqslant 1. \end{cases}$$

接下来我们考虑一般项级数敛散性的判别.

例 5.17　判断下列级数的敛散性,若收敛,判断是绝对收敛还是条件收敛.

(1) $\displaystyle\sum_{n=1}^{\infty} \frac{x^{n-1}}{\ln(n+1)}$;　　　　　(2) $\displaystyle\sum_{n=1}^{\infty} \frac{(-1)^n}{\sqrt[3]{n}} \left(1 + \frac{1}{n}\right)^n$;

(3) $\displaystyle\sum_{n=1}^{\infty} \frac{(-1)^{n-1}}{n^{p+\frac{1}{n}}}$;　　　　　(4) $\displaystyle\sum_{n=1}^{\infty} \frac{(-1)^n}{n} \cdot \frac{|p|^n}{1 + |p|^n}$;

(5) $\displaystyle\sum_{n=1}^{\infty} \frac{\sin nx}{n^p}, x \in (0, \pi)$;　(6) (北京大学 2002 年) $\displaystyle\sum_{n=1}^{\infty} \ln \cos \frac{1}{n}$.

解　(1) 令 $u_n = \dfrac{x^{n-1}}{\ln(n+1)}$,则

$$\sqrt[n]{|u_n|} = \sqrt[n]{\frac{|x|^{n-1}}{\ln(n+1)}} = \frac{|x|^{\frac{n-1}{n}}}{\sqrt[n]{\ln(n+1)}} \to |x|, \quad n \to \infty.$$

当 $|x| < 1$ 时,由根式判别法知 $\displaystyle\sum_{n=1}^{\infty} |u_n|$ 收敛,所以原级数绝对收敛;

当 $|x| > 1$ 时,根据极限的保号性,当 n 充分大时有 $\sqrt[n]{|u_n|} > 1$,即 $|u_n| > 1$,这表明 $\lim\limits_{n \to \infty} u_n \neq 0$,所以原级数发散;

当 $x = 1$ 时,$\displaystyle\sum_{n=1}^{\infty} \frac{x^{n-1}}{\ln(n+1)} = \sum_{n=1}^{\infty} \frac{1}{\ln(n+1)}$,所以原级数发散;

当 $x = -1$ 时,$\displaystyle\sum_{n=1}^{\infty} \frac{x^{n-1}}{\ln(n+1)} = \sum_{n=1}^{\infty} \frac{(-1)^{n-1}}{\ln(n+1)}$ 为 Leibniz 级数,从而收敛,且原级数条件收敛.

综上所述,可知

$$\sum_{n=1}^{\infty} \frac{x^{n-1}}{\ln(n+1)}: \begin{cases} \text{当 } |x| < 1 \text{ 时,绝对收敛;} \\ \text{当 } x = -1 \text{ 时,条件收敛;} \\ \text{当 } |x| > 1 \text{ 或 } x = 1 \text{ 时,发散.} \end{cases}$$

注 对于一般项级数,当通项含幂指形式的因子时,一般转变为加绝对值级数,采用根式判别法判断敛散性.

(2) 因为

$$\lim_{n \to \infty} \frac{\frac{1}{\sqrt[3]{n}}\left(1+\frac{1}{n}\right)^n}{\frac{1}{\sqrt[3]{n}}} = \lim_{n \to \infty}\left(1+\frac{1}{n}\right)^n = \mathrm{e} > 1,$$

则由比较判别法知 $\sum\limits_{n=1}^{\infty} \frac{1}{\sqrt[3]{n}}\left(1+\frac{1}{n}\right)^n$ 发散.

注意到 $\sum\limits_{n=1}^{\infty} \frac{(-1)^n}{\sqrt[3]{n}}$ 是 Leibniz 级数,故它是收敛的;又因为 $\left\{\left(1+\frac{1}{n}\right)^n\right\}$ 单调递增,且 $\lim\limits_{n \to \infty}\left(1+\frac{1}{n}\right)^n = \mathrm{e}$,从而它有界.由 Abel 判别法知 $\sum\limits_{n=1}^{\infty} \frac{(-1)^n}{\sqrt[3]{n}}\left(1+\frac{1}{n}\right)^n$ 收敛,从而它是条件收敛的.

注 如果级数的通项是由一个 Leibniz 级数的通项和一个有界数列相乘构成的,则一般采用 Abel 判别法.补充一个常用的 Leibniz 级数:

$$\sum_{n=1}^{\infty} \frac{(-1)^{n-1}}{n^p}:\begin{cases} \text{当 } p > 1 \text{ 时,绝对收敛;} \\ \text{当 } 0 < p \leqslant 1 \text{ 时,条件收敛.} \end{cases}$$

(3) 因为

$$\lim_{n \to \infty} \frac{\frac{1}{n^{p+\frac{1}{n}}}}{\frac{1}{n^p}} = \lim_{n \to \infty} \frac{1}{n^{\frac{1}{n}}} = 1,$$

且

$$\sum_{n=1}^{\infty} \frac{1}{n^p}:\begin{cases} \text{当 } p > 1 \text{ 时,收敛,} \\ \text{当 } p \leqslant 1 \text{ 时,发散,} \end{cases}$$

故由比较判别法知:当 $p > 1$ 时,级数 $\sum\limits_{n=1}^{\infty} \frac{(-1)^{n-1}}{n^{p+\frac{1}{n}}}$ 绝对收敛.

当 $p \leqslant 1$ 时,注意到若 $p \leqslant 0$,则 $\lim\limits_{n \to \infty} \frac{1}{n^{p+\frac{1}{n}}} > 0$,故 $\lim\limits_{n \to \infty} \frac{(-1)^{n-1}}{n^{p+\frac{1}{n}}} \neq 0$,从而原级数是发散的;当 $0 < p \leqslant 1$ 时,易知 $\sum\limits_{n=1}^{\infty} \frac{(-1)^{n-1}}{n^p}$ 是 Leibniz 级数,故它是收敛的,又因

为数列 $\left\{\dfrac{1}{n^{\frac{1}{n}}}\right\}$ 当 $n\geqslant 3$ 时单调递增且 $\lim\limits_{n\to\infty}\dfrac{1}{n^{\frac{1}{n}}}=1$，则数列 $\left\{\dfrac{1}{n^{\frac{1}{n}}}\right\}$ 是单调有界的，从而由

Abel 判别法知 $\sum\limits_{n=1}^{\infty}\dfrac{(-1)^{n-1}}{n^{p+\frac{1}{n}}}$ 收敛，故它是条件收敛的.

综上所述，可知：

$$\sum_{n=1}^{\infty}\frac{(-1)^{n-1}}{n^{p+\frac{1}{n}}}:\begin{cases}\text{当 }p>1\text{ 时，绝对收敛.}\\[1mm]\text{当 }0<p\leqslant1\text{ 时，条件收敛.}\\[1mm]\text{当 }p\leqslant0\text{ 时，发散.}\end{cases}$$

（4）因为

$$\lim_{n\to\infty}\sqrt[n]{\left|\frac{(-1)^n}{n}\cdot\frac{|p|^n}{1+|p|^n}\right|}=\lim_{n\to\infty}\sqrt[n]{\frac{1}{n}\cdot\frac{|p|^n}{1+|p|^n}}=\lim_{n\to\infty}\frac{1}{\sqrt[n]{n}}\cdot\frac{|p|}{\sqrt[n]{1+|p|^n}}$$

$$=\begin{cases}|p|,&|p|<1,\\1,&|p|\geqslant1,\end{cases}$$

故由根式判别法知：

当 $|p|<1$ 时，$\sum\limits_{n=1}^{\infty}\dfrac{1}{n}\cdot\dfrac{|p|^n}{1+|p|^n}$ 收敛，从而 $\sum\limits_{n=1}^{\infty}\dfrac{(-1)^n}{n}\cdot\dfrac{|p|^n}{1+|p|^n}$ 绝对收敛.

当 $|p|\geqslant1$ 时，$\lim\limits_{n\to\infty}\dfrac{\dfrac{1}{n}\cdot\dfrac{|p|^n}{1+|p|^n}}{\dfrac{1}{n}}=\lim\limits_{n\to\infty}\dfrac{|p|^n}{1+|p|^n}=1\left(\text{或 }\dfrac{1}{2}\right)$，而 $\sum\limits_{n=1}^{\infty}\dfrac{1}{n}$ 是发散

的，故由比较判别法知 $\sum\limits_{n=1}^{\infty}\dfrac{1}{n}\cdot\dfrac{|p|^n}{1+|p|^n}$ 发散. 注意到 $\sum\limits_{n=1}^{\infty}\dfrac{(-1)^n}{n}$ 是 Leibniz 级数，

故它是收敛的. 又因为数列 $\left\{\dfrac{|p|^n}{1+|p|^n}\right\}$ 单调递增且极限存在，则数列 $\left\{\dfrac{|p|^n}{1+|p|^n}\right\}$ 是

单调有界的. 由 Abel 判别法知 $\sum\limits_{n=1}^{\infty}\dfrac{(-1)^n}{n}\cdot\dfrac{|p|^n}{1+|p|^n}$ 收敛，从而当 $|p|\geqslant1$ 时，它

是条件收敛的.

综上所述，可知：

$$\sum_{n=1}^{\infty}\frac{(-1)^n}{n}\cdot\frac{|p|^n}{1+|p|^n}:\begin{cases}\text{当 }|p|<1\text{ 时，绝对收敛；}\\[1mm]\text{当 }|p|\geqslant1\text{ 时，条件收敛.}\end{cases}$$

（5）注意到

$$\left|\frac{\sin nx}{n^p}\right|\leqslant\frac{1}{n^p},\text{且}\sum_{n=1}^{\infty}\frac{1}{n^p}:\begin{cases}\text{当 }p>1\text{ 时，收敛，}\\[1mm]\text{当 }p\leqslant1\text{ 时，发散，}\end{cases}$$

故由比较判别法知：

当 $p>1$ 时，级数 $\sum\limits_{n=1}^{\infty}\dfrac{\sin nx}{n^p},x\in(0,\pi)$ 绝对收敛.

当 $p\leqslant 1$ 时，注意到若 $p\leqslant 0$，则极限 $\lim\limits_{n\to\infty}\dfrac{\sin nx}{n^p}$ 不存在，从而原级数是发散的.

而当 $0<p\leqslant 1$ 时，易知数列 $\left\{\dfrac{1}{n^p}\right\}$ 是单调递减的，且 $\lim\limits_{n\to\infty}\dfrac{1}{n^p}=0$，同时

$$
\begin{aligned}
\left|\sum_{k=1}^{n}\sin kx\right| &=\frac{1}{2\sin\dfrac{x}{2}}\left|\sum_{k=1}^{n}2\sin kx\sin\frac{x}{2}\right|\\
&=\frac{1}{2\sin\dfrac{x}{2}}\left|\sum_{k=1}^{n}\left[\cos\left(k-\frac{1}{2}\right)x-\cos\left(k+\frac{1}{2}\right)x\right]\right|\\
&=\frac{1}{2\sin\dfrac{x}{2}}\left|\cos\frac{1}{2}x-\cos\left(n+\frac{1}{2}\right)x\right|\\
&\leqslant\frac{2}{2\sin\dfrac{x}{2}}=\frac{1}{\sin\dfrac{x}{2}},
\end{aligned}
$$

即 $\{\sin nx\}$ 的部分和数列有界，因此由 Dirichlet 判别法知 $\sum\limits_{n=1}^{\infty}\dfrac{\sin nx}{n^p},x\in(0,\pi)$ 收敛；又

$$
\left|\frac{\sin nx}{n^p}\right|\geqslant\frac{\sin^2 nx}{n^p}=\frac{1-\cos 2nx}{2n^p}=\frac{1}{2n^p}-\frac{\cos 2nx}{2n^p},
$$

易证 $\sum\limits_{n=1}^{\infty}\dfrac{\cos 2nx}{2n^p}$ 是收敛的，而 $\sum\limits_{n=1}^{\infty}\dfrac{1}{2n^p}$ 是发散的，因此 $\sum\limits_{n=1}^{\infty}\left(\dfrac{1}{2n^p}-\dfrac{\cos 2nx}{2n^p}\right)$ 是发散的，从而由比较判别法可知 $\sum\limits_{n=1}^{\infty}\left|\dfrac{\sin nx}{n^p}\right|,x\in(0,\pi)$ 是发散的.所以当 $0<p\leqslant 1$ 时，级数 $\sum\limits_{n=1}^{\infty}\dfrac{\sin nx}{n^p},x\in(0,\pi)$ 条件收敛.

综上所述，可知：

$$
\sum_{n=1}^{\infty}\frac{\sin nx}{n^p},x\in(0,\pi):\begin{cases}当\ p>1\ 时，绝对收敛；\\当\ 0<p\leqslant 1\ 时，条件收敛；\\当\ p\leqslant 0\ 时，发散.\end{cases}
$$

注　① 对于两个级数 $\sum\limits_{n=1}^{\infty} b_n\sin nx$ 和 $\sum\limits_{n=1}^{\infty} b_n\cos nx$，若 $\sum\limits_{n=1}^{\infty}|b_n|$ 收敛，则 $\sum\limits_{n=1}^{\infty} b_n\sin nx$ 和 $\sum\limits_{n=1}^{\infty} b_n\cos nx$ 都是绝对收敛的.

② 线性性质可以用于判别一个收敛级数加一个发散级数得到发散级数，不能用于两个发散级数的和的敛散性判别，但两个同号的发散级数相加仍是发散的.

(6) 因为 $0<\cos\dfrac{1}{n}<1$，所以 $\ln\cos\dfrac{1}{n}<0$，又 $\lim\limits_{x\to0^+}\dfrac{\ln\cos x}{x^2}=-\dfrac{1}{2}$，所以

$$\ln\cos\frac{1}{n}\sim-\frac{1}{n^2}, \quad n\to+\infty,$$

所以原级数收敛.

例 5.18　辨析下面各题：

(1) 设级数 $\sum\limits_{n=1}^{\infty} b_n$ 收敛，且 $\lim\limits_{n\to\infty}\dfrac{a_n}{b_n}=0$，级数 $\sum\limits_{n=1}^{\infty} a_n$ 是否一定收敛？

(2) 若级数 $\sum\limits_{n=1}^{\infty} a_n$ 与 $\sum\limits_{n=1}^{\infty} c_n$ 都收敛，且成立不等式 $a_n\leqslant b_n\leqslant c_n$，$\forall n\in\mathbf{N}^*$，证明：级数 $\sum\limits_{n=1}^{\infty} b_n$ 也收敛. 若级数 $\sum\limits_{n=1}^{\infty} a_n$ 与 $\sum\limits_{n=1}^{\infty} c_n$ 都发散，试问 $\sum\limits_{n=1}^{\infty} b_n$ 一定发散吗？

(3) 设级数 $\sum\limits_{n=1}^{\infty} a_n$ 收敛，且 $\lim\limits_{n\to\infty} b_n=1$，级数 $\sum\limits_{n=1}^{\infty} a_n b_n$ 是否一定收敛？

(4) 级数 $\sum\limits_{n=2}^{\infty}(a_n-a_{n-1})$ 收敛当且仅当 $\lim\limits_{n\to\infty} a_n$ 收敛，对吗？

(5) 级数 $\sum\limits_{n=2}^{\infty}|a_n-a_{n-1}|$ 收敛当且仅当 $\lim\limits_{n\to\infty} a_n$ 收敛，对吗？

(6) 若级数 $\sum\limits_{n=1}^{\infty} u_n$ 发散，那么 $\sum\limits_{n=1}^{\infty}\left(1+\dfrac{1}{n}\right)u_n$ 是否一定发散？

解　(1) 否. 例如：取满足条件的 $b_n=(-1)^{n-1}\dfrac{1}{n^{\frac{1}{2}}}$，$a_n=\dfrac{1}{n^{\frac{2}{3}}}$，但 $\sum\limits_{n=1}^{\infty} a_n$ 是发散的.

(2) 因为 $a_n\leqslant b_n\leqslant c_n$，$\forall n\in\mathbf{N}^*$，所以 $0\leqslant b_n-a_n\leqslant c_n-a_n$，$\forall n\in\mathbf{N}^*$. 又因为 $\sum\limits_{n=1}^{\infty} a_n$ 与 $\sum\limits_{n=1}^{\infty} c_n$ 都收敛，由线性性质知 $\sum\limits_{n=1}^{\infty}(c_n-a_n)$ 也收敛，故按正项级数的比较判别法知 $\sum\limits_{n=1}^{\infty}(b_n-a_n)$ 收敛，再由线性性质知 $\sum\limits_{n=1}^{\infty} b_n=\sum\limits_{n=1}^{\infty}[(b_n-a_n)+a_n]$ 也收敛.

若 $\sum\limits_{n=1}^{\infty} a_n$ 与 $\sum\limits_{n=1}^{\infty} c_n$ 都发散，则 $\sum\limits_{n=1}^{\infty} b_n$ 不一定发散. 例如：取 $a_n=-1$，$c_n=1$，$b_n=0$.

(3) 否. 例如：取满足条件的 $a_n=\dfrac{(-1)^n}{\sqrt{n}}$，$b_n=1+\dfrac{(-1)^n}{\sqrt{n}}$，但 $\sum\limits_{n=1}^{\infty} a_n b_n$ 是发散的.

(4) 对.级数 $\sum\limits_{n=2}^{\infty}(a_n-a_{n-1})$ 收敛,当且仅当 $\lim\limits_{n\to\infty}\sum\limits_{k=2}^{n}(a_k-a_{k-1})=\lim\limits_{n\to\infty}a_n-a_1$ 收敛,当且仅当 $\lim\limits_{n\to\infty}a_n$ 收敛.

(5) 错.但必要性是对的,因为 $\sum\limits_{n=2}^{\infty}|a_n-a_{n-1}|$ 收敛,所以 $\sum\limits_{n=2}^{\infty}(a_n-a_{n-1})$ 收敛,故 $\lim\limits_{n\to\infty}a_n$ 收敛.错误的是充分性,例如:取 $a_n=\dfrac{(-1)^n}{n}$,则 $\lim\limits_{n\to\infty}a_n=0$,但

$$|a_n-a_{n-1}|=\left|\dfrac{(-1)^n}{n}-\dfrac{(-1)^{n-1}}{n-1}\right|=\left|\dfrac{1}{n}+\dfrac{1}{n-1}\right|\geqslant\dfrac{1}{n},$$

而 $\sum\limits_{n=2}^{\infty}\dfrac{1}{n}$ 是发散的,所以 $\sum\limits_{n=2}^{\infty}|a_n-a_{n-1}|$ 必是发散的.

(6) 是.反证说明:假设 $\sum\limits_{n=1}^{\infty}\left(1+\dfrac{1}{n}\right)u_n$ 收敛,又因为

$$\sum_{n=1}^{\infty}u_n=\sum_{n=1}^{\infty}\left(1+\dfrac{1}{n}\right)u_n\cdot\dfrac{1}{1+\dfrac{1}{n}},$$

则由 Abel 判别法易知级数 $\sum\limits_{n=1}^{\infty}u_n$ 收敛,矛盾.所以 $\sum\limits_{n=1}^{\infty}\left(1+\dfrac{1}{n}\right)u_n$ 一定发散.

例 5.19 (1) 设级数 $\sum\limits_{n=1}^{\infty}a_n$ 的部分和数列 $\{A_n\}$ 有界,级数 $\sum\limits_{n=1}^{\infty}(b_n-b_{n+1})$ 绝对收敛,并且 $\lim\limits_{n\to\infty}b_n=0$,证明:$\sum\limits_{n=1}^{\infty}a_nb_n$ 收敛;

(2) 设级数 $\sum\limits_{n=1}^{\infty}a_n$ 收敛,且级数 $\sum\limits_{n=1}^{\infty}(b_n-b_{n+1})$ 绝对收敛,证明:$\sum\limits_{n=1}^{\infty}a_nb_n$ 收敛.

证明 注意到 $\sum\limits_{k=1}^{n}a_kb_k=\sum\limits_{k=1}^{n-1}A_k(b_k-b_{k+1})+A_nb_n.$

(1) 由数列 $\{A_n\}$ 有界与 $\sum\limits_{n=1}^{\infty}(b_n-b_{n+1})$ 绝对收敛,可知 $\sum\limits_{n=1}^{\infty}A_n(b_n-b_{n+1})$ 收敛;又由 $\{A_n\}$ 有界与 $\lim\limits_{n\to\infty}b_n=0$,可知 $\{A_nb_n\}$ 收敛于 0.因此,$\sum\limits_{n=1}^{\infty}a_nb_n$ 收敛.

(2) 由 $\sum\limits_{n=1}^{\infty}a_n$ 收敛可知它的部分和数列 $\{A_n\}$ 有界,再由 $\sum\limits_{n=1}^{\infty}(b_n-b_{n+1})$ 绝对收敛可知 $\sum\limits_{n=1}^{\infty}A_n(b_n-b_{n+1})$ 收敛;又由 $\sum\limits_{n=1}^{\infty}a_n$ 收敛与 $\sum\limits_{n=1}^{\infty}(b_n-b_{n+1})$ 收敛可知 $\{A_nb_n\}$ 收敛.因此,$\sum\limits_{n=1}^{\infty}a_nb_n$ 收敛.

例 5.20（大连理工大学 2004 年）　设 $a_n > 0, \lim\limits_{n \to \infty} n\left(\dfrac{a_n}{a_{n+1}} - 1\right) = c > 0$，证明：级数 $\sum\limits_{n=1}^{\infty} (-1)^{n+1} a_n$ 收敛.

证明　由 $\lim\limits_{n \to \infty} n\left(\dfrac{a_n}{a_{n+1}} - 1\right) = c > 0$ 知 $\{a_n\}$ 单调递减，又 $c > 0$，取 $c > b > a > 0$，则当 n 充分大时，有（下面利用了不等式 $1 + bx > (1+x)^a, \forall x \in (0, \delta)$）

$$\frac{a_n}{a_{n+1}} > 1 + \frac{b}{n} > \left(1 + \frac{1}{n}\right)^a = \left(\frac{1+n}{n}\right)^a,$$

于是 $a_{n+1}(1+n)^a < a_n n^a$，也就是 $\{a_n n^a\}$ 单调递减. 因此 $\exists M > 0$，使得 $a_n n^a < M$，即 $0 < a_n < \dfrac{M}{n^a}$，由夹逼原理知 $\lim\limits_{n \to \infty} a_n = 0$. 最后由 Leibniz 判别法知原级数收敛.

注　本例的证明思路和 Raabe 判别法的证明思路基本一样，大家可以把这个结论和 Raabe 判别法做一个比较.

例 5.21（南京大学 2012 年）　判别级数 $\sum\limits_{n=1}^{\infty} \dfrac{(-1)^{[\sqrt{n}]}}{n}$ 的敛散性.

解　当 $n < 4$ 时 $[\sqrt{n}] = 1$，当 $4 \leqslant n < 9$ 时 $[\sqrt{n}] = 2$，当 $9 \leqslant n < 16$ 时 $[\sqrt{n}] = 3, \cdots$，即

$$\sum_{n=1}^{\infty} \frac{(-1)^{[\sqrt{n}]}}{n} = -1 - \frac{1}{2} - \frac{1}{3} + \frac{1}{4} + \cdots + \frac{1}{8} - \frac{1}{9} - \cdots - \frac{1}{15} + \frac{1}{16} + \cdots,$$

所以

$$\sum_{n=1}^{\infty} \frac{(-1)^{[\sqrt{n}]}}{n} = \sum_{n=1}^{\infty} (-1)^n a_n,$$

其中 $a_n = \dfrac{1}{n^2} + \dfrac{1}{n^2 + 1} + \cdots + \dfrac{1}{(n+1)^2 - 1} = \dfrac{1}{n^2} \sum\limits_{k=0}^{2n} \dfrac{1}{\left(1 + \frac{k}{n^2}\right)}$. 又

$$\frac{n^2}{n+1} < \frac{1}{1+0} + \frac{1}{1 + \frac{1}{n^2}} + \cdots + \frac{1}{1 + \frac{n-1}{n^2}} < n,$$

$$\frac{n^2}{n+1} < \frac{(n+1)n}{n+2} < \frac{1}{1 + \frac{n}{n^2}} + \frac{1}{1 + \frac{n+1}{n^2}} + \cdots + \frac{1}{1 + \frac{2n}{n^2}} < n,$$

所以

$$\frac{2}{n+1} < \frac{1}{n^2} \sum_{k=0}^{2n} \frac{1}{\left(1+\frac{k}{n^2}\right)} < \frac{2}{n}, \quad 即 \quad \frac{2}{n+1} < a_n < \frac{2}{n}.$$

于是 $\lim\limits_{n \to \infty} a_n = 0$ 且 a_n 单调递减,所以由 Leibniz 判别法知原级数收敛.

注 本例实际上用了这样一个结论:对 $\sum\limits_{n=1}^{\infty} a_n$ 加括号,且使得每个括号内的各项符号相同,则由加括号后的级数收敛可得 $\sum\limits_{n=1}^{\infty} a_n$ 收敛.一般地,还可以得到下面的结论:

$$\sum_{n=1}^{\infty} \frac{(-1)^{[\sqrt{n}]}}{n^s} : \begin{cases} 绝对收敛, & s > 1; \\ 条件收敛, & \frac{1}{2} < s \leqslant 1; \\ 发散, & s \leqslant \frac{1}{2}. \end{cases}$$

同正项级数一样,一般项级数里也有很多与函数及积分结合的问题.

例 5.22(南京大学 2002 年) 设 $f(x)$ 在 $U(0)$ 上有二阶连续导数,且

$$\lim_{x \to 0} \frac{f(x)}{x} = 0,$$

证明:(1) $f(0) = f'(0) = 0$;(2) $\sum\limits_{n=1}^{\infty} f\left(\frac{1}{n}\right)$ 绝对收敛.

证明 (1) 由极限的性质及导数的定义易得.

(2) 注意到

$$\lim_{x \to 0} \frac{f(x)}{x^2} = \lim_{x \to 0} \frac{f'(x)}{2x} = \frac{1}{2} \lim_{x \to 0} \frac{f'(x) - f'(0)}{x - 0} = \frac{1}{2} f''(0),$$

由条件可知 $|f''(0)| \leqslant M$,其中 M 为一个正常数.又

$$\lim_{n \to \infty} \left| \frac{f(1/n)}{1/n^2} \right| = \frac{1}{2} |f''(0)|,$$

所以原级数绝对收敛.

例 5.23(华东师范大学 2005 年、上海交通大学 2004 年) 已知

$$a_{2n-1} = \frac{1}{n}, \quad a_{2n} = \int_n^{n+1} \frac{1}{x} \mathrm{d}x,$$

证明:$\sum\limits_{n=1}^{\infty} (-1)^n a_n$ 条件收敛.

证明　首先 $a_n > 0$,且

$$a_{2n+1} = \frac{1}{n+1} < a_{2n} = \int_n^{n+1} \frac{1}{x} \mathrm{d}x < \frac{1}{n} = a_{2n-1},$$

所以 $\{a_n\}$ 单调递减且趋于零,于是由 Leibniz 判别法知原级数收敛.又

$$a_{2n-1} = \frac{1}{n}, \quad a_{2n} > \frac{1}{n+1},$$

所以 $\sum\limits_{n=1}^{\infty} | (-1)^n a_n |$ 发散.因此,原级数条件收敛.

5.2　函数项级数

5.2.1　内容提要与知识点解析

1) 函数列收敛的定义

设 $\{f_n(x)\}$ 为定义在 D 上的函数列,若 $\forall x \in D$,有 $\lim\limits_{n \to \infty} f_n(x)$ 存在,记为 $f(x)$,即 $\lim\limits_{n \to \infty} f_n(x) = f(x)$, $x \in D$,则称 $\{f_n(x)\}$ 在 D 上点态收敛于 $f(x)$, $f(x)$ 称为极限函数, D 为收敛域.其逻辑表达式如下: $\lim\limits_{n \to \infty} f_n(x) = f(x)$, $x \in D \Leftrightarrow$

$$\forall x \in D, \forall \varepsilon > 0, \exists N(\varepsilon, x) \in \mathbf{N}^*, \forall n > N,$$

有 $| f_n(x) - f(x) | < \varepsilon$.

注　由此产生一个新的概念——极限函数,其分析性质该如何研究？能否由函数列中每项函数的连续性、可微性或可积性,推断出极限函数的连续性、可微性或可积性？

例如:函数列 $\{f_n(x)\} = \{x^n\}$ 在 $x \in (-1, 1]$ 上连续可导,易得极限函数

$$f(x) = \begin{cases} 0, & x \in (-1, 1), \\ 1, & x = 1 \end{cases}$$

在 $x = 1$ 处不连续,显然也不可导.

由上面可知,仅仅由函数列的点态收敛性并不能保证相应极限函数的分析性质,因此寻找比点态收敛更强的收敛性以保证极限函数的分析性质就非常必要,而这个条件就是一致收敛.

2) 函数列一致收敛的定义

设 $\{f_n(x)\}$ 为定义在 D 上的函数列, $f(x)$ 为极限函数,若

$$\forall \varepsilon > 0, \ \exists N = N(\varepsilon) \in \mathbf{N}^*, \ \forall n > N, \ \forall x \in D,$$

有 $|f_n(x) - f(x)| < \varepsilon$，则称 $\{f_n(x)\}$ 在 D 上一致收敛于 $f(x)$，记作

$$f_n(x) \xrightarrow{\text{一致}} f(x) \quad (n \to \infty, x \in D).$$

注 对比不难发现，$\{f_n(x)\}$ 在 D 上点态收敛于 $f(x)$ 是先给定 x，再根据 ε 来找 N，对不同的 x，由于数列 $\{f_n(x)\}$ 不同，所找的 N 一般也不同. 这就是说，相应的不等式对有些点可能早就满足，而对另一些点要迟一些才能满足，$\{f_n(x)\}$ 趋于 $f(x)$ 的速度未必一致. 如果我们可以找到一致的 N，使得 $\forall x \in D$，从第 N 项开始，$\{f_n(x)\}$ 趋于 $f(x)$ 的速度一致，则 $\{f_n(x)\}$ 在 D 上一致收敛于 $f(x)$. 因此，一致收敛一定收敛，反之不成立.

3）函数列内闭一致收敛的定义

设 $f_n(x) \to f(x) (n \to \infty, x \in D)$，若对任意闭区间 $[a,b] \subset D$，$\{f_n(x)\}$ 在 $[a,b]$ 上一致收敛，则称 $\{f_n(x)\}$ 在区间 D 上内闭一致收敛.

注 显然，若 $\{f_n(x)\}$ 在区间 D 上一致收敛，则它一定在 D 上内闭一致收敛，反之不成立. 例如：函数列 $\{x^n\}$ 在 $(0,1)$ 上收敛于 0，取 $\{x_n\} = \left\{1 - \dfrac{1}{n}\right\} \subset (0,1)$，可得 $\lim\limits_{n \to \infty} \left(1 - \dfrac{1}{n}\right)^n = \dfrac{1}{\mathrm{e}} \neq 0$，则它在 $(0,1)$ 上不一致收敛，但内闭一致收敛. 也就是说，函数列 $\{f_n(x)\}$ 在 (a,b) 上内闭一致收敛，其在 (a,b) 上不一定一致收敛，但显然在 (a,b) 上点态收敛.

4）函数列一致收敛的判别方法

（1）定义法

（2）Cauchy 准则：$\{f_n(x)\}$ 在区间 D 上一致收敛 $\Leftrightarrow$

$$\forall \varepsilon > 0, \ \exists N = N(\varepsilon) \in \mathbf{N}^*, \ \forall n > N, \ \forall p \in \mathbf{N}^*, \ \forall x \in D,$$

有 $|f_{n+p}(x) - f_n(x)| < \varepsilon$.

（3）确界判别法：$\{f_n(x)\}$ 在区间 D 上一致收敛 $\Leftrightarrow \lim\limits_{n \to \infty} \sup\limits_{x \in D} |f_n(x) - f(x)| = 0$.

注 因为极限函数相对容易求出，所以确界判别法常用来证明函数列的一致收敛性. 采用这种方法的第一步是先固定 x，求出 $\{f_n(x)\}$ 的极限，即求出极限函数 $f(x)$；然后计算 $|f_n(x) - f(x)|$，一般是通过放大或者求最值的方法求出它的一个无穷小上界 a_n，即

$$|f_n(x) - f(x)| \leqslant a_n,$$

从而有 $\sup\limits_{x \in D} |f_n(x) - f(x)| \leqslant a_n$；最后计算极限易得结论.

(4) 序列法则:若 $f_n(x) \to f(x)(n \to \infty, x \in D)$,则$\{f_n(x)\}$ 在区间 D 上一致收敛于 $f(x)$ 的充要条件是对任意数列$\{x_n\} \subset D$,成立 $\lim\limits_{n \to \infty}(f_n(x_n) - f(x_n)) = 0$.

注　序列法则是确界法则的另一种表述,常用来证明函数列的非一致收敛性.即若 $f_n(x) \to f(x)(n \to \infty, x \in D)$,则

$\{f_n(x)\}$ 不一致收敛于 $f(x) \Leftrightarrow \exists \{x_n\} \subset D, \{f_n(x_n) - f(x_n)\}$ 不收敛于 0.

5) 函数项级数一致收敛的定义

若函数项级数 $\sum\limits_{n=1}^{\infty} u_n(x)$ 的部分和函数列$\{S_n(x)\}\left(S_n(x) = \sum\limits_{k=1}^{n} u_k(x)\right)$ 收敛于函数 $S(x), x \in D$,则称 $S(x)$ 为 $\sum\limits_{n=1}^{\infty} u_n(x)$ 的和函数,其收敛域为 D,记作

$$S(x) = \sum_{n=1}^{\infty} u_n(x), \quad x \in D.$$

若 $S_n(x) \xrightarrow{\text{一致}} S(x)(n \to \infty, x \in D)$,则称函数项级数 $\sum\limits_{n=1}^{\infty} u_n(x)$ 在区间 D 上一致收敛于 $S(x)$.设 D 是一个区间,若 $\sum\limits_{n=1}^{\infty} u_n(x)$ 在任意闭区间$[a,b] \subset D$ 上一致收敛,则称 $\sum\limits_{n=1}^{\infty} u_n(x)$ 在区间 D 上内闭一致收敛.

注　函数项级数表示无穷个函数的和,其在收敛意义下为一个函数,不收敛的时候仅仅是一个形式上的表示.

函数项级数收敛的定义是通过部分和函数列$\{S_n(x)\}$ 的点态收敛性来定义的,这也是我们先考虑函数列收敛性的原因.对任意固定的 $x \in D$,$\sum\limits_{n=1}^{\infty} u_n(x)$ 为数项级数,这也为我们提供了一种寻找函数项级数收敛域的方法.

函数项级数的一致收敛与条件收敛、绝对收敛是不同的概念,互不包含.

6) 函数项级数一致收敛的判别方法

(1) 充要条件

① 确界判别法:$\sum\limits_{n=1}^{\infty} u_n(x)$ 在区间 D 上一致收敛于 $S(x) \Leftrightarrow$

$$\lim_{n \to \infty} \sup_{x \in D} |S_n(x) - S(x)| = 0.$$

② Cauchy 准则:$\sum\limits_{n=1}^{\infty} u_n(x)$ 在区间 D 上一致收敛于 $S(x) \Leftrightarrow$

$\forall \varepsilon > 0, \exists N = N(\varepsilon) \in \mathbf{N}^*, \forall n > N, \forall p \in \mathbf{N}^*, \forall x \in D,$

有 $\left| \sum_{k=n+1}^{n+p} u_k(x) \right| < \varepsilon$.

③ (Dini 定理) 设 $S(x) = \sum_{n=1}^{\infty} u_n(x)$, $x \in [a,b]$, 则 $\sum_{n=1}^{\infty} u_n(x)$ 在区间 $[a,b]$ 上一致收敛于 $S(x)$ 的充要条件是 $\forall n \in \mathbf{N}^*$, $u_n(x)$ 在 $[a,b]$ 上连续, $\forall x \in [a,b]$, $\{u_n(x)\}$ 为同号数列, 且 $S(x)$ 在 $[a,b]$ 上连续.

(2) 必要条件

$\sum_{n=1}^{\infty} u_n(x)$ 在区间 D 上一致收敛于 $S(x)$ 的必要条件是 $\{u_n(x)\}$ 在区间 D 上一致收敛于 0.

注 这个必要条件常用来说明函数项级数的不一致收敛性.

(3) 充分条件

① Weierstrass 判别法(优级数判别法):已知函数项级数 $\sum_{n=1}^{\infty} u_n(x)$, $x \in D$, 若 $\forall n \in \mathbf{N}^*$, $\forall x \in D$, 有 $|u_n(x)| \leqslant a_n$, 且正项级数 $\sum_{n=1}^{\infty} a_n$ 收敛, 则 $\sum_{n=1}^{\infty} u_n(x)$ 在区间 D 上一致收敛.

我们把 $\sum_{n=1}^{\infty} a_n$ 称为 $\sum_{n=1}^{\infty} u_n(x)$ 的优级数.不难发现,满足优级数判别法的函数项级数 $\sum_{n=1}^{\infty} u_n(x)$ 不仅在 D 上一致收敛,而且在 D 上的每一点都绝对收敛.根据函数项级数的 Cauchy 准则,可将"$\forall n \in \mathbf{N}^*$"弱化为"$\forall n \geqslant N_0$".同时,上述条件仅仅是一个充分条件,也就是说在 $x \in D$ 上的一致收敛的级数(或正项级数)并不都存在优级数.例如: $\sum_{n=1}^{\infty} \frac{(-1)^n}{n}$ 在 $x \in [-1,1]$ 上一致收敛,但它不存在优级数.

② A-D 判别法:如果函数项级数 $\sum_{n=1}^{\infty} u_n(x)$, $x \in D$ 具有形式

$$\sum_{n=1}^{\infty} a_n(x) b_n(x), \quad x \in D,$$

且满足如下两个条件之一,则它在区间 D 上一致收敛.

（ⅰ）Abel 判别法:

$$\begin{cases} \sum_{n=1}^{\infty} a_n(x) \text{ 在 } D \text{ 上一致收敛,} \\ \{b_n(x)\} \text{ 在 } D \text{ 上一致有界,且 } \forall x \in D, \{b_n(x)\} \text{ 关于 } n \text{ 为单调数列;} \end{cases}$$

（ⅱ）Dirichlet 判别法：

$$\begin{cases} \sum\limits_{n=1}^{\infty} a_n(x) \text{ 的部分和数列在 } D \text{ 上一致有界,} \\ \{b_n(x)\} \text{ 在 } D \text{ 上一致收敛于 } 0, \text{且 } \forall x \in D, \{b_n(x)\} \text{ 关于 } n \text{ 为单调数列.} \end{cases}$$

注　一般较少使用确界判别法判别函数项级数的一致收敛性,因为很多函数项级数不容易求部分和.

判别函数项级数 $\sum\limits_{n=1}^{\infty} u_n(x), x \in D$ 的一致收敛性时,可以先观察通项 $u_n(x)$ 的表示形式.若 $|u_n(x)|$ 可通过某种方式(不等式、求最值)放大成关于 n 的无穷小量,则采用优级数判别法;形如 $u_n(x) = \sum\limits_{n=1}^{\infty} \dfrac{(-1)^n}{n^p} b_n(x)$,其中 $b_n(x)$ 在 $x \in D$ 时一致有界且关于 n 为单调数列,采用 Abel 判别法;形如

$$u_n(x) = a_n \sin nx \quad \text{或} \quad u_n(x) = a_n \cos nx, \quad x \in D \subset (0, 2\pi),$$

其中 $\{a_n\}$ 单调且趋于 0,若 $\sum\limits_{n=1}^{\infty} |a_n|$ 收敛,采用优级数判别法,否则采用 Dirichlet 判别法.

7) 极限函数与和函数的分析性质

（1）连续性

① 极限函数的连续性:若函数列 $\{f_n(x)\}$ 在区间 D 上内闭一致收敛于函数 $f(x)$,且每一项 $f_n(x)$ 都在 D 上连续,则 $f(x)$ 在 D 上连续且 $\forall x_0 \in D$,有

$$\lim_{x \to x_0} f(x) = \lim_{x \to x_0} \lim_{n \to \infty} f_n(x) = \lim_{n \to \infty} \lim_{x \to x_0} f_n(x),$$

即两个极限过程与次序无关.

② 和函数的连续性:若函数项级数 $\sum\limits_{n=1}^{\infty} u_n(x)$ 在区间 D 上内闭一致收敛于和函数 $S(x)$,且每一项 $u_n(x)$ 都在 D 上连续,则 $S(x)$ 在 D 上连续.

注　有以下几点需要注意:

（ⅰ）$\lim\limits_{x \to x_0} \sum\limits_{n=1}^{\infty} u_n(x) = \lim\limits_{x \to x_0} S(x) = S(x_0) = \sum\limits_{n=1}^{\infty} u_n(x_0) = \sum\limits_{n=1}^{\infty} \lim\limits_{x \to x_0} u_n(x)$,即

$$\lim_{x \to x_0} \sum_{n=1}^{\infty} u_n(x) = \sum_{n=1}^{\infty} \lim_{x \to x_0} u_n(x),$$

说明极限运算与求和运算可以交换顺序.

（ⅱ）函数项级数 $\sum\limits_{n=1}^{\infty} a_n \cos nx, \sum\limits_{n=1}^{\infty} a_n \sin nx, x \in (0, 2\pi)$,其中 $\{a_n\}$ 单调且趋

于 0,利用 Dirichlet 判别法易知它们在 $(0,2\pi)$ 上内闭一致收敛,从而由和函数的连续性知它们在 $(0,2\pi)$ 上是连续的.特别地,$\sum\limits_{n=1}^{\infty}\dfrac{\sin nx}{\sqrt{n}}$, $\sum\limits_{n=1}^{\infty}\dfrac{n\cos nx}{n^2+1}$ 等函数项级数的和函数在 $(0,2\pi)$ 上连续.

（ⅲ）考虑它们的逆否形式,可以得到一种判断不一致收敛的方法.比如和函数不连续而通项连续,则此级数一定不一致收敛.

（ⅳ）内闭一致收敛是保证极限函数或和函数在 D 上连续的充分而非必要条件.例如:函数列 $\{f_n(x)\}=\{nx\,\mathrm{e}^{-nx}\}$,$x\in[0,+\infty)$,它的极限函数 $f(x)=0$ 显然在 $[0,+\infty)$ 上连续,但 $\{f_n(x)\}$ 在 $[0,+\infty)$ 上不内闭一致收敛.关于这个问题的进一步讨论,则有我们所知的函数项级数的 Dini 定理、Arzela-Borel 定理等.

（2）可积性

① 极限函数的可积性:若函数列 $\{f_n(x)\}$ 在闭区间 $[a,b]$ 上一致收敛于函数 $f(x)$,且每一项 $f_n(x)$ 都在 $[a,b]$ 上可积,则 $f(x)$ 在 $[a,b]$ 上可积,且

$$\int_a^b f(x)\mathrm{d}x=\lim_{n\to\infty}\int_a^b f_n(x)\mathrm{d}x.$$

注 等式

$$\int_a^b \lim_{n\to\infty}f_n(x)\mathrm{d}x=\int_a^b f(x)\mathrm{d}x=\lim_{n\to\infty}\int_a^b f_n(x)\mathrm{d}x$$

表明积分运算与极限运算可以交换顺序.

② 逐项求积定理:若函数项级数 $\sum\limits_{n=1}^{\infty}u_n(x)$ 在闭区间 $[a,b]$ 上一致收敛于和函数 $S(x)$,且每一项 $u_n(x)$ 都在 $[a,b]$ 上可积,则 $S(x)$ 在 $[a,b]$ 上可积,且

$$\int_a^b S(x)\mathrm{d}x=\sum_{n=1}^{\infty}\int_a^b u_n(x)\mathrm{d}x.$$

注 等式

$$\int_a^b \sum_{n=1}^{\infty}u_n(x)\mathrm{d}x=\int_a^b S(x)\mathrm{d}x=\sum_{n=1}^{\infty}\int_a^b u_n(x)\mathrm{d}x$$

表明积分运算与无限求和运算可以交换顺序.

（3）可微性

① 极限函数的可微性:若函数列 $\{f_n(x)\}$ 在区间 D 上点态收敛于函数 $f(x)$,每一项 $f_n(x)$ 都在 D 上有连续的导函数,且导函数 $\{f_n'(x)\}$ 在区间 D 上内闭一致收敛,则 $f(x)$ 在 D 上有连续的导函数,且

$$f'(x) = \lim_{n \to \infty} f'_n(x), \quad \forall x \in D.$$

注　等式

$$\left(\lim_{n \to \infty} f_n(x) \right)' = f'(x) = \lim_{n \to \infty} f'_n(x)$$

表明求导运算与极限运算可以交换顺序.

② 逐项求导定理：若函数项级数 $\sum\limits_{n=1}^{\infty} u_n(x)$ 在区间 D 上点态收敛于和函数 $S(x)$，每一项 $u_n(x)$ 都在 D 上有连续的导函数，且导函数项级数 $\sum\limits_{n=1}^{\infty} u'_n(x)$ 在区间 D 上内闭一致收敛，则 $S(x)$ 在 D 上有连续的导函数，且

$$S'(x) = \sum_{n=1}^{\infty} u'_n(x), \quad \forall x \in D.$$

注　等式

$$\left(\sum_{n=1}^{\infty} u_n(x) \right)' = S'(x) = \sum_{n=1}^{\infty} u'_n(x)$$

表明求导运算与无限求和运算可以交换顺序.

5.2.2　典型例题解析

例 5.24　判断下列函数列的一致收敛性：

(1) $f_n(x) = \dfrac{2x+n}{x+n}, x \in [0, +\infty)$；

(2) $f_n(x) = \dfrac{x^n}{1+x^n}$，① $0 \leqslant x \leqslant b < 1$，② $0 \leqslant x \leqslant 1$，③ $1 < a \leqslant x < +\infty$；

(3) $f_n(x) = \sqrt{n}(1-x)\mathrm{e}^{-n(x-1)^2}, 0 < x < 1$；

(4) $f_n(x) = n\left(\sqrt{x+\dfrac{1}{n}} - \sqrt{x} \right)$，① $0 \leqslant x < +\infty$，② $0 < \delta \leqslant x < +\infty$；

(5)（东北大学 2002 年）$f_n(x) = \dfrac{x}{n} \ln \dfrac{x}{n}, 0 < x < 1$；

(6)（上海交通大学 2001 年）$f_n(x) = n^{\alpha} x (1-x^2)^n, 0 \leqslant x \leqslant 1$.

解　(1) 因为 $\lim\limits_{n \to \infty} f_n(x) = \lim\limits_{n \to \infty} \dfrac{2x+n}{x+n} = 1 \triangleq f(x)$，得

$$|f_n(x) - f(x)| = \left| \dfrac{2x+n}{x+n} - 1 \right| = \dfrac{2x+n-x-n}{x+n} = \dfrac{x}{x+n},$$

再取 $\{x_n\}=\{n\}\subset[0,+\infty)$，则

$$\lim_{n\to\infty}\mid f_n(x_n)-f(x_n)\mid=\lim_{n\to\infty}\frac{n}{n+n}=\frac{1}{2}\neq 0,$$

所以 $\{f_n(x)\}$ 在 $x\in[0,+\infty)$ 上不一致收敛.

又 $\forall x\in[a,b]\subset[0,+\infty)$，有

$$\mid f_n(x)-f(x)\mid=\frac{x}{x+n}=\frac{1}{1+\dfrac{n}{x}}\leqslant\frac{1}{1+\dfrac{n}{b}}=\frac{b}{b+n}\to 0\quad(n\to\infty),$$

所以 $\lim\limits_{n\to\infty}\sup\limits_{x\in[a,b]}\mid f_n(x)-f(x)\mid=0$，即 $\{f_n(x)\}$ 在 $[0,+\infty)$ 上内闭一致收敛.

(2) ① 首先 $\lim\limits_{n\to\infty}f_n(x)=0\triangleq f(x),x\in[0,b]$，也就是

$$\sup_{x\in[0,b]}\mid f_n(x)-f(x)\mid=\sup_{x\in[0,b]}\left|\frac{x^n}{1+x^n}\right|\leqslant b^n\to 0\quad(n\to\infty),$$

所以由确界判别法知原函数列在 $[0,b]$ 上一致收敛于零.

② 易得极限函数

$$f(x)=\begin{cases}0,&0\leqslant x<1,\\\dfrac{1}{2},&x=1\end{cases}$$

在 $[0,1]$ 上不连续，而通项在 $[0,1]$ 上连续，因而原函数列在 $[0,1]$ 上不一致收敛.

③ 此时 $f_n(x)=\dfrac{1}{1+\left(\dfrac{1}{x}\right)^n}\to 1=f(x)(n\to\infty)$，则

$$\sup_{x\in[a,b]}\mid f_n(x)-f(x)\mid=\sup_{x\in[a,b]}\left|\frac{1}{1+x^n}\right|=\frac{1}{1+a^n}\to 0\quad(n\to\infty),$$

所以由确界判别法知原函数列在 $1<a\leqslant x<+\infty$ 上一致收敛.

(3) 首先 $\lim\limits_{n\to\infty}f_n(x)=0\triangleq f(x),x\in(0,1)$，再取 $x_n=1-\dfrac{1}{\sqrt{n}}\in(0,1)$，则

$$\mid f_n(x_n)-f(x_n)\mid=\mathrm{e}^{-1}\neq 0,$$

这说明原函数列在 $0<x<1$ 上不一致收敛.

注 也可以由 $\dfrac{\mathrm{d}}{\mathrm{d}x}(f_n(x)-f(x))=0$ 得到 $x_n=1-\dfrac{1}{\sqrt{2n}}\in(0,1)$，易验证此

点为 $(0,1)$ 内的最大值点，得到

$$\sup_{x \in (0,1)} \mid f_n(x) - f(x) \mid = f_n\left(1 - \frac{1}{\sqrt{2n}}\right) = \frac{1}{\sqrt{2e}} \neq 0.$$

(4) ① 由 $\lim\limits_{n \to \infty} f_n(x) = \dfrac{1}{2\sqrt{x}} \triangleq f(x), x \in (0, +\infty)$，取 $x_n = \dfrac{1}{n} \in (0, +\infty)$，则

$$\mid f_n(x_n) - f(x_n) \mid = \frac{\sqrt{n}}{2(\sqrt{2}+1)^2} \to \infty, \quad n \to \infty,$$

这说明原函数列在 $0 < x < +\infty$ 上不一致收敛，从而在 $0 \leqslant x < +\infty$ 上不一致收敛.

② 当 $0 < \delta \leqslant x < +\infty$ 时，有

$$\sup_{x \in [\delta, +\infty)} \mid f_n(x) - f(x) \mid = \frac{1}{2n\sqrt{\delta}\left(\sqrt{\delta + \dfrac{1}{n}} + \sqrt{\delta}\right)^2} \to 0, \quad n \to \infty,$$

所以原函数列在 $0 < \delta \leqslant x < +\infty$ 上一致收敛.

(5) 首先易得极限函数 $f(x) = 0, x \in (0,1)$，又当 $n \geqslant 3$ 时

$$\frac{\mathrm{d}}{\mathrm{d}x} f_n(x) = \frac{1}{n}\left(\ln\frac{x}{n} + 1\right) \leqslant \frac{1}{n}\left(\ln\frac{1}{n} + 1\right) < 0,$$

所以 $f_n(x)$ 单调减少，这样

$$\sup_{x \in (0,1)} \mid f_n(x) - f(x) \mid = \lim_{x \to 0^+} \frac{x}{n}\ln\frac{x}{n} = 0,$$

再由确界判别法知原函数列在 $(0,1)$ 内一致收敛.

(6) 首先易得极限函数 $f(x) = 0, x \in [0,1]$.

当 $\alpha < 0$ 时，$\mid f_n(x) - f(x) \mid \leqslant n^{\alpha} \to 0, n \to +\infty$，此时由确界判别法知原函数列在 $[0,1]$ 上一致收敛.

当 $\alpha \geqslant 0$ 时，由

$$\frac{\mathrm{d}}{\mathrm{d}x} f_n(x) = n^{\alpha}(1-x^2)^{n-1}[1-(2n+1)x^2] = 0 \Rightarrow x_n = \frac{1}{\sqrt{2n+1}}.$$

可以验证 $f_n(x)$ 在 $x = \dfrac{1}{\sqrt{2n+1}}$ 处取最大值，于是

$$\lim_{n \to \infty} \sup_{x \in [0,1]} \mid f_n(x) - f(x) \mid = \lim_{n \to \infty} n^{\alpha} \frac{1}{\sqrt{2n+1}}\left(1 - \frac{1}{2n+1}\right)^n$$

$$= \begin{cases} 0, & 0 \leqslant \alpha < \dfrac{1}{2}, \\ +\infty, & \alpha > \dfrac{1}{2}, \\ \dfrac{1}{\sqrt{2e}}, & \alpha = \dfrac{1}{2}. \end{cases}$$

综上所述,当 $\alpha < \dfrac{1}{2}$ 时,原函数列在 $[0,1]$ 上一致收敛.

注 由上面的例题可以看出,确界判别法在函数列的一致收敛性的判别上用得比较多,也比较有效,主要原因是极限函数相对容易求出,但是对函数项级数情况就不一样了.

例 5.25 设可微函数列 $\{f_n(x)\}$ 在 $[a,b]$ 上收敛,$\{f_n'(x)\}$ 在 $[a,b]$ 上一致有界,证明:$\{f_n(x)\}$ 在 $[a,b]$ 上一致收敛.

证明 由题设可知 $\exists M > 0$,使得 $|f_n'(x)| \leqslant M, \forall x \in [a,b]$.又 $\forall \varepsilon > 0$ 及 $\forall x \in [a,b]$,取 $x_0 \in [a,b]$,使 $|x - x_0| < \dfrac{\varepsilon}{3M}$,则

$$|f_n(x) - f_n(x_0)| = |f_n'(\xi)| \cdot |x - x_0| \leqslant M \cdot \dfrac{\varepsilon}{3M} = \dfrac{\varepsilon}{3}.$$

因为 $\{f_n(x)\}$ 在 $[a,b]$ 上收敛,所以 $\{f_n(x_0)\}$ 为收敛数列,则对上述 ε,$\exists N > 0$,当 $n > N$ 时,$\forall p \in \mathbf{N}^*$,有 $|f_{n+p}(x_0) - f_n(x_0)| < \dfrac{\varepsilon}{3}$.从而对上述 ε, N, p,有

$$\begin{aligned} & |f_{n+p}(x) - f_n(x)| \\ = & |f_{n+p}(x) - f_{n+p}(x_0) + f_{n+p}(x_0) - f_n(x_0) + f_n(x_0) - f_n(x)| \\ \leqslant & |f_{n+p}(x) - f_{n+p}(x_0)| + |f_{n+p}(x_0) - f_n(x_0)| + |f_n(x_0) - f_n(x)| \\ < & \dfrac{\varepsilon}{3} + \dfrac{\varepsilon}{3} + \dfrac{\varepsilon}{3} = \varepsilon, \end{aligned}$$

由 Cauchy 准则知:$\{f_n(x)\}$ 在 $[a,b]$ 上一致收敛.

注 在极限函数求不出来的情况下,可以考虑采用 Cauchy 准则.

例 5.26(苏州大学 2012 年) 设

$$x \leqslant f_1(x) \leqslant \sqrt{x}, \quad f_n(x) = \sqrt{x f_{n-1}(x)}, \quad x \in [0,1],$$

证明:(1) $f_n(x)$ 单调有界;(2) $f_n(x)$ 一致收敛.

证明 (1)由归纳法,可得

$$x \leqslant f_n(x) \leqslant x^{\frac{1}{2}+\frac{1}{2^2}+\cdots+\frac{1}{2^n}} = x^{1-\frac{1}{2^n}} \quad \Rightarrow \quad f(x) = x, \ n \to \infty,$$

又

$$\frac{f_n(x)}{f_{n-1}(x)} = \frac{\sqrt{x f_{n-1}}}{f_{n-1}} < \frac{\sqrt{f_{n-1} f_{n-1}}}{f_{n-1}} = 1,$$

所以 $f_n(x)$ 单调有界.

(2) 注意到

$$\sup_{x \in [0,1]} |f_n(x) - f(x)| \leqslant \sup_{x \in [0,1]} |x - x^{1-\frac{1}{2^n}}| \to 0, \quad n \to \infty,$$

所以 $f_n(x)$ 在 $[0,1]$ 上一致收敛.

例 5.27　设 $f(x)$ 在 $(-\infty, +\infty)$ 上有连续的导数 $f'(x)$,定义

$$f_n(x) = e^n(f(x + e^{-n}) - f(x)), \quad n = 1, 2, \cdots,$$

证明:在任意的有限区间 $(a, b) \subset (-\infty, +\infty)$ 内,$f_n(x) \xrightarrow{\text{一致}} f'(x)$.

证明　首先

$$
\begin{aligned}
|f_n(x) - f'(x)| &= \left| \frac{f(x + e^{-n}) - f(x)}{e^{-n}} - f'(x) \right| \\
&= |f'(\xi) - f'(x)|, \quad x < \xi < x + e^{-n}.
\end{aligned}
$$

注意到 $a < x < \xi < x + e^{-n} < b + 1$,而 $f'(x)$ 在 $[a, b+1]$ 上一致连续,所以 $\forall \varepsilon > 0$,$\exists \delta > 0$ 使得 $\forall x_1, x_2 \in [a, b+1]$,当 $|x_1 - x_2| < \delta$ 时,有

$$|f'(x_1) - f'(x_2)| < \varepsilon.$$

再取 $n > N > \ln \dfrac{1}{\delta}$,则 $e^{-n} < \delta$,又注意到 $|x - \xi| < \delta$,所以 $|f'(\xi) - f'(x)| < \varepsilon$.

例 5.28　求函数项级数 $\displaystyle\sum_{n=1}^{\infty} \frac{x^n}{1 + x^{2n}}$ 的收敛域.

解　令 $u_n(x) = \dfrac{x^n}{1 + x^{2n}}$,则

$$\lim_{n \to \infty} |u_n(x)|^{\frac{1}{n}} = \lim_{n \to \infty} \frac{|x|}{(1 + x^{2n})^{\frac{1}{n}}} = \begin{cases} |x|, & |x| < 1, \\ 1, & |x| = 1, \\ \dfrac{1}{|x|}, & |x| > 1, \end{cases}$$

故由根式判别法知:当 $|x| \neq 1$ 时,原函数项级数收敛;当 $|x| = 1$ 时,有

$$\lim_{n \to \infty} \frac{x^n}{1 + x^{2n}} = \lim_{n \to \infty} \frac{x^n}{2} = \begin{cases} \dfrac{1}{2}, & x = 1, \\ \text{极限不存在}, & x = -1, \end{cases}$$

即当 $|x| = 1$ 时，$\lim\limits_{n \to \infty} \dfrac{x^n}{1 + x^{2n}} \neq 0$，从而原函数项级数发散.

故函数项级数 $\sum\limits_{n=1}^{\infty} \dfrac{x^n}{1 + x^{2n}}$ 的收敛域为 $(-\infty, -1) \bigcup (-1, 1) \bigcup (1, +\infty)$.

注 求函数项级数的收敛域一般先看通项 $u_n(x)$ 的表示形式，$u_n(x)$ 中含幂指形式用根式判别法，$u_n(x)$ 中含连乘形式用比式判别法.需要注意的是，用根式或比式判别法时需先对通项加绝对值，即 $\sum\limits_{n=1}^{\infty} |u_n(x)|$.若

$$\lim_{n \to \infty} |u_n(x)|^{\frac{1}{n}} > 1 \quad \text{或} \quad \lim_{n \to \infty} \frac{|u_{n+1}(x)|}{|u_n(x)|} > 1,$$

则由极限的保序性易证 $\lim\limits_{n \to \infty} |u_n(x)| \neq 0$，其等价于 $\lim\limits_{n \to \infty} u_n(x) \neq 0$，可得 $\sum\limits_{n=1}^{\infty} u_n(x)$ 发散.对于

$$\lim_{n \to \infty} |u_n(x)|^{\frac{1}{n}} = 1 \quad \text{或} \quad \lim_{n \to \infty} \frac{|u_{n+1}(x)|}{|u_n(x)|} = 1,$$

需要单独处理.

例 5.29 判断下列函数项级数的一致收敛性和内闭一致收敛性：

(1) $\sum\limits_{n=1}^{\infty} \dfrac{(-1)^n n}{x^2 + n^2}, \ x \in \mathbf{R}$； (2) $\sum\limits_{n=2}^{\infty} \ln\left(1 + \dfrac{x}{n \ln^2 n}\right), \ x \in [0, 1]$；

(3) $\sum\limits_{n=1}^{\infty} \dfrac{(-1)^n (x+n)^n}{n^{n+1}}, \ x \in [0, 1]$； (4) $\sum\limits_{n=1}^{\infty} \dfrac{\sin nx}{n^q}, \ q > 0, x \in (0, 2\pi)$.

解 (1) 令 $f(y) = \dfrac{y}{x^2 + y^2}$，得 $f'(y) = \dfrac{x^2 - y^2}{(x^2 + y^2)^2}$，故对任意固定的 $x \in \mathbf{R}$，

当 $n > |x|$ 时，$\dfrac{n}{x^2 + n^2}$ 关于 n 单调递减趋于零，从而

$$|R_n(x)| \leqslant \frac{n+1}{x^2 + (n+1)^2} \leqslant \frac{1}{n+1} \to 0, \quad n \to \infty.$$

所以由函数项级数一致收敛的确界判别法知原级数在 $x \in \mathbf{R}$ 上一致收敛.

注 虽然确界判别法对一般的函数项级数使用起来不是很方便，但是对于交错级数来说，因为余项的特点，使用确界判别法还是很方便的.

(2) $\forall x \in [0, 1]$，有

$$0 \leqslant \ln\left(1+\frac{x}{n\ln^2 n}\right) \leqslant \frac{x}{n\ln^2 n} \leqslant \frac{1}{n\ln^2 n}, \quad \forall n \geqslant 2.$$

又对正项级数 $\sum\limits_{n=2}^{\infty} \frac{1}{n\ln^2 n}$，易证其通项 $\frac{1}{n\ln^2 n}$ 关于 n 单调且 $\lim\limits_{n\to\infty} \frac{1}{n\ln^2 n} = 0$，而

$$\int_2^{+\infty} \frac{1}{x\ln^2 x}\mathrm{d}x = \int_{\ln 2}^{+\infty} \frac{1}{t^2}\mathrm{d}t$$

收敛，则由积分判别法知 $\sum\limits_{n=2}^{\infty} \frac{1}{n\ln^2 n}$ 收敛. 最后，由优级数判别法知 $\sum\limits_{n=2}^{\infty} \ln\left(1+\frac{x}{n\ln^2 n}\right)$ 在 $[0,1]$ 上一致收敛.

（3）因为 $\sum\limits_{n=1}^{\infty} \frac{(-1)^n}{n}$ 为 Leibniz 级数，所以它是收敛的，显然在 $[0,1]$ 上一致收敛. 再令 $b_n = \left(1+\frac{x}{n}\right)^n$，亦即 $b_n = \left(1+\frac{x}{n}\right)^n = \left[\left(1+\frac{x}{n}\right)^{\frac{n}{x}}\right]^x$. 注意到

$$b_{n+1}(x) = \left[\left(1+\frac{x}{n+1}\right)^{\frac{n+1}{x}}\right]^x \geqslant \left[\left(1+\frac{x}{n}\right)^{\frac{n}{x}}\right]^x = b_n(x),$$

而且 $\forall x \in [0,1]$，有

$$b_n(x) = \left(1+\frac{x}{n}\right)^n \leqslant \left(1+\frac{1}{n}\right)^n \xrightarrow{\text{一致}} \mathrm{e}, \quad n \to \infty,$$

即 $\{b_n(x)\}$ 在 $[0,1]$ 上一致有界，且 $\forall x \in [0,1]$，$\{b_n(x)\}$ 单调递增，故由 Abel 判别法知 $\sum\limits_{n=1}^{\infty} \frac{(-1)^n(x+n)^n}{n^{n+1}}$ 在 $[0,1]$ 上一致收敛.

（4）当 $q>1$ 时，$\left|\frac{\sin nx}{n^q}\right| \leqslant \frac{1}{n^q}$，而 $\sum\limits_{n=1}^{\infty} \frac{1}{n^q}$ 收敛，故由优级数判别法知函数项级数 $\sum\limits_{n=1}^{\infty} \frac{\sin nx}{n^q}$ 在 $(0,2\pi)$ 上一致收敛.

当 $0<q\leqslant 1$ 时，取 $\{x_n\} = \left\{\frac{1}{n}\right\} \subset (0,2\pi)$，则 $\sum\limits_{n=1}^{\infty} \frac{\sin nx}{n^q} = \sum\limits_{n=1}^{\infty} \frac{\sin 1}{n^q}$ 为发散级数，故 $\sum\limits_{n=1}^{\infty} \frac{\sin nx}{n^q}$ 在 $(0,2\pi)$ 上不一致收敛.

下面讨论 $\sum\limits_{n=1}^{\infty} \frac{\sin nx}{n^q}$ 在 $x \in [\alpha, 2\pi-\alpha]$，其中 $\alpha \in \left(0,\frac{\pi}{2}\right)$ 时的一致收敛性.

令 $a_n(x) = \sin nx$，$b_n(x) = \frac{1}{n^q}$，则

$$\left| \sum_{k=1}^{n} \sin kx \right| = \frac{1}{2\sin \frac{x}{2}} \left| \sum_{k=1}^{n} 2\sin kx \sin \frac{x}{2} \right|$$

$$= \frac{1}{2\sin \frac{x}{2}} \left| \sum_{k=1}^{n} \left[\cos\left(k - \frac{1}{2}\right)x - \cos\left(k + \frac{1}{2}\right)x \right] \right|$$

$$= \frac{1}{2\sin \frac{x}{2}} \left| \cos \frac{1}{2}x - \cos\left(n + \frac{1}{2}\right)x \right|$$

$$\leqslant \frac{2}{2\sin \frac{x}{2}} \leqslant \frac{1}{\sin \frac{\alpha}{2}},$$

即 $\sum\limits_{n=1}^{\infty} \sin nx$ 在 $[\alpha, 2\pi - \alpha]$ 上部分和一致有界,又 $\left\{\dfrac{1}{n^q}\right\}$ 关于 n 单调递减且 $\lim\limits_{n\to\infty} \dfrac{1}{n^q} = 0$,显然在 $x \in [\alpha, 2\pi - \alpha]$ 上一致收敛于 0,故由 Dirichlet 判别法知 $\sum\limits_{n=1}^{\infty} \dfrac{\sin nx}{n^q}$ 在闭区间 $[\alpha, 2\pi - \alpha]$ 上一致收敛.

综上,当 $q > 1$ 时,$\sum\limits_{n=1}^{\infty} \dfrac{\sin nx}{n^q}$ 在 $x \in (0, 2\pi)$ 上一致收敛;

当 $0 < q \leqslant 1$ 时,$\sum\limits_{n=1}^{\infty} \dfrac{\sin nx}{n^q}$ 在 $x \in (0, 2\pi)$ 上不一致收敛,但内闭一致收敛.

例 5.30 证明:$\sum\limits_{n=1}^{\infty} (-1)^n \dfrac{x^2 + n}{n^2}$ 在 $x \in (a, b)$ 上一定收敛,但在 (a, b) 上的任何一点都不绝对收敛.

证明 先证 $\sum\limits_{n=1}^{\infty} (-1)^n \dfrac{x^2 + n}{n^2}$ 在 $x \in (a, b)$ 上一定收敛.

(方法 1)注意到

$$\sum_{n=1}^{\infty} (-1)^n \frac{x^2 + n}{n^2} = \sum_{n=1}^{\infty} \frac{(-1)^n}{n} \cdot \frac{x^2 + n}{n}.$$

因为 $\sum\limits_{n=1}^{\infty} \dfrac{(-1)^n}{n}$ 为 Leibniz 级数,所以它是收敛的,并且显然在 (a, b) 上一致收敛. 又 $\forall x \in (a, b)$ 及 $\forall n \in \mathbf{N}^*$,有

$$\left| \frac{x^2 + n}{n} \right| \leqslant \frac{\max\{a^2, b^2\} + n}{n} \leqslant 1 + \max\{a^2, b^2\},$$

即 $\left\{\dfrac{x^2+n}{n}\right\}$ 在 (a,b) 上一致有界,且 $\forall x\in\mathbf{R}$, $\left\{\dfrac{x^2+n}{n}\right\}=\left\{1+\dfrac{x^2}{n}\right\}$ 为单调数列.

故由 Abel 判别法知 $\displaystyle\sum_{n=1}^{\infty}(-1)^n\dfrac{x^2+n}{n^2}$ 在 (a,b) 上一致收敛.

（方法 2）因为 $\left|\displaystyle\sum_{k=1}^{n}(-1)^k\right|\leqslant 2$,所以 $\displaystyle\sum_{n=1}^{\infty}(-1)^n$ 的部分和数列在 (a,b) 上一致有界.又

$$\lim_{n\to\infty}\frac{x^2+n}{n^2}=0,\quad \left|\frac{x^2+n}{n^2}-0\right|=\frac{x^2+n}{n^2}\leqslant\frac{1}{n}+\frac{\max\{a^2,b^2\}}{n^2},$$

即得 $\displaystyle\lim_{n\to\infty}\sup_{x\in(a,b)}\left|\dfrac{x^2+n}{n^2}-0\right|=0$,则 $\left\{\dfrac{x^2+n}{n^2}\right\}$ 在 (a,b) 上一致收敛于 0,且 $\forall x\in$ (a,b),$\left\{\dfrac{x^2+n}{n^2}\right\}$ 为单调数列.故由 Dirichlet 判别法知 $\displaystyle\sum_{n=1}^{\infty}(-1)^n\dfrac{x^2+n}{n^2}$ 在 (a,b) 上一致收敛.

（方法 3）因为 $\displaystyle\sum_{n=1}^{\infty}(-1)^n\dfrac{x^2+n}{n^2}$ 为交错级数,$\left\{\dfrac{x^2+n}{n^2}\right\}$ 为单调递减数列,且极限 $\displaystyle\lim_{n\to\infty}\dfrac{x^2+n}{n^2}=0$,从而为 Leibniz 级数,故它是收敛的.又按 Leibniz 级数余项性质,有

$$|R_n(x)|\leqslant\frac{x^2+n}{n^2}\leqslant\frac{1}{n}+\frac{\max\{a^2,b^2\}}{n^2},$$

所以 $\displaystyle\lim_{n\to\infty}\sup_{x\in(a,b)}|R_n(x)|=0$.故由确界判别法知 $\displaystyle\sum_{n=1}^{\infty}(-1)^n\dfrac{x^2+n}{n^2}$ 在 (a,b) 上一致收敛.

再证 $\displaystyle\sum_{n=1}^{\infty}(-1)^n\dfrac{x^2+n}{n^2}$ 在 (a,b) 上的任何一点都不绝对收敛.

$\forall x_0\in(a,b)$,有

$$\sum_{n=1}^{\infty}\left|(-1)^n\frac{x_0^2+n}{n^2}\right|=\sum_{n=1}^{\infty}\frac{x_0^2}{n^2}+\sum_{n=1}^{\infty}\frac{1}{n},$$

显然 $\displaystyle\sum_{n=1}^{\infty}\dfrac{x_0^2}{n^2}$ 收敛,$\displaystyle\sum_{n=1}^{\infty}\dfrac{1}{n}$ 发散,从而 $\displaystyle\sum_{n=1}^{\infty}(-1)^n\dfrac{x^2+n}{n^2}$ 在 (a,b) 上的任何一点都不绝对收敛.

注　上面采用了三种方法来解决一致收敛的问题.本题也进一步说明一致收敛与条件收敛、绝对收敛没有相互包含的关系,一致收敛的函数项级数在其收敛域

的每一点可能绝对收敛,也可能条件收敛.

例 5.31 设 $\{u_n(x)\}$ 为 $[a,b]$ 上的可导函数列,且在 $[a,b]$ 上有

$$\left| \sum_{k=1}^{n} u_k'(x) \right| < C,$$

证明:若 $\sum_{n=1}^{\infty} u_n(x)$ 在 $[a,b]$ 上收敛,则必为一致收敛.

证明 首先 $\forall \varepsilon > 0$,将 $[a,b]$ 等分成 m 份,使得每一个小区间 $[x^{(i-1)}, x^{(i)}]$ 的长度 $\delta < \dfrac{\varepsilon}{4C}$,再将每一个小区间的中点记为 $x_1, x_2, \cdots, x_m$,于是由 $\sum_{n=1}^{\infty} u_n(x)$ 在 $[a,b]$ 上收敛的 Cauchy 准则,$\exists N_i = N(\varepsilon, x_i)$ 使得 $\forall n > N_i$ 及 $\forall p \in \mathbf{N}^*$,成立

$$\left| \sum_{k=n+1}^{n+p} u_k(x_i) \right| < \frac{\varepsilon}{2}.$$

再取 $N = \max\{N_1, N_2, \cdots, N_m\}$,则 $\forall n > N$ 及 $\forall x \in [a,b]$,$\exists i (i=1,2,\cdots,m)$,使得 $x \in [x^{(i-1)}, x^{(i)}]$,有

$$
\begin{aligned}
\left| \sum_{k=n+1}^{n+p} u_k(x) \right| &= \left| \sum_{k=n+1}^{n+p} u_k(x_i) + \sum_{k=n+1}^{n+p} u_k(x) - \sum_{k=n+1}^{n+p} u_k(x_i) \right| \\
&= \left| \sum_{k=n+1}^{n+p} u_k(x_i) + \int_{x_i}^{x} \sum_{k=n+1}^{n+p} u_k'(t) \mathrm{d}t \right| \\
&\leqslant \left| \sum_{k=n+1}^{n+p} u_k(x_i) \right| + \int_{x_i}^{x} \left| \sum_{k=1}^{n+p} u_k'(t) - \sum_{k=1}^{n} u_k'(t) \right| \mathrm{d}t \\
&< \frac{\varepsilon}{2} + 2C \mid x - x_i \mid < \frac{\varepsilon}{2} + 2C\delta = \varepsilon,
\end{aligned}
$$

所以由 Cauchy 收敛准则知原级数一致收敛.

例 5.32(北京师范大学 2006 年) 设 $g(x)$ 在 $[0,1]$ 上连续,$g(1) = g'(1) = 0$,证明:$\sum_{n=0}^{\infty} x^n g(x)$ 在 $[0,1]$ 上一致收敛.

证明 由 $\lim\limits_{x \to 1^-} \dfrac{g(x)}{x-1} = \lim\limits_{x \to 1^-} \dfrac{g(x)-g(1)}{x-1} = g'(1) = 0$ 可得 $\forall \varepsilon > 0$,$\exists \delta > 0$,使得 $\forall x \in (1-\delta, 1]$,有

$$| g(x) | \leqslant \frac{\varepsilon}{2}(1-x),$$

于是 $\forall x \in (1-\delta, 1]$ 及 $\forall n, m \in \mathbf{N}^*$,有

$$| x^n g(x) + x^{n+1} g(x) + \cdots + x^m g(x) | \leqslant \frac{\varepsilon}{2} \sum_{k=n}^{m} x^k (1-x)$$

$$= \frac{\varepsilon}{2} | x^n - x^{m+1} | < \varepsilon,$$

所以由 Cauchy 收敛准则及下面的注解可知 $\sum_{n=0}^{\infty} x^n g(x)$ 在 $[1-\delta, 1]$ 上一致收敛.

又 $g(x)$ 在 $[0,1]$ 上连续, 所以存在 $M > 0$ 使得 $| g(x) | \leqslant M$, 于是

$$| x^n g(x) | \leqslant M(1-\delta)^n, \quad \forall x \in [0, 1-\delta],$$

而 $\sum_{n=1}^{\infty} M(1-\delta)^n$ 是收敛的正项级数, 故由优级数判别法知 $\sum_{n=0}^{\infty} x^n g(x)$ 在 $[0, 1-\delta]$ 上一致收敛.

综上, 可知 $\sum_{n=0}^{\infty} x^n g(x)$ 在 $[0,1]$ 上一致收敛.

注　这个例子的证明过程中实际用到这样一个结论: 设 $u_n(x)$ 在 $[a,b]$ 上连续, 且在 $\sum_{n=1}^{\infty} u_n(x)$ 在 (a,b) 上一致收敛, 则

(1) $\sum_{n=1}^{\infty} u_n(a), \sum_{n=1}^{\infty} u_n(b)$ 收敛;

(2) $\sum_{n=1}^{\infty} u_n(x)$ 在 $[a,b]$ 上一致收敛.

利用 Cauchy 准则容易验证这个结论, 用该结论也容易验证 $\sum_{n=1}^{\infty} \frac{1}{n^x}$ 在 $(1, +\infty)$ 上不一致收敛.

例 5.33(南京师范大学 2013 年)　证明: 级数 $\sum_{n=1}^{\infty} 3^n \sin \frac{1}{5^n x}$ 在 $(0, +\infty)$ 上非一致收敛.

证明　取 $\{x_n\} = \left\{ \frac{1}{5^n} \right\}$, 则 $S_n(x) = \sum_{k=1}^{n} 3^k \sin 1 \to +\infty (n \to \infty)$, 即得结论.

注　容易看到本例中的级数在 $(a, +\infty)$, 其中 $a > 0$ 上一致收敛. 事实上, 很多函数项级数不一致收敛的原因就是出现了一些不友好的点, 可以称之为奇点, 上面 0 就是一个奇点.

下面我们再来看一些和函数的微分、积分相结合的函数项级数的问题.

例 5.34(北京工业大学 2005 年)　设 $f_0(x)$ 在 $[0,a]$ 上非负连续, 定义

$$f_n(x) = \int_0^x f_{n-1}(t) \mathrm{d}t,$$

证明：$\sum\limits_{n=1}^{\infty} f_n(x)$ 在 $[0,a]$ 上一致收敛.

证明 由 $f_0(x)$ 在区间 $[0,a]$ 上非负连续可知其有界,也就是存在 $M>0$ 使得 $|f_0(x)| \leqslant M$,再由定义能得到 $0 < f_n(x) \leqslant \dfrac{Ma^n}{n!}$,这样由优级数判别法知原级数一致收敛.

例 5.35 设 $f(x)$ 在 $x=0$ 的邻域内有二阶连续导数,$f(0)=0, 0<f'(0)<1$,且 $f_n(x)$ 为 $f(x)$ 的 n 次复合,证明:级数 $\sum\limits_{n=1}^{\infty} f_n(x)$ 在 $x=0$ 的某邻域内一致收敛.

证明 由题意知存在 $M>0$,使得在 $x=0$ 的某邻域内有 $|f''(x)| \leqslant M$,于是由 Taylor 展开得到

$$|f(x)| = \left| f(0) + f'(0)x + \frac{f''(\xi)}{2}x^2 \right| = \left| f'(0) + \frac{f''(\xi)}{2}x \right| |x|$$

$$\leqslant \left| f'(0) + \frac{1}{2}M\delta \right| |x|, \quad x \in U(0,\delta).$$

选取 $\delta = \dfrac{1-f'(0)}{M}$,则当 $x \in U(0,\delta)$ 时,有

$$|f(x)| \leqslant \alpha |x|, \quad \alpha = f'(0) + \frac{1}{2}M\delta < 1,$$

这样就得到

$$|f_n(x)| \leqslant \alpha |f_{n-1}(x)| \leqslant \cdots \leqslant \alpha^n \delta,$$

注意到 $0 < \alpha < 1$,由优级数判别法即知原级数在 $U(0,\delta)$ 内一致收敛.

例 5.36(陕西师范大学 2003 年) 设级数 $\sum\limits_{n=1}^{\infty} a_n$ 收敛,证明:$\sum\limits_{n=1}^{\infty} \dfrac{a_n}{n!} \int_0^x t^n \mathrm{e}^{-t} \mathrm{d}t$ 在 $[0,b)$ 上一致收敛.

证明 由

$$b_n(x) = \frac{1}{n!}\int_0^x t^n \mathrm{e}^{-t}\mathrm{d}t = -\frac{x^n}{n!}\mathrm{e}^{-x} + \frac{1}{(n-1)!}\int_0^x t^{n-1}\mathrm{e}^{-t}\mathrm{d}t$$

$$= b_{n-1}(x) - \frac{x^n}{n!}\mathrm{e}^{-x}$$

可知 $\{b_n(x)\}$ 单调递减,又

$$|b_n(x)| \leqslant \frac{1}{n!}\int_0^b t^n \mathrm{d}t = \frac{b^{n+1}}{(n+1)!} \xrightarrow{\text{一致}} 0, \quad n \to \infty,$$

所以由 Abel 判别法知原级数一致收敛.

下面我们再看一些与和函数性质有关的问题.这类问题主要是利用一致收敛性判别和函数的连续性、可积性和可微性;也有利用和函数的连续性来判别原级数的非一致收敛性.由于和函数的性质相关定理中的条件仅仅是充分的,所以也会出现一些在非一致收敛情形下和函数的连续性、可积性和可微性的判别问题.

例 5.37(东北大学 2000 年)　证明:$S(x) = \sum\limits_{n=1}^{\infty} \dfrac{x^n}{n^2 \ln(1+n)}$ 在 $[-1,1]$ 上连续,且 $S(-1)$ 存在.

证明　注意到

$$\left| \frac{x^n}{n^2 \ln(1+n)} \right| \leqslant \frac{1}{n^2 \ln(1+n)}, \quad \forall x \in [-1,1],$$

又 $\sum\limits_{n=1}^{\infty} \dfrac{1}{n^2 \ln(1+n)}$ 收敛,故由优级数判别法知原级数一致收敛.再由通项在 $[-1,1]$ 上连续,所以 $S(x)$ 在 $[-1,1]$ 上连续,并且

$$S(-1) = \sum_{n=1}^{\infty} \frac{(-1)^n}{n^2 \ln(1+n)}.$$

例 5.38(南京师范大学 2005 年、哈尔滨工业大学 2006 年)　证明:黎曼 ζ 函数

$$\zeta(x) = \sum_{n=1}^{\infty} \frac{1}{n^x}$$

在 $(1, +\infty)$ 上有连续的导数.

证明　首先 $\sum\limits_{n=1}^{\infty} \dfrac{1}{n^x}$ 在 $(1, +\infty)$ 上收敛.又

$$\left(\frac{1}{n^x} \right)' = \frac{-\ln n}{n^x},$$

则 $\forall x \in [a,b] \subset (1, +\infty)$,有

$$|u_n'(x)| = \frac{\ln n}{n^x} \leqslant \frac{\ln n}{n^a}, \quad \text{这里 } a > 1.$$

再取 $a > \beta > 1$,则 $n^\beta \dfrac{\ln n}{n^a} = \dfrac{\ln n}{n^{a-\beta}} \to 0 (n \to \infty)$,所以 $\sum\limits_{n=1}^{\infty} \dfrac{\ln n}{n^a}$ 收敛,于是 $\sum\limits_{n=1}^{\infty} \left(\dfrac{1}{n^x} \right)'$ 在 $(1, +\infty)$ 上内闭一致收敛.从而由和函数的可导性质知 $\zeta(x)$ 在 $(1, +\infty)$ 上有连续的导数.

例 5.39（南京大学 2000 年） 设 $u_n(x) = x^n \ln x, x \in (0,1]$.

(1) 讨论 $\sum_{n=1}^{\infty} u_n(x)$ 在 $(0,1]$ 上的收敛性和一致收敛性；

(2) 计算 $\int_0^1 \sum_{n=1}^{\infty} u_n(x) \mathrm{d}x$.

解 (1) 首先，由

$$S_n(x) = \begin{cases} \dfrac{x(1-x^n)\ln x}{1-x}, & x \in (0,1), \\ 0, & x = 1 \end{cases} \Rightarrow S(x) = \begin{cases} \dfrac{x \ln x}{1-x}, & x \in (0,1), \\ 0, & x = 1, \end{cases}$$

所以 $\sum_{n=1}^{\infty} u_n(x)$ 在 $(0,1]$ 上收敛. 但是

$$\lim_{x \to 1^-} S(x) = \lim_{x \to 1^-} \frac{x \ln x}{1-x} = -1 \neq S(1),$$

也就是 $S(x)$ 在 $x=1$ 处不连续，因而 $\sum_{n=1}^{\infty} u_n(x)$ 在 $(0,1]$ 上非一致连续，再由 Dini 定理可知其在 $(0,1]$ 上非一致收敛.

(2) 注意到可以定义 $S(0) = \lim_{x \to 0^+} S(x) = \lim_{x \to 0^+} \dfrac{x \ln x}{1-x} = 0, S(1) = -1$，这样 $x=0$，1 都不是 $S(x)$ 的瑕点，因此

$$\int_0^1 \sum_{n=1}^{\infty} u_n(x) \mathrm{d}x = \int_0^1 S(x) \mathrm{d}x = \int_0^1 \frac{x \ln x}{1-x} \mathrm{d}x$$

$$= \int_0^1 \frac{\ln(1-x)}{x} \mathrm{d}x + 1 = -\int_0^1 \sum_{n=1}^{\infty} \frac{x^{n-1}}{n} \mathrm{d}x + 1$$

$$= 1 - \sum_{n=1}^{\infty} \frac{1}{n^2} = 1 - \frac{\pi^2}{6}.$$

例 5.40（东北大学 2004 年） 证明：$\sum_{n=1}^{\infty} x^n (\ln x)^2$ 在 $(0,1)$ 上一致收敛.

证明 定义 $u_n(1) = 0, u_n(0) = \lim_{x \to 0^+} x^n (\ln x)^2 = 0$，则 $u_n(x)$ 在 $[0,1]$ 上连续，而且是非负的. 又由

$$S_n(x) = \begin{cases} \dfrac{x(1-x^n)\ln^2 x}{1-x}, & x \in (0,1), \\ 0, & x = 0,1 \end{cases} \Rightarrow S(x) = \begin{cases} \dfrac{x \ln^2 x}{1-x}, & x \in (0,1), \\ 0, & x = 0,1, \end{cases}$$

而且

$$\lim_{x \to 0^+} S(x) = \lim_{x \to 0^+} \frac{x \ln^2 x}{1-x} = 0 = S(0), \quad \lim_{x \to 1^-} S(x) = \lim_{x \to 1^-} \frac{x \ln^2 x}{1-x} = 0 = S(1),$$

所以 $S(x)$ 在 $[0,1]$ 上连续,于是由 Dini 定理可知 $\sum_{n=1}^{\infty} x^n (\ln x)^2$ 在 $[0,1]$ 上一致收敛,从而在 $(0,1)$ 上一致收敛.

例 5.41　设 $u_n(x) = \dfrac{1}{n^3} \ln(1 + n^2 x^2)$,讨论 $\sum_{n=1}^{\infty} u_n(x)$ 的和函数 $S(x)$ 在区间 $[0,1]$ 上的连续性、可积性与可微性.

解　显然 $\forall n \in \mathbf{N}^*, u_n(x)$ 在 $[0,1]$ 上连续,且 $\forall n \geqslant 1$ 及 $\forall x \in [0,1]$,有

$$|u_n(x)| = \frac{1}{n^3} \ln(1 + n^2 x^2) \leqslant \frac{\ln(1+n^2)}{n^3}.$$

而

$$\lim_{n \to \infty} \frac{\dfrac{\ln(1+n^2)}{n^3}}{\dfrac{1}{n^2}} = \lim_{n \to \infty} \frac{\ln(1+n^2)}{n} = 0,$$

因为 $\sum_{n=1}^{\infty} \dfrac{1}{n^2}$ 收敛,故由比较判别法可知 $\sum_{n=1}^{\infty} \dfrac{1}{n^3} \ln(1+n^2)$ 收敛,再根据优级数判别法可知 $\sum_{n=1}^{\infty} u_n(x)$ 在 $[0,1]$ 上一致收敛,因而可知 $S(x)$ 在 $[0,1]$ 上连续,从而也可积.

又因为

$$u_n'(x) = \frac{2x}{n(1 + n^2 x^2)}$$

在 $[0,1]$ 上连续,且 $\forall n \geqslant 1$ 及 $\forall x \in [0,1]$,有

$$|u_n'(x)| = \frac{2x}{n(1 + n^2 x^2)} \leqslant \frac{2x}{n \cdot 2nx} = \frac{1}{n^2},$$

而 $\sum_{n=1}^{\infty} \dfrac{1}{n^2}$ 收敛,故根据优级数判别法可知 $\sum_{n=1}^{\infty} u_n'(x)$ 在 $[0,1]$ 上一致收敛,再根据逐项求导定理可知 $S(x)$ 在 $[0,1]$ 上可微.

注　须熟记和函数连续性定理、逐项可积定理、逐项可导定理的条件,并且会灵活使用.

5.3　幂级数

5.3.1　内容提要与知识点解析

1) 幂级数的定义

形如 $\sum\limits_{n=0}^{\infty} a_n(x-x_0)^n, x \in D$ 的函数项级数称为幂级数. 显然这是一类特殊的函数项级数, 其通项都是幂函数, 因此可以看作无穷次多项式. 为了研究的方便, 可令 $x_0 = 0$, 直接对 $\sum\limits_{n=1}^{\infty} a_n x^n$ 进行探讨.

2) 幂级数的敛散性判别

Cauchy-Hadamard 定理: 设 $\sum\limits_{n=0}^{\infty} a_n x^n$ 为幂级数, 且

$$R = \frac{1}{\varlimsup\limits_{n \to \infty} \sqrt[n]{|a_n|}} = \lim_{n \to \infty} \left| \frac{a_n}{a_{n+1}} \right|, \quad 0 \leqslant R \leqslant +\infty.$$

(1) 若 $R = +\infty$, 则幂级数在 $(-\infty, +\infty)$ 上绝对收敛;

(2) 若 $0 < R < +\infty$, 则幂级数在 $|x| < R$ 上绝对收敛, 在 $|x| > R$ 上发散, 在 $|x| = R$ 处的敛散性有待考察;

(3) 若 $R = 0$, 则幂级数只在 $x = 0$ 处收敛, 在其他点处都发散.

这里 R 称为收敛半径, $(-R, R)$ 称为收敛区间. 当 $R = 0$ 时, 收敛区间为空集.

注　(1) 收敛区间与收敛域是两个不同的概念. 当 $R = 0$ 时, 收敛域为单点集 $\{0\}$; 当 $R = +\infty$ 时, 收敛域为 $(-\infty, +\infty)$; 当 $R \neq 0, +\infty$ 时, 收敛域为以下四种区间之一: $(-R, R), [-R, R), (-R, R], [-R, R]$.

(2) 幂级数的收敛域是一个区间, 幂级数在收敛域内部的点绝对收敛, 在端点处可能发散, 可能条件收敛, 也可能绝对收敛.

(3) 幂级数 $\sum\limits_{n=0}^{\infty} a_n x^n$ 的收敛半径如何求? 一般是观察幂级数的系数 a_n 的表示形式, 若 a_n 含连乘形式, 则考虑用比式 $R = \lim\limits_{n \to \infty} \left| \dfrac{a_n}{a_{n+1}} \right|$; 若 a_n 含幂指形式, 则考虑用根式 $R = \dfrac{1}{\varlimsup\limits_{n \to \infty} \sqrt[n]{|a_n|}}$.

(4) 幂级数收敛半径的存在性是由 Abel 第一定理得到的. 该定理说: 如果幂级

数 $\sum_{n=0}^{\infty} a_n x^n$ 在点 $x_0 \neq 0$ 处收敛,则当 $|x| < |x_0|$ 时,该幂级数绝对收敛;如果幂级

数 $\sum_{n=0}^{\infty} a_n x^n$ 在点 $x_0 \neq 0$ 处发散,则当 $|x| > |x_0|$ 时,该幂级数发散.

（5）如果幂级数 $\sum_{n=0}^{\infty} a_n x^n$ 在 $x = \eta$ 处条件收敛,则收敛半径为 $R = |\eta|$.

3）幂级数的分析性质

由 Abel 第二定理知:如果幂级数 $\sum_{n=0}^{\infty} a_n x^n$ 的收敛域 $D \neq \{0\}$,那么 $\sum_{n=0}^{\infty} a_n x^n$ 在 D 上内闭一致收敛.也就是说:

（1）若幂级数的收敛半径为 R,且在 $x = R$ 处收敛,则它在任意闭区间

$$[a, R] \subset (-R, R]$$

上一致收敛,且和函数在 $x = R$ 处左连续.

（2）若幂级数的收敛半径为 R,且在 $x = -R$ 处收敛,则它在任意闭区间

$$[-R, a] \subset [-R, R)$$

上一致收敛,且和函数在 $x = -R$ 处右连续.

（3）若幂级数的收敛半径为 R,且在 $x = \pm R$ 处收敛,则它在 $[-R, R]$ 上一致收敛.

（4）此外,若 $\sum_{n=0}^{\infty} a_n x^n$ 在 $[0, R)$ 上一致收敛,则 $\sum_{n=0}^{\infty} a_n x^n$ 在 $[0, R]$ 上一致收敛.

由上面讨论我们可知:幂级数在它的收敛域上连续,在包含于收敛域内的任意闭区间上可以逐项积分,且在收敛域区间内可以逐项求导.

注 （1）虽然逐项积分或逐项求导后所得的幂级数的收敛半径不变,但收敛域可能变化.一般来说,逐项积分后,收敛域可能扩大,即收敛区间的端点可能由原来级数的发散点变为逐项积分后的级数的收敛点;类似地,逐项求导后,收敛域可能缩小.例如:设 $\sum_{n=0}^{\infty} a_n x^n$ 的收敛半径为 $R > 0$,且 $\sum_{n=0}^{\infty} a_n R^n$ 收敛,则 $\sum_{n=0}^{\infty} \left(\int_0^x a_n t^n \, dt \right)$ 在 $x = R$ 处一定收敛.

（2）因为幂级数逐项求导后不改变收敛半径,所以幂级数的和函数在收敛区间内有任意阶导数.

（3）逐项积分定理和逐项求导定理常用来求幂级数的和函数.

4）函数的幂级数展开

（1）Taylor 公式和 Taylor 级数

Taylor 公式是指将 $n+1$ 次可导函数表示为 n 次多项式 $P_n(x)$ 与余项 $R_n(x)$

的和,Taylor 级数则是将无穷次可导函数表示为无穷次 Taylor 多项式.

假设函数 $f(x)$ 在点 x_0 的某个邻域 $U(x_0,r)$ 上可表示成幂级数为

$$f(x) = \sum_{n=0}^{\infty} a_n (x-x_0)^n, \quad x \in U(x_0,r),$$

即 $\sum_{n=0}^{\infty} a_n (x-x_0)^n$ 在 $U(x_0,r)$ 上的和函数为 $f(x)$.根据幂级数的逐项可导性,可计算得

$$a_n = \frac{f^{(n)}(x_0)}{n!}, \quad n=0,1,2,\cdots,$$

称之为 $f(x)$ 在 x_0 处的 Taylor 系数,其由和函数 $f(x)$ 唯一确定.

反过来,设函数 $f(x)$ 在点 x_0 的某个邻域 $U(x_0,r)$ 上任意阶可导,则可求出它在 x_0 处的 Taylor 系数

$$a_n = \frac{f^{(n)}(x_0)}{n!}, \quad n=0,1,2,\cdots.$$

作幂级数 $\sum_{n=0}^{\infty} \frac{f^{(n)}(x_0)}{n!}(x-x_0)^n$,称为 $f(x)$ 在点 x_0 的 Taylor 级数.当 $x_0=0$ 时,又称为 Maclaurin 级数,记为

$$f(x) \sim \sum_{n=0}^{\infty} \frac{f^{(n)}(0)}{n!} x^n.$$

自然而然产生一个问题:是否存在常数 $\rho(0<\rho\leqslant r)$,使得 $\sum_{n=0}^{\infty} \frac{f^{(n)}(x_0)}{n!}(x-x_0)^n$ 在 $U(x_0,\rho)$ 上收敛于 $f(x)$? 答案是否定的.例如:函数

$$f(x) = \begin{cases} e^{-\frac{1}{x^2}}, & x \neq 0, \\ 0, & x = 0, \end{cases}$$

易证明 $f^{(n)}(0)=0$,因此 $f(x)$ 在 $x=0$ 处任意次可导,且 $f(x)$ 的 Maclaurin 级数处处收敛,但除 $x=0$ 外,均不收敛于 $f(x)$.

由此又产生一个问题:一个函数的 Taylor 级数在什么条件下可以收敛于函数本身呢? 答案如下:

Taylor 公式展开的条件:设 $f(x)$ 在 $U(x_0,r)$ 上有 $n+1$ 阶导数,则有 Taylor 公式

$$f(x) = \sum_{k=0}^{n} \frac{f^{(k)}(x_0)}{k!}(x-x_0)^k + R_n(x),$$

其中 $R_n(x)$ 为余项.于是当 $f(x)$ 在 $U(x_0, r)$ 上任意阶可导时,它能在 $U(x_0, \rho)$ $(0 < \rho \leqslant r)$ 上展成 Taylor 级数的充要条件是

$$\lim_{n \to \infty} R_n(x) = 0, \quad \forall x \in U(x_0, \rho).$$

（2）如何求 Taylor 展开式

一般来说,只有少量比较简单的函数可通过直接展开法求幂级数展开式,更多情况下是通过间接展开法来求,即从已知的展开式出发,通过变量替换、四则运算、逐项求导或逐项求积等方法间接地求得函数的幂级数展开式.

下列初等函数的幂级数展开式必须熟练掌握：

① $e^x = \sum_{n=0}^{\infty} \dfrac{x^n}{n!}, x \in \mathbf{R};$

② $\dfrac{1}{1+x} = \sum_{n=0}^{\infty} (-1)^n x^n, \ x \in (-1, 1);$

③ $\sin x = \sum_{n=0}^{\infty} \dfrac{(-1)^n}{(2n+1)!} x^{2n+1}, \ x \in \mathbf{R};$

④ $\dfrac{1}{1-x} = \sum_{n=0}^{\infty} x^n, \ x \in (-1, 1);$

⑤ $\cos x = \sum_{n=0}^{\infty} \dfrac{(-1)^n}{(2n)!} x^{2n}, \ x \in \mathbf{R};$

⑥ $\ln(1+x) = \sum_{n=0}^{\infty} \dfrac{(-1)^n}{n+1} x^{n+1}, \ x \in (-1, 1];$

⑦ $(1+x)^\alpha = \sum_{n=0}^{\infty} \binom{\alpha}{n} x^n,$ 其中 $\begin{cases} \alpha \leqslant -1 \text{ 时}, & x \in (-1, 1), \\ -1 < \alpha < 0 \text{ 时}, & x \in (-1, 1], \\ \alpha > 0 \text{ 时}, & x \in [-1, 1], \end{cases}$ 且

$$\binom{\alpha}{0} = 1, \quad \binom{\alpha}{n} = \frac{\alpha(\alpha-1)(\alpha-2)\cdots(\alpha-n+1)}{n!}, \quad n \in \mathbf{N}^*, \alpha \notin \mathbf{N}.$$

5.3.2　典型例题解析

例 5.42　求下列幂级数的收敛半径与收敛域：

（1）$\sum_{n=0}^{\infty} \dfrac{(-1)^n}{2^n n} (x-1)^n$；

（2）$\sum_{n=1}^{\infty} \dfrac{n!}{n^n} x^{2n}$；

（3）$\sum_{n=1}^{\infty} \dfrac{3^n + (-1)^n}{n} x^{2n-1}$；

（4）$\sum_{n=1}^{\infty} \dfrac{x^{n^2}}{2^n}$.

解　（1）令 $a_n = \dfrac{(-1)^n}{2^n n}$,可得

$$\varlimsup_{n\to\infty}\sqrt[n]{|a_n|}=\lim_{n\to\infty}\sqrt[n]{\frac{1}{2^n n}}=\frac{1}{2},$$

则收敛半径为 2. 所以幂级数在 $|x-1|<2$，即 $x\in(-1,3)$ 时收敛.

又当 $|x-1|=2$ 时，有

$$\sum_{n=0}^{\infty}\frac{(-1)^n}{2^n n}(x-1)^n=\begin{cases}\displaystyle\sum_{n=0}^{\infty}\frac{(-1)^n}{n}, & x-1=2,\\[3mm]\displaystyle\sum_{n=0}^{\infty}\frac{1}{n}, & x-1=-2,\end{cases}$$

易得当 $x=3$ 时，幂级数条件收敛；当 $x=-1$ 时，幂级数发散.

因此，所求收敛域为 $(-1,3]$.

(2) 令 $t=x^2$，得 $\sum_{n=1}^{\infty}\frac{n!}{n^n}t^n$，再令 $a_n=\frac{n!}{n^n}$，则 $\frac{a_n}{a_{n+1}}=\left(1+\frac{1}{n}\right)^n\to\mathrm{e}(n\to\infty)$. 故当 $|x^2|<\mathrm{e}$ 即 $|x|<\mathrm{e}^{\frac{1}{2}}$ 时，幂级数收敛；当 $|x^2|>\mathrm{e}$ 即 $|x|>\mathrm{e}^{\frac{1}{2}}$ 时，幂级数发散. 因此，收敛半径为 $\sqrt{\mathrm{e}}$.

又当 $x^2=\mathrm{e}$ 时，$\sum_{n=1}^{\infty}\frac{n!}{n^n}x^{2n}=\sum_{n=1}^{\infty}\frac{n!}{n^n}\mathrm{e}^n$，令 $u_n=\frac{n!}{n^n}\mathrm{e}^n$，则

$$\frac{u_{n+1}}{u_n}=\frac{(n+1)!\,\mathrm{e}^{n+1}}{(n+1)^{n+1}}\frac{n^n}{n!\,\mathrm{e}^n}=\left(\frac{n}{n+1}\right)^n\mathrm{e}=\frac{\mathrm{e}}{\left(1+\frac{1}{n}\right)^n}>1,$$

即由比式判别法知 $\sum_{n=1}^{\infty}\frac{n!}{n^n}\mathrm{e}^n$ 发散. 因此，收敛域为 $(-\mathrm{e}^{\frac{1}{2}},\mathrm{e}^{\frac{1}{2}})$.

(3) 因为

$$\sum_{n=1}^{\infty}\frac{3^n+(-1)^n}{n}x^{2n-1}=\frac{1}{x}\sum_{n=1}^{\infty}\frac{3^n+(-1)^n}{n}x^{2n}\xrightarrow{\diamondsuit x^2=t}\frac{1}{x}\sum_{n=1}^{\infty}\frac{3^n+(-1)^n}{n}t^n,$$

令 $a_n=\frac{3^n+(-1)^n}{n}$，可得

$$\varlimsup_{n\to\infty}\sqrt[n]{|a_n|}=\lim_{n\to\infty}\sqrt[n]{\frac{3^n+1}{n}}=3,$$

则收敛半径为 $\frac{1}{\sqrt{3}}$.

又当 $x^2=\frac{1}{3}$ 时，$\sum_{n=1}^{\infty}\frac{3^n+(-1)^n}{n}\cdot\frac{1}{3^n}=\sum_{n=1}^{\infty}\left[\frac{1}{n}+\frac{(-1)^n}{n\cdot 3^n}\right]$ 发散. 因此，所求收

敛域为 $\left(-\dfrac{1}{\sqrt{3}},\dfrac{1}{\sqrt{3}}\right)$.

(4) 令 $a_{n^2}=\dfrac{1}{2^n}$,可得

$$\lim_{n\to\infty}\sqrt[n^2]{|a_{n^2}|}=\lim_{n\to\infty}\frac{1}{\sqrt[n^2]{2^n}}=\lim_{n\to\infty}\frac{1}{2^{\frac{1}{n}}}=1,$$

则收敛半径为 1.又当 $x=\pm 1$ 时,幂级数显然收敛.因此,收敛域为 $[-1,1]$.

注   在求收敛半径时应注意公式的使用,其中 n 必须与相应 x 的幂指一致;同时,将收敛区间的端点代入幂级数后,须对相应的数项级数的敛散性做单独的讨论.

例 5.43   求下列幂级数的和函数:

(1) $\displaystyle\sum_{n=0}^{\infty}(n+3)x^n$;   (2) $\displaystyle\sum_{n=0}^{\infty}\frac{(-1)^n}{2n+1}x^{2n+1}$,并求数项级数 $\displaystyle\sum_{n=0}^{\infty}\frac{(-1)^n}{2n+1}$ 的和.

解   (1)(方法 1) 因为

$$\sum_{n=0}^{\infty}(n+3)x^n=\frac{1}{x^2}\sum_{n=0}^{\infty}(n+3)x^{n+2},\quad x\neq 0,$$

令 $f(x)=\displaystyle\sum_{n=0}^{\infty}(n+3)x^{n+2}$,易知收敛域为 $(-1,1)$.又

$$\int_0^x f(t)\mathrm{d}t=\sum_{n=0}^{\infty}x^{n+3}=\frac{x^3}{1-x},$$

所以

$$f(x)=\frac{3x^2(1-x)+x^3}{(1-x)^2}=\frac{3x^2-2x^3}{(1-x)^2},\quad x\in(-1,1),$$

从而 $\displaystyle\sum_{n=0}^{\infty}(n+3)x^n=\frac{3-2x}{(1-x)^2},x\in(-1,1)$,显然 $x=0$ 也成立.

(方法 2) 因为 $\displaystyle\sum_{n=0}^{\infty}(n+3)x^n=\sum_{n=0}^{\infty}nx^n+3\sum_{n=0}^{\infty}x^n$,令

$$S(x)=\sum_{n=0}^{\infty}nx^n=x\sum_{n=1}^{\infty}nx^{n-1}=xS_1(x),$$

又

$$\int_0^x S_1(t)\mathrm{d}t=\int_0^x\sum_{n=1}^{\infty}nt^{n-1}\mathrm{d}t=\sum_{n=1}^{\infty}\int_0^x nt^{n-1}\mathrm{d}t=\sum_{n=1}^{\infty}x^n=\frac{x}{1-x},\quad x\in(-1,1),$$

所以

$$S_1(x) = \frac{\mathrm{d}}{\mathrm{d}x}\int_0^x S_1(t)\mathrm{d}t = \frac{1}{(1-x)^2}, \quad x \in (-1,1),$$

于是

$$S(x) = xS_1(x) = \frac{x}{(1-x)^2}, \quad x \in (-1,1).$$

最后得到 $\displaystyle\sum_{n=0}^{\infty}(n+3)x^n = \frac{x}{(1-x)^2} + \frac{3}{1-x} = \frac{3-2x}{(1-x)^2}, x \in (-1,1).$

(2) 易知 $\displaystyle\sum_{n=0}^{\infty}\frac{(-1)^n}{2n+1}x^{2n+1} \triangleq S(x)$，收敛域为 $[-1,1]$. 又

$$S'(x) = \sum_{n=0}^{\infty}(-1)^n x^{2n} = \frac{1}{1+x^2},$$

可得

$$\int_0^x S'(t)\mathrm{d}t = \arctan x = S(x) - S(0), \quad S(0) = 0,$$

所以 $S(x) = \arctan x, x \in [-1,1].$

当 $x = 1$ 时，$\displaystyle\sum_{n=0}^{\infty}\frac{(-1)^n}{2n+1} = \arctan 1 = \frac{\pi}{4}.$

注 求幂级数的和函数或某些数项级数的和时一般要利用幂级数分析性质，通过凑配构造使之变成可以求和的幂级数. 幂级数求和问题也是考研幂级数板块中的一个重要考点，所以幂级数求和的方法和技术一定要熟练掌握.

例 5.44 (1) (苏州大学 2004 年) 求 $\displaystyle\sum_{n=0}^{\infty}\frac{n^2}{(1+a)^n}, a > 0$ 的和；

(2) (四川大学 2015 年) 求 $\displaystyle\sum_{n=0}^{\infty}\frac{n^2+1}{2^n}$ 的和.

解 (1) 考虑幂级数 $\displaystyle\sum_{n=0}^{\infty}n^2 x^n, x \in (-1,1)$，注意到

$$\sum_{n=0}^{\infty}n^2 x^n = x\sum_{n=1}^{\infty}n^2 x^{n-1} = xS(x), \quad \text{其中} \quad S(x) = \sum_{n=1}^{\infty}n^2 x^{n-1},$$

从而由上例知

$$\int_0^x S(t)\mathrm{d}t = \sum_{n=1}^{\infty}nx^n = \frac{x}{(1-x)^2}, \quad x \in (-1,1),$$

于是

$$S(x) = \frac{\mathrm{d}}{\mathrm{d}x} \frac{x}{(1-x)^2} = \frac{1+x}{(1-x)^3},$$

这样就得到了

$$\sum_{n=0}^{\infty} n^2 x^n = \frac{x(1+x)}{(1-x)^3}, \quad x \in (-1,1),$$

所以

$$\sum_{n=0}^{\infty} \frac{n^2}{(1+a)^n} = \frac{1}{1+a} S\left(\frac{1}{1+a}\right) = \frac{(a+1)(a+2)}{a^3}.$$

（2）注意到

$$\sum_{n=0}^{\infty} \frac{n^2+1}{2^n} = \sum_{n=0}^{\infty} \frac{n^2}{2^n} + \sum_{n=0}^{\infty} \frac{1}{2^n} = \sum_{n=0}^{\infty} \frac{n^2}{2^n} + 2,$$

又由上一问知 $\sum_{n=0}^{\infty} \frac{n^2}{2^n} = 6$，所以 $\sum_{n=0}^{\infty} \frac{n^2+1}{2^n} = 8$.

例 5.45 求下列函数在指定点处的幂级数展开式：

（1）$f(x) = \ln(x + \sqrt{1+x^2})$，$x=0$；　　（2）$f(x) = \frac{1}{(x+1)(2-x)}$，$x=1$.

解 （1）因为 $f'(x) = (1+x^2)^{-\frac{1}{2}} = \sum_{n=0}^{\infty} \begin{bmatrix} -\dfrac{1}{2} \\ n \end{bmatrix} x^{2n}$，$x \in [-1,1]$，其中

$$\begin{bmatrix} -\dfrac{1}{2} \\ n \end{bmatrix} = \frac{-\dfrac{1}{2}\left(-\dfrac{1}{2}-1\right)\cdots\left(-\dfrac{1}{2}-n+1\right)}{n!} = \frac{(-1)^n(2n-1)!!}{2^n n!}$$

$$= \frac{(-1)^n(2n-1)!!}{(2n)!!}, \quad n \in \mathbf{N}^*,$$

故 $f'(x) = 1 + \sum_{n=1}^{\infty} \frac{(-1)^n(2n-1)!!}{(2n)!!} x^{2n}$，则

$$\int_0^x f'(t)\mathrm{d}t = x + \sum_{n=1}^{\infty} \frac{(-1)^n(2n-1)!!}{(2n)!!} \cdot \frac{1}{2n+1} x^{2n+1}.$$

又 $f(0) = 0$，可得

$$f(x) = f(x) - f(0) = x + \sum_{n=1}^{\infty} \frac{(-1)^n(2n-1)!!}{(2n)!!} \cdot \frac{1}{2n+1} x^{2n+1},$$

即

$$\ln(x+\sqrt{1+x^2})=x+\sum_{n=1}^{\infty}\frac{(-1)^n(2n-1)!!}{(2n)!!}\cdot\frac{1}{2n+1}x^{2n+1}, \quad x\in[-1,1].$$

(2) 因为 $f(x)=\dfrac{1}{(x+1)(2-x)}=\dfrac{1}{3}\left(\dfrac{1}{2-x}+\dfrac{1}{x+1}\right)$，其中

$$\frac{1}{2-x}=\frac{1}{1-(x-1)}=\sum_{n=0}^{\infty}(x-1)^n, \quad (x-1)\in(-1,1),$$

$$\frac{1}{x+1}=\frac{1}{2+(x-1)}=\frac{1}{2}\frac{1}{1+\dfrac{x-1}{2}}$$

$$=\frac{1}{2}\sum_{n=0}^{\infty}(-1)^n\frac{(x-1)^n}{2^n}, \quad \frac{x-1}{2}\in(-1,1),$$

所以

$$f(x)=\frac{1}{3}\sum_{n=0}^{\infty}(x-1)^n+\frac{1}{6}\sum_{n=0}^{\infty}(-1)^n\frac{(x-1)^n}{2^n}$$

$$=\sum_{n=0}^{\infty}\left(\frac{1}{3}+\frac{(-1)^n}{6\cdot2^n}\right)(x-1)^n, \quad x\in(0,2).$$

例 5.46 设 $S(x)=\displaystyle\sum_{n=1}^{\infty}\frac{x^n}{n^2}, x\in[0,1]$，试证：当 $0<x<1$ 时，有

$$S(x)+S(1-x)+\ln x\ln(1-x)=\sum_{n=1}^{\infty}\frac{1}{n^2}=\frac{\pi^2}{6}.$$

证明 易求 $S(x)$ 的收敛域为 $[-1,1]$，则 $S(x)$ 在 $x=1$ 处左连续.

令 $F(x)=S(x)+S(1-x)+\ln x\ln(1-x)$，则 $F(x)$ 在 $(0,1)$ 上连续，可得

$$F'(x)=S'(x)-S'(1-x)+\frac{\ln(1-x)}{x}-\frac{\ln x}{1-x}.$$

又

$$S'(x)=\sum_{n=1}^{\infty}\frac{x^{n-1}}{n}=\frac{1}{x}\sum_{n=1}^{\infty}\frac{x^n}{n}=\frac{1}{x}f(x), \quad x\in(-1,1)\backslash\{0\},$$

其中 $f(x)=\displaystyle\sum_{n=1}^{\infty}\frac{x^n}{n}, x\in(-1,1)$，则

$$f'(x)=\sum_{n=1}^{\infty}x^{n-1}=\sum_{n=0}^{\infty}x^n=\frac{1}{1-x}, \quad 且 \quad f(0)=0,$$

所以 $f(x) = -\ln(1-x)$，则 $S'(x) = -\dfrac{\ln(1-x)}{x}, x \in (-1,1) \backslash \{0\}$，可得

$$S'(x) = -\frac{\ln(1-x)}{x}, \quad x \in (0,1),$$

$$S'(1-x) = -\frac{\ln x}{1-x}, \quad x \in (0,1),$$

从而

$$F'(x) = S'(x) - S'(1-x) + \frac{\ln(1-x)}{x} - \frac{\ln x}{1-x} = 0, \quad x \in (0,1),$$

所以 $F(x)$ 在 $(0,1)$ 上恒为常数. 又因为

$$\lim_{x \to 1^-} F(x) = S(1) + S(0) + \lim_{x \to 1^-} [\ln x \ln(1-x)]$$

$$= \sum_{n=1}^{\infty} \frac{1}{n^2} + \lim_{x \to 1^-} [\ln x \ln(1-x)]$$

$$= \frac{\pi^2}{6} + \lim_{x \to 1^-} [\ln x \ln(1-x)],$$

其中

$$\lim_{x \to 1^-} [\ln x \ln(1-x)] = \lim_{x \to 1^-} \frac{\ln(1-x)}{\dfrac{1}{\ln x}} = \lim_{x \to 1^-} \frac{x(\ln x)^2}{1-x}$$

$$= \lim_{x \to 1^-} \left(-\frac{2\ln x}{x} \right) = 0,$$

所以 $\lim\limits_{x \to 1^-} F(x) = \sum\limits_{n=1}^{\infty} \dfrac{1}{n^2} = \dfrac{\pi^2}{6}$，故 $F(x) = \lim\limits_{x \to 1^-} F(x) = \sum\limits_{n=1}^{\infty} \dfrac{1}{n^2} = \dfrac{\pi^2}{6}, x \in (0,1)$，即

$$S(x) + S(1-x) + \ln x \ln(1-x) = \sum_{n=1}^{\infty} \frac{1}{n^2} = \frac{\pi^2}{6}.$$

例 5.47　已知 $\sum\limits_{n=1}^{\infty} \dfrac{1}{n^2} = \dfrac{\pi^2}{6}$，求积分 $\displaystyle\int_0^{+\infty} \dfrac{x}{e^x + 1} dx$.

解　因为

$$\int_0^{+\infty} \frac{x}{e^x + 1} dx = \int_0^{+\infty} \frac{x e^{-x}}{e^{-x} + 1} dx = -\int_0^{+\infty} x \, d\ln(e^{-x} + 1)$$

$$= -x \ln(e^{-x} + 1) \Big|_0^{+\infty} + \int_0^{+\infty} \ln(e^{-x} + 1) dx$$

$$= \int_0^{+\infty} \ln(e^{-x} + 1) dx = \int_0^{+\infty} \sum_{n=1}^{\infty} (-1)^{n-1} \frac{e^{-nx}}{n} dx$$

$$= \sum_{n=1}^{\infty} (-1)^{n-1} \frac{1}{n^2},$$

又

$$\frac{\pi^2}{6} = \sum_{n=1}^{\infty} \frac{1}{n^2} = \sum_{n=1}^{\infty} \frac{1}{(2n-1)^2} + \sum_{n=1}^{\infty} \frac{1}{(2n)^2} = \sum_{n=1}^{\infty} \frac{1}{(2n-1)^2} + \frac{1}{4} \sum_{n=1}^{\infty} \frac{1}{n^2},$$

于是 $\sum_{n=1}^{\infty} \frac{1}{(2n-1)^2} = \frac{\pi^2}{8}$，可得

$$\sum_{n=1}^{\infty} (-1)^{n-1} \frac{1}{n^2} = \sum_{n=1}^{\infty} \frac{1}{(2n-1)^2} - \sum_{n=1}^{\infty} \frac{1}{(2n)^2} = \frac{\pi^2}{8} - \frac{\pi^2}{24} = \frac{\pi^2}{12},$$

即 $\int_0^{+\infty} \frac{x}{e^x + 1} dx = \frac{\pi^2}{12}$.

5.4　傅里叶级数

5.4.1　内容提要与知识点解析

在自然界中周期现象是常见的,物理学中将它称为振动,而波就是指振动的传播,声、光、电都离不开波.描述周期现象的数学函数就是周期函数,但幂级数并不合适对于周期现象研究.例如,虽然我们有正弦和余弦函数在$(-\infty, +\infty)$上的Taylor级数展开式,但难以从这些展开式中看出它们的和函数是周期函数.描述周期现象的基本数学工具是三角级数.形如

$$\frac{1}{2} a_0 + \sum_{n=1}^{\infty} (a_n \cos nx + b_n \sin nx)$$

的函数项级数称为三角级数,其中 $a_0, a_n, b_n \in \mathbf{R}(n=1,2,\cdots)$ 称为三角级数的系数.

和 Taylor 级数展开相比,Fourier 级数展开的条件要弱得多.Taylor 级数展开要求函数任意阶可导,余项趋于 0,并且所得结果往往仅在一点的某邻域内成立.而 Fourier 级数展开几乎只要 Riemann 可积.因此,我们有必要研究 Fourier 级数.

1) 函数的 Fourier 级数及系数

设 $f(x)$ 是以 2π 为周期的函数,且在$[-\pi, \pi]$上可积,则

$$a_0 = \frac{1}{\pi} \int_{-\pi}^{\pi} f(x) \mathrm{d}x, \quad a_n = \frac{1}{\pi} \int_{-\pi}^{\pi} f(x) \cos nx \, \mathrm{d}x \quad (n = 1, 2, \cdots),$$

$$b_n = \frac{1}{\pi} \int_{-\pi}^{\pi} f(x) \sin nx \, \mathrm{d}x \quad (n = 1, 2, \cdots)$$

称为 Fourier 系数, 而

$$\frac{a_0}{2} + \sum_{n=1}^{\infty} (a_n \cos nx + b_n \sin nx)$$

称为对应于 $f(x)$ 的 Fourier 级数, 记为

$$f(x) : \sim \frac{a_0}{2} + \sum_{n=1}^{\infty} (a_n \cos nx + b_n \sin nx).$$

在数集 D 上, 如果 ": ~" 变为 "=", 即 Fourier 级数在 D 上和函数为 $f(x)$, 则称 $f(x)$ 在数集 D 上可展开成 Fourier 级数, 也称其为 $f(x)$ 的 Fourier 展开式.

2) Fourier 级数的收敛性及函数的 Fourier 级数展开

(1) 收敛定理

设函数 $f(x)$ 以 2π 为周期, 且在 $[-\pi, \pi]$ 上分段光滑, 则在每一点 $x \in \mathbf{R}$, $f(x)$ 的 Fourier 级数收敛于 $f(x)$ 在点 x 的左右极限的算术平均值 $\dfrac{f(x+) + f(x-)}{2}$, 即

$$\frac{f(x+) + f(x-)}{2} = \frac{a_0}{2} + \sum_{n=1}^{\infty} (a_n \cos nx + b_n \sin nx).$$

注　① 若 $f(x)$ 是以 2π 为周期的连续函数且在区间 $[-\pi, \pi]$ 上分段光滑, 则 $f(x)$ 的 Fourier 级数在 $(-\infty, +\infty)$ 上收敛于 $f(x)$, 即

$$f(x) = \frac{1}{2} a_0 + \sum_{n=1}^{\infty} (a_n \cos nx + b_n \sin nx), \quad x \in (-\infty, +\infty),$$

其中, $a_0, a_n, b_n (n = 1, 2, \cdots)$ 为 Fourier 系数.

② 由收敛定理我们可以知道: Fourier 级数在连续点处收敛于函数本身, 在间断点处收敛于 $\dfrac{f(x+) + f(x-)}{2}$.

③ 由 Fourier 系数的计算公式及函数 $f(x)$ 的奇偶性, 易知:

若 $f(x)$ 为奇函数, 则 $a_n = 0, n = 0, 1, 2, \cdots$, 相应的 Fourier 级数为

$$f(x) : \sim \sum_{n=1}^{\infty} b_n \sin nx,$$

称其为正弦级数；

若 $f(x)$ 为偶函数，则 $b_n = 0, n = 1, 2, \cdots$，相应的 Fourier 级数为

$$f(x): \sim \frac{1}{2}a_0 + \sum_{n=1}^{\infty} a_n \cos nx,$$

称其为余弦级数.

(2) 以 $2l$ 为周期的函数的 Fourier 级数

设 $f(x)$ 以 $2l$ 为周期，令 $t = \frac{\pi}{l}x$，则 $F(t) = f\left(\frac{l}{\pi}t\right)$ 为以 2π 为周期的函数，因而 $f(x)$ 对应的 Fourier 级数可表示为

$$f(x): \sim \frac{a_0}{2} + \sum_{n=1}^{\infty} \left(a_n \cos \frac{n\pi x}{l} + b_n \sin \frac{n\pi x}{l}\right),$$

其中 $a_0 = \frac{1}{l}\int_{-l}^{l} f(x)\mathrm{d}x, a_n = \frac{1}{l}\int_{-l}^{l} f(x)\cos \frac{n\pi x}{l}\mathrm{d}x, b_n = \frac{1}{l}\int_{-l}^{l} f(x)\sin \frac{n\pi x}{l}\mathrm{d}x,$ $n = 1, 2, \cdots$. 而且它也有类似的收敛定理.

注 如果非周期函数需要展开成 Fourier 级数，通常的做法是先对函数做周期延拓，然后对周期延拓后的函数做 Fourier 展开，最后把自变量限制在原函数的定义域上就可以得到其 Fourier 级数. 需要注意的是，区间端点上级数的收敛性应根据收敛定理进行考察.

(3) 收敛定理的证明

收敛定理是研究 Fourier 级数的基础，其证明稍微有点复杂，其中用到 Bessel 不等式和 Riemann-Lebesgue 引理.

Fourier 级数的 Bessel 不等式：设 $f(x)$ 是以 2π 为周期的函数，且在 $[-\pi, \pi]$ 上可积，若

$$f(x): \sim \frac{1}{2}a_0 + \sum_{n=1}^{\infty} (a_n \cos nx + b_n \sin nx),$$

则有如下 Bessel 不等式：

$$\frac{1}{2}a_0^2 + \sum_{n=1}^{\infty} (a_n^2 + b_n^2) \leqslant \frac{1}{\pi}\int_{-\pi}^{\pi} f^2(x)\mathrm{d}x.$$

不难发现，级数 $\frac{1}{2}a_0^2 + \sum_{n=1}^{\infty} (a_n^2 + b_n^2)$ 必定收敛，从而有 $\lim\limits_{n\to\infty} a_n = \lim\limits_{n\to\infty} b_n = 0$，即

$$\lim_{n\to\infty}\int_{-\pi}^{\pi} f(x)\cos nx \,\mathrm{d}x = 0, \quad \lim_{n\to\infty}\int_{-\pi}^{\pi} f(x)\sin nx \,\mathrm{d}x = 0.$$

其实它们是 Riemann-Lebesgue 引理的特殊情况：

设函数 $f(x)$ 在 $[a,b]$ 上可积，则

$$\lim_{\lambda \to +\infty} \int_a^b f(x) \cos\lambda x \, \mathrm{d}x = 0, \qquad \lim_{\lambda \to +\infty} \int_a^b f(x) \sin\lambda x \, \mathrm{d}x = 0.$$

5.4.2 典型例题解析

例 5.48 求 $f(x) = x + x^2$ 在 $-\pi < x < \pi$ 上的 Fourier 级数，并求 $\sum\limits_{n=1}^{\infty} \dfrac{1}{n^2}$ 的和.

解 将 $f(x)$ 作周期为 2π 的周期延拓，则满足收敛定理的条件. 于是

$$a_0 = \frac{1}{\pi} \int_{-\pi}^{\pi} (x^2 + x) \, \mathrm{d}x = \frac{2}{3} \pi^2,$$

$$a_n = \frac{1}{\pi} \int_{-\pi}^{\pi} (x^2 + x) \cos nx \, \mathrm{d}x = (-1)^n \frac{4}{n^2},$$

$$b_n = \frac{1}{\pi} \int_{-\pi}^{\pi} (x^2 + x) \sin nx \, \mathrm{d}x = (-1)^{n+1} \frac{2}{n},$$

故由收敛定理，$\forall x \in (-\pi, \pi)$，有

$$x^2 + x = \frac{\pi^2}{3} + \sum_{n=1}^{\infty} (-1)^n \frac{4}{n^2} \cos nx + \sum_{n=1}^{\infty} (-1)^{n+1} \frac{2}{n} \sin nx.$$

当 $x = \pm\pi$ 时，其 Fourier 级数都收敛于

$$\frac{f(-\pi+) + f(\pi-)}{2} = \pi^2,$$

再令 $x = \pi$，即有 $\pi^2 = \dfrac{1}{3}\pi^2 + \sum\limits_{n=1}^{\infty} \dfrac{4}{n^2}$，从而 $\sum\limits_{n=1}^{\infty} \dfrac{1}{n^2} = \dfrac{\pi^2}{6}$.

例 5.49 已知函数 $f(x) = \dfrac{\pi}{2} \cdot \dfrac{\mathrm{e}^x + \mathrm{e}^{-x}}{\mathrm{e}^\pi - \mathrm{e}^{-\pi}}$.

（1）在 $[-\pi, \pi]$ 上将 $f(x)$ 展开为 Fourier 级数；

（2）求级数 $\sum\limits_{n=1}^{\infty} \dfrac{(-1)^n}{1 + (2n)^2}$ 的和.

解 （1）因为 $f(-x) = f(x)$，所以 $f(x)$ 为偶函数，故 $b_n = 0, n = 1, 2, \cdots$，且

$$a_0 = \frac{2}{\pi} \int_0^\pi \frac{\pi}{2} \cdot \frac{\mathrm{e}^x + \mathrm{e}^{-x}}{\mathrm{e}^\pi - \mathrm{e}^{-\pi}} \, \mathrm{d}x = 1,$$

$$a_n = \frac{1}{\pi} \int_{-\pi}^{\pi} \frac{\pi}{2} \cdot \frac{e^x + e^{-x}}{e^\pi - e^{-\pi}} \cos nx \, dx$$

$$= \frac{1}{e^\pi - e^{-\pi}} \left[\int_0^\pi e^x \cos nx \, dx + \int_0^\pi e^{-x} \cos nx \, dx \right]$$

$$= \frac{1}{e^\pi - e^{-\pi}} \cdot \frac{1}{1+n^2} (e^x \cos nx - e^{-x} \cos nx) \Big|_0^\pi$$

$$= \frac{\cos n\pi}{1+n^2} = \frac{(-1)^n}{1+n^2}.$$

又当 $x = \pm \pi$ 时,其 Fourier 级数都收敛于

$$\frac{f(\pi+) + f(\pi-)}{2} = f(\pi) = f(-\pi),$$

故由收敛定理,$\forall x \in [-\pi, \pi]$,有

$$f(x) = \frac{1}{2} + \sum_{n=1}^{\infty} \frac{(-1)^n}{1+n^2} \cos nx.$$

(2) 在上式中令 $x = \frac{\pi}{2}$,得

$$f\left(\frac{\pi}{2}\right) = \frac{1}{2} + \sum_{n=1}^{\infty} \frac{(-1)^n}{1+n^2} \cdot \cos \frac{n\pi}{2} = \frac{1}{2} + \sum_{n=1}^{\infty} \frac{(-1)^n}{1+(2n)^2},$$

从而

$$\sum_{n=1}^{\infty} \frac{(-1)^n}{1+(2n)^2} = \frac{\pi}{2} \cdot \frac{e^{\frac{\pi}{2}} + e^{-\frac{\pi}{2}}}{e^\pi - e^{-\pi}} - \frac{1}{2}.$$

例 5.50 设 $f(x)$ 是 $(-\infty, +\infty)$ 上以 2π 为周期的具有 k 阶连续导数的函数,a_n, b_n 是其 Fourier 级数的系数,证明:$a_n = o\left(\frac{1}{n^k}\right)$,$b_n = o\left(\frac{1}{n^k}\right)$.

证明 利用分部积分法得到

$$a_n = \frac{1}{\pi} \int_{-\pi}^{\pi} f(x) \cos nx \, dx = \frac{1}{n\pi} \int_{-\pi}^{\pi} f(x) \, d\sin nx$$

$$= -\frac{1}{n\pi} \int_{-\pi}^{\pi} f'(x) \sin nx \, dx = \frac{1}{n^2\pi} \int_{-\pi}^{\pi} f'(x) \, d\cos nx$$

$$= -\frac{1}{n^2\pi} \int_{-\pi}^{\pi} f''(x) \cos nx \, dx$$

$$= \cdots = \frac{1}{n^k\pi} \int_{-\pi}^{\pi} f^{(k)}(x) \cos\left(\frac{k\pi}{2} + nx\right) dx,$$

由于 $f^{(k)}(x)$ 连续,所以由 Riemann-Lebesgue 引理知

$$\lim_{n\to\infty}\int_{-\pi}^{\pi} f^{(k)}(x)\cos\left(\frac{k\pi}{2}+nx\right)\mathrm{d}x=0,$$

从而得到 $a_n=o\left(\dfrac{1}{n^k}\right)$. 类似可得 $b_n=o\left(\dfrac{1}{n^k}\right)$.

Riemann-Lebesgue 引理还可以用来计算定积分的极限,我们来看一个例子.

例 5.51　计算极限 $\displaystyle\lim_{p\to+\infty}\int_0^2\frac{\sin^2 px}{1+x}\mathrm{d}x$.

解　注意到

$$\int_0^2\frac{\sin^2 px}{1+x}\mathrm{d}x=\int_0^2\frac{1-\cos 2px}{2(1+x)}\mathrm{d}x=\int_0^2\frac{1}{2(1+x)}\mathrm{d}x-\int_0^2\frac{\cos 2px}{2(1+x)}\mathrm{d}x$$

$$=\frac{1}{2}\ln 3-\int_0^2\frac{\cos 2px}{2(1+x)}\mathrm{d}x,$$

由 Riemann-Lebesgue 引理知 $\displaystyle\lim_{p\to+\infty}\int_0^2\frac{\cos 2px}{1+x}\mathrm{d}x=0$,则 $\displaystyle\lim_{p\to+\infty}\int_0^2\frac{\sin^2 px}{1+x}\mathrm{d}x=\frac{1}{2}\ln 3$.

5.5　练习题

1. 已知 $\displaystyle\sum_{n=1}^{\infty} a_n^2$ 收敛.

(1) 判定 $\displaystyle\sum_{n=1}^{\infty}(-1)^n\frac{|a_n|}{\sqrt{n^2+1}}$ 的敛散性;

(2) 证明: $\displaystyle\sum_{n=2}^{\infty}\frac{a_n}{\sqrt{n}\ln n}$ 收敛.

2. 判断下列级数的敛散性:

(1) $\displaystyle\sum_{n=1}^{\infty}\left[\frac{1}{n}-\ln\left(1+\frac{1}{n}\right)\right]$;　　(2) $\displaystyle\sum_{n=1}^{\infty}\frac{1}{(n+1)\ln^p(n+1)}$ $(p>0)$;

(3) $\displaystyle\sum_{n=1}^{\infty} n^{-\frac{n+1}{n}}$;　　　　　　　　(4) $\displaystyle\sum_{n=2}^{\infty}\frac{1}{n(\ln n)^p(\ln\ln n)^q}$ $(p,q>0)$.

3. 设 $u_n>0$ 是单调递减数列,试证明:

(1) 若 $\displaystyle\lim_{n\to\infty}u_n=c\neq 0$,则 $\displaystyle\sum_{n=1}^{\infty}\left(1-\frac{u_{n+1}}{u_n}\right)$ 收敛;

(2) 若 $\displaystyle\lim_{n\to\infty}u_n=0$,则 $\displaystyle\sum_{n=1}^{\infty}\left(1-\frac{u_{n+1}}{u_n}\right)$ 发散.

4. 设 $a_n > 0$ 且单调递减,试证 $\sum\limits_{n=1}^{\infty} a_n$ 与 $\sum\limits_{n=1}^{\infty} 2^n a_{2^n}$ 同时敛散.

5. (1)(东北大学 2003 年)判别级数 $\sum\limits_{n=2}^{\infty} \dfrac{\sin nx}{\ln n}$ 的敛散性;

(2)(同济大学 2002 年)判别级数 $\sum\limits_{n=1}^{\infty} \sin(\pi\sqrt{n^2+1})$ 的敛散性.

6. 证明:级数 $\sum\limits_{n=1}^{\infty} a_n$ 收敛的充分必要条件是对于任意的正整数序列 $\{p_k\}$ 和正整数任意子序列 $\{n_k\}$,都有 $\lim\limits_{k\to\infty}(a_{n_k+1} + \cdots + a_{n_k+p_k}) = 0$.

7. 判别级数 $\sum\limits_{n=2}^{\infty} \dfrac{\ln\ln n}{\ln n}\sin n$ 是否绝对收敛或条件收敛.

8. 设函数 $f(x)$ 在区间 $(-1,1)$ 内具有直到三阶的连续导数,且

$$f(0)=0, \quad \lim_{x\to 0}\frac{f'(x)}{x}=0,$$

证明:级数 $\sum\limits_{n=2}^{\infty} nf\left(\dfrac{1}{n}\right)$ 绝对收敛.

9. 证明:若 $\sum\limits_{n=1}^{\infty} b_n$ 收敛,且 $\sum\limits_{n=1}^{\infty}(a_n - a_{n-1})$ 绝对收敛,则级数 $\sum\limits_{n=1}^{\infty} a_n b_n$ 收敛.

10. 已知级数 $\sum\limits_{n=1}^{\infty} a_n$ 收敛,问级数 $\sum\limits_{n=1}^{\infty} a_n^2$ 和 $\sum\limits_{n=1}^{\infty} a_n^3$ 是否必收敛? 说明理由.

11. 证明:极限 $\lim\limits_{n\to\infty}\left[\sum\limits_{k=2}^{n} \dfrac{1}{k\ln k} - \ln(\ln n)\right]$ 存在且有限.

12. 讨论 $\displaystyle\int_0^{+\infty} \dfrac{\mathrm{d}x}{1+x^\alpha\,|\sin x\,|^\beta}$ 的敛散性,其中 $\alpha > \beta > 1$.

13. 设连续函数列 $\{f_n(x)\}$ 在闭区间 $[-1,1]$ 上一致收敛于函数 $f(x)$,如果 $x_n \in [a,b](n=1,2,\cdots)$ 且 $\lim\limits_{n\to\infty} x_n = x_0$,证明: $\lim\limits_{n\to\infty} f_n(x_n) = f(x_0)$.

14. 设对每一个 $n \in \mathbf{N}^*$,$f_n(x)$ 为 $[a,b]$ 上的有界函数,且 $\forall x \in [a,b]$,有

$$f_n(x) \xrightarrow{\text{一致}} f(x) \quad (n\to\infty).$$

证明:(1) $f(x)$ 在 $[a,b]$ 上有界;(2) $\lim\limits_{n\to\infty}\sup\limits_{a\leqslant x\leqslant b} f_n(x) = \sup\limits_{a\leqslant x\leqslant b} f(x)$.

15. 设 $f_n(x)(n=1,2,\cdots)$ 在 $[a,b)$ 上连续,且 $\{f_n(x)\}$ 在 $[a,b)$ 上一致收敛于 $f(x)$,试证:$\{\mathrm{e}^{f_n(x)}\}$ 在 $[a,b)$ 上一致收敛于 $\mathrm{e}^{f(x)}$.

16. 设在 $[a,b]$ 上,$f_n(x)$ 一致收敛于 $f(x)$,$g_n(x)$ 一致收敛于 $g(x)$,且存在正数列 $\{M_n\}$,使

$$| f_n(x) | \leqslant M_n, \quad | g(x) | \leqslant M_n, \quad x \in [a,b], \quad n \geqslant 1.$$

证明：$f_n(x)g_n(x)$ 在 $[a,b]$ 上一致收敛于 $f(x)g(x)$.

17. 设 $f_n(x) = \sum_{k=0}^{n-1} \frac{1}{n} f\left(x + \frac{k}{n}\right)$，其中 $f(x)$ 在 $(-\infty, +\infty)$ 上连续，求证：函数列 $\{f_n(x)\}$ 在有界闭区间 $[a,b]$ 上一致收敛.

18. 设 $f_n(x)(n=1,2,\cdots)$，$f(x)$，$g(x)$ 在 $[a,b]$ 上都可积，且

$$\lim_{n \to \infty} \int_a^b | f_n(x) - f(x) |^2 \mathrm{d}x = 0,$$

记

$$h(x) = \int_a^x f(t)g(t)\mathrm{d}t, \quad h_n(x) = \int_a^x f_n(t)g(t)\mathrm{d}t,$$

证明：在 $[a,b]$ 上 $h_n(x) \xrightarrow{\text{一致}} h(x)$，$n \to \infty$.

19. 设 $\{u_n(x)\}$ 为 $[a,b]$ 上的可导函数列，且在 $[a,b]$ 上有 $\left| \sum_{k=1}^n u_k(x) \right| \leqslant c$，其中 c 为与 x 和 n 无关的正实数. 证明：若 $\sum_{n=1}^\infty u_n(x)$ 在 $[a,b]$ 上收敛，则必为一致收敛.

20. 证明：函数项级数 $\sum_{n=1}^\infty \frac{1}{n}\left[\mathrm{e}^x - \left(1 + \frac{x}{n}\right)^n\right]$ 在任意有限区间 $[a,b]$ 上一致收敛，在 $(-\infty, +\infty)$ 上非一致收敛.

21. 证明：$\lim_{x \to 1^-} \sum_{n=1}^\infty \frac{(-1)^{n-1}}{n} \frac{x^n}{1+x^n} = \frac{1}{2}\ln 2$.

22. 证明：级数 $\sum_{n=1}^\infty (-1)^n \frac{\mathrm{e}^{x^2} + \sqrt{n}}{n^{3/2}}$ 在任何有限区间 $[a,b]$ 上一致收敛，但在任何一点 x_0 处不绝对收敛.

23. 设函数项级数 $\sum_{n=1}^\infty u_n(x)$ 的每一项均在有限区间 $[a,b]$ 上连续，且收敛于连续函数 $f(x)$，证明：$\forall x \in [a,b]$，若级数 $\sum_{n=1}^\infty u_n(x)$ 为同号级数，则 $\sum_{n=1}^\infty u_n(x)$ 在 $[a,b]$ 上一致收敛于 $f(x)$.

24. 讨论级数 $1 + \frac{1}{2x\sqrt{2}} + \frac{1}{4x^2\sqrt{3}} + \frac{1}{8x^3\sqrt{4}} + \cdots + \frac{1}{2^n x^n \sqrt{n+1}} + \cdots$ 的收敛性，求出它的收敛区间与一致收敛区间.

25. 设函数项级数 $S(x) = \sum\limits_{n=1}^{\infty} u_n(x)$ 在区间 (a,b) 上内闭一致收敛, 对每一个 $n \in \mathbf{N}^*$, $u_n(x)$ 在 (a,b) 内连续, 且部分和数列 $\{S_n(x)\}$ 在 $[a,b]$ 上一致有界, 证明: $S(x)$ 在 $[a,b]$ 上可积, 且 $\int_a^b S(x)\mathrm{d}x = \sum\limits_{n=1}^{\infty} \int_a^b u_n(x)\mathrm{d}x$.

26. 设函数列 $\{f_n(x)\}$ 在开区间 (a,b) 内一致收敛, 且 $\forall n \in \mathbf{N}^*$, $f_n(x)$ 都在点 a 右连续, 在点 b 左连续, 证明: $\{f_n(x)\}$ 在闭区间 $[a,b]$ 上一致收敛.

27. 设函数列 $f_1(x)$ 在 $[a,b]$ 上可积, 定义 $f_{n+1}(x) = \int_a^x f_n(t)\mathrm{d}t$, 证明:

$$f_n(x) \xrightarrow{\text{一致}} 0, \quad n \to \infty, \quad x \in [a,b].$$

28. 求幂级数 $\sum\limits_{n=1}^{\infty} (-1)^n \dfrac{(x+2)^{2n}}{n \cdot 3^{n+1}}$ 和 $\sum\limits_{n=2}^{\infty} \dfrac{(-1)^n}{n(n+1)} x^n$ 的收敛域与和函数.

29. 设 $f_n(x)$ 在 $[0,1]$ 上连续, 并且

$$f_n(x) \geqslant f_{n+1}(x), \quad \forall x \in [0,1], \quad n = 1,2,\cdots,$$

若 $f_n(x)$ 在 $[0,1]$ 上一致收敛于 $f(x)$, 试证明: $f(x)$ 在 $[0,1]$ 上具有最大值.

30. 求函数 $f(x) = \dfrac{x \sin\alpha}{1 - 2x\cos\alpha + x^2}$ ($|x| < 1$) 和 $f(x) = \arctan \dfrac{2x}{2 - x^2}$ 的幂级数展开式.

31. 写出 $\mathrm{e}^{\sin x}$ 在 $x = 0$ 处的 Taylor 级数的前五项, 并求出该级数的收敛区间.

32. 求 $\dfrac{1}{(1 - x^2)\sqrt{1 - x^2}}$ 在 $x = 0$ 处的 Taylor 级数, 并求其收敛半径.

33. 求函数 $f(x) = \dfrac{\pi - x}{2}$ 在区间 $(0, 2\pi)$ 内的 Fourier 级数.

34. 设 $f(x)$ 是以 2π 为周期的周期函数, 且 $f(x) = x$, $-\pi < x < \pi$, 求 $f(x)$ 与 $|f(x)|$ 的 Fourier 级数. 它们的 Fourier 级数是否一致收敛 (给出证明)?

35. 将函数

$$f(x) = \begin{cases} 1, & 0 \leqslant x \leqslant \dfrac{\pi}{2}, \\ 0, & \dfrac{\pi}{2} < x \leqslant \pi \end{cases}$$

展开为正弦级数, 并求出 $x = \dfrac{\pi}{2}$ 时此级数之和.

36. 在 $[0, \pi]$ 上展开 $f(x) = x + \cos x$ 为余弦级数.

第6章 多元函数的极限与连续性

来自现实生活和生产实践的很多问题都可以归结为数学模型,而这些模型多半会涉及多元函数.多元函数的研究主要以二元函数为代表,三元以及更多元函数的研究基本与二元函数相似.本章主要涉及二元函数的定义域(也就是平面点集)、二元函数的重极限与累次极限以及二元函数的连续性与一致连续性问题.

6.1 多元函数的极限

6.1.1 内容提要与知识点解析

在 $\mathbf{R}^2$ 中定义内积 $\langle P,Q\rangle = x_1 x_2 + y_1 y_2$,其中 $P(x_1,y_1),Q(x_2,y_2) \in \mathbf{R}^2$,进而 $\mathbf{R}^2$ 为欧几里得空间,从而可定义 P 的模(范数)为 $\parallel P \parallel = \sqrt{\langle P,P \rangle}$,最后由范数可定义 P,Q 间的距离为

$$\rho(P,Q) = \parallel P - Q \parallel.$$

有了距离,就可以定义 $\mathbf{R}^2$ 中的邻域及收敛等概念.

1)点 $P_0(x_0,y_0)$ 的邻域

$\forall \delta > 0$,称点集 $\{P(x,y) \mid \parallel P - P_0 \parallel < \delta\}$ 为 P_0 的圆邻域,记为 $U(P_0,\delta)$,空心邻域为 $U^\circ(P_0,\delta)$.在不会混淆的情况下,也可简记为 $U(P_0)$ 和 $U^\circ(P_0)$.类似可定义 P_0 的方形邻域.方形邻域与圆形邻域是等价的,在讨论问题时,用其中一种可能形式上更方便.有了邻域的概念,就可以讨论平面上一些重要的点.

2)点与点集的关系

设 $P \in \mathbf{R}^2$ 为一定点,$E \subset \mathbf{R}^2$ 为一点集.

(1)聚点:若 $\forall \delta > 0, U^\circ(P,\delta) \bigcap E \neq \varnothing$,则称 P 为 E 的聚点.E 的所有聚点组成的集合称为 E 的导集,记为 E'.

(2)孤立点:若 $P \in E$,且 $\exists \delta > 0$,使得 $U^\circ(P,\delta) \bigcap E = \varnothing$,则称 P 为 E 的孤立点.

注 E 的孤立点一定属于 E,E 的聚点不一定在 E 中.

(3)内点:若 $\exists \delta > 0$,使得 $U(P,\delta) \subset E$,则称 P 为 E 的内点.E 的所有内点组成的集合记为 $\mathrm{int}E$.

(4) 外点:若 $\exists \delta > 0$,使得 $U(P,\delta) \bigcap E = \varnothing$,则称 P 为 E 的外点.

(5) 边界点:$\forall \delta > 0, U(P,\delta) \bigcap E \neq \varnothing, U(P,\delta) \bigcap E^c \neq \varnothing$,则称 P 为 E 的边界点.E 的边界点集为 ∂E.

注 由以上定义可以看出:孤立点一定是边界点;内点以及非孤立的边界点一定是聚点;既不是聚点也不是孤立点,则一定是外点.有了这些重要的点就可以定义平面中的一些重要点集.

3) 重要的平面点集

(1) 开集:若 $\mathrm{int}E = E$,则称 E 为开集.

(2) 闭集:若 E 的导集 $E' \subset E$,则称 E 为闭集.

(3) 连通集:若 E 中的任意两点均可用一条完全含于 E 的有限段折线相连接,则称 E 为道路连通的,简称为连通.

注 这里的连通是指道路连通,不要与拓扑学中的连通概念混淆.连通性在讨论一些问题时至关重要,比如多元连续函数的介值性、曲线积分与路径无关的等价命题等,大家在学习时要注意体会.

(4) 区域:连通的开集称为区域或开域.

(5) 闭域:开域(区域)的闭包称为闭域.

(6) 有界集:若 $\exists M > 0$,使得 $\forall P \in E$,有 $\|P\| < M$,则称 E 为有界集;否则,称 E 为无界集.

(7) 点集的直径:称 $d(E) = \sup\limits_{P,Q \in E} \rho(P,Q)$ 为 E 的直径.

4) $\mathbf{R}^2$ 的完备性

与实数集 $\mathbf{R}$ 一样,$\mathbf{R}^2$ 亦是完备的.实数集 $\mathbf{R}$ 的六个等价的完备性定理除了确界原理和单调原理(其涉及点与点之间的大小关系)以外,其余四个均能推广到 $\mathbf{R}^2$ 上来,而且对一般 $\mathbf{R}^n (n > 2)$ 也是对的.需要说明的是,$\mathbf{R}^2$ 的点列收敛是按分量收敛的,即 $\lim\limits_{n \to \infty} P_n = P_0$ 当且仅当 $\lim\limits_{n \to \infty} x_n = x_0, \lim\limits_{n \to \infty} y_n = y_0$,其中

$$P_n(x_n,y_n), P_0(x_0,y_0) \in \mathbf{R}^2.$$

(1) 柯西准则:点列 $\{P_n\}$ 收敛 $\Leftrightarrow \{P_n\}$ 为基本列,即

$$\forall \varepsilon > 0, \exists N \in \mathbf{N}^*, \forall n,m > N, \text{ 有 } \rho(P_n,P_m) < \varepsilon.$$

(2) 闭域套定理:设 $\{D_n\}$ 是 $\mathbf{R}^2$ 中的闭域列,满足

① $D_n \supset D_{n+1}, n = 1,2,\cdots$;

② $\lim\limits_{n \to \infty} d_n(D_n) = 0$,

则存在唯一的 $P_0 \in D_n, n = 1,2,\cdots$.

注 闭域套定理的常用形式为其特殊形式 —— 闭矩形套定理.

（3）聚点定理：$\mathbf{R}^2$ 中任意有界的无穷点集必有聚点.

注　聚点定理的一个直接推论是有界的无穷点列必有收敛子列.

（4）紧性定理：$\mathbf{R}^2$ 中的点集 D 为紧集 $\Leftrightarrow$ D 为有界闭集.这里紧集 D 是指 D 的任意开覆盖均存在有限子覆盖.

5）重极限定义

设 $f(x,y)$ 在 $D \subset \mathbf{R}^2$ 上有定义，$P_0(x_0,y_0) \in D'$，A 为一个常数，若 $\forall \varepsilon > 0$，$\exists \delta > 0$，使得 $\forall P(x,y) \in U^\circ(P_0,\delta)$，成立

$$|f(P) - A| < \varepsilon,$$

则称 A 为当 $P \to P_0$ 时 $f(P)$ 的极限，记为

$$\lim_{P \to P_0} f(P) = A \quad 或 \quad \lim_{(x,y) \to (x_0,y_0)} f(x,y) = A.$$

注 1　虽然从形式上看二元函数的极限与一元函数的极限相似，但是由于空间结构发生了变化，$P \to P_0$ 的方式比一元函数的极限点的趋向方式要复杂很多，因而计算二元函数的极限是比较困难的.但是一元函数的极限所具有的唯一性、局部有界性、保号性及四则运算法则对多元函数仍然成立.

注 2　计算重极限的常用方法如下：

（1）应用定义，结合不等式和迫敛性原则；

（2）利用极限的四则运算法则与初等函数的连续性；

（3）对于 $(x,y) \to (0,0)$ 形式的极限，常用极坐标变换 $\begin{cases} x = r\cos\theta, \\ y = r\sin\theta, \end{cases}$ 将极限化为 $r \to 0^+$ 时的极限.

（4）另外，一元函数求极限的方法也可以用到重极限计算上，因此要注意与一元函数求极限方法相结合的方法.

注 3　证明重极限不存在的常用方法如下：

（1）取特殊路径：

① 沿两条不同路径，说明函数在这两条路径上的极限存在但极限值不相等；

② 沿某条路径说明函数极限不存在；

（2）说明函数在同一个点的两累次极限存在但不相等.

6）累次极限定义

对固定的 $y(y \neq y_0)$，若 $\lim\limits_{(x,y) \to (x_0,y)} f(x,y) = \varphi(y)$ 且 $\lim\limits_{y \to y_0} \varphi(y) = A$，则称 A 为二元函数 $f(x,y)$ 先对 x 后对 y 的累次极限，记为 $\lim\limits_{y \to y_0} \lim\limits_{x \to x_0} f(x,y) = A$.

类似的，可定义先对 y 后对 x 的累次极限 $\lim\limits_{x \to x_0} \lim\limits_{y \to y_0} f(x,y)$.

注　二元函数的重极限与累次极限是两个不同的概念，重极限存在，累次极

限不一定存在,反之亦然.但是在一定的条件下,它们之间还是有一定的联系.

(1) 若 $\lim\limits_{(x,y)\to(x_0,y_0)}f(x,y)$ 与 $\lim\limits_{y\to y_0}\lim\limits_{x\to x_0}f(x,y)$(或 $\lim\limits_{x\to x_0}\lim\limits_{y\to y_0}f(x,y)$)均存在,则它们必相等;

(2) 若 $\lim\limits_{x\to x_0}\lim\limits_{y\to y_0}f(x,y)=A$ 与 $\lim\limits_{y\to y_0}\lim\limits_{x\to x_0}f(x,y)=B$ 存在但不相等(即 $A\neq B$),则重极限 $\lim\limits_{(x,y)\to(x_0,y_0)}f(x,y)$ 必不存在.

6.1.2 典型例题解析

例 6.1 设 $E\subset \mathbf{R}^2$,证明:∂E 是闭集.

证法 1 利用闭集的定义,即对任意的 $P\in(\partial E)'$,有 $P\in\partial E$.

由 $P\in(\partial E)'$,则 $\forall\delta>0,U^\circ(P,\delta)\bigcap\partial E\neq\varnothing$.于是取 $Q\in U^\circ(P,\delta)\bigcap\partial E$,并令

$$\tilde{\delta}=\frac{1}{2}\min\{\delta-d(P,Q),d(P,Q)\},$$

由 $Q\in\partial E$,则 $U(Q,\tilde{\delta})\bigcap E\neq\varnothing,U(Q,\tilde{\delta})\bigcap E^c\neq\varnothing$,而 $U(Q,\tilde{\delta})\subset U^\circ(P,\delta)$,这说明 $U^\circ(P,\delta)$ 既含有 E 中的点,也含有 E^c 中的点,因此 $P\in\partial E$.

证法 2 说明 ∂E 是闭集,只要证 $(\partial E)^c$ 为开集即可.

取 $P\in(\partial E)^c$,若 $P\in\text{int}E$,则 $\exists\delta>0$,使得 $U(P,\delta)\subset E$,这样

$$U(P,\delta)\bigcap\partial E=\varnothing,\quad\text{即}\quad U(P,\delta)\subset(\partial E)^c,$$

这说明 $P\in\text{int}(\partial E)^c$.

若 $P\notin E$,则由 $P\in(\partial E)^c$ 可知,$\exists\delta>0$,使得 $U(P,\delta)\bigcap E=\varnothing$,这说明 $U(P,\delta)\subset E^c$.又因为 $U(P,\delta)$ 中的点均不是 E 的边界点,所以

$$U(P,\delta)\subset(\partial E)^c.$$

例 6.2(华东师范大学 2009 年) 设 $S\subset\mathbf{R}^2,P_0(x_0,y_0)\in\text{int}S,P_1(x_1,y_1)$ 为 S 的外点,证明:直线段 P_0P_1 至少与 S 的边界 ∂S 有一交点.

证明 记 $I_1=\overline{P_0P_1}$,将 I_1 两等分,分点为 P_2,若 $P_2\in\partial S$,则得证.

若 $P_2\notin\partial S$,取 I_2 使得其两端点一个为外点,一个为内点,且 $I_2=\frac{1}{2}I_1\subset I_1$.如此进行下去,得到点列 $\{P_n\}$ 及线段列 $\{I_n\}$,满足

$$I_{n+1}\subset I_n,\quad |I_n|=\frac{1}{2^n}|I_1|\to 0,\quad n\to\infty,$$

因此由闭区域套定理,$\exists P^*\in I_n,\forall n\in\mathbf{N}^*$,且 $P^*\in\partial S$.事实上,对任意 $\varepsilon>0$,

作 $U(P^*, \varepsilon)$，由 $P^* \in I_n$ 及 $d(I_n) \to 0 (n \to \infty)$ 可知，当 n 充分大时，$I_n \subset U(P^*, \varepsilon)$，再由 I_n 的构造可知，$U(P^*, \varepsilon)$ 中既有 S 的内点，也有 S 的外点．因而 $P^* \in \partial S$．

例 6.3　用重极限定义证明：$\lim\limits_{(x,y) \to (0,0)} \dfrac{x^2 y}{x^2 + y^2} = 0$．

证明　当 $x^2 + y^2 \neq 0$ 时，有

$$0 \leqslant \left| \frac{x^2 y}{x^2 + y^2} \right| = \left| \frac{xy}{x^2 + y^2} \right| |x| \leqslant \frac{1}{2} |x|,$$

因而 $\forall \varepsilon > 0, \exists \delta = \varepsilon$，使得当 $(x,y) \neq (0,0)$ 及 $|x| < \delta, |y| < \delta$ 时，成立

$$\left| \frac{x^2 y}{x^2 + y^2} - 0 \right| < \varepsilon.$$

注　此题是利用定义并结合不等式放缩及迫敛性原则进行证明．如果直接求极限，亦可用极坐标变换．

例 6.4（北京航空航天大学 2000 年）　计算 $\lim\limits_{\substack{x \to +\infty \\ y \to +\infty}} (x^2 + y^2) \mathrm{e}^{-(x+y)}$．

解　注意到

$$\lim\limits_{\substack{x \to +\infty \\ y \to +\infty}} (x^2 + y^2) \mathrm{e}^{-(x+y)} = \lim\limits_{\substack{x \to +\infty \\ y \to +\infty}} \frac{x^2 + y^2}{\mathrm{e}^{x+y}} = \lim\limits_{\substack{x \to +\infty \\ y \to +\infty}} \left(\frac{(x+y)^2}{\mathrm{e}^{x+y}} - 2 \frac{x}{\mathrm{e}^x} \cdot \frac{y}{\mathrm{e}^y} \right),$$

又

$$\lim\limits_{\substack{x \to +\infty \\ y \to +\infty}} \frac{(x+y)^2}{\mathrm{e}^{x+y}} \xlongequal{\text{令}\mu = x+y} \lim\limits_{\mu \to +\infty} \frac{\mu^2}{\mathrm{e}^\mu} = 0, \quad \lim\limits_{\substack{x \to +\infty \\ y \to +\infty}} \frac{x}{\mathrm{e}^x} \cdot \frac{y}{\mathrm{e}^y} = 0,$$

所以

$$\lim\limits_{\substack{x \to +\infty \\ y \to +\infty}} (x^2 + y^2) \mathrm{e}^{-(x+y)} = 0.$$

注　这里通过变形把二元函数极限问题转化为一元函数极限问题，再结合四则运算，最终求出极限．而对一般的重极限问题，如果要判别其极限是不是存在，可以先试试在特殊路径上极限是否存在．

例 6.5　讨论下列极限是否存在，若存在，求出其极限值．

(1) $\lim\limits_{(x,y) \to (0,0)} \dfrac{x^2 y}{x^4 + y^2}$；

(2) $\lim\limits_{(x,y) \to (0,0)} (x^2 + y^2)^{xy}$；

(3) $\lim\limits_{(x,y) \to (0,0)} \dfrac{\mathrm{e}^x - \mathrm{e}^y}{\sin xy}$；

(4) $\lim\limits_{(x,y) \to (0,0)} \dfrac{x^2 y^2}{x^2 y^2 + (x - y)^2}$；

(5) $\lim\limits_{(x,y) \to (0,0)} \dfrac{[1 - \cos(x^2 + y^2)] \ln(xy + 1)}{(x^2 + y^2)^{\frac{5}{2}}}$；

(6) $\lim\limits_{(x,y) \to (0,0)} \dfrac{\mathrm{e}^{-\frac{1}{x^2 + y^2}}}{x^4 + y^4}$．

解 （1）取 $y=x$，得到

$$\lim_{(x,y)\to(0,0)} \frac{x^2 y}{x^4+y^2} = \lim_{x\to 0} \frac{x^3}{x^4+x^2} = \lim_{x\to 0} \frac{x}{x^2+1} = 0,$$

再考虑 $y=x^2$，得到

$$\lim_{(x,y)\to(0,0)} \frac{x^2 y}{x^4+y^2} = \lim_{x\to 0} \frac{x^4}{x^4+x^4} = \frac{1}{2},$$

所以原极限不存在.

（2）这是一道幂指数函数求极限问题，处理的方法与一元函数类似.

因为 $\lim\limits_{(x,y)\to(0,0)} (x^2+y^2)^{xy} = \lim\limits_{(x,y)\to(0,0)} \mathrm{e}^{(xy)\ln(x^2+y^2)}$，而

$$0 \leqslant |(xy)\ln(x^2+y^2)| \leqslant \frac{x^2+y^2}{2} |\ln(x^2+y^2)| \to 0, \quad (x,y)\to(0,0),$$

所以

$$\lim_{(x,y)\to(0,0)} (x^2+y^2)^{xy} = \lim_{(x,y)\to(0,0)} \mathrm{e}^{(xy)\ln(x^2+y^2)} = \mathrm{e}^0 = 1.$$

（3）注意到

$$\lim_{(x,y)\to(0,0)} \frac{\mathrm{e}^x - \mathrm{e}^y}{\sin xy} = \lim_{(x,y)\to(0,0)} \frac{\mathrm{e}^x - \mathrm{e}^y}{xy},$$

考虑 $y=kx$，则

$$\lim_{(x,y)\to(0,0)} \frac{\mathrm{e}^x - \mathrm{e}^y}{\sin xy} = \lim_{x\to 0} \frac{\mathrm{e}^x - \mathrm{e}^{kx}}{kx^2} = \lim_{x\to 0} \frac{\mathrm{e}^x - k\,\mathrm{e}^{kx}}{2kx} = \begin{cases} 0, & k=1, \\ \infty, & k>1, \end{cases}$$

因而原极限不存在.

（4）易见沿 $y=x$ 时，有

$$\lim_{\substack{(x,y)\to(0,0)\\ y=x}} \frac{x^2 y^2}{x^2 y^2 + (x-y)^2} = 1,$$

而在路径 $x=0$ 上，有

$$\lim_{\substack{(x,y)\to(0,0)\\ x=0}} \frac{x^2 y^2}{x^2 y^2 + (x-y)^2} = 0,$$

所以原极限不存在.

注 如果这里再给 x 或 y 作小的扰动，也就是在其后加一个高阶无穷小就可以得到路径 $x=y+y^2$ 或 $y=x+x^2$，对于更复杂的重极限，有时需要这样来取特

殊路径. 本题也可以考虑使用累次极限, 有 $\lim\limits_{x \to 0} \lim\limits_{y \to 0} f(x,y) = 0$, 因此如果重极限存在必为 0, 而沿 $y = x$ 的极限为 1, 于是原极限必不存在.

（5）注意到

$$\lim_{(x,y) \to (0,0)} \frac{[1 - \cos(x^2 + y^2)] \ln(xy + 1)}{(x^2 + y^2)^{\frac{5}{2}}}$$

$$= \lim_{(x,y) \to (0,0)} \left(\frac{\sin \dfrac{x^2 + y^2}{2}}{\dfrac{x^2 + y^2}{2}} \right)^2 \frac{xy}{2\sqrt{x^2 + y^2}} \frac{\ln(xy + 1)}{xy},$$

其中

$$\lim_{(x,y) \to (0,0)} \frac{\sin \dfrac{x^2 + y^2}{2}}{\dfrac{x^2 + y^2}{2}} = 1,$$

$$0 \leqslant \left| \frac{xy}{2\sqrt{x^2 + y^2}} \right| \leqslant \frac{1}{2} \mid y \mid \to 0, \quad (x,y) \to (0,0),$$

$$\lim_{(x,y) \to (0,0)} \frac{\ln(xy + 1)}{xy} = \lim_{(x,y) \to (0,0)} \frac{xy}{xy} = 1,$$

所以

$$\lim_{(x,y) \to (0,0)} \frac{[1 - \cos(x^2 + y^2)] \ln(xy + 1)}{(x^2 + y^2)^{\frac{5}{2}}} = 0.$$

注　本题主要运用恒等变换的方法.

（6）利用极坐标变换 $x = r\cos\theta, y = r\sin\theta$, 则

$$\lim_{(x,y) \to (0,0)} \frac{\mathrm{e}^{-\frac{1}{x^2 + y^2}}}{x^4 + y^4} = \lim_{r \to 0} \frac{\mathrm{e}^{-\frac{1}{r^2}}}{r^4(\cos^4\theta + \sin^4\theta)},$$

其中函数 $\cos^4\theta + \sin^4\theta$ 有最小值 $\dfrac{1}{2}$, 所以

$$0 \leqslant \frac{\mathrm{e}^{-\frac{1}{r^2}}}{r^4(\cos^4\theta + \sin^4\theta)} \leqslant \frac{2\mathrm{e}^{-\frac{1}{r^2}}}{r^4}.$$

再令 $t = \dfrac{1}{r}$, 则

$$\lim_{r \to 0} \frac{2e^{-\frac{1}{r^2}}}{r^4} = \lim_{t \to +\infty} \frac{2t^4}{e^{t^2}} = 0,$$

因而由迫敛性知

$$\lim_{(x,y) \to (0,0)} \frac{e^{-\frac{1}{x^2+y^2}}}{x^4 + y^4} = 0.$$

例 6.6（大连理工大学 2022 年）　求极限 $\lim\limits_{(x,y) \to (\infty,\infty)} \dfrac{x-y}{x^2 - xy + y^2}$.

解　因为 $|x^2 - xy + y^2| \geqslant 2|xy| - |xy| = |xy|$，所以当 $(x,y) \neq (0,0)$ 时，成立

$$0 \leqslant \left| \frac{x-y}{x^2 - xy + y^2} \right| \leqslant \frac{|x-y|}{|xy|} \leqslant \frac{|x|+|y|}{|xy|}$$

$$= \frac{1}{|x|} + \frac{1}{|y|} \to 0, \quad (x,y) \to (\infty,\infty),$$

所以

$$\lim_{(x,y) \to (\infty,\infty)} \frac{x-y}{x^2 - xy + y^2} = 0.$$

例 6.7（华南师范大学 2022 年）　设二元函数为

$$f(x,y) = \frac{x^3 y^2}{x^3 + y^3},$$

计算累次极限 $\lim\limits_{x \to 0} \lim\limits_{y \to 0} f(x,y)$ 和 $\lim\limits_{y \to 0} \lim\limits_{x \to 0} f(x,y)$，并证明重极限 $\lim\limits_{(x,y) \to (0,0)} f(x,y)$ 不存在.

解　首先对任意的 $x \neq 0$，$\lim\limits_{y \to 0} f(x,y) = \lim\limits_{y \to 0} \dfrac{x^3 y^2}{x^3 + y^3} = 0$，所以

$$\lim_{x \to 0} \lim_{y \to 0} f(x,y) = 0.$$

同理可得 $\lim\limits_{y \to 0} \lim\limits_{x \to 0} f(x,y) = 0$.

易知当点 (x,y) 沿坐标轴趋于原点时，有

$$\lim_{(x,y) \to (0,0)} f(x,y) = 0,$$

而当点 (x,y) 沿曲线 $y = (x^5 - x^3)^{\frac{1}{3}}$ 趋于原点时，有

$$\lim_{\substack{(x,y) \to (0,0) \\ y=(x^5-x^3)^{1/3}}} f(x,y) = \lim_{x \to 0} \frac{x^3 (x^5 - x^3)^{\frac{2}{3}}}{x^5} = 1,$$

于是重极限 $\lim\limits_{(x,y)\to(0,0)} f(x,y)$ 不存在.

例 6.8(华东师范大学 2022 年)　判断极限 $\lim\limits_{(x,y)\to(0,0)} \dfrac{xy}{\sqrt{x+y+1}-1}$ 的存在性.
若存在,求出此极限;若不存在,说明理由.

解　首先注意到

$$\frac{xy}{\sqrt{x+y+1}-1}=\frac{xy(\sqrt{x+y+1}+1)}{x+y},$$

所以当点 (x,y) 沿坐标轴趋于原点时,有

$$\lim_{(x,y)\to(0,0)} f(x,y)=0,$$

而当点 (x,y) 沿曲线 $y=x^2-x$ 趋于原点时,有

$$\lim_{\substack{(x,y)\to(0,0)\\y=x^2-x}} \frac{xy(\sqrt{x+y+1}+1)}{x+y}=\lim_{x\to0}(x-1)(\sqrt{x^2+1}+1)=-2,$$

由此可见重极限 $\lim\limits_{(x,y)\to(0,0)} \dfrac{xy}{\sqrt{x+y+1}-1}$ 不存在.

例 6.9　讨论下列函数在原点的重极限和累次极限:

(1) $f(x,y)=\dfrac{x^2(1+x^2)-y^2(1+y^2)}{x^2+y^2}$;

(2) $f(x,y)=x\sin\dfrac{1}{y}+y\sin\dfrac{1}{x}$;

(3) $f(x,y)=\dfrac{x^6y^8}{(x^2+y^4)^5}$.

解　(1) 根据题意,可得

$$\lim_{x\to0}\lim_{y\to0}f(x,y)=\lim_{x\to0}(1+x^2)=1,$$

$$\lim_{y\to0}\lim_{x\to0}f(x,y)=\lim_{y\to0}(-1-y^2)=-1.$$

考虑路径 $y=kx$,则

$$\lim_{x\to0,y=kx}f(x,y)=\lim_{x\to0}\frac{1-k^2+(1-k^4)x^2}{1+k^2}=\frac{1-k^2}{1+k^2},$$

易见重极限值随 k 的取值而变化,所以重极限是不存在的.

注　此例验证了两个累次极限存在但不相等时重极限不存在.

(2) 注意到

$$0 < | f(x,y) | \leqslant \left| x \sin \frac{1}{y} \right| + \left| y \sin \frac{1}{x} \right|,$$

又由于有界量与无穷小量的乘积仍为无穷小量,得到

$$\lim_{(x,y)\to(0,0)} x \sin \frac{1}{y} = 0, \qquad \lim_{(x,y)\to(0,0)} y \sin \frac{1}{x} = 0,$$

由迫敛性原则,得到 $\lim\limits_{(x,y)\to(0,0)} f(x,y) = 0$.

因为$\lim\limits_{y\to0} x \sin \dfrac{1}{y}$ 和$\lim\limits_{x\to0} y \sin \dfrac{1}{x}$ 都不存在,所以两个累次极限均不存在.

注 此例说明重极限存在不能保证累次极限存在.

(3) 易见$\lim\limits_{x\to0}\lim\limits_{y\to0}f(x,y)=\lim\limits_{y\to0}\lim\limits_{x\to0}f(x,y)=0$.

令 $x=0$,也就是点沿 y 轴趋于原点,此时

$$\lim_{x=0,y\to0} f(x,y)=0,$$

再考虑路径 $x=y^2$,此时

$$\lim_{x=y^2,y\to0} f(x,y) = \lim_{x=y^2,y\to0} \frac{y^{20}}{(y^4+y^4)^5} = \frac{1}{32},$$

于是 $\lim\limits_{(x,y)\to(0,0)} f(x,y)$ 不存在.

注 此例说明两个累次极限存在且相等时重极限可以不存在.

例 6.10 设 $f(x,y)$ 是区域 $D: | x | \leqslant 1, | y | \leqslant 1$ 上的有界的 k 次$(k \geqslant 1)$齐次函数,问极限 $\lim\limits_{(x,y)\to(0,0)} (f(x,y)+(y-1)e^x)$ 是否存在? 如果存在,求其极限值. (k 次齐次函数是指 $\forall t \in \mathbf{R}$,有 $f(tx,ty)=t^k f(x,y)$)

解 由极坐标,可得

$$f(x,y) = f(r\cos\theta, r\sin\theta) = r^k f(\cos\theta, \sin\theta).$$

由 $f(x,y)$ 有界,即 $\exists M > 0$,使得 $| f(x,y) | \leqslant M$,进而

$$| f(r\cos\theta, r\sin\theta) | = r^k | f(\cos\theta, \sin\theta) | \leqslant r^k M \to 0, \quad r \to 0,$$

从而 $\lim\limits_{(x,y)\to(0,0)} (f(x,y)+(y-1)e^x) = -1$.

注 上面的例子运用的均是常用的计算二元函数重极限及判定其是否存在的方法.需要说明的是,判断多元函数的极限是否存在是比较困难的,没有一般的方法可循,往往需要凭经验去尝试.

6.2　二元函数的连续性

6.2.1　内容提要与知识点解析

1）二元函数连续性的定义

若 $f(P)$ 在 $U(P_0)$ 上有定义,且 $\lim\limits_{P \to P_0} f(P) = f(P_0)$,则称 $f(P)$ 在 P_0 点连续;若 $f(P)$ 在区域 D 上任一点均连续,则称 $f(P)$ 在 D 上连续.

注　$f(P)$ 在 P_0 点连续用 ε-δ 语言描述如下:$\forall \varepsilon > 0, \exists \delta > 0, \forall P \in U(P_0, \delta)$,成立 $|f(P) - f(P_0)| < \varepsilon$.

由上可看出多元函数连续性的定义与一元函数连续性的定义形式上是一样的.若用定义判别 $f(P)$ 的连续性比一元函数的情形要复杂很多,但判别其不连续有时却很简单,比如只要说明函数按某条路径的极限不存在就可以了.

2）函数连续与函数关于单个变量连续

对 $f(x,y)$ 而言,固定 $x = x_0$,若 $f(x_0, y)$ 关于 y 在 y_0 点连续,则称 $f(x,y)$ 在点 (x_0, y_0) 关于 y 连续;同理可定义 $f(x,y)$ 在点 (x_0, y_0) 关于 x 连续.

注　易见 $f(x,y)$ 在 P_0 点连续,则 $f(x,y)$ 关于 x 或 y 在 P_0 点连续,反之未必.比如二元函数

$$f(x,y) = \begin{cases} 1, & xy \neq 0, \\ 0, & xy = 0 \end{cases}$$

在 $(0,0)$ 点关于 x 或 y 均连续,但是 $f(x,y)$ 在 $(0,0)$ 点不连续.尽管如此,在一些附加条件下,也能由函数关于单个变量连续得到函数的连续性.一般地,有下面这些条件.

命题 1　$f(x,y)$ 关于 x,y 连续,且满足下列条件之一,则 $f(x,y)$ 连续:

(1) $f(x,y)$ 关于 x 或 y 单调;

(2) $f(x,y)$ 关于 x 对 y 是一致连续的,即 $\forall \varepsilon > 0, \exists \delta > 0$,当 $|y - y_0| < \delta$ 时,$\forall x$,有 $|f(x,y) - f(x,y_0)| < \varepsilon$;

(3) $f(x,y)$ 关于 y 对 x 是一致连续的;

(4) $f(x,y)$ 对 x 或 y 满足 Lipschitz 条件.

3）连续函数的性质

(1) $f(x,y)$ 在 P_0 点连续,则 $f(x,y)$ 具有局部有界性、保号性及相应的四则运算法则.

(2) $f(x,y)$ 将有界闭集映成有界闭集.

(3) 区域上的连续函数

① 介值定理:若 $f(P)$ 在区域 D 上连续,P_1,P_2 为 D 中任意两点,则对介于 $f(P_1)$ 与 $f(P_2)$ 之间的任意 μ,$\exists P_0 \in D$,使得 $f(P_0) = \mu$.

② 最值定理:若 $f(P)$ 在有界闭域 D 上连续,则 $f(P)$ 在 D 上可取到最大值和最小值,进而 $f(D)$ 有界.

③ 一致连续性:$f(P)$ 在有界闭域 D 上连续,则 $f(P)$ 在 D 上一致连续.

注 1　结论 ② 和 ③ 中的闭域若为闭集,结论也是对的,因为此时没有用到集合的连通性;而结论 ① 中的介值性需要集合的连通性,所以 D 需要是区域.

注 2　函数 $f(x,y)$ 在区域 D 上一致连续,是指 $\forall \varepsilon > 0$,$\exists \delta > 0$,$\forall (x_1, y_1)$,$(x_2, y_2) \in D$,当 $|x_1 - x_2| < \delta$,$|y_1 - y_2| < \delta$ 时,成立

$$|f(x_1, y_1) - f(x_2, y_2)| < \varepsilon.$$

函数 $f(x,y)$ 在区域 D 上不一致连续,是指 $\exists \varepsilon_0 > 0$,$\forall \delta > 0$,$\exists (x_1', y_1')$,$(x_2', y_2') \in D$,尽管 $|x_1' - x_2'| < \delta$,$|y_1' - y_2'| < \delta$,但是

$$|f(x_1', y_1') - f(x_2', y_2')| \geqslant \varepsilon_0.$$

一个比较好用的验证二元函数不一致连续的方法是取点列的方法:

如果 $\exists (x_n^{(1)}, y_n^{(1)}), (x_n^{(2)}, y_n^{(2)}) \in D$,满足

$$|x_n^{(1)} - x_n^{(2)}| \to 0, \quad |y_n^{(1)} - y_n^{(2)}| \to 0, \quad n \to \infty,$$

但 $\lim\limits_{n \to \infty} |f(x_n^{(1)}, y_n^{(1)}) - f(x_n^{(2)}, y_n^{(2)})| \neq 0$,则 $f(x,y)$ 在区域 D 上不一致连续.

注 3　以上主要针对二元函数进行讨论,这些概念、结论对多元函数亦是对的.

6.2.2　典型例题解析

例 6.11　讨论下列函数的连续性:

(1) $f(x,y) = \begin{cases} \dfrac{x}{y^2} \mathrm{e}^{-\frac{x^2}{y^2}}, & y \neq 0, \\ 0, & y = 0; \end{cases}$

(2) $f(x,y) = \begin{cases} \dfrac{x^\alpha y^\beta}{x^2 + y^2}, & x^2 + y^2 \neq 0, \\ 0, & x^2 + y^2 = 0, \end{cases}$ 其中 $\alpha > 0, \beta > 0$.

解　(1) 显然当 $y \neq 0$ 时,$\dfrac{x}{y^2} \mathrm{e}^{-\frac{x^2}{y^2}}$ 在任意点 (x,y) 连续.

若令 $y = x$,则

$$\lim_{x \to 0, y = x} f(x,y) = \lim_{x \to 0} \frac{1}{x} \mathrm{e}^{-1} = \infty,$$

因而 $\lim\limits_{(x,y)\to(0,0)}f(x,y)$ 不存在,所以 $f(x,y)$ 在原点不连续.

再考虑 $y=0$ 的情形.取 $x_0\neq0$,则

$$\lim_{x\to x_0,y\to0}f(x,y)=\lim_{x\to x_0,y\to0}\frac{1}{x}\left(\frac{x}{y}\right)^2\mathrm{e}^{-\left(\frac{x}{y}\right)^2},$$

令 $z=\left(\dfrac{x}{y}\right)^2$,则 $\lim\limits_{x\to x_0,y\to0}z=+\infty$,于是有

$$\lim_{x\to x_0,y\to0}f(x,y)=\frac{1}{x_0}\lim_{z\to+\infty}z\mathrm{e}^{-z}=0=f(x_0,0),$$

所以 $f(x,y)$ 在 $(x_0,0)$ 点连续.

综上,$f(x,y)$ 在除了原点以外的点处都连续.

(2) 因为 $\alpha>0,\beta>0$,所以当 $x^2+y^2\neq0$ 时,$f(x,y)$ 连续.

在原点处,利用极坐标变换 $x=r\cos\theta,y=r\sin\theta$,得到

$$f(x,y)=r^{\alpha+\beta-2}\sin^{\beta}\theta\cos^{\alpha}\theta,\qquad|f(x,y)|\leqslant r^{\alpha+\beta-2},$$

所以

当 $\alpha+\beta-2>0$ 时,$\lim\limits_{(x,y)\to(0,0)}f(x,y)=0=f(0,0)$,从而 $f(x,y)$ 在原点连续;

当 $\alpha+\beta-2\leqslant0$ 时,$\lim\limits_{(x,y)\to(0,0)}f(x,y)\neq f(0,0)$,从而 $f(x,y)$ 在原点不连续.

例 6.12 证明命题 1.

证明 (1) 不妨设函数 $f(x,y)$ 关于 y 单调增加,$P_0(x_0,y_0)\in D(f)$.因而要证的是 $\forall\varepsilon>0,\exists\delta>0$,使得 $\forall P(x,y)\in U(P_0,\delta)$,有

$$|f(x,y)-f(x_0,y_0)|<\varepsilon.$$

因为 $f(x,y)$ 关于 y 连续,从而在 $y=y_0$ 点连续,对上述 $\varepsilon>0,\exists\delta_1>0$,当 $|y-y_0|<\delta_1$ 时,有

$$|f(x_0,y)-f(x_0,y_0)|<\frac{\varepsilon}{2}. \tag{1}$$

又因为 $f(x,y)$ 关于 x 连续,故 $f(x,y_0-\delta_1),f(x,y_0+\delta_1)$ 均在 x_0 点连续,对上述 $\varepsilon>0,\exists\delta_2>0$,当 $|x-x_0|<\delta_2$ 时,有

$$|f(x,y_0-\delta_1)-f(x_0,y_0-\delta_1)|<\frac{\varepsilon}{2}, \tag{2}$$

$$|f(x,y_0+\delta_1)-f(x_0,y_0+\delta_1)|<\frac{\varepsilon}{2}. \tag{3}$$

由(1)～(3)式及 $f(x,y)$ 关于 y 单调增加,可得

$$f(x,y) \leqslant f(x,y_0+\delta_1) < f(x_0,y_0+\delta_1) + \frac{\varepsilon}{2} < f(x_0,y_0) + \varepsilon, \quad (4)$$

$$f(x,y) \geqslant f(x,y_0-\delta_1) > f(x_0,y_0-\delta_1) - \frac{\varepsilon}{2} > f(x_0,y_0) - \varepsilon. \quad (5)$$

再由(4)(5)两式,取 $\delta = \min\{\delta_1,\delta_2\}$,则当 $|x-x_0| < \delta$,$|y-y_0| < \delta$ 时,有

$$|f(x,y) - f(x_0,y_0)| < \varepsilon.$$

(2) 任取一点 $P_0(x_0,y_0) \in D(f)$,$\forall \varepsilon > 0$,$\exists \delta_1 = \delta_1(x_0,\varepsilon) > 0$(与 y 无关),当 $|x-x_0| < \delta_1$ 时,$\forall y$,均有

$$|f(x,y) - f(x_0,y)| < \frac{\varepsilon}{2}.$$

又因为函数 $f(x,y)$ 关于 y 连续,则在 $y=y_0$ 点连续,所以对上述 $\varepsilon > 0$,$\exists \delta_2 > 0$,使得 $|y-y_0| < \delta_2$ 时,有

$$|f(x_0,y) - f(x_0,y_0)| < \frac{\varepsilon}{2}.$$

再取 $\delta = \min\{\delta_1,\delta_2\}$,则当 $|x-x_0| < \delta$,$|y-y_0| < \delta$ 时,有

$$|f(x,y) - f(x_0,y_0)| \leqslant |f(x,y) - f(x_0,y)| + |f(x_0,y) - f(x_0,y_0)| < \varepsilon.$$

(3) 证明类似于(2).

(4) 由 Lipschitz 条件可推出(2).

注 若(4)中的 Lipschitz 条件减弱为局部的 Lipschitz 条件,结论也是对的.

例 6.13 设函数 $f(x,y)$ 在 $D = \{(x,y) \mid x^2+y^2 < 1\}$ 上有定义,若 $f(x,0)$ 在 $x=0$ 处连续,且 $f_y(x,y)$ 在 D 上有界,证明:$f(x,y)$ 在点 $(0,0)$ 处连续.

证明 由题设,$\exists M > 0$,使得 $|f_y(x,y)| \leqslant M$,$\forall(x,y) \in D$.因此,由微分中值定理可得

$$|f(x,y) - f(x,0)| = |f_y(x,\xi)| |y| < M|y|,$$

其中 ξ 介于 0 与 y 之间.于是 $\forall \varepsilon > 0$,$\exists \delta_1 = \frac{\varepsilon}{2M}$,当 $|y-0| < \delta_1$ 时,成立

$$|f(x,y) - f(x,0)| < \frac{\varepsilon}{2}. \quad (1)$$

又 $f(x,0)$ 在 $x=0$ 处连续,则 $\exists \delta \in (0,\delta_1)$,使得当 $|x-0| < \delta$ 时,成立

$$| f(x,0) - f(0,0) | < \frac{\varepsilon}{2}. \tag{2}$$

于是当 $| x - 0 | < \delta$, $| y - 0 | < \delta$ 时,由(1)(2)两式有

$$| f(x,y) - f(0,0) | \leqslant | f(x,y) - f(x,0) | + | f(x,0) - f(0,0) | < \varepsilon.$$

例 6.14(中国科学技术大学 2008 年)　设 $f(x,y)$ 是定义在 $D = [a,b] \times [c,d]$ 上的实值连续函数,试证明:$g(x) = \sup\limits_{c \leqslant y \leqslant d} f(x,y)$ 在 $[a,b]$ 上连续.

证明　对任意的 $x, x_0 \in [a,b], y \in [c,d]$,有

$$f(x,y) = f(x,y) - f(x_0,y) + f(x_0,y)$$
$$\leqslant \sup_{y \in [c,d]} \{f(x,y) - f(x_0,y)\} + \sup_{y \in [c,d]} f(x_0,y),$$

也就是 $f(x,y) \leqslant \sup\limits_{y \in [c,d]} \{f(x,y) - f(x_0,y)\} + g(x_0)$,即

$$g(x) - g(x_0) \leqslant \sup_{y \in [c,d]} \{| f(x,y) - f(x_0,y) |\}.$$

同理可得

$$g(x_0) - g(x) \leqslant \sup_{y \in [c,d]} \{| f(x_0,y) - f(x,y) |\}.$$

由于 $f(x,y)$ 在 $D = [a,b] \times [c,d]$ 上连续,从而一致连续,即 $\forall \varepsilon > 0, \exists \delta > 0$,使得当 $x, x_0 \in [a,b]$, $| x - x_0 | < \delta$ 时,有

$$| f(x,y) - f(x_0,y) | < \varepsilon, \quad y \in [c,d].$$

因而

$$| g(x) - g(x_0) | \leqslant \sup_{y \in [c,d]} \{| f(x,y) - f(x_0,y) |\} < \varepsilon,$$

再由 x_0 的任意性即得 $g(x) = \sup\limits_{c \leqslant y \leqslant d} f(x,y)$ 在 $[a,b]$ 上连续.

例 6.15　设三元函数 $f(x,y,z)$ 在 $D = [a,b] \times [a,b] \times [a,b]$ 上连续,证明:

$$g(x,y) = \max_{a \leqslant z \leqslant b} f(x,y,z)$$

在 $[a,b] \times [a,b]$ 上连续.

证明　$\forall P_0(x_0,y_0) \in [a,b] \times [a,b]$,由于 f 在 D 上连续,从而一致连续,即 $\forall \varepsilon > 0, \exists \delta > 0$,当 $(x,y) \in [a,b] \times [a,b]$, $| x - x_0 | < \delta$, $| y - y_0 | < \delta$ 时,成立

$$| f(x,y,z) - f(x_0,y_0,z) | < \varepsilon,$$

即

$$f(x_0,y_0,z) - \varepsilon < f(x,y,z) < f(x_0,y_0,z) + \varepsilon,$$

从而

$$\max_{z\in[a,b]} f(x_0,y_0,z)-\varepsilon < \max_{z\in[a,b]} f(x,y,z) < \max_{z\in[a,b]} f(x_0,y_0,z)+\varepsilon,$$

即 $g(x_0,y_0)-\varepsilon < g(x,y) < g(x_0,y_0)+\varepsilon$,也就是

$$| g(x,y)-g(x_0,y_0) | < \varepsilon,$$

故 $g(x,y)$ 在 P_0 点连续,进而在 D 上连续.

例 6.16(华南师范大学 2022 年) 设 $u=\varphi(x,y),v=\psi(x,y)$ 在 $P_0(x_0,y_0)$ 点连续,且 $u_0=\varphi(x_0,y_0),v_0=\psi(x_0,y_0)$,若 $f(u,v)$ 在 $Q_0(u_0,v_0)$ 点连续,证明:复合函数

$$F(x,y)=f(\varphi(x,y),\psi(x,y))$$

在 $P_0(x_0,y_0)$ 点连续.

证明 由于函数 $f(u,v)$ 在 $Q_0(u_0,v_0)$ 点连续,所以 $\forall\varepsilon>0,\exists\delta_1>0$,使得当 $|u-u_0|<\delta_1$,$|v-v_0|<\delta_1$ 时,成立

$$| f(u,v)-f(u_0,v_0) | < \varepsilon.$$

又 $u=\varphi(x,y),v=\psi(x,y)$ 在 $P_0(x_0,y_0)$ 点连续,所以对上述 $\delta_1>0,\exists\delta>0$,使得当 $|x-x_0|<\delta$,$|y-y_0|<\delta$ 时,成立

$$| \varphi(x,y)-\varphi(x_0,y_0) | < \delta_1, \quad | \psi(x,y)-\psi(x_0,y_0) | < \delta_1.$$

进而由上述三个不等式可得当 $|x-x_0|<\delta$,$|y-y_0|<\delta$ 时,成立

$$| f(\varphi(x,y),\psi(x,y))-f(\varphi(x_0,y_0),\psi(x_0,y_0)) | < \varepsilon,$$

这说明 $F(x,y)=f(\varphi(x,y),\psi(x,y))$ 在 $P_0(x_0,y_0)$ 点连续.

例 6.17(华南师范大学 2013 年) 设 $f(x,y)$ 在 $D=\{(x,y)\in \mathbf{R}^2 \mid x\geqslant0,y\geqslant0\}$ 上连续,且当 $(x,y)\rightarrow(+\infty,+\infty)$ 时,$f(x,y)$ 的极限存在,证明:$f(x,y)$ 在 D 上一致连续.

证明 设 $\lim\limits_{\substack{x\rightarrow+\infty\\y\rightarrow+\infty}} f(x,y)=A$,故 $\forall\varepsilon>0,\exists M>1,\forall x>M,y>M$ 有

$$| f(x,y)-A | < \varepsilon,$$

从而对任意的 $(x_1,y_1),(x_2,y_2)$,当 $x_1,x_2>M$ 及 $y_1,y_2>M$ 时,有

$$| f(x_1,y_1)-f(x_2,y_2) | \leqslant | f(x_1,y_1)-A |+| f(x_2,y_2)-A | < 2\varepsilon,$$

这表明 $f(x,y)$ 在区域 $E=\{(x,y)\in \mathbf{R}^2 \mid x>M,y>M\}$ 上一致连续.

又因为函数 $f(x,y)$ 在 $D_1=\{(x,y)\in \mathbf{R}^2 \mid M\geqslant x\geqslant0,M\geqslant y\geqslant0\}$ 上连续,

从而一致连续.因此对上述的 $\varepsilon>0$,$\exists\delta_1>0$,对任意的 $(x_1,y_1),(x_2,y_2)\in D_1$,当 $\mid x_1-x_2\mid<\delta_1$,$\mid y_1-y_2\mid<\delta_1$ 时,有

$$\mid f(x_1,y_1)-f(x_2,y_2)\mid<\varepsilon.$$

取 $\delta=\min\{\delta_1,1\}$,则对任意的 $(x_1,y_1),(x_2,y_2)\in D$ 满足 $\mid x_1-x_2\mid<\delta$,$\mid y_1-y_2\mid<\delta$,此时点 $(x_1,y_1),(x_2,y_2)$ 要么在 D_1 中,要么在 E 中,因此

$$\mid f(x_1,y_1)-f(x_2,y_2)\mid<2\varepsilon,$$

即 $f(x,y)$ 在 D 上一致连续.

例 6.18(暨南大学 2010 年)　设函数 $z=f(x,y)$ 在矩形区域 $[a,b]\times[c,d]$ 上连续,$x=\varphi(t)$ 为定义在 $[\alpha,\beta]$ 上且值含于 $[a,b]$ 内的可微函数,令

$$F(t,y)=\int_a^{\varphi(t)}f(x,y)\mathrm{d}x,\quad(t,y)\in[\alpha,\beta]\times[c,d],$$

证明:F 在 $[\alpha,\beta]\times[c,d]$ 上连续.

证明　记 $D=[\alpha,\beta]\times[c,d]$.设 (t_0,y_0) 为 D 中任意一点,下面证明 $F(t,y)$ 在 (t_0,y_0) 点连续.

对任意的 $(t,y)\in D$,有

$$
\begin{aligned}
F(t,y)-F(t_0,y_0)&=\int_a^{\varphi(t)}f(x,y)\mathrm{d}x-\int_a^{\varphi(t_0)}f(x,y_0)\mathrm{d}x\\
&=\int_a^{\varphi(t_0)}[f(x,y)-f(x,y_0)]\mathrm{d}x+\int_{\varphi(t_0)}^{\varphi(t)}f(x,y)\mathrm{d}x.
\end{aligned}
$$

由于函数 $f(x,y)$ 在 D 上连续,则 $f(x,y)$ 在 D 上有界,即存在 $M>0$,使得对任意的 $(x,y)\in D$,有

$$\mid f(x,y)\mid\leqslant M.$$

又函数 $f(x,y)$ 在 D 上一致连续,即 $\forall\varepsilon>0$,$\exists\delta_1>0$,使得当 $\mid x_1-x_2\mid<\delta_1$,$\mid y_1-y_2\mid<\delta_1$ 时,有

$$\mid f(x_1,y_1)-f(x_2,y_2)\mid<\frac{\varepsilon}{2(b-a)},$$

特别地,当 $\mid y-y_0\mid<\delta_1$ 时,有

$$\mid f(x,y)-f(x,y_0)\mid<\frac{\varepsilon}{2(b-a)}.$$

再由 $x=\varphi(t)$ 在 t_0 点连续,所以对上述 $\varepsilon>0$,$\exists\delta_2>0$,当 $\mid t-t_0\mid<\delta_2$ 时,有

$$\mid \varphi(t) - \varphi(t_0) \mid < \frac{\varepsilon}{2M}.$$

取 $\delta = \min\{\delta_1, \delta_2\}$，则当 $\mid t - t_0 \mid < \delta$，$\mid y - y_0 \mid < \delta$ 时，有

$$\mid F(t,y) - F(t_0, y_0) \mid \leqslant \left| \int_a^{\varphi(t_0)} \frac{\varepsilon}{2(b-a)} \mathrm{d}x \right| + M \mid \varphi(t) - \varphi(t_0) \mid < \varepsilon.$$

这表明 $F(t,y)$ 在 (t_0, y_0) 点连续，再由 (t_0, y_0) 的任意性可得函数 $F(t,y)$ 在区域 $D = [\alpha, \beta] \times [c, d]$ 上连续.

例 6.19（厦门大学 2022 年）　证明：函数 $f(x,y) = \dfrac{1}{1-xy}$ 在 $[0,1) \times [0,1)$ 上不一致连续.

证明　取 $\varepsilon_0 = \dfrac{1}{2}$；再对任意的 $\delta \in \left(0, \dfrac{1}{2}\right)$，取

$$x_1 = y_1 = 1 - \frac{1}{2}\delta, \quad x_2 = y_2 = 1 - \delta.$$

令 $\boldsymbol{a} = (x_1, y_1)$，$\boldsymbol{b} = (x_2, y_2)$，则 $\boldsymbol{a}, \boldsymbol{b} \in [0,1) \times [0,1)$ 且满足

$$\mid \boldsymbol{a} - \boldsymbol{b} \mid = \sqrt{\frac{\delta^2}{4} + \frac{\delta^2}{4}} = \frac{\delta}{\sqrt{2}} < \delta,$$

但是

$$
\begin{aligned}
\mid f(x_1, y_1) - f(x_2, y_2) \mid &= \left| \frac{1}{1 - x_1 y_1} - \frac{1}{1 - x_2 y_2} \right| = \frac{x_1 y_1 - x_2 y_2}{(1 - x_1 y_1)(1 - x_2 y_2)} \\
&= \frac{\left(1 - \dfrac{1}{2}\delta\right)^2 - (1-\delta)^2}{\left(1 - \left(1 - \dfrac{1}{2}\delta\right)^2\right)(1 - (1-\delta)^2)} \\
&= \frac{4 - 3\delta}{\delta(4-\delta)(2-\delta)} > \frac{4 - \dfrac{3}{2}}{\dfrac{1}{2} \cdot 4 \cdot 2} = \frac{5}{8} > \frac{1}{2} = \varepsilon_0,
\end{aligned}
$$

这样就说明 $f(x,y)$ 在 $[0,1) \times [0,1)$ 上不一致连续.

例 6.20（中国科学技术大学 2022 年）　问函数 $f(x,y) = \sin \dfrac{\pi}{1 - x^2 - y^2}$ 在区域 $D = \{(x,y) \in \mathbf{R}^2 \mid x^2 + y^2 < 1\}$ 上是否一致连续？并证明你的结论.

解　不一致连续. 证明如下：

取

$$x'_n = y'_n = \sqrt{\frac{2n-1}{4n}}, \quad x''_n = y''_n = \sqrt{\frac{4n-1}{2(4n+1)}},$$

则

$$(x'_n)^2 + (y'_n)^2 = \frac{2n-1}{2n} < 1, \quad (x''_n)^2 + (y''_n)^2 = \frac{4n-1}{4n+1} < 1,$$

也就是点 $(x'_n, y'_n), (x''_n, y''_n)$ 在区域 D 中. 又易见

$$\lim_{n\to\infty} x'_n = \lim_{n\to\infty} y'_n = \lim_{n\to\infty} x''_n = \lim_{n\to\infty} y''_n = \frac{1}{\sqrt{2}},$$

因而点 $(x'_n, y'_n), (x''_n, y''_n)$ 之间的距离趋于零, 即

$$\lim_{n\to\infty} \sqrt{(x'_n - x''_n)^2 + (y'_n - y''_n)^2} = 0,$$

但是

$$\lim_{n\to\infty} | f(x'_n, y'_n) - f(x''_n, y''_n) | = \lim_{n\to\infty} \left| \sin(2n\pi) - \sin\left(2n\pi + \frac{1}{2}\pi\right) \right| = 1 \neq 0,$$

这表明 $f(x, y) = \sin\dfrac{\pi}{1 - x^2 - y^2}$ 在区域 D 上非一致连续.

6.3　练习题

1. 讨论下列函数在原点的极限是否存在:

(1) $f(x, y) = \dfrac{x^4 y^4}{(x^4 + y^2)^3}$;　　　　(2) $f(x, y) = \dfrac{e^x - e^y}{\sin(x+y)}$;

(3) $f(x, y) = \dfrac{\ln(x^2 + e^{y^2})}{x^2 + y^2}$;　　　　(4) $f(x, y) = (x+y)\ln(x^2 + y^2)$;

(5) $f(x, y) = \dfrac{x^3 - y^3}{x^3 + y^3}$;　　　　(6) $f(x, y) = (x^2 + y^2)^{x^2 y^2}$.

2. (同济大学 2022 年) 求二重极限 $\displaystyle\lim_{(x,y)\to(0,0)} xy\frac{3x - 4y}{x^2 + y^2}$.

3. (哈尔滨工程大学 2022 年) 求二重极限 $\displaystyle\lim_{(x,y)\to(0,0)} \frac{\sin(x^3 + y^3)}{x^2 + y^2}$.

4. 证明: 函数

$$f(x,y)=\begin{cases}\dfrac{2xy}{x^2+y^2}, & x^2+y^2\neq 0,\\ 0, & x^2+y^2=0\end{cases}$$

在原点分别对 x 和 y 都是连续的,但是 $f(x,y)$ 在原点不连续.

5. 证明:函数

$$f(x,y)=\begin{cases}\dfrac{x^2y}{x^4+y^2}, & x^2+y^2\neq 0,\\ 0, & x^2+y^2=0\end{cases}$$

在原点处沿该点的任意一条射线

$$x=t\cos\theta, \quad y=t\sin\theta, \quad 0\leqslant t<+\infty$$

连续,但是 $f(x,y)$ 在原点不连续.

6. 设 $D\subset\mathbf{R}^2$ 为开集,$(x_0,y_0)\in D$,$f(x,y)$ 为 D 上的函数,且满足:

(1) 对 $(x,y)\in D$,有 $\lim\limits_{y\to y_0}f(x,y)=g(x)$;

(2) $\lim\limits_{x\to x_0}f(x,y)=h(y)$ 关于 $(x,y)\in D$ 中的 y 一致成立.

证明:$\lim\limits_{x\to x_0}\lim\limits_{y\to y_0}f(x,y)=\lim\limits_{y\to y_0}\lim\limits_{x\to x_0}f(x,y)$.

7. (西安交通大学 2005 年) 设函数 $f(x,y)$ 在半平面 $x>0$ 内连续,且对任意固定的 $y=y_0$,极限 $\lim\limits_{(x,y)\to(0^+,y_0)}f(x,y)=\varphi(y_0)$ 存在.现补充定义 $f(0,y)=\varphi(y)$,证明:$f(x,y)$ 在半平面 $x\geqslant 0$ 上连续.

8. 若二元函数 $f(x,y)$ 在区域 D 上的两个偏导数 $f_x(x,y)$,$f_y(x,y)$ 有界,证明:$f(x,y)$ 在 D 上连续.

9. 若二元函数 $f(x,y)$ 在 $D=\{(x,y)\mid x^2+y^2<1\}$ 上有定义,对自变量 x 连续,对 y 存在有界的偏导数,且 $\mid f_y(x,y)\mid\leqslant 1$,证明:$f(x,y)$ 在 D 上连续.

10. 若二元函数 $f(x,y)$ 在 $D=\{(x,y)\mid x^2+y^2<1\}$ 上有定义,且 $f(x,0)$ 在 $x=0$ 处连续,$f'_y(x,y)$ 在 D 上有界,证明:$f(x,y)$ 在 $(0,0)$ 点连续.

11. 证明:$f(x,y,z)=\dfrac{1}{1-xyz}$ 在 $D=[0,1)\times[0,1)\times[0,1)$ 上非一致连续.

第7章　多元函数微分学

本章主要涉及多元函数微分学,重点是二元函数和三元函数的偏导数、全微分、方向导数与梯度、Taylor 公式、隐函数和隐函数组定理及其应用.

7.1　偏导数与全微分

7.1.1　内容提要与知识点解析

1) 偏导数的定义

设 $z = f(x, y)$ 在点 $P_0(x_0, y_0)$ 的邻域 $U(P_0)$ 内有定义,则 $z = f(x, y)$ 在点 P_0 关于 x 的偏导数为

$$f_x(P_0) = \lim_{\Delta x \to 0} \frac{\Delta_x z}{\Delta x} = \lim_{\Delta x \to 0} \frac{f(x_0 + \Delta x, y_0) - f(x_0, y_0)}{\Delta x}$$
$$= \lim_{x \to x_0} \frac{f(x, y_0) - f(x_0, y_0)}{x - x_0}.$$

同理可定义关于 y 的偏导数 $f_y(P_0)$.

注　(1) 由定义可看出,二元函数对某变量的偏导数的计算,就是把其他变量看作常数,从而变为一元函数的求导问题.一点处偏导数的定义要牢记,常用来处理一点或分段点处的偏导数存在或不存在的问题.

(2) 利用偏导数函数可定义二元函数的二阶偏导 $f_{xx}(P)$, $f_{xy}(P)$ 及 $f_{yy}(P)$,比如

$$f_{xx}(P_0) = \lim_{\Delta x \to 0} \frac{f_x(x_0 + \Delta x, y_0) - f_x(x_0, y_0)}{\Delta x}.$$

一般地,由 $n-1$ 阶偏导数函数定义 n 阶偏导数.

(3) 复合函数的链式法则:若 $z = f(x, y)$, $x = \varphi(s, t)$, $y = \psi(s, t)$ 均可微,则

$$\frac{\partial z}{\partial s} = \frac{\partial z}{\partial x} \cdot \frac{\partial x}{\partial s} + \frac{\partial z}{\partial y} \cdot \frac{\partial y}{\partial s}, \quad \frac{\partial z}{\partial t} = \frac{\partial z}{\partial x} \cdot \frac{\partial x}{\partial t} + \frac{\partial z}{\partial y} \cdot \frac{\partial y}{\partial t}.$$

使用链式法则时,要注意外函数须可微,否则结论可能不成立.上述公式也不必去背记,但对具体的函数要搞清楚它的复合层次,这样就能准确快速地写出求偏

导公式.如对上述的复合函数,通常可以用"树形法"来表示其复合层次,即

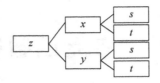

这个方法的原则是沿线(横向)相乘,分线(竖向)相加.

(4) 若二元函数 $f(x,y)$ 的两个混合偏导 $f_{xy}(x,y),f_{yx}(x,y)$ 在 (x_0,y_0) 点附近存在且在 (x_0,y_0) 点连续,则它们相等.这个条件是充分非必要的(见下面的例子),并且条件可减弱为只要其中一个在 (x_0,y_0) 点连续即可.比如函数

$$f(x,y)=\begin{cases} (x^2+y^2)\sin\dfrac{1}{x^2+y^2}, & x^2+y^2\neq 0, \\ 0, & x^2+y^2=0, \end{cases}$$

有 $f_{xy}(0,0)=f_{yx}(0,0)$,但 f_{xy} 及 f_{yx} 在 $(0,0)$ 点不连续.

2) 全微分的定义

设函数 $z=f(x,y)$ 在点 $P_0(x_0,y_0)$ 的邻域 $U(P_0)$ 内有定义,$\forall P\in U(P_0)$,若 $f(P)$ 在点 P_0 的全增量 Δz 可表为

$$\Delta z=A\Delta x+B\Delta y+o(\rho),\quad \rho\to 0,$$

其中 A,B 是仅与点 P_0 有关的常数,$\rho=\sqrt{(\Delta x)^2+(\Delta y)^2}$,则称 f 在点 P_0 可微,并称线性部分 $A\Delta x+B\Delta y$ 为函数 f 在点 P_0 的全微分,记作

$$\mathrm{d}z\Big|_{P_0}=A\Delta x+B\Delta y.$$

注 (1) 全微分的思想也是线性化,因而用来做近似计算比较方便.容易看出若 f 在点 P_0 可微,则 $A=f_x(P_0),B=f_y(P_0)$,且当 $\Delta x,\Delta y$ 很小时,$\Delta x=\mathrm{d}x$,$\Delta y=\mathrm{d}y$,所以

$$\mathrm{d}z\Big|_{P_0}=f_x(P_0)\mathrm{d}x+f_y(P_0)\mathrm{d}y.$$

(2) 全微分反映的是函数在点 P_0 的全面变化,而偏导数仅仅反映函数在点 P_0 沿平行于坐标轴方向的变化.

(3) 全微分的定义很重要,我们常用其来判别函数在一点上是否可微.通常先求出该点的偏导数,然后考察全增量

$$f(x_0+\Delta x,y_0+\Delta y)-f(x_0,y_0)-f_x(x_0,y_0)\Delta x-f_y(x_0,y_0)\Delta y$$

是否为 $\rho=\sqrt{(\Delta x)^2+(\Delta y)^2}\to 0$ 时的高阶无穷小,即极限

$$\lim_{(\Delta x,\Delta y)\to(0,0)}\frac{f(x_0+\Delta x,y_0+\Delta y)-f(x_0,y_0)-f_x(x_0,y_0)\Delta x-f_y(x_0,y_0)\Delta y}{\sqrt{(\Delta x)^2+(\Delta y)^2}}$$

是否为零.

（4）全微分的几何含义:直观上看函数在某点可微,就是函数对应的曲面在该点附近可用该点的切平面近似代替.这与可微的一元函数的图像在某点可用切线代替的思想是一样的.

3）可微的条件

（1）必要条件:若 $z=f(x,y)$ 在点 P_0 可微,则 $f_x(P_0),f_y(P_0)$ 均存在.

（2）充分条件:若 $f_x(P),f_y(P)$ 在点 P_0 均连续,则 $f(x,y)$ 在点 P_0 可微.

注   上面充分条件可减弱为一个偏导数存在,另一个偏导数连续.

4）方向导数的定义

设 $z=f(x,y,z)$ 在点 $P_0(x_0,y_0,z_0)$ 的邻域 $U(P_0)\subset \mathbf{R}^3$ 内有定义,l 为从点 P_0 出发的射线,$\forall P(x,y,z)\in l\bigcap U(P_0)$,若

$$\lim_{\rho\to 0^+}\frac{f(P)-f(P_0)}{\rho}$$

存在,其中 ρ 为 P,P_0 间的距离,则称此极限为 $f(P)$ 在点 P_0 沿 l 的方向导数,记为

$$f_l(P_0)\quad \text{或}\quad \left.\frac{\partial f}{\partial l}\right|_{P_0}.$$

注   对于二元函数而言,如果 f 在点 P_0 存在偏导数,则当 l 为 x 轴正方向时,有 $\left.\dfrac{\partial f}{\partial l}\right|_{P_0}=\left.\dfrac{\partial f}{\partial x}\right|_{P_0}$;当 l 为 x 轴负方向时,有 $\left.\dfrac{\partial f}{\partial l}\right|_{P_0}=-\left.\dfrac{\partial f}{\partial x}\right|_{P_0}.$

5）方向导数的计算

若 $f(P)$ 在点 P_0 可微,则 $f(P)$ 在点 P_0 沿任意方向 l 的方向导数均存在,且

$$f_l(P_0)=f_x(P_0)\cos\alpha+f_y(P_0)\cos\beta+f_z(P_0)\cos\gamma,$$

其中 $\cos\alpha,\cos\beta,\cos\gamma$ 为 l 的方向余弦.

6）梯度的定义

设 $f(x,y,z)$ 在点 $P_0(x_0,y_0,z_0)$ 存在对所有自变量的偏导数,则称向量

$$(f_x(P_0),f_y(P_0),f_z(P_0))$$

为函数 f 在点 P_0 的梯度,记为 $\mathbf{grad}f(P_0)=(f_x(P_0),f_y(P_0),f_z(P_0)).$

7）关于梯度的性质

记 $l = (\cos\alpha, \cos\beta, \cos\gamma)$，易见

$$\frac{\partial f}{\partial l}\bigg|_{P_0} = \mathbf{grad}f(P_0) \cdot l = |\mathbf{grad}f(P_0)|\cos\theta,$$

其中 θ 为 $\mathbf{grad}f(P_0)$ 与 l 的夹角. 也就是说, 当 f 在点 P_0 可微时, f 的值沿梯度方向增长最快, 且其变化率为梯度的模 $|\mathbf{grad}f(P_0)|$. 另一方面, $\mathbf{grad}f(P_0)$ 还是曲面 $f(x,y,z) = 0$ 在点 P_0 的法线方向, 因此梯度具有重要的几何意义.

8) 可微、偏导、方向导数与连续之间的关系

(1) 若 f 在点 P_0 可微, 则 f 在点 P_0 连续, 且偏导存在, 沿任意方向的方向导数存在; 反之未必.

(2) 若 f 在点 P_0 的偏导存在且连续, 则 f 在点 P_0 可微; 反之未必.

(3) f 在点 P_0 的偏导存在推不出 f 在点 P_0 连续; 反之亦然.

(4) f 在点 P_0 的方向导数存在推不出 f 在点 P_0 的偏导存在; 反之亦然.

注　(1) 上面这些关系可用图表示如下:

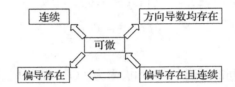

(2) 常用反例

① $f(x,y) = \sqrt{x^2 + y^2}$, 则 $f(x,y)$ 在点 $(0,0)$ 连续, 但 $f_x(0,0)$, $f_y(0,0)$ 不存在, $\dfrac{\partial f}{\partial l}\bigg|_{(0,0)}$ 存在.

事实上, $\forall\theta \in [0, 2\pi]$, 有

$$\lim_{\rho\to 0}\frac{f(\rho\cos\theta, \rho\sin\theta) - f(0,0)}{\rho} = \lim_{\rho\to 0}\frac{\sqrt{\rho^2(\cos^2\theta + \sin^2\theta)}}{\rho} = 1,$$

这说明 $f(x,y)$ 在原点沿任意方向的方向导数存在.

② $f(x,y) = \begin{cases} 1, & xy \neq 0, \\ 0, & xy = 0, \end{cases}$ 则 $f(x,y)$ 在原点的偏导不存在, $f(x,y)$ 也不连续.

③ $f(x,y) = \begin{cases} \dfrac{xy}{\sqrt{x^2+y^2}}, & x^2 + y^2 \neq 0, \\ 0, & x^2 + y^2 = 0, \end{cases}$ 则 $f(x,y)$ 在点 $(0,0)$ 连续、偏导存在,

但不可微.

④ $f(x,y) = \begin{cases} (x^2 + y^2) \sin \dfrac{1}{x^2 + y^2}, & x^2 + y^2 \neq 0, \\ 0, & x^2 + y^2 = 0, \end{cases}$ 则 $f(x,y)$ 在点 $(0,0)$ 可

微，$f_x(0,0)$，$f_y(0,0)$ 存在，但 $f_x(x,y)$ 在点 $(0,0)$ 不连续.

⑤ $f(x,y) = \begin{cases} \dfrac{xy}{x^2 + y^2}, & x^2 + y^2 \neq 0, \\ 0, & x^2 + y^2 = 0, \end{cases}$ 则 $f_x(0,0)$，$f_y(0,0)$ 存在，但 $f(x,y)$ 在

点 $(0,0)$ 不连续.

⑥ $f(x,y) = \begin{cases} 1, & 0 < y < x^2, \\ 0, & y \leqslant 0 \text{ 或 } y \geqslant x^2, \end{cases}$ 则 $f(x,y)$ 在原点不连续，但在原点沿任

意方向的方向导数存在.

7.1.2　典型例题解析

例 7.1（北京大学 2000 年）　试构造一个二元函数，使得它在原点的两偏导存在，但在原点不可微.

解　取 $f(x,y) = \sqrt{|xy|}$，由偏导数定义易得 $f_x(0,0) = f_y(0,0) = 0$. 又

$$\lim_{\rho \to 0} \frac{f(\Delta x, \Delta y) - f(0,0) - f_x(0,0)\Delta x - f_y(0,0)\Delta y}{\rho} = \lim_{\substack{\Delta x \to 0 \\ \Delta y \to 0}} \frac{\sqrt{|\Delta x \Delta y|}}{\sqrt{(\Delta x)^2 + (\Delta y)^2}},$$

则当 $\Delta y = k\Delta x$，且 $\Delta x \to 0$ 时，上述极限为 $\dfrac{\sqrt{|k|}}{\sqrt{1 + k^2}}$，显然该极限值不存在. 所以函

数 $f(x,y) = \sqrt{|xy|}$ 在原点 $(0,0)$ 不可微，但两偏导均存在.

例 7.2　设 $f(x,y) = \begin{cases} \dfrac{(x+y)\sin(xy)}{x^2 + y^2}, & x^2 + y^2 \neq 0, \\ 0, & x^2 + y^2 = 0, \end{cases}$ 证明：函数 $f(x,y)$

在原点连续但不可微.

证明　因为

$$0 \leqslant |f(x,y)| \leqslant \left| \frac{(x+y)\sin(xy)}{x^2 + y^2} \right| \leqslant \frac{|x+y|}{2} \leqslant \frac{1}{2}(|x| + |y|),$$

由迫敛性原则可得

$$\lim_{\substack{x \to 0 \\ y \to 0}} f(x,y) = 0 = f(0,0),$$

所以 $f(x,y)$ 在 $(0,0)$ 点连续.

由偏导数的定义,可得

$$f_x(0,0) = \lim_{x \to 0} \frac{f(x,0) - f(0,0)}{x} = 0,$$

同理 $f_y(0,0) = 0$,从而

$$\lim_{\substack{x \to 0 \\ y \to 0}} \frac{f(\Delta x, \Delta y) - f(0,0) - f_x(0,0)\Delta x - f_y(0,0)\Delta y}{\sqrt{(\Delta x)^2 + (\Delta y)^2}}$$

$$= \lim_{\substack{x \to 0 \\ y \to 0}} \frac{(\Delta x + \Delta y)\sin\Delta x\,\Delta y}{(\sqrt{(\Delta x)^2 + (\Delta y)^2})^3}.$$

当 $\Delta y = k\Delta x$,$\Delta x \to 0^+$ 时,上述极限为

$$\lim_{\substack{\Delta x \to 0^+ \\ \Delta y \to \Delta x}} \frac{k(1+k)(\Delta x)^3}{(1+k^2)^{\frac{3}{2}}(\Delta x)^3} = \frac{k(1+k)}{(1+k^2)^{\frac{3}{2}}},$$

显然该极限值不存在,所以 $f(x,y)$ 在原点不可微.

例 7.3 设

$$f(x,y) = \begin{cases} g(x,y)\sin\dfrac{1}{\sqrt{x^2+y^2}}, & x^2+y^2 \neq 0, \\ 0, & x^2+y^2 = 0, \end{cases}$$

证明:若 $g(0,0) = 0$,g 在原点可微,且 $dg(0,0) = 0$,则 f 在原点可微,且 $df(0,0) = 0$.

证明 由假设易知 $g_x(0,0) = g_y(0,0) = 0$,又

$$\lim_{x \to 0} \frac{f(x,0) - f(0,0)}{x - 0} = \lim_{x \to 0} \frac{g(x,0)\sin\dfrac{1}{|x|}}{x}$$

$$= \lim_{x \to 0} \frac{g(x,0) - g(0,0)}{x}\sin\frac{1}{|x|}$$

$$= 0,$$

即 $f_x(0,0) = 0$.同理可得 $f_y(0,0) = 0$.

又由 $dg(0,0) = 0$,可得

$$\lim_{\substack{\Delta x \to 0 \\ \Delta y \to 0}} \frac{f(\Delta x, \Delta y) - f(0,0) - f_x(0,0)\Delta x - f_y(0,0)\Delta y}{\sqrt{(\Delta x)^2 + (\Delta y)^2}}$$

$$= \lim_{\substack{\Delta x \to 0 \\ \Delta y \to 0}} \frac{g(\Delta x, \Delta y) - g(0,0)}{\sqrt{(\Delta x)^2 + (\Delta y)^2}}\sin\frac{1}{\sqrt{(\Delta x)^2 + (\Delta y)^2}}$$

$$= 0,$$

所以 f 在 $(0,0)$ 点可微,且

$$\mathrm{d}f(0,0) = f_x(0,0)\mathrm{d}x + f_y(0,0)\mathrm{d}y = 0.$$

例 7.4(西安电子科技大学 2003 年)　设 $f_x(x,y)$ 在点 (x_0,y_0) 存在,且 $f_y(x,y)$ 在点 (x_0,y_0) 连续,证明:$f(x,y)$ 在点 (x_0,y_0) 可微.

证明　注意到

$$
\begin{aligned}
\Delta z &= (f(x_0+\Delta x, y_0+\Delta y) - f(x_0+\Delta x, y_0)) \\
&\quad + (f(x_0+\Delta x, y_0) - f(x_0,y_0)) \\
&= f_y(x_0+\Delta x, y_0+\theta\Delta y)\Delta y + f_x(x_0,y_0)\Delta x + o(\Delta x) \\
&= f_y(x_0,y_0)\Delta y + \varepsilon\Delta y + f_x(x_0,y_0)\Delta x + o(\Delta x),
\end{aligned}
$$

其中 $\lim\limits_{\substack{\Delta x \to 0 \\ \Delta y \to 0}} \varepsilon = 0$. 又因为

$$
0 \leqslant \left| \frac{\varepsilon\Delta y + o(\Delta x)}{\sqrt{(\Delta x)^2 + (\Delta y)^2}} \right| \leqslant \left| \varepsilon \frac{\Delta y}{\sqrt{(\Delta x)^2 + (\Delta y)^2}} \right| + \left| \frac{o(\Delta x)}{\Delta x} \frac{\Delta x}{\sqrt{(\Delta x)^2 + (\Delta y)^2}} \right|
$$

$$
\leqslant |\varepsilon| + \left| \frac{o(\Delta x)}{\Delta x} \right| \to 0, \quad \Delta x, \Delta y \to 0,
$$

所以 $f(x,y)$ 在点 (x_0,y_0) 可微.

例 7.5　确定 α 的值,使得函数

$$
f(x,y) = \begin{cases} (x^2+y^2)^\alpha \sin\dfrac{1}{x^2+y^2}, & x^2+y^2 \neq 0, \\ 0, & x^2+y^2 = 0 \end{cases}
$$

在点 $(0,0)$ 可微.

解　若 f 在点 $(0,0)$ 可微,则 $f_x(0,0)$,$f_y(0,0)$ 存在.又

$$
f_x(0,0) = \lim_{x\to 0} \frac{f(x,0) - f(0,0)}{x} = \lim_{x\to 0} x^{2\alpha-1} \sin\frac{1}{x^2},
$$

则当 $2\alpha - 1 > 0$ 即 $\alpha > \dfrac{1}{2}$ 时,$f_x(0,0)$ 存在,且此时 $f_x(0,0) = 0$.同理,当 $\alpha > \dfrac{1}{2}$ 时,$f_y(0,0)$ 存在,且 $f_y(0,0) = 0$.又当 $\alpha > \dfrac{1}{2}$ 时,有

$$
\lim_{\rho\to 0} \frac{f(x,y) - f(0,0) - f_x(0,0)x - f_y(0,0)y}{\rho}
$$

$$
= \lim_{\rho\to 0} \frac{(x^2+y^2)^\alpha}{\sqrt{x^2+y^2}} \sin\frac{1}{x^2+y^2} = 0,
$$

即 f 在点 $(0,0)$ 可微. 故 $\alpha > \dfrac{1}{2}$.

例 7.6 设

$$f(x,y) = \begin{cases} \dfrac{xy(x^2 - y^2)}{x^2 + y^2}, & x^2 + y^2 \neq 0, \\ 0, & x^2 + y^2 = 0, \end{cases}$$

证明: $f_{xy}(0,0) \neq f_{yx}(0,0)$.

证明 易求得 $f_x(0,0) = f_y(0,0) = 0$, 所以有

$$f_x(x,y) = \begin{cases} \dfrac{x^4 y + 4x^2 y^3 - y^5}{(x^2 + y^2)^2}, & x^2 + y^2 \neq 0, \\ 0, & x^2 + y^2 = 0, \end{cases}$$

可得

$$f_{xy}(0,0) = \lim_{y \to 0} \frac{f_x(0,y) - f_x(0,0)}{y} = \lim_{y \to 0} \frac{-y}{y} = -1.$$

同理可求 $f_{yx}(0,0) = 1$. 所以 $f_{xy}(0,0) \neq f_{yx}(0,0)$.

例 7.7 设 $f_{xy}(x,y)$, $f_{yx}(x,y)$ 在 $U(x_0, y_0)$ 上存在, 并且 $f_{xy}(x,y)$ 在点 (x_0, y_0) 连续, 证明: $f_{xy}(x_0, y_0) = f_{yx}(x_0, y_0)$.

分析 结论的证明可参照 f_{xy}, f_{yx} 均在点 (x_0, y_0) 连续的方法, 这里稍微说明下辅助函数的构造.

证明 因为 $f_x(x,y) = \lim\limits_{\Delta x \to 0} \dfrac{f(x + \Delta x, y) - f(x,y)}{\Delta x}$, 所以

$$\begin{aligned}
&f_{xy}(x_0, y_0) \\
&= \lim_{\Delta y \to 0} \frac{f_x(x_0, y_0 + \Delta y) - f_x(x_0, y_0)}{\Delta y} \\
&= \lim_{\Delta y \to 0} \frac{1}{\Delta y} \left[\lim_{\Delta x \to 0} \frac{f(x_0 + \Delta x, y_0 + \Delta y) - f(x_0, y_0 + \Delta y)}{\Delta x} \right. \\
&\qquad \left. - \lim_{\Delta x \to 0} \frac{f(x_0 + \Delta x, y_0) - f(x_0, y_0)}{\Delta x} \right] \\
&= \lim_{\Delta y \to 0} \lim_{\Delta x \to 0} \frac{f(x_0 + \Delta x, y_0 + \Delta y) - f(x_0, y_0 + \Delta y) - f(x_0 + \Delta x, y_0) + f(x_0, y_0)}{\Delta x \Delta y}.
\end{aligned}$$

同理, 可得

$$f_{yx}(x_0, y_0)$$

$$= \lim_{\Delta y \to 0} \lim_{\Delta x \to 0} \frac{f(x_0 + \Delta x, y_0 + \Delta y) - f(x_0 + \Delta x, y_0) - f(x_0, y_0 + \Delta y) + f(x_0, y_0)}{\Delta x \Delta y}.$$

要使得 $f_{yx}(x_0, y_0) = f_{xy}(x_0, y_0)$，就是要使上述两个累次极限相等.

按照上述分析，可引进辅助函数

$$I(x_0, y_0)$$
$$= f(x_0 + \Delta x, y_0 + \Delta y) - f(x_0 + \Delta x, y_0) - f(x_0, y_0 + \Delta y) + f(x_0, y_0),$$

再令

$$\varphi(x) = f(x, y_0 + \Delta y) - f(x, y_0),$$
$$\psi(y) = f(x_0 + \Delta x, y) - f(x_0, y),$$

则

$$I(x_0, y_0) = \varphi(x_0 + \Delta x) - \varphi(x_0) = \psi(y_0 + \Delta y) - \psi(y_0).$$

又因为

$$I(x_0, y_0) = \varphi'(x_0 + \theta_1 \Delta x) \Delta x$$
$$= [f_x(x_0 + \theta_1 \Delta x, y_0 + \Delta y) - f_x(x_0 + \theta_1 \Delta x, y_0)] \Delta x$$
$$= f_{xy}(x_0 + \theta_1 \Delta x, y_0 + \theta_2 \Delta y) \Delta x \Delta y,$$

$$I(x_0, y_0) = \psi'(y_0 + \theta_3 \Delta y) \Delta y$$
$$= [f_y(x_0 + \Delta x, y_0 + \theta_3 \Delta y) - f_y(x_0, y_0 + \theta_3 \Delta x)] \Delta y,$$

所以

$$\frac{f_y(x_0 + \Delta x, y_0 + \theta_3 \Delta y) - f_y(x_0, y_0 + \theta_3 \Delta y)}{\Delta x} = f_{xy}(x_0 + \theta_1 \Delta x, y_0 + \theta_2 \Delta y),$$

这样

$$\lim_{\substack{\Delta x \to 0 \\ \Delta y \to 0}} \frac{f_y(x_0 + \Delta x, y_0 + \theta_3 \Delta y) - f_y(x_0, y_0 + \theta_3 \Delta y)}{\Delta x} = f_{xy}(x_0, y_0),$$

再取 $\Delta y = 0$，则左边极限 $= \lim\limits_{\Delta x \to 0} \dfrac{f_y(x_0 + \Delta x, y_0) - f_y(x_0, y_0)}{\Delta x} = f_{yx}(x_0, y_0).$

注　类似地，还可以证明：若 f_x, f_y 在 $U(x_0, y_0)$ 上存在，且在点 (x_0, y_0) 可微，则 $f_{yx}(x_0, y_0) = f_{xy}(x_0, y_0)$.

例 7.8　设 $z = f(x^2 - y^2, e^{xy})$，f 可微，求 $\dfrac{\partial z}{\partial x}, \dfrac{\partial z}{\partial y}$.

解　记 $u = x^2 - y^2, v = e^{xy}$，则

$$\frac{\partial z}{\partial x}=f_u 2x+f_v \mathrm{e}^{xy}y, \qquad \frac{\partial z}{\partial y}=-f_u 2y+f_v \mathrm{e}^{xy}x.$$

例 7.9（北京师范大学 2022 年）　设

$$f(x,y)=\begin{cases} \dfrac{x^3+2xy^2}{x^2+y^2}, & x^2+y^2\neq 0, \\ 0, & x^2+y^2=0. \end{cases}$$

证明：(1) $f(x,y)$ 在点 $(0,0)$ 连续；

(2) $f(x,y)$ 在点 $(0,0)$ 沿任意方向的方向导数都存在；

(3) $f(x,y)$ 在点 $(0,0)$ 不可微.

证明　(1) 当 $(x,y)\neq(0,0)$ 时，有

$$0\leqslant |f(x,y)|=\left|\frac{x^3+2xy^2}{x^2+y^2}\right|\leqslant |x|\frac{x^2}{x^2+y^2}+2|x|\frac{y^2}{x^2+y^2}$$

$$\leqslant 3|x|\to 0, \quad (x,y)\to(0,0),$$

由迫敛性原则可得 $\lim\limits_{(x,y)\to(0,0)}f(x,y)=0=f(0,0)$，所以 $f(x,y)$ 在点 $(0,0)$ 连续.

(2) 取任意方向的单位向量 $\boldsymbol{l}=(\cos\theta,\sin\theta)$，则

$$\begin{aligned} \frac{\partial f}{\partial \boldsymbol{l}}\bigg|_{(0,0)} &=\lim_{\rho\to 0^+}\frac{f(\rho\cos\theta,\rho\sin\theta)-f(0,0)}{\rho}\\ &=\lim_{\rho\to 0^+}\frac{\rho^3(\cos^3\theta+2\cos\theta\sin^2\theta)}{\rho^3(\cos^2\theta+\sin^2\theta)}\\ &=\cos^3\theta+2\cos\theta\sin^2\theta, \end{aligned}$$

所以 $f(x,y)$ 在点 $(0,0)$ 沿任意方向的方向导数都存在.

(3) 由偏导数的定义有

$$f_x(0,0)=\lim_{x\to 0}\frac{f(x,0)-f(0,0)}{x}=\lim_{x\to 0}\frac{x^3}{x^3}=1,$$

$$f_y(0,0)=\lim_{y\to 0}\frac{f(0,y)-f(0,0)}{y}=\lim_{y\to 0}\frac{0-0}{y}=0,$$

于是

$$\frac{f(x,y)-f(0,0)-f_x(0,0)x-f_y(0,0)y}{\sqrt{x^2+y^2}}=\frac{xy^2}{(x^2+y^2)^{\frac{3}{2}}}.$$

当点 (x,y) 沿 y 轴趋于点 $(0,0)$ 时，此时 $x=0$，可得

$$\lim_{\substack{(x,y)\to(0,0)\\x=0}} \frac{xy^2}{(x^2+y^2)^{\frac{3}{2}}}=0,$$

而当点 (x,y) 沿直线 $y=x$ 向下趋于点 $(0,0)$ 时,可得

$$\lim_{\substack{(x,y)\to(0,0)\\y=x}} \frac{xy^2}{(x^2+y^2)^{\frac{3}{2}}}=\lim_{y\to0} \frac{y^3}{2^{\frac{3}{2}}y^3}=\frac{1}{2^{\frac{3}{2}}}\neq0,$$

这表明极限 $\displaystyle\lim_{(x,y)\to(0,0)} \frac{xy^2}{(x^2+y^2)^{\frac{3}{2}}}$ 不存在,因而 $f(x,y)$ 在点 $(0,0)$ 不可微.

例 7.10(中国科学技术大学 2022 年) 设函数 $u(x,y,z)=\sqrt{x^2+y^2+z^2}$,证明:$\mathrm{d}^2u\geqslant0$.

证明 令 $u(x,y,z)=r$,则 $r=\sqrt{x^2+y^2+z^2}$ 满足

$$r_x=\frac{x}{r},\quad r_y=\frac{y}{r},\quad r_z=\frac{z}{r},\quad r^2=x^2+y^2+z^2,$$

于是

$$r_{xx}=\frac{r-xr_x}{r^2}=\frac{r^2-x^2}{r^3}=\frac{y^2+z^2}{r^3},\quad r_{xy}=-\frac{xy}{r^3},\quad r_{xz}=-\frac{xz}{r^3}.$$

类似可得

$$r_{yy}=\frac{x^2+z^2}{r^3},\quad r_{yz}=-\frac{yz}{r^3},\quad r_{zz}=\frac{x^2+y^2}{r^3}.$$

这样得到

$$\begin{aligned}
\mathrm{d}^2u&=r_{xx}\mathrm{d}x^2+r_{yy}\mathrm{d}y^2+r_{zz}\mathrm{d}z^2+2r_{xy}\mathrm{d}x\mathrm{d}y+2r_{xz}\mathrm{d}x\mathrm{d}z+2r_{yz}\mathrm{d}y\mathrm{d}z\\
&=\frac{1}{r^3}\big[(y^2+z^2)\mathrm{d}x^2+(x^2+z^2)\mathrm{d}y^2+(x^2+y^2)\mathrm{d}z^2\\
&\quad-2xy\mathrm{d}x\mathrm{d}y-2xz\mathrm{d}x\mathrm{d}z-2yz\mathrm{d}y\mathrm{d}z\big]\\
&=\frac{1}{r^3}\big[(x\mathrm{d}y-y\mathrm{d}x)^2+(y\mathrm{d}z-z\mathrm{d}y)^2+(z\mathrm{d}x-x\mathrm{d}z)^2\big]\geqslant0.
\end{aligned}$$

7.2 隐函数定理及其应用

7.2.1 内容提要与知识点解析

1)隐函数存在性定理

设 $F(x,y)$ 满足下列条件:

(1) 函数 $F(x,y)$ 在以 $P_0(x_0,y_0)$ 为内点的某区域 $D \subset \mathbf{R}^2$ 上连续；

(2) 满足初始条件 $F(x_0,y_0)=0$；

(3) $F(x,y)$ 在 D 内存在连续的偏导数 $F_y(x,y)$；

(4) 偏导数 $F_y(x_0,y_0) \neq 0$，

则在点 P_0 的某邻域 $U(P_0) \subset D$，方程 $F(x,y)=0$ 唯一地确定了一个定义在某区间 $(x_0-\alpha, x_0+\alpha)$ 内的隐函数 $y=f(x)$，使得

(1) $f(x)$ 在 $(x_0-\alpha, x_0+\alpha)$ 内连续；

(2) $\forall x \in (x_0-\alpha, x_0+\alpha)$，$(x,f(x)) \in U(P_0)$，且

$$F(x,f(x))=0 \quad 及 \quad y_0=f(x_0).$$

注 从几何看，$F(x,y)=0$ 为曲面 $z=F(x,y)$ 和平面 $z=0$ 的交集.要能确定一隐函数，则要求此交集非空，这就是初始条件.应注意定理的条件是充分非必要的.比如 $F(x,y)=x^3-y^3=0$ 在原点不满足条件(4)，但仍能确定唯一的连续函数 $y=x$.若把定理的条件稍做变动，还能由 $F(x,y)=0$ 确定隐函数 $x=g(y)$.

2) 隐函数可微性定理

在隐函数存在性定理条件下，如要求在 D 内 $F(x,y)$ 还存在连续偏导 $F_x(x,y)$，则由 $F(x,y)=0$ 确定的隐函数 $y=f(x)$ 在 $(x_0-\alpha, x_0+\alpha)$ 内可导，且成立

$$f'(x)=-\frac{F_x(x,y)}{F_y(x,y)}.$$

注 以上定理可类似推广至 n 元隐函数，这里不再赘述.

3) 隐函数组定理

若方程组 $\begin{cases} F(x,y,u,v)=0, \\ G(x,y,u,v)=0 \end{cases}$ 满足下列条件：

(1) $F(x,y,u,v), G(x,y,u,v)$ 在以 $P_0(x_0,y_0,u_0,v_0)$ 为内点的区域 $U \subset \mathbf{R}^4$ 内连续；

(2) 满足初始条件 $F(P_0)=G(P_0)=0$；

(3) 在 U 内，F,G 具有连续一阶偏导数；

(4) 雅可比行列式 $J=\dfrac{\partial(F,G)}{\partial(u,v)}\bigg|_{P_0} \neq 0$，

则在点 P_0 的某一邻域 $U(P_0) \subset U$ 内，方程组 $\begin{cases} F(x,y,u,v)=0, \\ G(x,y,u,v)=0 \end{cases}$ 唯一确定定义在点 $Q_0(x_0,y_0)$ 的某一邻域 $U(Q_0)$ 内的二元函数组 $\begin{cases} u=f(x,y), \\ v=g(x,y), \end{cases}$ 使得

(1) $u_0=f(x_0,y_0), v_0=g(x_0,y_0)$，且 $\forall (x,y) \in U(Q_0)$，有

$$F(x,y,f(x,y),g(x,y))=0, \quad G(x,y,f(x,y),g(x,y))=0;$$

（2）$f(x,y),g(x,y)$ 在 $U(Q_0)$ 内连续；

（3）$f(x,y),g(x,y)$ 在 $U(Q_0)$ 内具有一阶连续偏导数，且

$$\frac{\partial u}{\partial x}=-\frac{1}{J}\frac{\partial(F,G)}{\partial(x,v)}, \quad \frac{\partial u}{\partial y}=-\frac{1}{J}\frac{\partial(F,G)}{\partial(y,v)},$$

$$\frac{\partial v}{\partial x}=-\frac{1}{J}\frac{\partial(F,G)}{\partial(u,x)}, \quad \frac{\partial v}{\partial y}=-\frac{1}{J}\frac{\partial(F,G)}{\partial(u,y)}.$$

注　上面的求偏导公式不必去死记，实际做题时可直接对方程组两边求偏导，然后解该方程组即可.

4）反函数组定理

记 $\begin{cases} F(x,y,u,v)=u-u(x,y), \\ G(x,y,u,v)=v-v(x,y), \end{cases}$ 则由隐函数组定理可得下列反函数组定理.

设函数组 $\begin{cases} u=u(x,y), \\ v=v(x,y) \end{cases}$ 及其一阶偏导在区域 $D\subset \mathbf{R}^2$ 上连续，点 $P_0(x_0,y_0)\in$

$\text{int}D$ 且 $u_0=u(x_0,y_0),v_0=v(x_0,y_0),J=\dfrac{\partial(u,v)}{\partial(x,y)}\Big|_{P_0}\neq 0$，则在 $Q_0(x_0,y_0)$ 的某

一邻域 $U(Q_0)$ 内存在唯一的反函数组 $\begin{cases} x=x(u,v), \\ y=y(u,v), \end{cases}$ 使得

（1）$x_0=x(u_0,v_0),y_0=y(u_0,v_0)$；

（2）$\forall (u,v)\in U(Q_0)$，成立

$$u=u(x(u,v),y(u,v)), \quad v=v(x(u,v),y(u,v)),$$

且有

$$\frac{\partial x}{\partial u}=\frac{1}{J}\frac{\partial v}{\partial y}, \quad \frac{\partial x}{\partial v}=-\frac{1}{J}\frac{\partial u}{\partial y}, \quad \frac{\partial y}{\partial u}=-\frac{1}{J}\frac{\partial v}{\partial x}, \quad \frac{\partial y}{\partial v}=\frac{1}{J}\frac{\partial u}{\partial x}.$$

注　由反函数组定理可得

$$\frac{\partial(x,y)}{\partial(u,v)}\cdot\frac{\partial(u,v)}{\partial(x,y)}=1,$$

这个公式在多元函数的换元积分计算中很有用.

5）几何应用

（1）平面曲线的切线与法线

设平面曲线的方程由 $F(x,y)=0$ 给出，它在点 $P_0(x_0,y_0)$ 的某邻域内满足隐函数存在定理的条件，则在点 P_0 处的切线方程与法线方程分别为

$$F_x(x_0,y_0)(x-x_0)+F_y(x_0,y_0)(y-y_0)=0,$$

$$F_y(x_0,y_0)(x-x_0)-F_x(x_0,y_0)(y-y_0)=0.$$

(2) 空间曲线的切线与法平面

这里的关键是求出切向量 $\boldsymbol{\tau}=(\tau_1,\tau_2,\tau_3)$,则点 P_0 处曲线的切线方程为

$$\frac{x-x_0}{\tau_1}=\frac{y-y_0}{\tau_2}=\frac{z-z_0}{\tau_3},$$

法平面方程为

$$\tau_1(x-x_0)+\tau_2(y-y_0)+\tau_3(z-z_0)=0.$$

注 若曲线 L 的参数方程为

$$L:\begin{cases}x=x(t),\\y=y(t),\quad a\leqslant t\leqslant b,\\z=z(t),\end{cases}$$

则在 t_0 点的切向量为 $\boldsymbol{\tau}=(x'(t_0),y'(t_0),z'(t_0))$.

若曲线 L 为两个曲面的交线,即

$$L:\begin{cases}F(x,y,z)=0,\\G(x,y,z)=0,\end{cases}$$

则在 P_0 点的切向量可表示为

$$\boldsymbol{\tau}=\mathbf{grad}F(P_0)\times\mathbf{grad}G(P_0)=\left(\frac{\partial(F,G)}{\partial(y,z)},\frac{\partial(F,G)}{\partial(z,x)},\frac{\partial(F,G)}{\partial(x,y)}\right)\Big|_{P_0}.$$

(3) 曲面的切平面与法线

这里的关键是求出点 P_0 处法向量 $\boldsymbol{n}=(n_1,n_2,n_3)$,则过点 P_0 的法线方程为

$$\frac{x-x_0}{n_1}=\frac{y-y_0}{n_2}=\frac{z-z_0}{n_3},$$

切平面方程为

$$n_1(x-x_0)+n_2(y-y_0)+n_3(z-z_0)=0.$$

注 若曲面 Σ 由 $F(x,y,z)=0$ 确定,则点 P_0 处的法向量为

$$\boldsymbol{n}=\mathbf{grad}F(P_0)=(F_x(P_0),F_y(P_0),F_z(P_0)).$$

特别地,若曲面 Σ 由 $z=F(x,y)$ 确定,则 $\boldsymbol{n}=(F_x(P_0),F_y(P_0),-1)$.

若曲面 Σ 由下列参数方程形式确定,即

$$\Sigma : \begin{cases} x = x(u,v), \\ y = y(u,v), \\ z = z(u,v), \end{cases}$$

则在点 $P_0(x_0, y_0, z_0)$ 处的法向量为

$$n = \left(\frac{\partial(y,z)}{\partial(u,v)}, \frac{\partial(z,x)}{\partial(u,v)}, \frac{\partial(x,y)}{\partial(u,v)} \right) \Big|_{u = u_0, v = v_0}.$$

7.2.2　典型例题解析

例 7.11（天津大学 1998 年）　设方程 $z + xy = f(xz, yz)$ 确定可微函数 $z = z(x,y)$，求 $\dfrac{\partial z}{\partial x}$.

解　记 $u = xz, v = yz$，方程两边同时对 x 求偏导得

$$z_x + y = f_u(z + x z_x) + f_v y z_x,$$

解之得

$$z_x = \frac{z f_u - y}{1 - x f_u - y f_v}.$$

例 7.12（华中师范大学 2001 年）　设 f 为可微函数，$u = f(x^2 + y^2 + z^2)$ 且 $3x + 2y^2 + z^3 = 6xyz$ 在点 $(1,1,1)$ 确定隐函数 $z = z(x,y)$，求 $\dfrac{\partial u}{\partial x}\Big|_{(1,1)}$.

解　设 $v = x^2 + y^2 + z^2$，则

$$u_x = f_v \cdot v_x = f_v(2x + 2z \cdot z_x). \tag{1}$$

再在方程 $3x + 2y^2 + z^3 = 6xyz$ 两边对 x 求偏导得

$$3 + 3z^2 z_x = 6yz + 6xy z_x,$$

解之得

$$z_x = \frac{6yz - 3}{3z^2 - 6xy} = \frac{2yz - 1}{z^2 - 2xy}. \tag{2}$$

最后将 (2) 式代入 (1) 式得

$$\frac{\partial u}{\partial x}\Big|_{(1,1)} = \frac{\partial f}{\partial v}\left(2x + 2z \cdot \frac{2yz - 1}{z^2 - 2xy}\right)\Big|_{(1,1)} = 0.$$

例 7.13　设 z 是由 $\varphi(cx - az, cy - bz) = 0$ 确定的以 x, y 为自变量的隐函数，

其中 φ 为二次连续可微函数，求 $\dfrac{\partial^2 z}{\partial x^2}$.

解 令 $u = cx - az, v = cy - bz$，则 $\varphi(cx - az, cy - bz) = 0$ 两边对 x 求偏导得

$$\varphi_u(c - az_x) + \varphi_v(-bz_x) = 0 \Rightarrow z_x = \frac{c\varphi_u}{a\varphi_u + b\varphi_v},$$

即

$$(a\varphi_u + b\varphi_v)z_x - c\varphi_u = 0.$$

上式两边再对 x 求偏导得

$$[a(\varphi_{uu}(c - az_x) + \varphi_{uv}(-bz_x)) + b(\varphi_{vu}(c - az_x) + \varphi_{vv}(-bz_x))]z_x$$
$$+ (a\varphi_u + b\varphi_v)z_{xx} - c(\varphi_{uu}(c - az_x) + \varphi_{uv}(-bz_x)) = 0,$$

注意到 $\varphi_{uv} = \varphi_{vu}$，将 z_x 代入上式即可解出 $\dfrac{\partial^2 z}{\partial x^2}$（最后计算过程请读者完成）.

例 7.14（北方交通大学 2004 年） 设

$$u = \frac{x}{r^2}, \quad v = \frac{y}{r^2}, \quad w = \frac{z}{r^2}, \quad \text{其中} \quad r = \sqrt{x^2 + y^2 + z^2},$$

求 $\dfrac{\partial(u, v, w)}{\partial(x, y, z)}$.

解
$$\frac{\partial(u, v, w)}{\partial(x, y, z)} = \begin{vmatrix} u_x & u_y & u_z \\ v_x & v_y & v_z \\ w_x & w_y & w_z \end{vmatrix} = \begin{vmatrix} \dfrac{r^2 - 2x^2}{r^4} & \dfrac{-2xy}{r^4} & \dfrac{-2xz}{r^4} \\ \dfrac{-2xy}{r^4} & \dfrac{r^2 - 2y^2}{r^4} & \dfrac{-2yz}{r^4} \\ \dfrac{-2xz}{r^4} & \dfrac{-2yz}{r^4} & \dfrac{r^2 - 2z^2}{r^4} \end{vmatrix}$$

$$= -\frac{1}{r^6}.$$

例 7.15 设 $u(x, y)$ 的所有二阶偏导连续，且 $\dfrac{\partial^2 u}{\partial x^2} - \dfrac{\partial^2 u}{\partial y^2} = 0, u(x, 2x) = x$，$u_x(x, 2x) = x^2$，试求 $u_{xx}(x, 2x), u_{xy}(x, 2x), u_{yy}(x, 2x)$.

解 方程 $u(x, 2x) = x$ 两边对 x 求导，得

$$u_x(x, 2x) + 2u_y(x, 2x) = 1,$$

又 $u_x(x, 2x) = x^2$，可得 $u_y(x, 2x) = \dfrac{1 - x^2}{2}$，再两边对 x 求导，得

$$u_{yx}(x,2x) + 2u_{yy}(x,2x) = -x. \tag{1}$$

将 $u_x(x,2x) = x^2$ 两边对 x 求导,得

$$u_{xx}(x,2x) + 2u_{xy}(x,2x) = 2x. \tag{2}$$

由(1)(2) 两式及已知条件 $u_{xx} = u_{yy}$,解之得

$$u_{xx} = u_{yy} = -\frac{4}{3}x, \quad u_{xy} = u_{yx} = \frac{5}{3}x.$$

例 7.16(厦门大学 2005 年)　证明:若 $f(x)$ 在 $[0,l]$ 上连续,且当 $0 \leqslant \xi \leqslant l$ 时,$(x-\xi)^2 + y^2 + z^2 \neq 0$,则函数

$$u(x,y,z) = \int_0^l \frac{f(\xi)}{((x-\xi)^2 + y^2 + z^2)^{\frac{1}{2}}} d\xi$$

满足 Laplace 方程 $\dfrac{\partial^2 u}{\partial x^2} + \dfrac{\partial^2 u}{\partial y^2} + \dfrac{\partial^2 u}{\partial z^2} = 0.$

证明　由含参量积分的性质可知

$$\frac{\partial u}{\partial x} = \int_0^l \frac{\partial}{\partial x}\left(\frac{f(\xi)}{\sqrt{(x-\xi)^2 + y^2 + z^2}}\right) d\xi = -\int_0^l \frac{(x-\xi)f(\xi)}{((x-\xi)^2 + y^2 + z^2)^{\frac{3}{2}}} d\xi,$$

同理可得

$$\frac{\partial u}{\partial y} = -\int_0^l \frac{yf(\xi)}{((x-\xi)^2 + y^2 + z^2)^{\frac{3}{2}}} d\xi, \quad \frac{\partial u}{\partial z} = -\int_0^l \frac{zf(\xi)}{((x-\xi)^2 + y^2 + z^2)^{\frac{3}{2}}} d\xi.$$

进而可得

$$\frac{\partial^2 u}{\partial x^2} = \int_0^l \frac{\partial}{\partial x}\left[\frac{-(x-\xi)f(\xi)}{((x-\xi)^2 + y^2 + z^2)^{\frac{3}{2}}}\right] d\xi$$

$$= -\int_0^l \frac{f(\xi)((x-\xi)^2 + y^2 + z^2)}{((x-\xi)^2 + y^2 + z^2)^{\frac{5}{2}}} d\xi + \int_0^l \frac{3f(\xi)(x-\xi)^2}{((x-\xi)^2 + y^2 + z^2)^{\frac{5}{2}}} d\xi,$$

同理可得

$$\frac{\partial^2 u}{\partial y^2} = -\int_0^l \frac{f(\xi)((x-\xi)^2 + y^2 + z^2)}{((x-\xi)^2 + y^2 + z^2)^{\frac{5}{2}}} d\xi + \int_0^l \frac{3f(\xi)y^2}{((x-\xi)^2 + y^2 + z^2)^{\frac{5}{2}}} d\xi,$$

$$\frac{\partial^2 u}{\partial z^2} = -\int_0^l \frac{f(\xi)((x-\xi)^2 + y^2 + z^2)}{((x-\xi)^2 + y^2 + z^2)^{\frac{5}{2}}} d\xi + \int_0^l \frac{3f(\xi)z^2}{((x-\xi)^2 + y^2 + z^2)^{\frac{5}{2}}} d\xi,$$

则易见

$$\frac{\partial^2 u}{\partial x^2} + \frac{\partial^2 u}{\partial y^2} + \frac{\partial^2 u}{\partial z^2} = 0.$$

例 7.17(辽宁大学 2005 年)　设 $f(x,y)$ 具有二阶连续偏导,且 $f(x,y) > 0$.

(1) 若 $f(x,y)$ 满足方程 $f(x,y)\dfrac{\partial^2 f}{\partial x \partial y} = \dfrac{\partial f}{\partial x}\dfrac{\partial f}{\partial y}$,证明:$\dfrac{1}{f(x,y)}\dfrac{\partial f}{\partial x} = \varphi(x)$;

(2) 证明:$f(x,y) = g(x)h(y)$ 的充分必要条件是 $f(x,y)$ 满足方程

$$f(x,y)\frac{\partial^2 f}{\partial x \partial y} = \frac{\partial f}{\partial x}\frac{\partial f}{\partial y}.$$

证明　(1) 因为

$$\frac{\partial}{\partial y}\left(\frac{1}{f(x,y)} \cdot \frac{\partial f}{\partial x}\right) = \frac{1}{f^2(x,y)}\left(f(x,y)\frac{\partial^2 f}{\partial x \partial y} - \frac{\partial f}{\partial x} \cdot \frac{\partial f}{\partial y}\right) = 0,$$

所以 $\dfrac{1}{f(x,y)} \cdot \dfrac{\partial f}{\partial x} = \varphi(x)$.

(2)(必要性)由 $f(x,y) = g(x)h(y)$ 可得

$$f(x,y)\frac{\partial^2 f}{\partial x \partial y} = f(x,y)g'(x)h'(y),$$

$$\frac{\partial f}{\partial x} \cdot \frac{\partial f}{\partial y} = g'(x)h(y)g(x)h'(y) = f(x,y)g'(x)h'(y),$$

所以 $f(x,y)$ 满足方程 $f(x,y)\dfrac{\partial^2 f}{\partial x \partial y} = \dfrac{\partial f}{\partial x}\dfrac{\partial f}{\partial y}$.

(充分性)因为 $f(x,y)$ 满足方程 $f(x,y)\dfrac{\partial^2 f}{\partial x \partial y} = \dfrac{\partial f}{\partial x}\dfrac{\partial f}{\partial y}$,所以由(1)的结论可知 $\dfrac{1}{f(x,y)}\dfrac{\partial f}{\partial x} = \varphi(x)$,进而 $\dfrac{\partial}{\partial x}\ln f(x,y) = \varphi(x)$,从而

$$\ln f(x,y) = \ln f(0,y) + \int_0^x \varphi(t)\mathrm{d}t,$$

则 $f(x,y) = f(0,y)\mathrm{e}^{\int_0^x \varphi(t)\mathrm{d}t}$.取 $g(x) = \mathrm{e}^{\int_0^x \varphi(t)\mathrm{d}t}$,$h(y) = f(0,y)$ 即可得证.

例 7.18　设 $u(x,y)$ 有二阶连续偏导数,证明:$u(x,y)$ 满足偏微分方程

$$\frac{\partial^2 u}{\partial x^2} - 2\frac{\partial^2 u}{\partial x \partial y} + \frac{\partial^2 u}{\partial y^2} = 0$$

当且仅当存在二阶连续可微函数 $\varphi(t)$,$\psi(t)$,使得

$$u(x,y) = x\varphi(x+y) + y\psi(x+y).$$

证明 （充分性）由于

$$\frac{\partial u}{\partial x}=\varphi(x+y)+x\varphi'+y\psi', \qquad \frac{\partial u}{\partial y}=\psi(x+y)+x\varphi'+y\psi',$$

所以

$$\frac{\partial^2 u}{\partial x^2}=x\varphi''+2\varphi'+y\psi'', \qquad \frac{\partial^2 u}{\partial y^2}=x\varphi''+2\psi'+y\psi'',$$

$$\frac{\partial^2 u}{\partial x\partial y}=x\varphi''+\varphi'+\psi'+y\psi'',$$

容易验证 $\dfrac{\partial^2 u}{\partial x^2}-2\dfrac{\partial^2 u}{\partial x\partial y}+\dfrac{\partial^2 u}{\partial y^2}=0$.

（必要性）令 $t=x+y,s=x-y$，则

$$\frac{\partial^2 u}{\partial x^2}=\frac{\partial^2 u}{\partial t^2}+\frac{\partial^2 u}{\partial s^2}+2\frac{\partial^2 u}{\partial t\partial s}, \qquad \frac{\partial^2 u}{\partial y^2}=\frac{\partial^2 u}{\partial t^2}+\frac{\partial^2 u}{\partial s^2}-2\frac{\partial^2 u}{\partial t\partial s},$$

$$\frac{\partial^2 u}{\partial x\partial y}=\frac{\partial^2 u}{\partial t^2}-\frac{\partial^2 u}{\partial s^2},$$

将其代入方程 $\dfrac{\partial^2 u}{\partial x^2}-2\dfrac{\partial^2 u}{\partial x\partial y}+\dfrac{\partial^2 u}{\partial y^2}=0$，化简得到 $4\dfrac{\partial^2 u}{\partial s^2}=0$. 所以存在二阶连续可微函数 $f(t),g(t)$ 使得

$$u(x,y)=f(x+y)+(x-y)g(x+y).$$

再令 $u(x,y)$ 满足 $u(0,0)=0$，则 $f(0)=0$，因而存在二阶连续可微函数 $h(t)$ 使得 $f(t)=th(t)$，于是

$$\begin{aligned} u(x,y) &=f(x+y)+(x-y)g(x+y)\\ &=(x+y)h(x+y)+(x-y)g(x+y)\\ &=x[h(x+y)+g(x+y)]+y[h(x+y)-g(x+y)]. \end{aligned}$$

最后令 $\varphi(t)=h(t)+g(t),\psi(t)=h(t)-g(t)$ 即可.

例 7.19　已知方程 $z_{xx}+2z_{xy}+z_{yy}=0$，作代换

$$u=x+y, \quad v=x-y, \quad w=xy-z,$$

若将 w 作为 u,v 的函数，且 w 具有二阶连续偏导数，求代换后的方程.

解　首先注意变量间的层次关系如下所示：

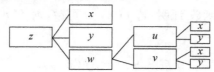

从而

$$z_x = y - w_u - w_v, \quad z_y = x - w_u - w_v(-1) = x - w_u + w_v,$$

$$z_{xx} = -w_{uu} - w_{uv} - w_{vu} - w_{vv} = -w_{uu} - 2w_{uv} - w_{vv},$$

$$z_{xy} = 1 - w_{uu} - w_{uv}(-1) - w_{vu} - w_{vv}(-1) = 1 - w_{uu} + w_{vv},$$

$$z_{yy} = -w_{uu} - w_{uv}(-1) + w_{vu} + w_{vv}(-1) = -w_{uu} + 2w_{uv} - w_{vv},$$

所以 $z_{xx} + 2z_{xy} + z_{yy} = 2 - 4w_{uu} = 0$，进而得 $w_{uu} = \dfrac{1}{2}$.

例 7.20（中国地质大学 2004 年） 设 $u = \dfrac{y}{x}, v = y$，证明：

$$x^2 \frac{\partial^2 f}{\partial x^2} + 2xy \frac{\partial^2 f}{\partial x \partial y} + y^2 \frac{\partial^2 f}{\partial y^2} = 0 \quad 可化为 \quad \frac{\partial^2 f}{\partial y^2} = 0.$$

证明 因为

$$\frac{\partial f}{\partial x} = \frac{\partial f}{\partial u} \cdot \frac{\partial u}{\partial x} + \frac{\partial f}{\partial v} \cdot \frac{\partial v}{\partial x} = -\frac{y}{x^2} \frac{\partial f}{\partial u}, \quad \frac{\partial f}{\partial y} = \frac{1}{x} \frac{\partial f}{\partial u} + \frac{\partial f}{\partial v},$$

进而

$$\frac{\partial^2 f}{\partial x^2} = \frac{\partial^2 f}{\partial u^2} \cdot \frac{y^2}{x^4} + \frac{\partial f}{\partial u} \cdot \frac{2y}{x^3}, \quad \frac{\partial^2 f}{\partial y^2} = \frac{\partial^2 f}{\partial u^2} \cdot \frac{1}{x^2} + \frac{\partial^2 f}{\partial v^2},$$

$$\frac{\partial^2 f}{\partial x \partial y} = \frac{\partial^2 f}{\partial u^2} \left(-\frac{y}{x^3} \right) - \frac{\partial f}{\partial u} \cdot \frac{1}{x^2},$$

代入方程得

$$\frac{\partial^2 f}{\partial v^2} y^2 = 0.$$

又 $y \neq 0$，所以 $\dfrac{\partial^2 f}{\partial v^2} = 0$，再由 $v = y$ 即得 $\dfrac{\partial^2 f}{\partial y^2} = 0$.

例 7.21 设 $z = f(x, y)$ 满足

$$f(tx, ty) = t^k f(x, y) \quad (t > 0), \tag{1}$$

称 $f(x, y)$ 为 k 次齐次函数. 证明：若 $f(x, y)$ 可微，则 $f(x, y)$ 为 k 次齐次函数的充要条件为

$$xf_x + yf_y = kf(x, y). \tag{2}$$

证明　（必要性）(1) 式两边关于 t 求导,再令 $t=1$,即可得 (2) 式.

（充分性）对 $t>0$,令 $\varphi(t)=\dfrac{f(tx,ty)}{t^k}$,则

$$\varphi'(t)=\frac{xf_x(tx,ty)\cdot t^k+yf_y(tx,ty)\cdot t^k-f(tx,ty)\cdot kt^{k-1}}{t^{2k}}$$

$$=\frac{(tx)f_x(tx,ty)+(ty)f_y(tx,ty)-kf(tx,ty)}{t^{k+1}}$$

$$=0,$$

所以 $\varphi(t)=C(C\in\mathbf{R})$.又 $\varphi(1)=f(x,y)$,所以 $\varphi(t)=f(x,y)$.

注　齐次函数有下列性质:

(1) 若 $f(x,y)$ 是 n 次齐次函数且 m 次可微,则

$$\left(x\frac{\partial}{\partial x}+y\frac{\partial}{\partial y}\right)^m f=n(n-1)\cdots(n-m+1)f;$$

(2) 若 $f(x,y)$ 是 n 次齐次函数,则 $f_x(x,y),f_y(x,y)$ 是 $n-1$ 次齐次函数.

例 7.22　设 $u(x,y)$ 具有连续的二阶偏导,$F(s,t)$ 有连续的一阶偏导,且

$$F(u_x,u_y)=0,\quad (F_s)^2+(F_t)^2\neq 0,$$

证明:$u_{xx}u_{yy}-(u_{xy})^2=0$.

证明　方程 $F(u_x,u_y)=0$ 两边分别对 x,y 求偏导,得

$$\begin{cases}F_s u_{xx}+F_t u_{yx}=0,\\ F_s u_{xy}+F_t u_{yy}=0,\end{cases}$$

由 $(F_s)^2+(F_t)^2\neq 0$ 知上述方程组有非零解,所以其系数行列式为零,即

$$u_{xx}u_{yy}-(u_{xy})^2=0.$$

例 7.23　变换方程 $\begin{cases}u=x-2y,\\ v=x+ay,\end{cases}$ 可把 $6\dfrac{\partial^2 z}{\partial x^2}+\dfrac{\partial^2 z}{\partial x\partial y}-\dfrac{\partial^2 z}{\partial y^2}=0$ 化简为 $\dfrac{\partial^2 z}{\partial u\partial v}=0$,求常数 a.

解　因为

$$\frac{\partial z}{\partial x}=\frac{\partial z}{\partial u}\frac{\partial u}{\partial x}+\frac{\partial z}{\partial v}\frac{\partial v}{\partial x}=\frac{\partial z}{\partial u}+\frac{\partial z}{\partial v},$$

$$\frac{\partial z}{\partial y}=\frac{\partial z}{\partial u}\frac{\partial u}{\partial y}+\frac{\partial z}{\partial v}\frac{\partial v}{\partial y}=-2\frac{\partial z}{\partial u}+a\frac{\partial z}{\partial v},$$

所以

$$\frac{\partial^2 z}{\partial x^2} = \frac{\partial^2 z}{\partial u^2}\frac{\partial u}{\partial x} + \frac{\partial^2 z}{\partial v^2}\frac{\partial v}{\partial x} + \frac{\partial^2 z}{\partial u \partial v}\frac{\partial v}{\partial x} + \frac{\partial^2 z}{\partial v \partial u}\frac{\partial u}{\partial x}$$

$$= \frac{\partial^2 z}{\partial u^2} + \frac{\partial^2 z}{\partial v^2} + 2\frac{\partial^2 z}{\partial u \partial v},$$

$$\frac{\partial^2 z}{\partial y^2} = 4\frac{\partial^2 z}{\partial u^2} + a^2\frac{\partial^2 z}{\partial v^2} - 4a\frac{\partial^2 z}{\partial u \partial v},$$

$$\frac{\partial^2 z}{\partial x \partial y} = \frac{\partial^2 z}{\partial u^2}\frac{\partial u}{\partial y} + \frac{\partial^2 z}{\partial v^2}\frac{\partial v}{\partial y} + \frac{\partial^2 z}{\partial u \partial v}\left(\frac{\partial u}{\partial y} + \frac{\partial v}{\partial y}\right)$$

$$= -2\frac{\partial^2 z}{\partial u^2} + a\frac{\partial^2 z}{\partial v^2} + (a-2)\frac{\partial^2 z}{\partial u \partial v},$$

再代入 $6\dfrac{\partial^2 z}{\partial x^2} + \dfrac{\partial^2 z}{\partial x \partial y} - \dfrac{\partial^2 z}{\partial y^2} = 0$ 得到

$$(6 + a - a^2)\frac{\partial^2 z}{\partial v^2} + (5a + 10)\frac{\partial^2 z}{\partial u \partial v} = 0.$$

因为 $6 + a - a^2 = 0, 5a + 10 \neq 0,$ 解之得 $a = 3.$

例 7.24 设 $z = z(x, y)$ 满足 $\Delta z \equiv \dfrac{\partial^2 z}{\partial x^2} + \dfrac{\partial^2 z}{\partial y^2} = 0,$ 作满足

$$\begin{cases} \dfrac{\partial \varphi}{\partial u} = \dfrac{\partial \psi}{\partial v}, \\[2mm] \dfrac{\partial \varphi}{\partial v} = -\dfrac{\partial \psi}{\partial u} \end{cases}$$

的变换 $\begin{cases} x = \varphi(u, v), \\ y = \psi(u, v), \end{cases}$ 证明:此时也成立 $\dfrac{\partial^2 z}{\partial u^2} + \dfrac{\partial^2 z}{\partial v^2} = 0.$

证明 注意到 $x = \varphi(u, v), y = \psi(u, v),$ 由链式法则知

$$\frac{\partial z}{\partial u} = \frac{\partial z}{\partial x}\frac{\partial \varphi}{\partial u} + \frac{\partial z}{\partial y}\frac{\partial \psi}{\partial u}, \qquad \frac{\partial z}{\partial v} = \frac{\partial z}{\partial x}\frac{\partial \varphi}{\partial v} + \frac{\partial z}{\partial y}\frac{\partial \psi}{\partial v},$$

$$\frac{\partial^2 z}{\partial u^2} = \left(\frac{\partial^2 z}{\partial x^2}\frac{\partial \varphi}{\partial u} + \frac{\partial^2 z}{\partial x \partial y}\frac{\partial \psi}{\partial u}\right)\frac{\partial \varphi}{\partial u} + \frac{\partial z}{\partial x}\frac{\partial^2 \varphi}{\partial u^2} + \left(\frac{\partial^2 z}{\partial x \partial y}\frac{\partial \varphi}{\partial u} + \frac{\partial^2 z}{\partial y^2}\frac{\partial \psi}{\partial u}\right)\frac{\partial \psi}{\partial u} + \frac{\partial z}{\partial y}\frac{\partial^2 \psi}{\partial u^2}$$

$$= \frac{\partial^2 z}{\partial x^2}\left(\frac{\partial \varphi}{\partial u}\right)^2 + 2\frac{\partial^2 z}{\partial x \partial y}\frac{\partial \psi}{\partial u}\frac{\partial \varphi}{\partial u} + \frac{\partial^2 z}{\partial y^2}\left(\frac{\partial \psi}{\partial u}\right)^2 + \frac{\partial z}{\partial x}\frac{\partial^2 \varphi}{\partial u^2} + \frac{\partial z}{\partial y}\frac{\partial^2 \psi}{\partial u^2},$$

$$\frac{\partial^2 z}{\partial v^2} = \left(\frac{\partial^2 z}{\partial x^2}\frac{\partial \varphi}{\partial v} + \frac{\partial^2 z}{\partial x \partial y}\frac{\partial \psi}{\partial v}\right)\frac{\partial \varphi}{\partial v} + \frac{\partial z}{\partial x}\frac{\partial^2 \varphi}{\partial v^2} + \left(\frac{\partial^2 z}{\partial x \partial y}\frac{\partial \varphi}{\partial v} + \frac{\partial^2 z}{\partial y^2}\frac{\partial \psi}{\partial v}\right)\frac{\partial \psi}{\partial v} + \frac{\partial z}{\partial y}\frac{\partial^2 \psi}{\partial v^2}$$

$$= \frac{\partial^2 z}{\partial x^2}\left(\frac{\partial \varphi}{\partial v}\right)^2 + 2\frac{\partial^2 z}{\partial x \partial y}\frac{\partial \psi}{\partial v}\frac{\partial \varphi}{\partial v} + \frac{\partial^2 z}{\partial y^2}\left(\frac{\partial \psi}{\partial v}\right)^2 + \frac{\partial z}{\partial x}\frac{\partial^2 \varphi}{\partial v^2} + \frac{\partial z}{\partial y}\frac{\partial^2 \psi}{\partial v^2},$$

所以

$$\frac{\partial^2 z}{\partial u^2} + \frac{\partial^2 z}{\partial v^2} = \frac{\partial^2 z}{\partial x^2}\left[\left(\frac{\partial \varphi}{\partial u}\right)^2 + \left(\frac{\partial \varphi}{\partial v}\right)^2\right] + \frac{\partial^2 z}{\partial y^2}\left[\left(\frac{\partial \psi}{\partial u}\right)^2 + \left(\frac{\partial \psi}{\partial v}\right)^2\right]$$
$$+ 2\frac{\partial^2 z}{\partial x \partial y}\left(\frac{\partial \psi}{\partial u}\frac{\partial \varphi}{\partial u} + \frac{\partial \psi}{\partial v}\frac{\partial \varphi}{\partial v}\right) + \frac{\partial z}{\partial x}\left(\frac{\partial^2 \varphi}{\partial u^2} + \frac{\partial^2 \varphi}{\partial v^2}\right) + \frac{\partial z}{\partial y}\left(\frac{\partial^2 \psi}{\partial u^2} + \frac{\partial^2 \psi}{\partial v^2}\right).$$

因为 $\dfrac{\partial \varphi}{\partial u} = \dfrac{\partial \psi}{\partial v}, \dfrac{\partial \varphi}{\partial v} = -\dfrac{\partial \psi}{\partial u}$，所以

$$\left(\frac{\partial \varphi}{\partial u}\right)^2 + \left(\frac{\partial \varphi}{\partial v}\right)^2 = \left(\frac{\partial \psi}{\partial u}\right)^2 + \left(\frac{\partial \psi}{\partial v}\right)^2,$$

$$\frac{\partial \psi}{\partial u}\frac{\partial \varphi}{\partial u} + \frac{\partial \psi}{\partial v}\frac{\partial \varphi}{\partial v} = 0,$$

$$\frac{\partial^2 \varphi}{\partial u^2} + \frac{\partial^2 \varphi}{\partial v^2} = \frac{\partial^2 \psi}{\partial u^2} + \frac{\partial^2 \psi}{\partial v^2} = 0,$$

从而

$$\frac{\partial^2 z}{\partial u^2} + \frac{\partial^2 z}{\partial v^2} = \left(\frac{\partial^2 z}{\partial x^2} + \frac{\partial^2 z}{\partial y^2}\right)\left[\left(\frac{\partial \varphi}{\partial u}\right)^2 + \left(\frac{\partial \varphi}{\partial v}\right)^2\right].$$

再由 $\dfrac{\partial^2 z}{\partial x^2} + \dfrac{\partial^2 z}{\partial y^2} = 0$，易知 $\dfrac{\partial^2 z}{\partial u^2} + \dfrac{\partial^2 z}{\partial v^2} = 0.$

例 7.25（太原理工大学 2022 年）　设 $y = f(x)$ 是方程 $x^3 + y^3 - 3x + 3y - 2 = 0$ 确定的隐函数，求 $y = f(x)$ 的极值.

解　方程两边对 x 求导得到

$$3x^2 + 3y^2 y' - 3 + 3y' = 0,$$

令 $y' = 0$ 得到 $x = \pm 1$. 将 $x = 1$ 代入原方程得到

$$1 + y^3 - 3 + 3y - 2 = 0 \ \Rightarrow \ (y-1)(y^2 + y + 4) = 0,$$

解之得 $y = 1$. 再将 $x = -1$ 代入原方程得到

$$-1 + y^3 + 3 + 3y - 2 = 0 \ \Rightarrow \ y(y^2 + 3) = 0,$$

解之得 $y = 0$. 于是 $P_1(1,1), P_2(-1,0)$ 为 $y = f(x)$ 的稳定点.

原方程两边对 x 求二次导数，得到

$$6x + 6y(y')^2 + 3y^2 y'' + 3y'' = 0,$$

此时将 $P_1(1,1), P_2(-1,0)$ 代入上式，并注意到 $y'(\pm 1) = 0$，得到

$$y''(1) = -1 < 0, \quad y''(-1) = 2 > 0,$$

所以 $y = f(x)$ 在 $x = 1$ 处取极大值 $f(1) = 1$，在 $x = -1$ 处取极小值 $f(-1) = 0$.

例 7.26（厦门大学 2022 年） 设曲面 $z = z(x, y)$ 由方程 $F\left(\dfrac{x-a}{z-c}, \dfrac{y-b}{z-c}\right) = 0$
确定，其中 a, b, c 为常数，证明：

(1) 曲面的切平面经过定点 (a, b, c)；

(2) 函数 $z = z(x, y)$ 满足方程 $\dfrac{\partial^2 z}{\partial x^2} \cdot \dfrac{\partial^2 z}{\partial y^2} - \left(\dfrac{\partial^2 z}{\partial x \partial y}\right)^2 = 0$.

证明 (1) 令 $G(x, y, z) = F\left(\dfrac{x-a}{z-c}, \dfrac{y-b}{z-c}\right)$，则

$$\mathbf{grad}G = \left(\frac{F_1'}{z-c}, \frac{F_2'}{z-c}, -\frac{(x-a)F_1' + (y-b)F_2'}{(z-c)^2}\right),$$

于是曲面上任意一点 $P_0(x_0, y_0, z_0)$ 处的法向量为

$$\boldsymbol{n} = \left(F_1'(P_0), F_2'(P_0), -\frac{(x_0-a)F_1'(P_0) + (y_0-b)F_2'(P_0)}{z_0-c}\right),$$

这样切平面方程为

$$F_1'(P_0)(x - x_0) + F_2'(P_0)(y - y_0)$$
$$-\frac{(x_0-a)F_1'(P_0) + (y_0-b)F_2'(P_0)}{z_0-c}(z - z_0) = 0.$$

再将 $(x, y, z) = (a, b, c)$ 代入上式左端并化简，可得

$$F_1'(P_0)(a - x_0) + F_2'(P_0)(b - y_0)$$
$$-\frac{(x_0-a)F_1'(P_0) + (y_0-b)F_2'(P_0)}{(z_0-c)}(c - z_0) = 0,$$

也就是曲面的切平面经过定点 (a, b, c).

(2) 因为曲面的切平面经过定点 (a, b, c)，因而总有

$$\frac{\partial z}{\partial x}(x - a) + \frac{\partial z}{\partial y}(y - b) - (z - c) = 0.$$

对上式关于 x, y 求偏导，得到

$$\frac{\partial^2 z}{\partial x^2}(x-a) + \frac{\partial z}{\partial x} + \frac{\partial^2 z}{\partial x \partial y}(y-b) - \frac{\partial z}{\partial x} = \frac{\partial^2 z}{\partial x^2}(x-a) + \frac{\partial^2 z}{\partial x \partial y}(y-b) = 0,$$

$$\frac{\partial^2 z}{\partial y^2}(y-b) + \frac{\partial z}{\partial y} + \frac{\partial^2 z}{\partial x \partial y}(x-a) - \frac{\partial z}{\partial y} = \frac{\partial^2 z}{\partial y^2}(y-b) + \frac{\partial^2 z}{\partial x \partial y}(x-a) = 0,$$

由此可知

$$\frac{\partial^2 z}{\partial x^2}\frac{\partial^2 z}{\partial y^2}(x-a)(y-b)-\left(\frac{\partial^2 z}{\partial x\partial y}\right)^2(x-a)(y-b)=0,$$

所以当 $x\neq a$ 且 $y\neq b$ 时,成立

$$\frac{\partial^2 z}{\partial x^2}\cdot\frac{\partial^2 z}{\partial y^2}-\left(\frac{\partial^2 z}{\partial x\partial y}\right)^2=0;$$

对 $x=a$ 或 $y=b$,利用连续性,上式仍成立.

例 7.27　求曲线 $x=t,y=-t^2,z=t^3$ 上与平面 $x+2y+z=4$ 平行的切线方程.

解　曲线上任一点的切向量为 $(1,-2t,3t^2)$,平面的法向量为 $(1,2,1)$,则由题设可知 $(1,-2t,3t^2)\cdot(1,2,1)=0$,解之得 $t=1$ 或 $t=\dfrac{1}{3}$.

当 $t=1$ 时,切点为 $(1,-1,1)$,切向量为 $(1,-2,3)$,此时切线方程为

$$\frac{x-1}{1}=\frac{y+1}{-2}=\frac{z-1}{3};$$

当 $t=\dfrac{1}{3}$ 时,切点为 $\left(\dfrac{1}{3},-\dfrac{1}{9},\dfrac{1}{27}\right)$,切向量为 $\left(1,-\dfrac{2}{3},\dfrac{1}{3}\right)$,此时切线方程为

$$\frac{x-\dfrac{1}{3}}{1}=\frac{y+\dfrac{1}{9}}{-\dfrac{2}{3}}=\frac{z-\dfrac{1}{27}}{\dfrac{1}{3}},\quad 即\quad \frac{3x-1}{3}=\frac{9y+1}{-6}=\frac{27z-1}{9}.$$

例 7.28(北京科技大学 2001 年)　求曲线 $\begin{cases}x^2+y^2+ze^x=2,\\ x^2+xy+y^2=1\end{cases}$ 在点 $P(1,-1,0)$ 处的切线方程与法平面方程.

解　记 $F(x,y,z)=x^2+y^2+ze^x-2,G(x,y,z)=x^2+xy+y^2-1$,则

$$\frac{\partial(F,G)}{\partial(y,z)}\bigg|_P=\begin{vmatrix}2y & e^z+ze^z\\ x+2y & 0\end{vmatrix}_P=1,$$

同理可得

$$\frac{\partial(F,G)}{\partial(z,x)}\bigg|_P=1,\quad \frac{\partial(F,G)}{\partial(x,y)}\bigg|_P=0,$$

所以曲线在点 $P(1,-1,0)$ 处的切线方程和法平面方程分别为

$$\begin{cases} \dfrac{x-1}{1} = \dfrac{y+1}{1}, \\ z = 0 \end{cases} \quad 及 \quad x+y=0.$$

例 7.29(上海大学 2006 年)　设 $y=y(x)$ 由方程 $e^{x+y}-xy=e$ 确定,求 $y=y(x)$ 在点 $(0,1)$ 处的切线方程.

解　对 $e^{x+y}-xy=e$ 两边关于 x 求导得

$$e^{x+y}(1+y'(x))-(y(x)+xy'(x))=0 \Rightarrow y'(x)=\frac{y-e^{x+y}}{e^{x+y}-x},$$

则 $y'(0)=\dfrac{1}{e}-1$,所以 $y=y(x)$ 在点 $(0,1)$ 处的切线方程为

$$y-1=\left(\frac{1}{e}-1\right)x.$$

例 7.30(辽宁大学 2004 年)　设平面 Π 是曲面 $z=x^2+y^2$ 在点 $P(1,-2,5)$ 处的切平面,如果直线 $L:\begin{cases} x+y+b=0, \\ x+ay-z-3=0 \end{cases}$ 位于平面 Π 内,求 a 与 b 的值.

解　平面 Π 在点 P 处的法向量为 $(2x,2y,-1)\big|_{(1,-2,5)}=(2,-4,-1)$,可得平面 Π 的方程为

$$2(x-1)-4(y+2)-(z-5)=0,$$

即 $z=2x-4y-5$.而直线 L 上任一点 $(x,-x-b,(1-a)x-ab-3)$ 在平面 Π 内,所以

$$(1-a)x-ab-3=2x+4(x+b)-5,$$

即 $(a+5)x+ab+4b-2=0$,所以有

$$\begin{cases} a+5=0, \\ ab+4b-2=0, \end{cases}$$

解之得 $a=-5,b=-2$.

例 7.31　求过直线 $L:\begin{cases} 10x+2y-2z=27, \\ x+y-z=0 \end{cases}$ 并与曲面 $3x^2+y^2-z^2=27$ 相切的切平面方程.

解　过直线 L 的平面方程为 $10x+2y-2z-27+\lambda(x+y-z)=0$,其法向量为 $(10+\lambda,2+\lambda,-2-\lambda)$.又设曲面上的切点为 (x_0,y_0,z_0),则成立

$$\begin{cases} \dfrac{10+\lambda}{6x_0}=\dfrac{2+\lambda}{2y_0}=\dfrac{2+\lambda}{2z_0}, \\ (10+\lambda)x_0+(2+\lambda)y_0-(2+\lambda)z_0=27, \\ 3x_0^2+y_0^2-z_0^2=27, \end{cases}$$

解之得

$$x_0=3,y_0=1,z_0=1,\lambda=-1 \quad 或 \quad x_0=-3,y_0=-17,z_0=-17,\lambda=-19,$$

因此所求的切平面方程为

$$9x+y-z=27 \quad 或 \quad 9x+17y-17z=-27.$$

例 7.32（电子科技大学 2004 年）　证明:曲面 $F(ax-bz,ay-cz)=0$ 上任一点的切平面都与某一定直线平行,其中函数 F 连续可微,常数 a,b,c 不同时为 0.

证明　记 $G(x,y,z)=F(ax-bz,ay-cz)$,可得

$$\frac{\partial G}{\partial x}=aF_1', \qquad \frac{\partial G}{\partial y}=aF_2', \qquad \frac{\partial G}{\partial z}=-bF_1'-cF_2',$$

则曲面 $G(x,y,z)=0$ 上任一点处的法向量为 $\boldsymbol{n}=(aF_1',aF_2',-bF_1'-cF_2')$.若 $\boldsymbol{n}$ 与某直线的方向向量 $\boldsymbol{l}=(l_1,l_2,l_3)$ 垂直,则 $\boldsymbol{n}\cdot\boldsymbol{l}=0$,亦即

$$aF_1'l_1+aF_2'l_2-(bF_1'+cF_2')l_3=0 \Rightarrow (al_1-bl_3)F_1'+(al_2-cl_3)F_2'=0,$$

显然当 l_1,l_2,l_3 满足 $\begin{cases} al_1-bl_3=0, \\ al_2-cl_3=0 \end{cases}$ 时,恒有 $\boldsymbol{n}\cdot\boldsymbol{l}=0$.

取 $\boldsymbol{l}=(b,c,a)$,此时曲面 $G(x,y,z)=0$ 上任一点的切平面都与 $\boldsymbol{l}$ 平行.

例 7.33（武汉理工大学 2022 年）　求空间曲线

$$\begin{cases} x^2+y^2+2z^2=1, \\ z=x^2+y^2 \end{cases}$$

在 xOy 平面上的投影曲线在点 $P\left(\dfrac{1}{2},\dfrac{1}{2}\right)$ 处的切线方程.

解　投影曲线为

$$x^2+y^2+2(x^2+y^2)^2=1,$$

令 $F(x,y)=x^2+y^2+2(x^2+y^2)^2-1$,则

$$\mathbf{grad}F(P)=(2x+8x(x^2+y^2),2y+8y(x^2+y^2))\Big|_P=(3,3),$$

所以投影曲线在点 $P\left(\dfrac{1}{2},\dfrac{1}{2}\right)$ 处的切线方程为 $3\left(x-\dfrac{1}{2}\right)+3\left(y-\dfrac{1}{2}\right)=0$，化简得到所求方程为 $x+y-1=0$.

7.3　Taylor 公式与多元函数极值

7.3.1　内容提要与知识点解析

1) Taylor 定理

如果 f 在点 $P_0(x_0,y_0)$ 的某邻域 $U(P_0)$ 内有直到 $n+1$ 阶的连续偏导数，则对 $U(P_0)$ 内任一点 (x_0+h,y_0+k)，$\exists\,\theta\in(0,1)$，使得

$$
\begin{aligned}
f(x_0+h,y_0+k)=&\,f(x_0,y_0)+\left(h\frac{\partial}{\partial x}+k\frac{\partial}{\partial y}\right)f(x_0,y_0)+\cdots\\
&+\frac{1}{n!}\left(h\frac{\partial}{\partial x}+k\frac{\partial}{\partial y}\right)^n f(x_0,y_0)\\
&+\frac{1}{(n+1)!}\left(h\frac{\partial}{\partial x}+k\frac{\partial}{\partial y}\right)^{n+1} f(x_0+\theta h,y_0+\theta k),
\end{aligned}
$$

其中

$$
\left(h\frac{\partial}{\partial x}+k\frac{\partial}{\partial y}\right)^m f(x_0,y_0)=\sum_{i=1}^{m}\mathrm{C}_m^i\,\frac{\partial^m}{\partial x^i\partial y^{m-i}}f(x_0,y_0)h^i k^{m-i}.
$$

注　Taylor 公式的基本思想就是在某点附近，利用函数在该点的各阶偏导数构造出的多项式来逼近这个函数.其证明思路是先构造辅助函数

$$
\varphi(t)=f(x_0+th,y_0+tk),
$$

然后利用一元函数的 Taylor 公式将 $\varphi(t)$ 在 $t=0$ 处展开，最后令 $t=1$.

特别地，当 $n=0$ 时，得到二元函数的微分中值定理

$$
\begin{aligned}
&f(x_0+h,y_0+k)-f(x_0,y_0)\\
&=f_x(x_0+\theta h,y_0+\theta k)h+f_y(x_0+\theta h,y_0+\theta k)k.
\end{aligned}
$$

上式的一个自然推论就是：若 $f(x,y)$ 在区域 D 上存在偏导，且 $f_x=f_y=0$，则 f 在 D 上为常值函数.

注　如果函数 $f(x,y)$ 在区域 D 内连续，且在 D 内 $f_x(x,y)=0$，不能断定 $f(x,y)$ 在区域 D 内的值只依赖于 y 而不依赖于 x.比如

$$f(x,y)=\begin{cases}y^2, & \text{当 } x>0 \text{ 且 } y>0 \text{ 时,}\\ 0, & \text{在 } D \text{ 内的其他点,}\end{cases}$$

其中 D 是 xOy 平面上除去射线 $x=0,y\geqslant0$ 的部分. 显然 $f_x=0,\forall(x,y)\in D$, 但是注意到 $f(1,1)=1,f(-1,1)=0$, 由此可见 $f(x,y)$ 的值与 x 有关.

2) 极值

(1) 多元函数极值的定义与一元函数极值的定义类似, 都是局部上的概念. 而最值是整体的概念, 要注意二者间的区别.

(2) 极值的必要条件: 若 f 在点 P_0 存在偏导数, 且在点 P_0 取极值, 则有

$$f_x(P_0)=0,\quad f_y(P_0)=0.$$

满足上述条件的点称为 f 的驻点 (或稳定点).

注　若 f 在点 P_0 有二阶连续偏导, 记

$$\boldsymbol{H}_f(P_0)=\begin{bmatrix}f_{xx}(P_0) & f_{xy}(P_0)\\ f_{yx}(P_0) & f_{yy}(P_0)\end{bmatrix},$$

称 $\boldsymbol{H}_f(P_0)$ 为 f 在点 P_0 的 Hesse (海塞) 矩阵. 利用 Hesse 矩阵及 Taylor 公式可得极值存在的充分条件.

(3) 极值的充分条件: 设 f 在点 $P_0(x_0,y_0)$ 的某邻域 $U(P_0)$ 内具有二阶连续偏导, 且点 P_0 为 f 的驻点.

① 若 $\boldsymbol{H}_f(P_0)$ 正定, 则 f 在点 P_0 取极小值;

② 若 $\boldsymbol{H}_f(P_0)$ 负定, 则 f 在点 P_0 取极大值;

③ 若 $\boldsymbol{H}_f(P_0)$ 不定, 则 f 在点 P_0 不取极值.

注　若 $(f_{xx}f_{yy}-f_{xy}^2)(P_0)>0$, 则当 $f_{xx}(P_0)>0$ 时, $\boldsymbol{H}_f(P_0)$ 正定, 当 $f_{xx}(P_0)<0$ 时, $\boldsymbol{H}_f(P_0)$ 负定;

若 $(f_{xx}f_{yy}-f_{xy}^2)(P_0)<0$, 则 $\boldsymbol{H}_f(P_0)$ 不定;

若 $(f_{xx}f_{yy}-f_{xy}^2)(P_0)=0$, 则不能确定 $\boldsymbol{H}_f(P_0)$ 为正 (负) 定还是不定.

(4) 条件极值

目标函数 $f(x_1,x_2,\cdots,x_n)$ 在约束条件

$$\varphi_i(x_1,\cdots,x_n)=0\quad(i=1,2,\cdots,m \text{ 且 } m<n)$$

之下的极值问题, 可归结为求一个 Lagrange 函数的极值. 这个函数定义为

$$L(x_1,x_2,\cdots,x_n,\lambda_1,\cdots,\lambda_m)=f(x_1,x_2,\cdots,x_n)+\sum_{i=1}^m\lambda_i\varphi_i(x_1,x_2,\cdots,x_n),$$

其中 $\lambda_i(i=1,2,\cdots,m$ 且 $m<n)$ 为常数. 此方法常称为 Lagrange 乘子法, 其一般步

骤如下：

① 由具体问题确定目标函数 $f(x_1, x_2, \cdots, x_n)$ 及约束条件 $\varphi_i(x_1, \cdots, x_n) = 0$；

② 写出 Lagrange 函数 $L(x_1, x_2, \cdots, x_n, \lambda_1, \cdots, \lambda_m)$；

③ 求解方程组

$$
\begin{cases}
L_{x_1}(x_1, x_2, \cdots, x_n, \lambda_1, \cdots, \lambda_m) = 0, \\
L_{x_2}(x_1, x_2, \cdots, x_n, \lambda_1, \cdots, \lambda_m) = 0, \\
\vdots \\
L_{x_n}(x_1, x_2, \cdots, x_n, \lambda_1, \cdots, \lambda_m) = 0, \\
\varphi_1(x_1, \cdots, x_n) = 0, \\
\vdots \\
\varphi_m(x_1, \cdots, x_n) = 0;
\end{cases}
$$

④ 根据具体问题判别上一步中的解是否为极值点.

注 事实上，Lagrange 乘子法只能求出条件极值问题的驻点，并不能确定这些驻点就是极值点（或条件极值点）.判别这些驻点是否为极值点，一方面如上面所说可以依据具体问题来判断，另一方面也可以根据下面的充分条件来判别.

条件极值的充分条件 设点 $P_0(x_1^0, x_2^0, \cdots, x_n^0)$ 及常数 $\lambda_1^0, \lambda_2^0, \cdots, \lambda_m^0$ 满足上述方程组，则当矩阵

$$
\left[\frac{\partial^2 L}{\partial x_i \partial x_j}(x_1^0, x_2^0, \cdots, x_n^0, \lambda_1^0, \lambda_2^0, \cdots, \lambda_m^0) \right]_{1 \leqslant i, j \leqslant n}
$$

为正定矩阵时，$P_0(x_1^0, x_2^0, \cdots, x_n^0)$ 为满足约束条件的条件极小值点；当此矩阵为负定矩阵时，$P_0(x_1^0, x_2^0, \cdots, x_n^0)$ 为满足约束条件的条件极大值点.

当上述矩阵为不定矩阵时，我们不能断定 $P_0(x_1^0, x_2^0, \cdots, x_n^0)$ 不是条件极值点.这点和无条件极值问题是不一样的，其中的原因就在于此时 $\mathrm{d}x_1, \mathrm{d}x_2, \cdots, \mathrm{d}x_n$ 在约束条件下并不是相互独立的.

（5）多元函数的最值

多元函数求最值的方法与一元函数求最值的方法类似，只是过程更复杂一点.以二元函数 $f(x, y)$ 为例，若 $f(x, y)$ 定义在有界闭域 D 上，首先求出 $f(x, y)$ 在 D 内所有驻点和偏导不存在的点，求出这些点上的函数值；其次求出 f 在边界 ∂D 上的最值，通常是将边界的表达式代入 $f(x, y)$ 化为求一元函数的最值；最后比较以上求出的所有函数值，最大的为最大值，最小的为最小值.

7.3.2 典型例题解析

例 7.34 设 $F(x, y)$ 在点 (x_0, y_0) 的某邻域内有二阶连续偏导，且

$$F(x_0,y_0)=0, \quad F_x(x_0,y_0)=0, \quad F_y(x_0,y_0)>0, \quad F_{xx}(x_0,y_0)<0.$$

证明：由方程 $F(x,y)=0$ 可确定点 x_0 某邻域内的隐函数，且 $y=f(x)$ 在点 x_0 处达到极小值.

证明　由隐函数存在定理得

$$f'(x)=-\frac{F_x(x,y)}{F_y(x,y)}, \tag{*}$$

则 $f'(x_0)=0$，再由 Taylor 定理可得

$$f(x)-f(x_0)=f'(x_0)(x-x_0)+\frac{1}{2}f''(x_0)(x-x_0)^2+o((x-x_0)^2)$$

$$=\frac{1}{2}f''(x_0)(x-x_0)^2+o((x-x_0)^2).$$

又由（*）式可得

$$f''(x)=-\frac{[F_{xx}+F_{xy}f'(x)]F_y-F_x[F_{xy}+F_{yy}f'(x)]}{F_y^2}$$

$$\Rightarrow f''(x_0)=-\frac{F_{xx}(x_0,y_0)}{F_y(x_0,y_0)}>0,$$

因而 $f(x)$ 在点 x_0 处取极小值.

例 7.35（东南大学 2004 年）　设

$$f(x,y)=y(1-x)x^y, \quad D=\{(x,y)\mid 0<x<1, 0<y<+\infty\}.$$

（1）证明 $f(x,y)$ 在 D 内有界，并求其上确界；

（2）讨论 $f(x,y)$ 在 D 内的上确界能否取到.

解　（1）对固定的 $y\in(0,+\infty)$，由

$$f_x(x,y)=yx^{y-1}(y-x(y+1))=0 \Rightarrow x=\frac{y}{y+1},$$

所以对固定的 y，函数 $f(x,y)$ 在 $(0,1)$ 内的最大值为

$$f\left(\frac{y}{y+1},y\right)=\left(1-\frac{1}{y+1}\right)^{y+1}.$$

易知 $\left(1-\dfrac{1}{y+1}\right)^{y+1}$ 在 $(0,+\infty)$ 内单调增加有上界，进而 $f(x,y)$ 在 D 内有界，且上确界为 $\dfrac{1}{e}$.

(2) 因为 $\dfrac{1}{\mathrm{e}}=\lim\limits_{y\to+\infty}\left(1-\dfrac{1}{y+1}\right)^{y+1}$，所以 $f(x,y)$ 在 D 内取不到上确界.

例 7.36（中国人民大学 2000 年）　证明：函数 $z=f(x,y)=(1+\mathrm{e}^y)\cos x-y\mathrm{e}^y$ 有无穷多个极大值，但无极小值.

证明　首先 $f_x=(1+\mathrm{e}^y)(-\sin x)$，$f_y=(\cos x-1-y)\mathrm{e}^y$，令

$$\begin{cases}f_x=0,\\ f_y=0,\end{cases}$$

得稳定点 $(x_n,y_n)=(n\pi,\cos n\pi-1)$，$n\in\mathbf{Z}$. 再求 f 的二阶偏导，有

$$f_{xx}=-(1+\mathrm{e}^y)\cos x,\quad f_{yy}=(\cos x-2-y)\mathrm{e}^y,\quad f_{xy}=-\mathrm{e}^y\sin x.$$

当 n 为偶数时，有

$$\Delta=f_{xx}f_{yy}-f_{xy}^2=2>0,\quad f_{xx}=-2<0,$$

所以 f 在点 $(2k\pi,0)(k\in\mathbf{Z})$ 处取极大值.

当 n 为奇数时，有

$$\Delta=f_{xx}f_{yy}-f_{xy}^2=-(1+\mathrm{e}^{-2})\mathrm{e}^{-2}<0,$$

此时 f 在点 $((2k+1)\pi,-2)(k\in\mathbf{Z})$ 处无极值.

综上可知，f 有无穷多个极大值，但无极小值.

例 7.37（北京科技大学 2001 年）　求 $z=2x^2+y^2-8x-2y+9$ 在 $D:2x^2+y^2\leqslant1$ 上的最大值与最小值.

解　令 $z_x=4x-8=0$，$z_y=2y-2=0$，可得 $x=2,y=1$，但 $(2,1)\notin D$，所以 z 在 D 上的最大、小值只能在边界上取得. 于是问题转化为求 $z=-8x-2y+10$ 在条件 $2x^2+y^2=1$ 下的最大、小值.

构造 Lagrange 函数

$$L(x,y,z,\lambda)=-8x-2y+10-\lambda(2x^2+y^2-1),$$

求 L 的所有偏导数并令其等于 0，可得

$$\begin{cases}-8-4\lambda x=0,\\ -2-2\lambda y=0,\\ 2x^2+y^2-1=0,\end{cases}$$

解之得

$$x=\frac{2}{3},y=\frac{1}{3}\quad\text{或}\quad x=-\frac{2}{3},y=-\frac{1}{3},$$

再代入函数式即得 $z_{\max}=16, z_{\min}=4.$

例 7.38(华东师范大学 2001 年)　设 $z=f(x,y)$ 在有界区域 D 上有二阶连续偏导数,且

$$\frac{\partial^2 z}{\partial x^2}+\frac{\partial^2 z}{\partial y^2}=0, \quad \frac{\partial^2 z}{\partial x \partial y}\neq 0.$$

证明:$z=f(x,y)$ 的最值只能在 D 的边界上取得.

证明　由 $z=f(x,y)$ 在有界区域 D 上连续,故必存在最大、最小值,因此只需证 D 内任意点不可能是极值点,再由二元函数极值的充分条件知,只需证在 D 内恒有 $f_{xx}f_{yy}-(f_{xy})^2<0.$

事实上,有

$$f_{xx}f_{yy}-(f_{xy})^2=-(f_{xx})^2-(f_{xy})^2<0.$$

例 7.39(湘潭大学 2010 年)　证明:$\sin x \sin y \sin(x+y)\leqslant \dfrac{3\sqrt{3}}{8},0<x,y<\pi.$

证明　令 $f(x,y)=\sin x \sin y \sin(x+y),0<x,y<\pi$,于是只要证明

$$\max_{0<x,y<\pi}f(x,y)\leqslant \frac{3\sqrt{3}}{8}.$$

事实上,由 $\begin{cases} f_x(x,y)=\sin y \sin(2x+y)=0, \\ f_y(x,y)=\sin x \sin(x+2y)=0, \end{cases}$ 解之得 $x=y=\dfrac{\pi}{3}$ 或 $x=y=\dfrac{2\pi}{3}$,且 $f\left(\dfrac{\pi}{3},\dfrac{\pi}{3}\right)=\dfrac{3\sqrt{3}}{8},f\left(\dfrac{2\pi}{3},\dfrac{2\pi}{3}\right)=-\dfrac{3\sqrt{3}}{8}.$ 又注意到 $f(0,y)=f(x,0)=f(\pi,y)=f(x,\pi)=0$,即 $f(x,y)$ 在定义域边界上的函数值为零,所以

$$\max_{0<x,y<\pi}f(x,y)=\frac{3\sqrt{3}}{8}.$$

例 7.40　求 $f(x,y)=xy\sqrt{1-x^2-y^2}$ 在 $D:x^2+y^2\leqslant 1$ 上的极值与最值.

解　首先由

$$f_x(x,y)=y\sqrt{1-x^2-y^2}-\frac{x^2 y}{\sqrt{1-x^2-y^2}}=0,$$

$$f_y(x,y)=x\sqrt{1-x^2-y^2}-\frac{y^2 x}{\sqrt{1-x^2-y^2}}=0,$$

解得稳定点为

$$P_1(0,0), \quad P_2\left(\frac{1}{\sqrt{3}},\frac{1}{\sqrt{3}}\right), \quad P_3\left(\frac{1}{\sqrt{3}},-\frac{1}{\sqrt{3}}\right), \quad P_4\left(-\frac{1}{\sqrt{3}},\frac{1}{\sqrt{3}}\right), \quad P_5\left(-\frac{1}{\sqrt{3}},-\frac{1}{\sqrt{3}}\right).$$

接下来求 Hesse 矩阵,其中

$$f_{xx}(x,y) = -\frac{xy(3-2x^2-3y^2)}{(\sqrt{1-x^2-y^2})^3},$$

$$f_{xy}(x,y) = \frac{1-x^2-2y^2}{\sqrt{1-x^2-y^2}} - \frac{x^2-x^4}{(\sqrt{1-x^2-y^2})^3},$$

$$f_{yy}(x,y) = -\frac{xy(3-3x^2-2y^2)}{(\sqrt{1-x^2-y^2})^3}.$$

于是

$$\boldsymbol{H}(P_1) = \begin{bmatrix} f_{xx}(x,y) & f_{xy}(x,y) \\ f_{xy}(x,y) & f_{yy}(x,y) \end{bmatrix}\Bigg|_{P_1} = \begin{bmatrix} 0 & 1 \\ 1 & 0 \end{bmatrix},$$

易验证 $\boldsymbol{H}(P_1)$ 为不定矩阵,所以点 P_1 不是极值点;

$$\boldsymbol{H}(P_2) = \begin{bmatrix} f_{xx}(x,y) & f_{xy}(x,y) \\ f_{xy}(x,y) & f_{yy}(x,y) \end{bmatrix}\Bigg|_{P_2} = \begin{bmatrix} -\dfrac{4\sqrt{3}}{3} & -\dfrac{2\sqrt{3}}{3} \\ -\dfrac{2\sqrt{3}}{3} & -\dfrac{4\sqrt{3}}{3} \end{bmatrix},$$

易验证 $\boldsymbol{H}(P_2)$ 为负定矩阵,所以点 P_2 为极大值点且极大值为 $f(P_2)=\dfrac{\sqrt{3}}{9}$;

$$\boldsymbol{H}(P_3) = \begin{bmatrix} f_{xx}(x,y) & f_{xy}(x,y) \\ f_{xy}(x,y) & f_{yy}(x,y) \end{bmatrix}\Bigg|_{P_3} = \begin{bmatrix} \dfrac{4\sqrt{3}}{3} & -\dfrac{2\sqrt{3}}{3} \\ -\dfrac{2\sqrt{3}}{3} & \dfrac{4\sqrt{3}}{3} \end{bmatrix},$$

易验证 $\boldsymbol{H}(P_3)$ 为正定矩阵,所以点 P_3 为极小值点且极小值为 $f(P_3)=-\dfrac{\sqrt{3}}{9}$.

同理可验证点 P_4 为极小值点且极小值为 $f(P_4)=-\dfrac{\sqrt{3}}{9}$,点 P_5 为极大值点且

极大值为 $f(P_5)=\dfrac{\sqrt{3}}{9}$.

下面考虑在定义域边界 ∂D 上的极值.当 $(x,y)\in\partial D$ 时 $x^2+y^2=1$,由函数的

定义可知此时 $f(x,y)=0$ 为常数.

综上所述, $f(x,y)$ 在闭域 D 上的最大值和最小值分别为

$$f\left(\frac{1}{\sqrt{3}},\frac{1}{\sqrt{3}}\right)=f\left(-\frac{1}{\sqrt{3}},-\frac{1}{\sqrt{3}}\right)=\frac{\sqrt{3}}{9}, \quad f\left(\frac{1}{\sqrt{3}},-\frac{1}{\sqrt{3}}\right)=f\left(-\frac{1}{\sqrt{3}},\frac{1}{\sqrt{3}}\right)=-\frac{\sqrt{3}}{9}.$$

例 7.41(东北师范大学 2021 年)　设 $\Omega\subset\mathbf{R}^2$ 是关于原点的星形区域,即对任意的 $(x,y)\in\Omega$,连接 (x,y) 与原点 $(0,0)$ 的线段包含在 Ω 中.已知函数 $f(x,y)$ 在 Ω 上连续可微,证明:若

$$x\frac{\partial f(x,y)}{\partial x}+y\frac{\partial f(x,y)}{\partial y}=0, \quad \forall(x,y)\in\Omega,$$

则 $f(x,y)$ 在 Ω 上为常值函数.

证明　对任意的 $(x,y)\in\Omega$ 且 $(x,y)\neq(0,0)$,令 $F(t)=f(tx,ty)$,则由假设可知 $F(t)$ 在 $[0,1]$ 上连续可微,且当 $t\in(0,1]$ 时,成立

$$F'(t)=x\frac{\partial f(tx,ty)}{\partial x}+y\frac{\partial f(tx,ty)}{\partial y}$$

$$=\frac{1}{t}\left[tx\frac{\partial f(tx,ty)}{\partial x}+ty\frac{\partial f(tx,ty)}{\partial y}\right]=0,$$

由 Lagrange 中值定理可知 $F(t)$ 在 $(0,1]$ 上为常值函数,也就是

$$F(t)=F(1)=f(x,y), \quad t\in(0,1].$$

又

$$f(x,y)=\lim_{t\to0^+}F(t)=F(0)=f(0,0),$$

所以 $f(x,y)$ 在 Ω 上为常值函数.

例 7.42(武汉大学 2000 年)　求 $f(x,y,z)=x^2+y^2+z^2$ 在 $ax+by+cz=1$ 下的最小值.

解　令 $L(x,y,z,\lambda)=x^2+y^2+z^2+\lambda(ax+by+cz-1)$,则由

$$\begin{cases}L_x=2x+\lambda a=0,\\ L_y=2y+\lambda b=0,\\ L_z=2z+\lambda c=0,\\ L_\lambda=ax+by+cz-1=0,\end{cases}$$

得

$$x_0=\frac{a}{a^2+b^2+c^2}, \quad y_0=\frac{b}{a^2+b^2+c^2}, \quad z_0=\frac{c}{a^2+b^2+c^2}.$$

易见 f 有最小值,而稳定点唯一,故该点即为最小值点,因此最小值为

$$\min_{ax+by+cz=1} f(x,y,z) = f(x_0,y_0,z_0) = \frac{1}{a^2+b^2+c^2}.$$

例 7.43(北京化工大学 2005 年)   求函数 $f(x,y,z)=2x+4y+4z$ 在球面 $x^2+y^2+z^2=1$ 上的最大值和最小值及此球面在最大值点处的切平面方程.

解   令 $L(x,y,z,\lambda)=2x+4y+4z+\lambda(x^2+y^2+z^2-1)$,则由

$$\begin{cases} L_x = 2+2\lambda x = 0, \\ L_y = 4+2\lambda y = 0, \\ L_z = 4+2\lambda z = 0, \\ L_\lambda = x^2+y^2+z^2-1 = 0, \end{cases}$$

得

$$x=-\frac{1}{3}, \ y=-\frac{2}{3}, \ z=-\frac{2}{3} \quad 或 \quad x=\frac{1}{3}, \ y=\frac{2}{3}, \ z=\frac{2}{3}.$$

由

$$f\left(-\frac{1}{3},-\frac{2}{3},-\frac{2}{3}\right)=-6, \quad f\left(\frac{1}{3},\frac{2}{3},\frac{2}{3}\right)=6,$$

故所求最大值为 6,最小值为 −6.

因为点 $\left(\frac{1}{3},\frac{2}{3},\frac{2}{3}\right)$ 处球面的法向量为 $\left(\frac{1}{3},\frac{2}{3},\frac{2}{3}\right)$,所以该点处的切平面方程为

$$x+2y+2z=3.$$

例 7.44   求原点 $(0,0,0)$ 到抛物面 $z=x^2+y^2$ 与平面 $x+y+z=1$ 的交线的最长和最短距离.

解   令 $d(x,y,z)=x^2+y^2+z^2$,则 Lagrange 函数为

$$L(x,y,z,\lambda_1,\lambda_2)=x^2+y^2+z^2+\lambda_1(x^2+y^2-z)+\lambda_2(x+y+z-1).$$

由

$$\begin{cases} L_x = 2x+2\lambda_1 x+\lambda_2 = 0, \\ L_y = 2y+2\lambda_1 y+\lambda_2 = 0, \\ L_z = 2z-\lambda_1+\lambda_2 = 0, \\ L_{\lambda_1} = x^2+y^2-z = 0, \\ L_{\lambda_2} = x+y+z-1 = 0, \end{cases}$$

解得

$$x=y=\frac{-1+\sqrt{3}}{2},\ z=2-\sqrt{3}\quad 或\quad x=y=\frac{-1-\sqrt{3}}{2},\ z=2+\sqrt{3}.$$

直接计算可得最长距离为

$$\sqrt{d(x_2,y_2,z_2)}=\sqrt{\left(\frac{-1-\sqrt{3}}{2}\right)^2+\left(\frac{-1-\sqrt{3}}{2}\right)^2+(2+\sqrt{3})^2}$$
$$=\sqrt{9+5\sqrt{3}},$$

最短距离为

$$\sqrt{d(x_1,y_1,z_1)}=\sqrt{\left(\frac{-1+\sqrt{3}}{2}\right)^2+\left(\frac{-1+\sqrt{3}}{2}\right)^2+(2-\sqrt{3})^2}$$
$$=\sqrt{9-5\sqrt{3}}.$$

例 7.45(中国科学院 2001 年)　设 V 是由椭球面 $\frac{x^2}{a^2}+\frac{y^2}{b^2}+\frac{z^2}{c^2}=1$ 的切平面和三个坐标平面所围成的区域的体积,求 V 的最小值.

解　由对称性,可取椭球面上第一卦限内的任一点 $(x,y,z)(x,y,z>0)$,该点的法向量为 $\left(\frac{x}{a^2},\frac{y}{b^2},\frac{z}{c^2}\right)$,则过该点的切平面方程为

$$\frac{x}{a^2}(X-x)+\frac{y}{b^2}(Y-y)+\frac{z}{c^2}(Z-z)=0,$$

即 $\frac{x}{a^2}X+\frac{y}{b^2}Y+\frac{z}{c^2}Z=1$,它与三个坐标轴的交点为 $\frac{a^2}{x},\frac{b^2}{y},\frac{c^2}{z}$,因此所求体积为

$$V=\frac{a^2b^2c^2}{6xyz}=\frac{a^2b^2c^2}{6f(x,y,z)}.$$

令 $L(x,y,z,\lambda)=xyz-\lambda\left(\frac{x^2}{a^2}+\frac{y^2}{b^2}+\frac{z^2}{c^2}-1\right)(x,y,z>0)$,由

$$\begin{cases}L_x=yz-\dfrac{2\lambda x}{a^2}=0,\\[2mm]L_y=zx-\dfrac{2\lambda y}{b^2}=0,\\[2mm]L_z=xy-\dfrac{2\lambda z}{c^2}=0,\\[2mm]L_\lambda=\dfrac{x^2}{a^2}+\dfrac{y^2}{b^2}+\dfrac{z^2}{c^2}-1=0,\end{cases}$$

解得

$$x = \frac{\sqrt{3}}{3}a, \quad y = \frac{\sqrt{3}}{3}b, \quad z = \frac{\sqrt{3}}{3}c.$$

易得 $f(x,y,z)$ 的最大值为

$$\max f(x,y,z) = \left(\frac{\sqrt{3}}{3}\right)^3 abc = \frac{\sqrt{3} \, abc}{9},$$

所以 $\min V = \frac{a^2 b^2 c^2}{6(\max f)} = \frac{\sqrt{3}}{2}abc.$

例 7.46(吉林大学 2022 年)　求椭圆 $\frac{x^2}{4} + y^2 = 1$ 到直线 $x + 2y - 3 = 0$ 距离的最小值.

解　设 $P = (2\cos\theta, \sin\theta), \theta \in [0, 2\pi)$ 为椭圆 $\frac{x^2}{4} + y^2 = 1$ 上任意一点,则点 P 到直线 $x + 2y - 3 = 0$ 的距离为

$$d = \frac{|\,2\cos\theta + 2\sin\theta - 3\,|}{\sqrt{5}} = \frac{\left|\,3 - 2\sqrt{2}\sin\left(\theta + \frac{\pi}{4}\right)\,\right|}{\sqrt{5}} \geqslant \frac{3 - 2\sqrt{2}}{\sqrt{5}},$$

且容易验证当 $\theta = \frac{\pi}{4}$ 时取等号,故所求距离的最小值为 $\frac{3 - 2\sqrt{2}}{\sqrt{5}}$.

注　本题属于条件极值的范畴,故也可以使用 Lagrange 乘子法来求解,但这里没有使用此方法也是很方便的.因此在不限定方法求条件极值问题时,我们并不是一定要用 Lagrange 乘子法进行求解.

例 7.47(清华大学 2005 年)　当 $x > 0, y > 0, z > 0$ 时,求 $u = \ln x + 2\ln y + 3\ln z$ 在球面 $x^2 + y^2 + z^2 = 6r^2$ 上的最大值,并证明对任意的正实数 a, b, c,成立不等式

$$ab^2 c^3 \leqslant 108\left(\frac{a + b + c}{6}\right)^6.$$

解　令 $L(x, y, z, \lambda) = \ln x y^2 z^3 + \lambda(x^2 + y^2 + z^2 - 6r^2)$,则由

$$\begin{cases} L_x = \dfrac{1}{x} + 2\lambda x = 0, \\[2mm] L_y = \dfrac{2}{y} + 2\lambda y = 0, \\[2mm] L_z = \dfrac{3}{z} + 2\lambda z = 0, \\[2mm] L_\lambda = x^2 + y^2 + z^2 - 6r^2 = 0, \end{cases}$$

可得

$$x = r, \quad y = \sqrt{2}\, r, \quad z = \sqrt{3}\, r, \quad \lambda = -\frac{1}{2r^2}.$$

由于 $\ln(xy^2z^3)$ 在边界上的取值为负无穷大,所以 $u(x,y,z)$ 在 $(r,\sqrt{2}r,\sqrt{3}r)$ 处取最大值,且最大值为 $\ln(6\sqrt{3}\,r^6)$.

此时有

$$xy^2z^3 \leqslant 6\sqrt{3}\left(\frac{x^2+y^2+z^2}{6}\right)^3, \quad x>0, y>0, z>0,$$

两边平方得到

$$x^2 y^4 z^6 \leqslant 108\left(\frac{x^2+y^2+z^2}{6}\right)^6.$$

最后令 $a = x^2, b = y^2, c = z^2$,即得 $ab^2c^3 \leqslant 108\left(\dfrac{a+b+c}{6}\right)^6.$

7.4　练习题

1. 设 f 为一个可微函数,若 $u = f(x^2+y^2+z^2)$ 以及方程 $3x+2y^2+z^3 = 6xyz$,求 $\dfrac{\partial u}{\partial x}\Big|_{(1,1,1)}$ 的值.

2. 设 $z = f(x,y), u = x+ay, v = x-ay$,其中 a 为一个常数,z 关于 u,v 具有二阶连续偏导数,求 $\dfrac{\partial^2 z}{\partial u \partial v}$.

3. 设 f, F 可微,且 $\dfrac{\partial F}{\partial z} + \dfrac{\partial f}{\partial z}\dfrac{\partial F}{\partial y} \neq 0$,求由 $\begin{cases} y = f(x,z), \\ F(x,y,z) = 0 \end{cases}$ 所确定的函数 $y(x)$,$z(x)$ 的一阶导数.

4. 设函数 $\varphi(z), \psi(z)$ 具有二阶连续导数,并设 $u = x\varphi(x+y) + y\psi(x+y)$,证明:$\dfrac{\partial^2 u}{\partial x^2} - 2\dfrac{\partial^2 u}{\partial x \partial y} + \dfrac{\partial^2 u}{\partial y^2} = 0.$

5. 试确定 α 的值,使得函数

$$f(x,y) = \begin{cases} (x^2+y^2)^\alpha \sin\dfrac{1}{x^2+y^2}, & x^2+y^2 \neq 0, \\ 0, & x^2+y^2 = 0 \end{cases}$$

在 $(0,0)$ 处可微.

6. (中南大学 2022 年)讨论二元函数

$$f(x,y)=\begin{cases} \dfrac{xy(x-y)}{x^2+y^2}, & x^2+y^2\neq 0, \\ 0, & x^2+y^2=0 \end{cases}$$

在原点的连续性、偏导数存在性、可微性、二阶混合偏导的存在性.

7. (北京理工大学 2022 年)已知 $z=x^2 F\left(\dfrac{y}{x^2}\right)$,其中 $F(u)$ 的一阶偏导数存在,

证明:$x\dfrac{\partial z}{\partial x}+2y\dfrac{\partial z}{\partial y}=2z$.

8. (西南财经大学 2022 年)已知 $f(u,v)$ 存在二阶连续偏导数,且

$$g(x,y)=xy-f(x+y,x-y),$$

求 $\dfrac{\partial^2 g}{\partial x^2}+\dfrac{\partial^2 g}{\partial x\partial y}+\dfrac{\partial^2 g}{\partial y^2}$.

9. (河海大学 2022 年)设 $z=z(x,y)$ 满足方程

$$\dfrac{\partial^2 z}{\partial x^2}-2\dfrac{\partial^2 z}{\partial x\partial y}+\dfrac{\partial^2 z}{\partial y^2}=0,$$

试用变量变换 $u=x+y,v=\dfrac{y}{x},w=w(u,v)=\dfrac{z}{x}$ 变换方程.

10. (上海财经大学 2022 年)用变量变换

$$x=t, \quad y=\dfrac{t}{1+tu}, \quad z=\dfrac{t}{1+tv}$$

将方程 $x^2 z_x+y^2 z_y=z^2$ 化成以 u,t 为自变量的方程.

11. 求曲线 $C:x=t,y=-t^2,z=t^3$ 上与平面 $\Pi:x+2y+z=4$ 平行的切线方程.

12. 过直线

$$\begin{cases} 10x+2y-2z=27, \\ x+y-z=0 \end{cases}$$

作曲面 $3x^2+y^2-z^2=27$ 的切平面,求此切平面的方程.

13. 求椭圆面 $3x^2+y^2+z^2=16$ 与球面 $x^2+y^2+z^2=14$ 在点 $P_0(-1,2,3)$ 处的交角.

14. 若 M_0 是 $f(x,y)$ 的极小值点,且 $f''_{xx}(M_0),f''_{yy}(M_0)$ 存在,证明:

$$f''_{xx}(M_0) + f''_{yy}(M_0) \geq 0.$$

15. 求两曲面 $x^2 + 2y^2 + z^2 = 1$ 与 $x + 2y = 1$ 的交线上距离原点最近的点.

16. 设 $f(x,y)$ 在 $x \geq 0, y \geq 0$ 上连续,在 $x > 0, y > 0$ 内可微,且存在唯一的点 (x_0, y_0),使得 $f_x(x_0, y_0) = f_y(x_0, y_0) = 0$.若 $f(x_0, y_0) > 0$,且

$$f(x,0) = f(0,y) = 0 \quad (x \geq 0, y \geq 0), \qquad \lim_{x^2+y^2 \to +\infty} f(x,y) = 0,$$

证明:$f(x_0, y_0)$ 是 $f(x,y)$ 在 $x \geq 0, y \geq 0$ 上的最大值.

17. 在区间 $[1,3]$ 上用线性函数 $a + bx$ 近似代替 $f(x) = x^2$,试选取 a, b 的值,使得 $\int_1^3 (a + bx - x^2)^2 \mathrm{d}x$ 取最小值.

18. (北京工业大学 2022 年)利用偏导数求函数 $z = xy + \dfrac{4}{x} + \dfrac{2}{y}$ 的极值.

19. (东华大学 2022 年)证明:曲面 $xyz = 2$ 的切平面的三个截距乘积为常数.

20. (安徽大学 2022 年)求 $f(x,y) = 3x^2 - 2xy + 2y^2$ 在单位圆周 $x^2 + y^2 = 1$ 上的最大值和最小值.

第8章　多元函数积分学

多元函数积分学是一元函数积分学的延续,从定义上看都是一个积分和的极限,只不过多元函数积分是高维空间中的积分,相比一元函数积分内容上更为丰富.本章涉及的内容包括曲线和曲面积分、重积分以及联系曲线曲面积分和重积分的一些重要公式.这部分内容也是考研时一个比较重要的内容,总体上说要求计算的问题偏多,先前定积分的计算是本章所涉及的重积分、曲线积分和曲面积分计算的重要基础.

8.1　重积分

8.1.1　内容提要与知识点解析

1) 二重积分的定义(背景为曲顶柱体的体积)

设 D 为 xOy 平面上可求面积的有界闭域, $f(x,y)$ 为定义在 D 上的函数,用任意曲线把 D 分成 n 个可求面积的小区域 $\sigma_1,\sigma_2,\cdots,\sigma_n$,以 $\Delta\sigma_i$ 表示小区域 σ_i 的面积.这些小区域构成 D 的一个分割 T ,以 d_i 表示 σ_i 的直径,分割 T 的细度 $\|T\| = \max\limits_{1\leqslant i\leqslant n} d_i$. 再在每个 σ_i 上任取一点 (ξ_i,η_i) ,作和式

$$\sum_{i=1}^n f(\xi_i,\eta_i)\Delta\sigma_i,$$

称之为 f 在 D 上属于分割 T 的一个积分和,记为 $\sum(f,D)$.若

$$\lim_{\|T\|\to 0}\sum(f,D)=J,$$

且 J 与 T 及 (ξ_i,η_i) 的选取无关,则称 $f(x,y)$ 在 D 上可积, J 称为 f 在 D 上的二重积分,记为

$$\iint\limits_{D} f(x,y)\mathrm{d}\sigma = J.$$

注　(1) 二重积分具有与定积分完全类似的性质,且在可积情形下可选取特殊分割,如用平行于坐标轴的直线网分割 D ,此时 $\Delta\sigma = \Delta x\Delta y$.因此通常情形下,二重积分可记为

$$\iint\limits_{D} f(x,y)\,\mathrm{d}x\,\mathrm{d}y.$$

(2) 当 $f(x,y)=1$ 时,$\iint\limits_{D} f(x,y)\,\mathrm{d}x\,\mathrm{d}y$ 正好为区域 D 的面积,因而计算平面的面积除了利用定积分以外,还可以利用二重积分.

(3) 在二重积分的定义中 D 是要可求面积的,因而要求其是有界闭域.

2) 二重积分的直接计算

我们先在矩形区域上给出二重积分的计算公式,然后通过函数延拓并结合区域的分解把积分区域扩展到一般区域上去.通常称平面点集

$$D=\{(x,y)\mid y_1(x)\leqslant y\leqslant y_2(x),a\leqslant x\leqslant b\}$$

为 X- 型区域;称平面点集

$$D=\{(x,y)\mid x_1(y)\leqslant x\leqslant x_2(y),c\leqslant y\leqslant d\}$$

为 Y- 型区域.

(1) 矩形区域上二重积分的计算

设 $f(x,y)$ 在矩形区域 $D=[a,b]\times[c,d]$ 上可积,且对每一个 $x\in[a,b]$,积分 $\int_c^d f(x,y)\,\mathrm{d}y$ 存在,则累次积分 $\int_a^b \mathrm{d}x\int_c^d f(x,y)\,\mathrm{d}y$ 也存在,且

$$\iint\limits_{D} f(x,y)\,\mathrm{d}x\,\mathrm{d}y=\int_a^b \mathrm{d}x\int_c^d f(x,y)\,\mathrm{d}y.$$

关于另一累次积分有相同的结论.

特别地,当 $f(x,y)$ 为 $D=[a,b]\times[c,d]$ 上的连续函数时,则有

$$\iint\limits_{D} f(x,y)\,\mathrm{d}x\,\mathrm{d}y=\int_a^b \mathrm{d}x\int_c^d f(x,y)\,\mathrm{d}y=\int_c^d \mathrm{d}y\int_a^b f(x,y)\,\mathrm{d}x.$$

(2) 一般区域上二重积分的计算

设 $f(x,y)$ 在 X- 型积分区域上连续,其中 $y_1(x),y_2(x)$ 在 $[a,b]$ 上连续,则

$$\iint\limits_{D} f(x,y)\,\mathrm{d}x\,\mathrm{d}y=\int_a^b \mathrm{d}x\int_{y_1(x)}^{y_2(x)} f(x,y)\,\mathrm{d}y.$$

在 Y- 型积分区域上有类似的结论.

3) 利用变量变换计算二重积分

设 $f(x,y)$ 在有界闭域 D 上可积,变换 $T:x=x(u,v),y=y(u,v)$ 将 uOv 平面上由按段光滑封闭曲线所围成的闭域 $\triangle$ 一对一地映成 xOy 平面上的闭域 D,函数 $x(u,v),y(u,v)$ 在 $\triangle$ 内分别具有一阶连续偏导数且它们的雅可比行列式

$$J(u,v) = \frac{\partial(x,y)}{\partial(u,v)} \neq 0, \quad (u,v) \in \Delta,$$

则

$$\iint\limits_{D} f(x,y)\mathrm{d}x\,\mathrm{d}y = \iint\limits_{\Delta} f(x(u,v),y(u,v)) \cdot |J(u,v)|\,\mathrm{d}u\,\mathrm{d}v.$$

特别地,对于极坐标变换 $\begin{cases} x = r\cos\theta, \\ y = r\sin\theta, \end{cases}$ 可得 $|J| = r$,因此有

$$\iint\limits_{D} f(x,y)\mathrm{d}x\,\mathrm{d}y = \iint\limits_{\Delta} f(r\cos\theta, r\sin\theta) r\,\mathrm{d}r\,\mathrm{d}\theta.$$

4) 三重积分的定义(背景为空间几何体的质量)

设 $f(x,y,z)$ 为定义在三维空间可求体积的有界闭域 Ω 上的函数,J 是一个确定的常数.若 $\forall \varepsilon > 0, \exists \delta > 0$,使得对于 Ω 的任何分割 $T = \{\Omega_1, \Omega_2, \cdots, \Omega_n\}$,以及任意的 $(\xi_i, \eta_i, \zeta_i) \in \Omega_i, i = 1, 2, \cdots, n$,只要 $\|T\| < \delta$,成立

$$\left| \sum_{i=1}^{n} f(\xi_i, \eta_i, \zeta_i) \Delta V_i - J \right| < \varepsilon,$$

则称 $f(x,y,z)$ 在 Ω 上可积,并称 J 为函数 $f(x,y,z)$ 在 Ω 上的三重积分,记作

$$J = \iiint\limits_{\Omega} f(x,y,z)\mathrm{d}V \quad \text{或} \quad J = \iiint\limits_{\Omega} f(x,y,z)\mathrm{d}x\,\mathrm{d}y\,\mathrm{d}z.$$

注 (1) 三重积分和二重积分一样,可建立类似的可积准则和积分性质,这里不再叙述.事实上,定积分、第一型曲线积分、第一型曲面积分和重积分都可以化归为"分割、求和、近似、取极限"的过程,因此它们都是属于同一类型的积分,从而具有相同的积分可积准则和积分性质.

(2) 当 $f(x,y,z) = 1$ 时,$\iiint\limits_{\Omega} f(x,y,z)\mathrm{d}V$ 正好为空间区域 Ω 的体积,因而计算空间立体的体积除了利用定积分和二重积分以外,还可以利用三重积分.

(3) 在三重积分的定义中 Ω 是要可求体积的,因而也要求其是有界闭域.

5) 三重积分的计算

我们先在长方体区域上给出三重积分的计算公式,然后通过函数延拓并结合区域的分解把积分区域扩展到一般区域上去.

(1) 长方体区域上三重积分的计算

若函数 $f(x,y,z)$ 在长方体区域 $V = [a,b] \times [c,d] \times [e,h]$ 上的三重积分存在,且对任何 $z \in [e,h]$,二重积分

$$I(z) = \iint\limits_{D} f(x,y,z)\,\mathrm{d}x\,\mathrm{d}y$$

存在，其中 $D = [a,b] \times [c,d]$，则积分 $\int_e^h \mathrm{d}z \iint\limits_D f(x,y,z)\,\mathrm{d}x\,\mathrm{d}y$ 也存在，且

$$\iiint\limits_{\Omega} f(x,y,z)\,\mathrm{d}x\,\mathrm{d}y\mathrm{d}z = \int_e^h \mathrm{d}z \iint\limits_D f(x,y,z)\,\mathrm{d}x\,\mathrm{d}y.$$

（2）一般区域上三重积分的计算

对于一般区域上的三重积分的计算，可以化为累次积分来计算. 注意要根据积分区域的形状和被积函数的形式，灵活地采取不同的积分次序. 通常是将三重积分化为"先一后二"或"先二后一"形式的积分，即化为以下两种形式：

$$\iint\limits_{D_{xy}} \mathrm{d}x\,\mathrm{d}y \int_{z_1(x,y)}^{z_2(x,y)} f(x,y,z)\,\mathrm{d}z, \quad \int_a^b \mathrm{d}z \iint\limits_{D_z} f(x,y,z)\,\mathrm{d}x\,\mathrm{d}y.$$

第一种情况是先将积分区域 V 向 z 轴投影，以确定 z 的变化范围；而对给定区域内的任一 z 值，积分区域 V 的截面 D_z 是规范图形（如圆、椭圆、矩形、三角形等）且积分 $\iint\limits_{D_z} f(x,y,z)\,\mathrm{d}x\,\mathrm{d}y$ 易于计算.

对于第二种情况，往往是积分区域 V 向 xOy 平面的投影区域的面积很容易计算，且积分 $\int_{z_1(x,y)}^{z_2(x,y)} f(x,y,z)\,\mathrm{d}z$ 也相对易于计算.

6）三重积分的变量代换

设变量变换

$$\begin{cases} x = x(u,v,w), \\ y = y(u,v,w), \\ z = z(u,v,w) \end{cases}$$

将 $O\text{-}uvw$ 空间中的区域 Ω' 一对一地映射成 $O\text{-}xyz$ 空间中的区域 Ω，并设函数 $x(u,v,w), y(u,v,w), z(u,v,w)$ 及它们的一阶偏导数在 Ω' 内连续，且雅可比行列式

$$J(u,v,w) = \frac{\partial(x,y,z)}{\partial(u,v,w)} \neq 0, \quad (u,v,w) \in \Omega',$$

则有

$$\iiint\limits_{\Omega} f(x,y,z)\,\mathrm{d}x\,\mathrm{d}y\mathrm{d}z$$

$$= \iiint\limits_{\Omega'} f(x(u,v,w), y(u,v,w), z(u,v,w)) \left| \frac{\partial(x,y,z)}{\partial(u,v,w)} \right| \mathrm{d}u\,\mathrm{d}v\mathrm{d}w.$$

注 雅可比行列式的绝对值可以理解成变换的伸缩比.

7) 几个常用的坐标变换

（1）柱面坐标变换

$$T:\begin{cases} x = r\cos\theta, \\ y = r\sin\theta, \\ z = z, \end{cases} \quad 0 \leqslant r < +\infty, 0 \leqslant \theta \leqslant 2\pi, \quad -\infty < z < +\infty,$$

则 $J(r,\theta,z) = r$，此时，有

$$\iiint\limits_{\Omega} f(x,y,z)\,\mathrm{d}x\,\mathrm{d}y\,\mathrm{d}z = \iiint\limits_{\Omega'} f(r\cos\theta, r\sin\theta, z)r\,\mathrm{d}r\,\mathrm{d}\theta\,\mathrm{d}z.$$

（2）球面坐标变换

$$T:\begin{cases} x = r\sin\varphi\cos\theta, \\ y = r\sin\varphi\sin\theta, \\ z = r\cos\varphi, \end{cases} \quad 0 \leqslant r < +\infty, 0 \leqslant \varphi \leqslant \pi, 0 \leqslant \theta \leqslant 2\pi,$$

则 $J(r,\varphi,\theta) = r^2\sin\varphi$，此时，有

$$\iiint\limits_{\Omega} f(x,y,z)\,\mathrm{d}x\,\mathrm{d}y\,\mathrm{d}z = \iiint\limits_{\Omega'} f(r\sin\varphi\cos\theta, r\sin\varphi\sin\theta, r\cos\varphi)r^2\sin\varphi\,\mathrm{d}r\,\mathrm{d}\theta\,\mathrm{d}\varphi.$$

（3）广义球坐标变换

$$T:\begin{cases} x = ar\sin\varphi\cos\theta, \\ y = br\sin\varphi\sin\theta, \\ z = cr\cos\varphi, \end{cases} \quad 0 \leqslant r < +\infty, 0 \leqslant \varphi \leqslant \pi, 0 \leqslant \theta \leqslant 2\pi,$$

其中 $a, b, c > 0$，则 $J(r,\varphi,\theta) = abcr^2\sin\varphi$，此时，有

$$\iiint\limits_{\Omega} f(x,y,z)\,\mathrm{d}x\,\mathrm{d}y\,\mathrm{d}z$$

$$= abc\iiint\limits_{\Omega'} f(ar\sin\varphi\cos\theta, br\sin\varphi\sin\theta, cr\cos\varphi)r^2\sin\varphi\,\mathrm{d}r\,\mathrm{d}\theta\,\mathrm{d}\varphi.$$

8) 重积分计算中的对称性

（1）二重积分计算中的对称性

设 $D \subset \mathbf{R}^2$ 为有界闭区域，$f(x,y)$ 在 D 上可积.

① 若 D 关于 x 轴对称，则

$$\iint\limits_{D}f(x,y)\mathrm{d}\sigma = \begin{cases} 2\iint\limits_{D_1}f(x,y)\mathrm{d}\sigma, & f\ \text{关于}\ y\ \text{是偶函数}, \\[2mm] 0, & f\ \text{关于}\ y\ \text{是奇函数}, \end{cases}$$

其中 D_1 是 D 位于 x 轴上方或下方的区域;

② 若 D 关于 y 轴对称,则

$$\iint\limits_{D}f(x,y)\mathrm{d}\sigma = \begin{cases} 2\iint\limits_{D_1}f(x,y)\mathrm{d}\sigma, & f\ \text{关于}\ x\ \text{是偶函数}, \\[2mm] 0, & f\ \text{关于}\ x\ \text{是奇函数}, \end{cases}$$

其中 D_1 是 D 位于 y 轴左方或右方的区域;

③ 若 D 关于 x 轴及 y 轴对称,则

$$\iint\limits_{D}f(x,y)\mathrm{d}\sigma = \begin{cases} 4\iint\limits_{D_1}f(x,y)\mathrm{d}\sigma, & f\ \text{关于}\ x\ \text{及}\ y\ \text{是偶函数}, \\[2mm] 0, & f\ \text{关于}\ x\ \text{或}\ y\ \text{是奇函数}, \end{cases}$$

其中 D_1 是 D 位于第一象限的区域;

④ 若 D 关于原点对称,则

$$\iint\limits_{D}f(x,y)\mathrm{d}\sigma = \begin{cases} 2\iint\limits_{D_1}f(x,y)\mathrm{d}\sigma, & f\ \text{关于}\ x\ \text{及}\ y\ \text{是偶函数}, \\[2mm] 0, & f\ \text{关于}\ x\ \text{及}\ y\ \text{是奇函数}, \end{cases}$$

其中 D_1 是 D 两对称部分的其中一块;

⑤ 若 D 关于直线 $y=x$ 对称,则

$$\iint\limits_{D}f(x,y)\mathrm{d}\sigma = \iint\limits_{D}f(y,x)\mathrm{d}\sigma,$$

这种对称性通常称为轮换对称性.

(2) 三重积分计算中的对称性

设 $\Omega \subset \mathbf{R}^3$ 为有界闭区域,$f(x,y,z)$ 在 Ω 上可积.

① 若 Ω 关于 xOy 平面对称,则

$$\iiint\limits_{\Omega}f(x,y,z)\mathrm{d}V = \begin{cases} 2\iiint\limits_{\Omega'}f(x,y,z)\mathrm{d}V, & f\ \text{关于}\ z\ \text{是偶函数}, \\[2mm] 0, & f\ \text{关于}\ z\ \text{是奇函数}, \end{cases}$$

其中 Ω' 是 Ω 位于 xOy 平面上方或下方的区域.

注　若 Ω 关于 xOz 平面或 yOz 平面对称,则有类似的结论.

② 若 Ω 关于 xOy 平面及 xOz 平面对称,则

$$\iiint\limits_{\Omega}f(x,y,z)\mathrm{d}V=\begin{cases}4\iiint\limits_{\Omega'}f(x,y,z)\mathrm{d}V, & f\text{ 关于 }y\text{ 及 }z\text{ 是偶函数},\\ 0, & f\text{ 关于 }y\text{ 或 }z\text{ 是奇函数}.\end{cases}$$

其中 Ω' 是 Ω 中满足 $y\geqslant 0,z\geqslant 0$ 的部分.

注 若 Ω 关于其他两个平面同时对称,则有类似的结论.

③ 若 Ω 关于直线 $x=y=z$ 对称,则

$$\iiint\limits_{\Omega}f(x,y,z)\mathrm{d}V=\iiint\limits_{\Omega}f(y,z,x)\mathrm{d}V=\iiint\limits_{\Omega}f(z,x,y)\mathrm{d}V,$$

这种对称性通常称为轮换对称性.

注 无论是二重积分还是三重积分的计算,总的思想是将其化为累次积分来进行求解,而化成怎样的累次积分一般由区域的性态来定.累次积分计算的基础是定积分的计算,因而一定要先熟练掌握定积分的计算方法,这样才能快速有效地计算重积分.

8.1.2 典型例题解析

例 8.1 设二元函数 $f(x,y)$ 在 $D=\{(x,y)\mid a\leqslant x\leqslant b,c\leqslant y\leqslant d\}$ 上有定义,并且 $f(x,y)$ 对于确定的 $x\in[a,b]$ 是对 y 在 $[c,d]$ 上单调增加函数,对于确定的 $y\in[c,d]$ 是对 x 在 $[a,b]$ 上单调增加函数.证明:$f(x,y)$ 在 D 上可积.

证明 在 x 轴上将 $[a,b]$ 作 n 等分,在 y 轴上将 $[c,d]$ 作 n 等分,得到 n^2 个面积相等的小区域,面积为 $\Delta\sigma_{ij}=\dfrac{1}{n^2}(b-a)(d-c)$.令

$$\omega_{ij}=f(x_i,y_j)-f(x_{i-1},y_{j-1}),$$

则由 $f(x,y)$ 关于 $x(y)$ 的单调性假设,有

$$\begin{aligned}\sum_{i=1}^n\sum_{j=1}^n\omega_{ij}\Delta\sigma_{ij}&=\frac{1}{n^2}(b-a)(d-c)\sum_{i=1}^n\sum_{j=1}^n(f(x_i,y_j)-f(x_{i-1},y_{j-1}))\\ &=\frac{1}{n^2}(b-a)(d-c)\Big\{\sum_{i=1}^n(f(x_i,y_n)-f(x_0,y_{i-1}))\\ &\quad+\sum_{j=1}^{n-1}(f(x_n,y_j)-f(x_j,y_0))\Big\}\\ &\leqslant\frac{1}{n^2}(b-a)(d-c)\cdot 2n\cdot[f(b,d)-f(a,c)]\\ &\to 0\quad(n\to\infty),\end{aligned}$$

故 $f(x,y)$ 在 D 上可积.

例 8.2（湖南师范大学 2006 年）　证明下列积分值估计不等式：

$$\frac{61}{165}\pi \leqslant \iint\limits_{x^2+y^2\leqslant 1} \sin\sqrt{(x^2+y^2)^3}\,\mathrm{d}x\,\mathrm{d}y \leqslant \frac{2}{5}\pi.$$

证明　首先注意到当 $x\in[0,1]$ 时,成立

$$x-\frac{x^3}{6}\leqslant \sin x\leqslant x,$$

又由极坐标变换得到

$$\iint\limits_{x^2+y^2\leqslant 1} \sin\sqrt{(x^2+y^2)^3}\,\mathrm{d}x\,\mathrm{d}y = \int_0^1 \mathrm{d}r \int_0^{2\pi} r\sin r^3\,\mathrm{d}\theta = \int_0^1 2\pi r\sin r^3\,\mathrm{d}r.$$

将上述不等式带入得到

$$2\pi\int_0^1 r\left(r^3-\frac{r^9}{6}\right)\mathrm{d}r \leqslant \int_0^1 2\pi r\sin r^3\,\mathrm{d}r \leqslant 2\pi\int_0^1 r^4\,\mathrm{d}r,$$

而积分

$$2\pi\int_0^1 r\left(r^3-\frac{r^9}{6}\right)\mathrm{d}r=\frac{61}{165}\pi,\quad 2\pi\int_0^1 r^4\,\mathrm{d}r=\frac{2}{5}\pi,$$

于是原不等式得证.

例 8.3　计算积分 $\displaystyle\iint\limits_{D}\frac{1}{xy}\mathrm{d}x\,\mathrm{d}y$,其中 $D:2\leqslant\dfrac{x}{x^2+y^2}$,$\dfrac{y}{x^2+y^2}\leqslant 4$.

解　作极坐标变换得

$$D'=\left\{(r,\theta)\,\bigg|\,\frac{1}{4}\cos\theta\leqslant r\leqslant\frac{1}{2}\cos\theta,\frac{1}{4}\sin\theta\leqslant r\leqslant\frac{1}{2}\sin\theta\right\}.$$

如图 1 所示,该区域是四个圆在第一象限所围的阴影部分.由于积分区域和被积函数均关于直线 $y=x$ 对称,故积分为 $0\leqslant\theta\leqslant\dfrac{\pi}{4}$ 区域内的 2 倍,又圆 $r=\dfrac{1}{2}\sin\theta$ 与 $r=\dfrac{1}{4}\cos\theta$ 的交点 A 处 $\theta=\arctan\dfrac{1}{2}$,故有

$$\iint\limits_{D}\frac{1}{xy}\mathrm{d}x\,\mathrm{d}y=2\int_{\arctan\frac{1}{2}}^{\frac{\pi}{4}}\mathrm{d}\theta\int_{\frac{1}{4}\cos\theta}^{\frac{1}{2}\sin\theta}\frac{r}{r^2\cos\theta\sin\theta}\mathrm{d}r=2\int_{\arctan\frac{1}{2}}^{\frac{\pi}{4}}\frac{1}{\sin\theta\cos\theta}\ln\frac{\frac{1}{2}\sin\theta}{\frac{1}{4}\cos\theta}\mathrm{d}\theta$$

$$=2\int_{\arctan\frac{1}{2}}^{\frac{\pi}{4}}\frac{1}{\tan\theta}\ln(2\tan\theta)\mathrm{d}\tan\theta=(\ln2)^2.$$

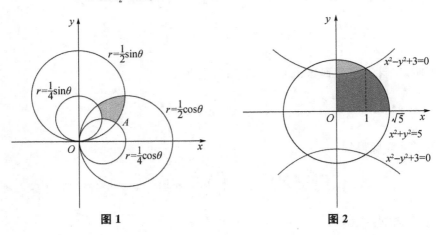

图 1　　　　　　　　　图 2

例 8.4　计算积分 $\displaystyle\iint_{x^2+y^2\leqslant5}\mathrm{sgn}(x^2-y^2+3)\mathrm{d}x\mathrm{d}y$.

解　被积函数为

$$\mathrm{sgn}(x^2-y^2+3)=\begin{cases}1,&x^2-y^2+3>0,\\0,&x^2-y^2+3=0,\\-1,&x^2-y^2+3<0.\end{cases}$$

如图 2 所示,被积函数和积分区域都关于坐标轴对称,因此积分为积分区域在第一象限部分的 4 倍,即

$$\iint_{x^2+y^2\leqslant5}\mathrm{sgn}(x^2-y^2+3)\mathrm{d}x\mathrm{d}y$$

$$=4\iint_{\substack{x^2+y^2\leqslant5\\x>0,y>0}}\mathrm{sgn}(x^2-y^2+3)\mathrm{d}x\mathrm{d}y$$

$$=4\int_0^1\mathrm{d}x\int_0^{\sqrt{x^2+3}}\mathrm{d}y+4\int_1^{\sqrt5}\mathrm{d}x\int_0^{\sqrt{5-x^2}}\mathrm{d}y-4\int_0^1\mathrm{d}x\int_{\sqrt{x^2+3}}^{\sqrt{5-x^2}}\mathrm{d}y$$

$$=6\ln3+5\pi-20\arcsin\frac{\sqrt5}{5}.$$

例 8.5　计算积分 $I=\displaystyle\iint_D\frac{3x}{y^2+xy^3}\mathrm{d}x\mathrm{d}y$,其中 D 为平面曲线 $xy=1,xy=3$, $y^2=x,y^2=3x$ 所围成的有界闭区域.

解　作变换 $u = xy, v = \dfrac{y^2}{x}$,则

$$J^{-1} = \frac{\partial(u,v)}{\partial(x,y)} = \begin{vmatrix} y & x \\ -\dfrac{y^2}{x^2} & \dfrac{2y}{x} \end{vmatrix} = \frac{3y^2}{x} = 3v,$$

积分区域 D 变为 $D' = \{(u,v) \mid 1 \leqslant u \leqslant 3, 1 \leqslant v \leqslant 3\}$,这时 $J = \dfrac{1}{3v}$,从而

$$I = \iint\limits_{D} \frac{3x}{y^2 + xy^3} \mathrm{d}x\mathrm{d}y = \iint\limits_{D'} \frac{\mathrm{d}u\mathrm{d}v}{v^2(1+u)} = \int_1^3 \frac{\mathrm{d}u}{1+u} \int_1^3 \frac{\mathrm{d}v}{v^2} = \frac{2}{3}\ln2.$$

例 8.6　计算下列重积分:

(1)(天津大学 2017 年)计算重积分 $I = \iint\limits_{D} \dfrac{1}{xy}\mathrm{d}x\mathrm{d}y$,其中 D 为平面曲线 $xy = 1$,

$xy = 4, y = x, y = 2x$ 所围成的第一象限内的有界闭区域;

(2)设 D 由 $x + y = 1$ 及 x, y 轴围成,计算积分 $I = \iint\limits_{D} \cos\left(\dfrac{x-y}{x+y}\right) \mathrm{d}x\mathrm{d}y.$

解　(1)作变换 $u = xy, v = \dfrac{y}{x}$,则

$$J = \frac{\partial(x,y)}{\partial(u,v)} = \begin{vmatrix} \dfrac{1}{2\sqrt{uv}} & -\dfrac{\sqrt{u}}{2v\sqrt{v}} \\ \dfrac{\sqrt{v}}{2\sqrt{u}} & \dfrac{\sqrt{u}}{2\sqrt{v}} \end{vmatrix} = \frac{1}{2v},$$

积分区域 D 变为 $D' = \{(u,v) \mid 1 \leqslant u \leqslant 4, 1 \leqslant v \leqslant 2\}$,从而

$$I = \iint\limits_{D'} \frac{\mathrm{d}u\mathrm{d}v}{2uv} = \frac{1}{2} \int_1^4 \frac{\mathrm{d}u}{u} \int_1^2 \frac{\mathrm{d}v}{v} = \ln^2 2.$$

(2)作变换 $u = x + y, v = x - y$,则

$$J = \frac{\partial(x,y)}{\partial(u,v)} = -\frac{1}{2},$$

积分区域 D 变为 $D' = \{(u,v) \mid 0 \leqslant u \leqslant 1, -u \leqslant v \leqslant u\}$,从而

$$I = \iint\limits_{D'} \cos\left(\frac{v}{u}\right) \left|-\frac{1}{2}\right| \mathrm{d}u\mathrm{d}v = \frac{1}{2} \int_0^1 \mathrm{d}u \int_{-u}^u \cos\left(\frac{v}{u}\right) \mathrm{d}v = \frac{1}{2}\sin1.$$

例 8.7 计算重积分 $I = \iint\limits_{D} \dfrac{x^2 - y^2}{\sqrt{x+y+3}} \mathrm{d}x\mathrm{d}y$，其中 $D = \{(x,y) \mid \mid x \mid + \mid y \mid \leqslant 1\}$.

解法 1 首先注意到 $I = \iint\limits_{D} \dfrac{(x+y)(x-y)}{\sqrt{(x+y)+3}} \mathrm{d}x\mathrm{d}y$，令 $u = x+y$，$v = x-y$，则 D

变为 $D' = \{(u,v) \mid \mid u \mid \leqslant 1, \mid v \mid \leqslant 1\}$，且 $J = -\dfrac{1}{2}$，所以

$$I = \frac{1}{2}\int_{-1}^{1} \mathrm{d}u \int_{-1}^{1} \frac{uv}{\sqrt{u+3}} \mathrm{d}u\mathrm{d}v = 0.$$

解法 2 由轮换对称性知

$$\iint\limits_{D} \frac{x^2}{\sqrt{x+y+3}} \mathrm{d}x\mathrm{d}y = \iint\limits_{D} \frac{y^2}{\sqrt{x+y+3}} \mathrm{d}x\mathrm{d}y,$$

故 $I = 0$.

例 8.8 计算二重积分 $I = \iint\limits_{D} (3x^3 + x^2 + y^2 + 2x - 2y + 1)\mathrm{d}x\mathrm{d}y$，其中

$$D = \{(x,y) \mid 1 \leqslant x^2 + (y-1)^2 \leqslant 2, x^2 + y^2 \leqslant 1\}.$$

解 如图，积分区域 D 关于 y 轴对称，由对称性知关于 x 的奇次项的积分值为零，则原式变为

$$I = \iint\limits_{D} [x^2 + (y-1)^2]\mathrm{d}x\mathrm{d}y.$$

作变换 $u = 1-y$，$v = x$，则

$$J = \frac{\partial(x,y)}{\partial(u,v)} = \begin{vmatrix} 0 & 1 \\ -1 & 0 \end{vmatrix} = 1,$$

且 D 变为

$$D' = \{(u,v) \mid 1 \leqslant u^2 + v^2 \leqslant 2, (1-u)^2 + v^2 \leqslant 1\}.$$

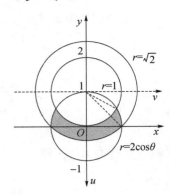

再作极坐标变换，可得

$$I = 2\int_{0}^{\frac{\pi}{4}} \mathrm{d}\theta \int_{1}^{\sqrt{2}} r^3 \mathrm{d}r + 2\int_{\frac{\pi}{4}}^{\frac{\pi}{3}} \mathrm{d}\theta \int_{1}^{2\cos\theta} r^3 \mathrm{d}r$$

$$= \frac{7}{12}\pi + \frac{7}{8}\sqrt{3} - 2.$$

例 8.9　设 $f(u)$ 为连续函数,证明等式:

$$\iint\limits_{D} f(ax+by+c)\mathrm{d}x\mathrm{d}y = 2\int_{-1}^{1} \sqrt{1-u^2}\, f(\sqrt{a^2+b^2}\,u+c)\mathrm{d}u,$$

其中 D 为区域 $x^2+y^2 \leqslant 1$ 且 $a^2+b^2 \neq 0$.

证明　作正交变换

$$u=\frac{ax+by}{\sqrt{a^2+b^2}}, \quad v=\frac{bx-ay}{\sqrt{a^2+b^2}},$$

则 D 变为 $D'=\{(u,v) \mid u^2+v^2 \leqslant 1\}$,且

$$J=\frac{\partial(x,y)}{\partial(u,v)}=-1,$$

所以

$$原积分 = \iint\limits_{D'} f(\sqrt{a^2+b^2}\,u+c)\mathrm{d}u\mathrm{d}v$$

$$= \int_{-1}^{1} \mathrm{d}u \int_{-\sqrt{1-u^2}}^{\sqrt{1-u^2}} f(\sqrt{a^2+b^2}\,u+c)\mathrm{d}v$$

$$= 2\int_{-1}^{1} \sqrt{1-u^2}\, f(\sqrt{a^2+b^2}\,u+c)\mathrm{d}u.$$

例 8.10(郑州大学 2022 年)　设区域 $D=\{(x,y) \mid x^2+y^2 \leqslant 1\}$,求二重积分

$$I=\iint\limits_{D} |x-y|\, \mathrm{d}x\mathrm{d}y.$$

解　令 $u=\dfrac{x-y}{\sqrt{2}}, v=\dfrac{x+y}{\sqrt{2}}$,则 D 变为 $D'=\{(u,v) \mid u^2+v^2 \leqslant 1\}$,且

$$J=\frac{\partial(x,y)}{\partial(u,v)}=1,$$

则

$$I=\iint\limits_{D} |x-y|\, \mathrm{d}x\mathrm{d}y = \iint\limits_{D'} \sqrt{2}\,|u|\,\mathrm{d}u\mathrm{d}v$$

$$= 2\sqrt{2}\int_{0}^{1} u\,\mathrm{d}u \int_{-\sqrt{1-u^2}}^{\sqrt{1-u^2}} \mathrm{d}v$$

$$= 4\sqrt{2}\int_{0}^{1} u\sqrt{1-u^2}\,\mathrm{d}u = \frac{4\sqrt{2}}{3}.$$

注 如果本题先去绝对值,然后利用极坐标进行计算,要比利用正交变换麻烦很多.

例 8.11 设 D 由 $y = x^3, y = 1$ 及 $x = -1$ 围成,$f(u)$ 为连续函数,计算积分

$$I = \iint\limits_{D} x(1 + yf(x^2 + y^2)) \mathrm{d}x\mathrm{d}y.$$

解 如图所示,作辅助线 $y = -x^3$ 将区域 D 分为 D_1 和 D_2,再结合对称性得到

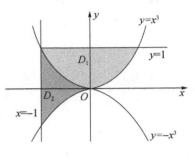

$$I = \iint\limits_{D} x\mathrm{d}x\mathrm{d}y + \iint\limits_{D} xyf(x^2 + y^2)\mathrm{d}x\mathrm{d}y$$

$$= \iint\limits_{D_2} x\mathrm{d}x\mathrm{d}y = \int_{-1}^{0}\mathrm{d}x\int_{x^3}^{-x^3} x\mathrm{d}y$$

$$= -\frac{2}{5}.$$

例 8.12 设 $D = \{(x,y) \mid 0 \leqslant x, y \leqslant 2\}$,计算积分 $I = \iint\limits_{D} [x+y]\mathrm{d}x\mathrm{d}y$.

解 如图所示,作辅助线 $x+y=1, x+y=2, x+y=3$ 将区域 D 分为 D_1, D_2, D_3 和 D_4,则原积分可表示为

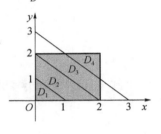

$$I = \iint\limits_{D} [x+y]\mathrm{d}x\mathrm{d}y$$

$$= \iint\limits_{D_1} 0\mathrm{d}x\mathrm{d}y + \iint\limits_{D_2} 1\mathrm{d}x\mathrm{d}y + \iint\limits_{D_3} 2\mathrm{d}x\mathrm{d}y + \iint\limits_{D_4} 3\mathrm{d}x\mathrm{d}y$$

$$= 0 + \frac{3}{2} + 2 \times \frac{3}{2} + 3 \times \frac{1}{2}$$

$$= 6.$$

例 8.13 设 $f(x,y) \geqslant 0$ 在 $D: x^2 + y^2 \leqslant a^2$ 上有连续的一阶偏导数,且在边界上取值为零,证明:

$$\left| \iint\limits_{D} f(x,y)\mathrm{d}x\mathrm{d}y \right| \leqslant \frac{1}{3} \cdot \pi a^3 \max_{(x,y)\in D} \sqrt{\left(\frac{\partial f}{\partial x}\right)^2 + \left(\frac{\partial f}{\partial y}\right)^2}.$$

证明 记 $M = \max\limits_{(x,y)\in D} \sqrt{\left(\frac{\partial f}{\partial x}\right)^2 + \left(\frac{\partial f}{\partial y}\right)^2}$,由连续性假设知 $M < +\infty$.

又 $\forall (x,y) \in D$,由原点 $(0,0)$ 向点 (x,y) 引射线,对应地交区域 D 的边界于一点 $P_0(x_0, y_0)$,则由泰勒公式和柯西不等式得

$$f(x,y) = f(P_0) + f_x(P_0)(x-x_0) + f_y(P_0)(y-y_0)$$
$$= f_x(P_0)(x-x_0) + f_y(P_0)(y-y_0)$$
$$\leqslant \sqrt{f_x^2(P_0) + f_y^2(P_0)} \cdot \sqrt{(x-x_0)^2 + (y-y_0)^2}$$
$$\leqslant M \cdot (a-r)$$

其中 $r = \sqrt{x^2+y^2}$，所以

$$\left| \iint_D f(x,y)\mathrm{d}x\mathrm{d}y \right| \leqslant \iint_D f(x,y)\mathrm{d}x\mathrm{d}y \leqslant M\iint_D (a-r)r\mathrm{d}r\mathrm{d}\theta = \frac{\pi}{3}a^3 M.$$

例 8.14　计算下列重积分：

(1) $\iint_D \sin\sqrt{x^2+y^2}\,\mathrm{d}x\mathrm{d}y, D = \{(x,y) \mid \pi^2 \leqslant x^2+y^2 \leqslant 4\pi^2\}$；

(2) $\int_0^1 \mathrm{d}y \int_y^1 \frac{\sin x}{x}\mathrm{d}x$；

(3) $\iint_D \mathrm{e}^{\frac{y}{x+y}}\mathrm{d}x\mathrm{d}y, D = \{(x,y) \mid x+y \leqslant 1, x \geqslant 0, y \geqslant 0\}$.

解　(1) 令 $x = r\cos\theta, y = r\sin\theta$，则

$$0 \leqslant \theta \leqslant 2\pi, \quad \pi \leqslant r \leqslant 2\pi, \quad \left|\frac{\partial(x,y)}{\partial(r,\theta)}\right| = r,$$

于是

$$\iint_D \sin\sqrt{x^2+y^2}\,\mathrm{d}x\mathrm{d}y = \int_0^{2\pi}\mathrm{d}\theta\int_\pi^{2\pi}\sin r \cdot r\mathrm{d}r = -6\pi^2.$$

(2) 交换积分次序，可得

$$\int_0^1\mathrm{d}y\int_y^1\frac{\sin x}{x}\mathrm{d}x = \int_0^1\mathrm{d}x\int_0^x\frac{\sin x}{x}\mathrm{d}y = \int_0^1\sin x\,\mathrm{d}x = 1-\cos 1.$$

(3) 令 $\begin{cases} x+y = u, \\ y = v, \end{cases}$ 解之得

$$\begin{cases} x = u-v, \\ y = v, \end{cases} \quad 且 \quad \frac{\partial(x,y)}{\partial(u,v)} = \begin{vmatrix} 1 & -1 \\ 0 & 1 \end{vmatrix} = 1,$$

这样得到 $D' = \{(u,v) \mid u \leqslant 1, u-v \geqslant 0, v \geqslant 0\}$，于是有

$$\iint_D \mathrm{e}^{\frac{y}{x+y}}\mathrm{d}x\mathrm{d}y = \iint_{D'}\mathrm{e}^{\frac{v}{u}}\mathrm{d}u\mathrm{d}v = \int_0^1\mathrm{d}u\int_0^u\mathrm{e}^{\frac{v}{u}}\mathrm{d}v = \frac{1}{2}(\mathrm{e}-1).$$

例 8.15(合肥工业大学 2021 年)　计算重积分 $I = \iint\limits_{D} \sqrt{(y-x)^2} \, \mathrm{d}x \, \mathrm{d}y$,其中 D 为由 $x=-1,x=1,y=2$ 与 x 轴围成的区域.

解　$I = \iint\limits_{D} \sqrt{(y-x)^2} \, \mathrm{d}x \, \mathrm{d}y = \iint\limits_{D} |y-x| \, \mathrm{d}x \, \mathrm{d}y$

$$= \int_{-1}^{0} \mathrm{d}x \int_{0}^{2} (y-x) \, \mathrm{d}y + \int_{0}^{1} \mathrm{d}x \int_{x}^{2} (y-x) \, \mathrm{d}y + \int_{0}^{1} \mathrm{d}x \int_{0}^{x} (x-y) \, \mathrm{d}y$$

$$= 3 + \frac{7}{6} + \frac{1}{6} = \frac{13}{3}.$$

例 8.16(合肥工业大学 2022 年)　计算二重积分 $I = \iint\limits_{D} |x^2 + y^2 - 2| \, \mathrm{d}x \, \mathrm{d}y$,其中 D 为由 $x^2 + y^2 \leqslant 3, y \geqslant 0$ 确定的闭区域.

解　如图,记 $D_1 : 2 \leqslant x^2 + y^2 \leqslant 3, y \geqslant 0, D_2 : 0 \leqslant x^2 + y^2 < 2, y \geqslant 0$,则

$$I = \iint\limits_{D_1} (x^2 + y^2 - 2) \, \mathrm{d}x \, \mathrm{d}y - \iint\limits_{D_2} (x^2 + y^2 - 2) \, \mathrm{d}x \, \mathrm{d}y.$$

令 $x = r\cos\theta, y = r\sin\theta$,则

$$I = \int_{0}^{\pi} \mathrm{d}\theta \int_{\sqrt{2}}^{\sqrt{3}} (r^2 - 2) r \, \mathrm{d}r - \int_{0}^{\pi} \mathrm{d}\theta \int_{0}^{\sqrt{2}} (r^2 - 2) r \, \mathrm{d}r$$

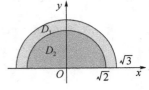

$$= \pi \left(\frac{1}{4} r^4 - r^2 \right) \Big|_{\sqrt{2}}^{\sqrt{3}} - \pi \left(\frac{1}{4} r^4 - r^2 \right) \Big|_{0}^{\sqrt{2}}$$

$$= \frac{5}{4} \pi.$$

例 8.17　设 $D = \{(x,y) \mid 0 \leqslant x \leqslant 1, 0 \leqslant y \leqslant 1\}$,证明下列积分发散:

$$I = \iint\limits_{D} \frac{x-y}{(x+y)^3} \, \mathrm{d}x \, \mathrm{d}y.$$

证明　令 $x+y=u, x-y=v$,即 $x = \frac{1}{2}(u+v), y = \frac{1}{2}(u-v)$,这时

$$|J| = \frac{1}{2}, \quad D' = \{(u,v) \mid 0 \leqslant u+v \leqslant 2, 0 \leqslant u-v \leqslant 2\},$$

于是

$$I = \iint\limits_{D} \frac{x-y}{(x+y)^3} \, \mathrm{d}x \, \mathrm{d}y = \frac{1}{2} \iint\limits_{D'} \frac{v}{u^3} \, \mathrm{d}u \, \mathrm{d}v.$$

由于二、三重反常积分与一元函数反常积分的一个区别在于:f 反常可积 $\Leftrightarrow |f|$

反常可积,因此只需考虑积分

$$\iint\limits_{D'}\left|\frac{v}{u^3}\right|\,\mathrm{d}u\,\mathrm{d}v=2\iint\limits_{D':v\geqslant0}\frac{v}{u^3}\,\mathrm{d}u\,\mathrm{d}v.$$

因为 $(0,0)$ 是唯一的奇点,又敛散性仅与奇点附近有关,故只需考虑 $u\leqslant1$ 部分上的积分.而

$$\iint\limits_{D':v\geqslant0,u\leqslant1}\frac{v}{u^3}\,\mathrm{d}u\,\mathrm{d}v=\lim_{\varepsilon\to0^+}\int_\varepsilon^1\mathrm{d}u\int_0^u\frac{v}{u^3}\,\mathrm{d}v=\lim_{\varepsilon\to0^+}\frac{1}{2}\int_\varepsilon^1\frac{1}{u}\,\mathrm{d}u$$

$$=-\frac{1}{2}\lim_{\varepsilon\to0^+}\ln\varepsilon=+\infty,$$

故原积分发散.

例 8.18　设 $f(x,y)$ 在闭区域 $0\leqslant x\leqslant1,0\leqslant y\leqslant1$ 上可积,证明:

$$\lim_{n\to\infty}\prod_{i=1}^n\prod_{j=1}^n\left[1+\frac{1}{n^2}f\left(\frac{i}{n},\frac{j}{n}\right)\right]=\mathrm{e}^{\int_0^1\int_0^1 f(x,y)\mathrm{d}x\mathrm{d}y}.$$

证明　由 $f(x,y)$ 在 $0\leqslant x\leqslant1,0\leqslant y\leqslant1$ 上可积得

$$\mathrm{e}^{\int_0^1\int_0^1 f(x,y)\mathrm{d}x\mathrm{d}y}=\exp\left(\lim_{n\to\infty}\sum_{i=1}^n\sum_{j=1}^n\frac{1}{n^2}f\left(\frac{i}{n},\frac{j}{n}\right)\right),$$

因此只需证

$$\lim_{n\to\infty}\prod_{i=1}^n\prod_{j=1}^n\left[1+\frac{1}{n^2}f\left(\frac{i}{n},\frac{j}{n}\right)\right]=\exp\left(\lim_{n\to\infty}\left[\sum_{i=1}^n\sum_{j=1}^n\frac{1}{n^2}f\left(\frac{i}{n},\frac{j}{n}\right)\right]\right),$$

即证

$$\lim_{n\to\infty}\left\{\sum_{i=1}^n\sum_{j=1}^n\ln\left[1+\frac{1}{n^2}f\left(\frac{i}{n},\frac{j}{n}\right)\right]-\sum_{i=1}^n\sum_{j=1}^n\frac{1}{n^2}f\left(\frac{i}{n},\frac{j}{n}\right)\right\}=0.$$

事实上,由

$$|\ln(1+x)-x|\leqslant x^2\quad\left(|x|<\frac{1}{2}\right)\quad\text{和}\quad|f(x,y)|\leqslant M$$

知,当 n 充分大时,有

$$\left|\frac{1}{n^2}f\left(\frac{i}{n},\frac{j}{n}\right)\right|<\frac{1}{2},$$

从而有

$$\sum_{i=1}^{n}\sum_{j=1}^{n}\left|\ln\left(1+\frac{1}{n^2}f\left(\frac{i}{n},\frac{j}{n}\right)\right)-\frac{1}{n^2}f\left(\frac{i}{n},\frac{j}{n}\right)\right|$$

$$\leqslant\frac{1}{n^2}\sum_{i=1}^{n}\sum_{j=1}^{n}f^2\left(\frac{i}{n},\frac{j}{n}\right)\cdot\frac{1}{n^2}$$

$$\rightarrow 0\cdot\int_0^1\int_0^1 f^2(x,y)\mathrm{d}y\mathrm{d}y=0\quad(n\rightarrow\infty).$$

例 8.19　设 $D=[-1,1]\times[0,1]$，f 定义在 D 上，且 $f(0,0)=0$，f 在 $(0,0)$ 处可微，求 $\displaystyle\lim_{x\rightarrow 0^+}\frac{\displaystyle\int_0^{x^2}\mathrm{d}t\int_0^{\sqrt{t}}f(t,u)\mathrm{d}u}{1-\mathrm{e}^{-\frac{x^4}{4}}}$.

解　原极限 $\displaystyle=\lim_{x\rightarrow 0^+}\frac{4\int_0^{x^2}\mathrm{d}t\int_0^{\sqrt{t}}f(t,u)\mathrm{d}u}{x^4}=\lim_{x\rightarrow 0^+}\frac{2x\int_0^x f(x^2,u)\mathrm{d}u}{x^3}$

$$=\lim_{x\rightarrow 0^+}\frac{2\int_0^x f(x^2,u)\mathrm{d}u}{x^2}=\lim_{x\rightarrow 0^+}\frac{f(x^2,x)+2x\int_0^x f_x(x^2,u)\mathrm{d}u}{x}$$

$$=\lim_{x\rightarrow 0^+}(2xf_x(x^2,x)+f_y(x^2,x))$$

$$=f_y(0,0).$$

注　事实上，这里是令 $g(t)=\displaystyle\int_0^{\sqrt{t}}f(t,u)\mathrm{d}u$，则分式的分子为 $\displaystyle\int_0^{x^2}g(t)\mathrm{d}t$，然后利用洛必达法则.

例 8.20（西安电子科技大学 2004 年）　设 $f(x)$ 为连续函数，满足 $f(0)=1$，若定义

$$F(t)=\iint\limits_{D}f(x^2+y^2)\mathrm{d}x\mathrm{d}y,\quad D:x^2+y^2\leqslant t^2(t\geqslant 0),$$

求 $F''(0)$.

解　首先注意到

$$F(t)=\int_0^t\mathrm{d}r\int_0^{2\pi}f(r^2)r\mathrm{d}\theta=2\pi\int_0^t f(r^2)r\mathrm{d}r,$$

所以 $F'(t)=2\pi f(t^2)t$，于是

$$F''(0)=\lim_{t\rightarrow 0}\frac{F'(t)-F'(0)}{t-0}=\lim_{t\rightarrow 0}\frac{2\pi f(t^2)t}{t}=2\pi f(0)=2\pi.$$

注　这里不能直接对 $F'(t)$ 求导，因为 $f(x)$ 并不一定是可导函数.

例 8.21　计算下列三重积分：

(1) $I = \iiint\limits_{\Omega} \dfrac{\mathrm{d}x\,\mathrm{d}y\,\mathrm{d}z}{(1+x+y+z)^3}$，其中 Ω 是由 $x+y+z=1$ 与三个坐标平面所围成的区域；

(2) $I = \iiint\limits_{\Omega} y\cos(x+z)\mathrm{d}x\,\mathrm{d}y\,\mathrm{d}z$，其中 Ω 是由 $y=\sqrt{x}$，$y=0$，$z=0$ 及 $x+z=\dfrac{\pi}{2}$ 所围成的区域；

(3) $I = \iiint\limits_{\Omega} \mathrm{d}x\,\mathrm{d}y\,\mathrm{d}z$，其中 Ω 是由曲面 $z=x^2+y^2$，$z=2(x^2+y^2)$，$y=x$，$y=x^2$ 围成的空间立体.

解　(1) $I = \displaystyle\int_0^1 \mathrm{d}x \int_0^{1-x} \mathrm{d}y \int_0^{1-x-y} \dfrac{1}{(1+x+y+z)^3}\mathrm{d}z = \dfrac{1}{2}\left(\ln 2 - \dfrac{5}{8}\right)$.

(2) $I = \displaystyle\int_0^{\frac{\pi}{2}} \mathrm{d}x \int_0^{\sqrt{x}} \mathrm{d}y \int_0^{\frac{\pi}{2}-x} y\cos(x+z)\mathrm{d}z = \dfrac{\pi^2}{16} - \dfrac{1}{2}$.

(3) 利用柱面坐标变换

$$\begin{cases} x = r\cos\theta, \\ y = r\sin\theta, \\ z = z, \end{cases}$$

于是 $J = r$.在此变换下，Ω 的原象为

$$\Omega' = \left\{ (r,\theta,z) \,\middle|\, 0 \leqslant \theta \leqslant \dfrac{\pi}{4}, 0 \leqslant r \leqslant \tan\theta\sec\theta, r^2 \leqslant z \leqslant 2r^2 \right\},$$

从而有

$$\iiint\limits_{\Omega} \mathrm{d}x\,\mathrm{d}y\,\mathrm{d}z = \int_0^{\frac{\pi}{4}} \mathrm{d}\theta \int_0^{\tan\theta\sec\theta} \mathrm{d}r \int_{r^2}^{2r^2} r\,\mathrm{d}z = \dfrac{1}{4}\int_0^{\frac{\pi}{4}} (\tan\theta\sec\theta)^4 \mathrm{d}\theta$$

$$= \dfrac{1}{4}\int_0^{\frac{\pi}{4}} \tan^4\theta(1+\tan^2\theta)\mathrm{d}\tan\theta$$

$$= \dfrac{3}{35}.$$

例 8.22（南京信息工程大学 2017 年、吉林大学 2022 年）　计算积分

$$I = \iiint\limits_{\Omega} (x^2+y^2)\mathrm{d}V,$$

其中 Ω 是由曲面 $x^2+y^2=2z$ 与平面 $z=2$ 围成的区域.

解法 1（切条法：先一后二）

Ω 在 xOy 平面上的投影区域 $D_{xy}: x^2 + y^2 \leqslant 4$,且 $\dfrac{x^2+y^2}{2} \leqslant z \leqslant 2$,于是

$$I = \iint\limits_{D_{xy}} \mathrm{d}x\mathrm{d}y \int_{\frac{x^2+y^2}{2}}^2 (x^2 + y^2)\mathrm{d}z$$

$$= \iint\limits_{D_{xy}} (x^2 + y^2)\left(2 - \frac{x^2+y^2}{2}\right)\mathrm{d}x\mathrm{d}y$$

$$= \int_0^{2\pi} \mathrm{d}\theta \int_0^2 r^2\left(2 - \frac{r^2}{2}\right) r\mathrm{d}r = \frac{16}{3}\pi.$$

解法 2(切片法:先二后一)

对任意的 $z \in [0, 2]$,$D_z: x^2 + y^2 \leqslant 2z$,于是

$$I = \int_0^2 \mathrm{d}z \iint\limits_{D_z} (x^2 + y^2)\mathrm{d}x\mathrm{d}y = \int_0^2 \mathrm{d}z \int_0^{2\pi} \mathrm{d}\theta \int_0^{\sqrt{2z}} r^2 r\mathrm{d}r$$

$$= \frac{16}{3}\pi.$$

注 本题也可以考虑使用对称性,但是意义不大.三重积分计算的难点在于积分区域的表示.一些常见的旋转曲面在三重积分中经常出现,比如旋转抛物面、锥面、球面等等,这些曲面的表示我们要熟记.

例 8.23 计算积分 $I = \iiint\limits_{\Omega} z^2 \mathrm{d}V$,其中 Ω 是由球 $x^2 + y^2 + z^2 \leqslant a^2$ 与 $x^2 + y^2 + (z - a)^2 \leqslant a^2$ 相交而成的公共区域.

解 首先由 $a^2 - z^2 + (z - a)^2 = a^2$,解得 $z = \dfrac{a}{2}$,于是 Ω 在 xOy 平面上的投影区域

$$D_{xy}: x^2 + y^2 \leqslant a^2 - \frac{a^2}{4} = \frac{3}{4}a^2,$$

且 $a - \sqrt{a^2 - x^2 - y^2} \leqslant z \leqslant \sqrt{a^2 - x^2 - y^2}$,所以

$$I = \iint\limits_{D_{xy}} \mathrm{d}x\mathrm{d}y \int_{a - \sqrt{a^2-x^2-y^2}}^{\sqrt{a^2-x^2-y^2}} z^2 \mathrm{d}z = \frac{59}{480}\pi a^5.$$

注 本题也可以采用"先二后一"、柱面坐标或球面坐标方法来求解,但相比而言"先一后二"的方法是最为简便的.大家可以把各种解法比较一下.

例 8.24 计算积分 $I = \iiint\limits_{\Omega} (\sqrt{x^2 + y^2 + z^2} + x - y^3)\mathrm{d}V$,其中 Ω 是由球 $x^2 + y^2 + z^2 \leqslant 2z$ 围成的空间立体.

解　首先注意到 Ω 关于 yOz 平面和 xOz 平面对称,因而由积分的对称性得到

$$\iiint\limits_{\Omega} x \, dV = 0, \quad \iiint\limits_{\Omega} y^3 \, dV = 0,$$

再利用球面坐标计算,即得

$$I = \int_0^{2\pi} d\theta \int_0^{\frac{\pi}{2}} d\varphi \int_0^{2\cos\varphi} r \cdot r^2 \sin\varphi \, dr = \frac{8}{5}\pi.$$

例 8.25(华中科技大学 2022 年)　求曲面 $\Sigma : (x^2+y^2+z^2)^2 = 4(x^2+y^2-z^2)$ 所围立体 Ω 的体积 V.

解　首先注意到 $\forall (x,y,z) \in \Sigma, (-x,-y,-z) \in \Sigma$,即 Ω 关于原点对称,所以 $V = 8V_1$,其中 V_1 是 Ω 在第一卦限部分立体 Ω_1 的体积.

再利用球面坐标,令 $x = r\sin\varphi\cos\theta, y = r\sin\varphi\sin\theta, z = r\cos\varphi$,则由曲面的表达式得到

$$r^2 = -4\cos2\varphi \geqslant 0 \Rightarrow \frac{\pi}{4} \leqslant \varphi \leqslant \frac{\pi}{2},$$

及

$$0 \leqslant \theta \leqslant \frac{\pi}{2}, \quad 0 \leqslant r \leqslant 2\sqrt{-\cos2\varphi},$$

故所求体积为

$$V = 8\iiint\limits_{\Omega_1} r^2\sin\varphi \, dr \, d\varphi \, d\theta = 8\int_0^{\frac{\pi}{2}} d\theta \int_{\frac{\pi}{4}}^{\frac{\pi}{2}} \sin\varphi \, d\varphi \int_0^{2\sqrt{-\cos2\varphi}} r^2 \, dr$$

$$= 4\pi \int_{\frac{\pi}{4}}^{\frac{\pi}{2}} \frac{8}{3} \sin\varphi \, (-\cos2\varphi)^{\frac{3}{2}} \, d\varphi$$

$$= \frac{32\pi}{3} \int_{\frac{\pi}{4}}^{\frac{\pi}{2}} (-\cos2\varphi)^{\frac{3}{2}} \, d(-\cos\varphi) \quad (\text{令 } \cos\varphi = t)$$

$$= \frac{32\pi}{3} \int_0^{\frac{\sqrt{2}}{2}} (1-2t^2)^{\frac{3}{2}} \, dt \quad \left(\text{令 } t = \frac{\sqrt{2}}{2}\sin u\right)$$

$$= \frac{32\pi}{3} \frac{\sqrt{2}}{2} \int_0^{\frac{\pi}{2}} \cos^4 u \, du = \sqrt{2}\,\pi^2.$$

注　本题的关键在于确定积分区域的球面坐标表示,这也是三重积分计算中的一个难点.

例 8.26(中国人民大学 2022 年)　求三重积分 $\iiint\limits_{\Omega} z\mathrm{e}^{-(x^2+y^2+z^2)} \, dx \, dy \, dz$,其中 Ω 为锥

面 $z=\sqrt{x^2+y^2}$ 与球面 $x^2+y^2+z^2=1$ 所围成的区域.

解 利用球面坐标,令 $x=r\sin\varphi\cos\theta,y=r\sin\varphi\sin\theta,z=r\cos\varphi$,易见 $0\leqslant r\leqslant 1,0\leqslant\theta\leqslant 2\pi$.再由 $\sqrt{x^2+y^2}=\sqrt{1-x^2-y^2}$,得到 $0\leqslant\varphi\leqslant\dfrac{\pi}{4}$,于是

$$\iiint\limits_{\Omega}z\mathrm{e}^{-(x^2+y^2+z^2)}\mathrm{d}x\mathrm{d}y\mathrm{d}z=\int_0^{2\pi}\mathrm{d}\theta\int_0^{\frac{\pi}{4}}\mathrm{d}\varphi\int_0^1 r\cos\varphi\mathrm{e}^{-r^2}r^2\sin\varphi\mathrm{d}r$$

$$=2\pi\times\frac{1}{4}\int_0^1 r^3\mathrm{e}^{-r^2}\mathrm{d}r$$

$$=\frac{\pi(\mathrm{e}-2)}{4\mathrm{e}}.$$

例 8.27 计算 $I=\iiint\limits_{\Omega}\dfrac{\mathrm{d}V}{\rho^2}$,其中 ρ 是点 (x,y,z) 到轴 x 的距离,Ω 为一棱台,其 6 个顶点为 $A(0,0,1),B(0,1,1),C(1,1,1),D(0,0,2),E(0,2,2),F(2,2,2)$.

解 如图,积分区域 Ω 在 yOz 平面上的投影区域 D_{yz} 为梯形 $ABED$.对任意给定的一点 $(y,z)\in D_{yz}$,点 (x,y,z) 随 x 的增大而先后穿过平面 $x=0$ 与平面 $x=y$,所以

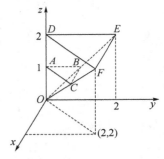

$$I=\iint\limits_{D_{yz}}\mathrm{d}y\mathrm{d}z\int_0^y\frac{\mathrm{d}x}{y^2+z^2}=\iint\limits_{D_{yz}}\frac{y}{y^2+z^2}\mathrm{d}y\mathrm{d}z$$

$$=\int_1^2\mathrm{d}z\int_0^z\frac{y}{y^2+z^2}\mathrm{d}y=\frac{1}{2}\ln 2.$$

例 8.28(上海交通大学 2003 年) 计算积分 $I=\iiint\limits_{\Omega}(y-z)\arctan z\mathrm{d}V$,其中 Ω 是由曲面 $x^2+\dfrac{1}{2}(y-z)^2=R^2$ 及平面 $z=0,z=h$ 围成的空间区域.

分析 Ω 的表达式中含有变量 y,z 的交叉乘积项,因而不容易用直角坐标或柱面及球面坐标表示出来.可以利用变量代换将 $y-z$ 看成一个变量,这样处理起来就方便多了.

解 令 $x=u,y-z=\sqrt{2}v,z=w$,则

$$J=\frac{\partial(x,y,z)}{\partial(u,v,w)}=\begin{vmatrix}1&0&0\\0&\sqrt{2}&1\\0&0&1\end{vmatrix}=\sqrt{2},$$

此时 Ω 变为 $\Omega':0\leqslant w\leqslant h,u^2+v^2\leqslant R^2$,于是

$$I = \int_0^h dw \iint_{u^2+v^2 \leqslant R^2} \sqrt{2}\, v \arctan w \cdot \sqrt{2}\, du\, dv$$

$$= 2 \int_0^h \arctan w\, dw \iint_{u^2+v^2 \leqslant R^2} v\, du\, dv$$

$$= 0.$$

注 这里的计算利用了二重积分的对称性.

例 8.29（武汉大学 2022 年） 已知 Ω 由三个坐标面以及平面 $x+y+2z=1$，$x+y+2z=2$ 围成的封闭区域，求 $\iiint\limits_{\Omega} \dfrac{1}{(x+y+2z)^2} dV$.

解 令 $u=x+y+2z, v=x, w=y$，由题意可得

$$\Omega': 1 \leqslant u \leqslant 2, v=x \geqslant 0, w=y \geqslant 0, v+w \leqslant u,$$

且

$$J = \frac{\partial(x,y,z)}{\partial(u,v,w)} = \begin{vmatrix} 0 & 1 & 0 \\ 0 & 0 & 1 \\ \dfrac{1}{2} & -\dfrac{1}{2} & -\dfrac{1}{2} \end{vmatrix} = \frac{1}{2},$$

所以

$$\iiint\limits_{\Omega} \frac{1}{(x+y+2z)^2} dV = \iiint\limits_{\Omega'} \frac{1}{2} \frac{1}{u^2} du\, dv\, dw = \int_1^2 du \iint\limits_{\substack{0 \leqslant v+w \leqslant u \\ v \geqslant 0, w \geqslant 0}} \frac{1}{2u^2} dv\, dw$$

$$= \int_1^2 \frac{1}{2u^2} \frac{1}{2} u \cdot u\, du = \frac{1}{4}.$$

例 8.30 设 $f(u)$ 为连续函数，区域 $\Omega: x^2+y^2 \leqslant t^2, 0 \leqslant z \leqslant 1$，令

$$F(t) = \iiint\limits_{\Omega} (z^2+f(x^2+y^2)) dV,$$

求函数 $F(t)$ 的导数 $F'(t)$.

解 由柱面坐标 $x=r\cos\theta, y=r\sin\theta, z=z(0 \leqslant r \leqslant t, 0 \leqslant \theta \leqslant 2\pi, 0 \leqslant z \leqslant 1)$，可得

$$F(t) = \int_0^{2\pi} d\theta \int_0^t dr \int_0^1 (z^2+f(r^2)) r\, dz = 2\pi \int_0^t \left(\frac{r}{3} + rf(r^2) \right) dr,$$

再由定积分的变限积分的求导法则得到

$$F'(t) = 2\pi\left(\frac{t}{3} + tf(t^2)\right).$$

例 8.31 设 $f(u)$ 在 $[0,1]$ 上连续,且满足 $f(0) = 0, f'(0) = 1$,求极限

$$\lim_{t\to 0^+}\frac{1}{t^4}\iiint\limits_{\Omega}f(\sqrt{x^2+y^2+z^2})\mathrm{d}V, \quad \text{其中 } \Omega: x^2+y^2+z^2 \leqslant t^2.$$

解 利用球面坐标变换可得

$$\iiint\limits_{\Omega}f(\sqrt{x^2+y^2+z^2})\mathrm{d}V = \int_0^{2\pi}\mathrm{d}\theta\int_0^{\pi}\mathrm{d}\varphi\int_0^t f(r)\cdot r^2\sin\varphi\,\mathrm{d}r$$

$$= 4\pi\int_0^t f(r)\cdot r^2\,\mathrm{d}r,$$

所以

$$\lim_{t\to 0^+}\frac{1}{t^4}\iiint\limits_{\Omega}f(\sqrt{x^2+y^2+z^2})\mathrm{d}V = \lim_{t\to 0^+}\frac{4\pi\int_0^t f(r)\cdot r^2\,\mathrm{d}r}{t^4} = \lim_{t\to 0^+}\frac{\pi f(t)}{t}$$

$$= \pi\lim_{t\to 0^+}\frac{f(t)-f(0)}{t-0} = \pi f'(0) = \pi.$$

8.2 曲线积分

8.2.1 内容提要与知识点解析

1) 第一型曲线积分的定义

设 L 为平面上可求长度的曲线段, $f(x,y)$ 为定义在 L 上的有界函数, L 的参数方程为

$$\varphi(t) = (x(t), y(t)), \quad t \in [\alpha, \beta].$$

对 $[\alpha, \beta]$ 作分割 T,它把 $[\alpha, \beta]$ 分成 n 个小区间 $\Delta_i = [t_{i-1}, t_i](i = 1, 2, \cdots, n)$,并记分割 T 的细度 $\|T\| = \max\limits_{1\leqslant i\leqslant n}\Delta t_i$.在 Δ_i 上任取一点 $\xi_i(i = 1, 2, \cdots, n)$,令 $\Delta s_i = s(t_i) - s(t_{i-1})$,其中 s 为曲线 L 的弧长,若极限

$$\lim_{\|T\|\to 0}\sum_{i=1}^n f(\varphi(\xi_i))\Delta s_i = I$$

存在,且 I 的值与 T 及点 ξ_i 的取法无关,则称此极限为 $f(x,y)$ 在 L 上的第一型曲线积分,记作

$$I = \int_L f(x,y)\,\mathrm{d}s.$$

注　第一型曲线积分具有与定积分完全类似的性质.

2）第一型曲线积分的计算

设有光滑曲线

$$L: \begin{cases} x = \varphi(t), \\ y = \psi(t), \end{cases} \quad t \in [\alpha,\beta],$$

函数 $f(x,y)$ 为定义在 L 上的连续函数,则

$$\int_L f(x,y)\,\mathrm{d}s = \int_\alpha^\beta f(\varphi(t),\psi(t))\sqrt{[\varphi'(t)]^2 + [\psi'(t)]^2}\,\mathrm{d}t.$$

注　（1）当光滑曲线方程为 $y = \varphi(x), x \in [a,b]$ 时,则有

$$\int_L f(x,y)\,\mathrm{d}s = \int_a^b f(x,\varphi(x))\sqrt{1 + [\varphi'(x)]^2}\,\mathrm{d}x;$$

（2）当光滑曲线为空间曲线 $L: \begin{cases} x = \varphi(t), \\ y = \psi(t), t \in [\alpha,\beta] \\ z = \eta(t), \end{cases}$ 时,则有

$$\int_L f(x,y,z)\,\mathrm{d}s = \int_\alpha^\beta f(\varphi(t),\psi(t),\eta(t))\sqrt{[\varphi'(t)]^2 + [\psi'(t)]^2 + [\eta'(t)]^2}\,\mathrm{d}t.$$

3）第二型曲线积分的定义

设 $L:\overset{\frown}{AB}$ 为从 A 到 B 的分段光滑有向曲线 $\boldsymbol{\sigma}(t) = (x(t),y(t)), t \in [\alpha,\beta]$,其中 $A = \boldsymbol{\sigma}(\alpha), B = \boldsymbol{\sigma}(\beta), P(x,y), Q(x,y)$ 为定义在 $L:\overset{\frown}{AB}$ 上的分段连续函数,则称

$$\int_L P(x,y)\,\mathrm{d}x + Q(x,y)\,\mathrm{d}y \quad \text{或} \quad \int_L P\,\mathrm{d}x + Q\,\mathrm{d}y$$

为定义在有向曲线 $L:\overset{\frown}{AB}$ 上的第二型曲线积分.

若 L 为封闭曲线,则记为

$$\oint_L P\,\mathrm{d}x + Q\,\mathrm{d}y.$$

若记 $\boldsymbol{F}(x,y) = (P(x,y),Q(x,y)), \mathrm{d}s = (\mathrm{d}x,\mathrm{d}y)$,则第二型曲线积分可表示为

$$\int_L \boldsymbol{F} \cdot \mathrm{d}s.$$

注 (1) 同理可定义空间曲线 L 上的第二型曲线积分

$$\int_L P(x,y,z)\mathrm{d}x + Q(x,y,z)\mathrm{d}y + R(x,y,z)\mathrm{d}z;$$

(2) 第二型曲线积分与曲线 L 的方向有关,即

$$\int_L P\mathrm{d}x + Q\mathrm{d}y = -\int_{-L} P\mathrm{d}x + Q\mathrm{d}y;$$

(3) 第二型曲线积分关于函数和积分曲线具有线性可加性.

4) 第二型曲线积分的计算

设有光滑曲线

$$L:\begin{cases} x = \varphi(t), \\ y = \psi(t), \end{cases} \quad t \in [\alpha,\beta],$$

且 A,B 的坐标分别为 $(\varphi(\alpha),\psi(\alpha))$ 与 $(\varphi(\beta),\psi(\beta))$,又设 $P(x,y),Q(x,y)$ 为 L 上的连续函数,则沿 L 从 A 到 B 的第二型曲线积分可表示为

$$\int_L P\mathrm{d}x + Q\mathrm{d}y = \int_\alpha^\beta [P(\varphi(t),\psi(t))\varphi'(t) + Q(\varphi(t),\psi(t))\psi'(t)]\mathrm{d}t.$$

5) 两类曲线积分间的联系

设 L 为从 A 到 B 的有向光滑曲线,它以弧长 s 为参数,即

$$L:\begin{cases} x = x(s), \\ y = y(s), \end{cases} \quad 0 \leqslant s \leqslant l,$$

其中 l 为曲线 L 的全长,且 $A(x(0),y(0)),B(x(l),y(l))$.曲线 L 上每一点的切线方向指向弧长增加的方向,以 $(\boldsymbol{t},\boldsymbol{x}),(\boldsymbol{t},\boldsymbol{y})$ 分别表示切线方向 $\boldsymbol{t}$ 与 x 轴、y 轴正向的夹角,则在曲线每一点的切线的方向余弦是

$$\frac{\mathrm{d}x}{\mathrm{d}s} = \cos(\boldsymbol{t},\boldsymbol{x}), \qquad \frac{\mathrm{d}y}{\mathrm{d}s} = \cos(\boldsymbol{t},\boldsymbol{y}).$$

若 $P(x,y),Q(x,y)$ 为 L 上的连续函数,则有

$$\int_L P\mathrm{d}x + Q\mathrm{d}y = \int_0^l [P(x(s),y(s))\cos(\boldsymbol{t},\boldsymbol{x}) + Q(x(s),y(s))\cos(\boldsymbol{t},\boldsymbol{y})]\mathrm{d}s$$

$$= \int_L [P(x,y)\cos(\boldsymbol{t},\boldsymbol{x}) + Q(x,y)\cos(\boldsymbol{t},\boldsymbol{y})]\mathrm{d}s.$$

注 通常由上面的关系式,第二型曲线积分的计算可以转化成第一型曲线积分的计算,只要切向量的方向余弦比较容易表示即可.

6) 曲线积分计算中的对称性

(1) 第一型曲线积分计算中的对称性

① 设曲线 $L=L_1 \bigcup L_2$，L_1 与 L_2 关于 x 轴对称，$f(x,y)$ 在 L 上连续，则

$$\int_L f(x,y)\mathrm{d}s = \begin{cases} 2\displaystyle\int_{L_1} f(x,y)\mathrm{d}s, & f \text{ 关于 } y \text{ 是偶函数}, \\ 0, & f \text{ 关于 } y \text{ 是奇函数}; \end{cases}$$

② 设曲线 $L=L_1 \bigcup L_2$，L_1 与 L_2 关于原点对称，$f(x,y)$ 在 L 上连续，则

$$\int_L f(x,y)\mathrm{d}s = \begin{cases} 2\displaystyle\int_{L_1} f(x,y)\mathrm{d}s, & f \text{ 关于原点对称}, \\ 0, & f \text{ 关于原点反对称}. \end{cases}$$

(2) 第二型曲线积分计算中的对称性

① 设有向曲线 $L=L_1 \bigcup L_2$，L_1 与 L_2 关于 x 轴对称，$P(x,y)$ 在 L 上连续，则

$$\int_L P(x,y)\mathrm{d}x = \begin{cases} 2\displaystyle\int_{L_1} P(x,y)\mathrm{d}x, & P \text{ 关于 } y \text{ 是奇函数}, \\ 0, & P \text{ 关于 } y \text{ 是偶函数}; \end{cases}$$

② 设有向曲线 $L=L_1 \bigcup L_2$，L_1 与 L_2 关于 y 轴对称，$Q(x,y)$ 在 L 上连续，则

$$\int_L Q(x,y)\mathrm{d}y = \begin{cases} 2\displaystyle\int_{L_1} Q(x,y)\mathrm{d}y, & Q \text{ 关于 } x \text{ 是奇函数}, \\ 0, & Q \text{ 关于 } x \text{ 是偶函数}. \end{cases}$$

8.2.2　典型例题解析

例 8.32　计算下列第一型曲线积分：

(1) $I=\displaystyle\int_L (x^2+y^2+x\sin y+y\sin x)\mathrm{d}s$，$L:\begin{cases} x=a\cos t, \\ y=a\sin t, \end{cases} 0\leqslant t\leqslant 2\pi, a>0$；

(2) $I=\displaystyle\int_L x^2\mathrm{d}s$，$L:$球面 $x^2+y^2+z^2=a^2$ 与平面 $x+y+z=0$ 所交之圆周；

(3) $I=\displaystyle\int_L (x^2+y^2+z^2)\mathrm{d}s$，$L:$螺旋线 $x=a\cos t,y=a\sin t,z=bt(0\leqslant t\leqslant 2\pi)$ 的一段.

解　(1) L 关于 x 轴对称，$x\sin y$ 关于 y 是奇函数，所以积分 $\displaystyle\int_L x\sin y\mathrm{d}s=0$. 类似可得 $\displaystyle\int_L y\sin x\mathrm{d}s=0$. 故

$$I = \int_0^{2\pi} a^2 \sqrt{a^2(\sin^2 t + \cos^2 t)}\, dt = 2a^3\pi.$$

(2) 由对称性知 $\int_L x^2\, ds = \int_L y^2\, ds = \int_L z^2\, ds$，所以

$$\int_L x^2\, ds = \frac{1}{3}\int_L (x^2 + y^2 + z^2)\, ds = \frac{a^2}{3}\int_L ds = \frac{2}{3}\pi a^3.$$

(3) $I = \int_0^{2\pi} (a^2 + b^2 t^2)\sqrt{a^2 + b^2}\, dt = \sqrt{a^2 + b^2}\left(2a^2\pi + \frac{8\pi^3}{3}b^2\right).$

例 8.33 计算积分 $\int_L y\, ds$，其中 L 是摆线 $\begin{cases} x = a(t - \sin t), \\ y = a(1 - \cos t) \end{cases}$ 的一摆.

解
$$\int_L y\, ds = \int_0^{2\pi} a(1 - \cos t)\sqrt{a^2(1 - \cos t)^2 + a^2\sin^2 t}\, dt$$

$$= \sqrt{2}\, a^2 \int_0^{2\pi} (1 - \cos t)\sqrt{1 - \cos t}\, dt$$

$$= \sqrt{2}\, a^2 \int_0^{2\pi} 2\sin^2\frac{t}{2} \cdot \left|\sqrt{2}\sin\frac{t}{2}\right|\, dt \quad \left(\diamondsuit\ x = \frac{t}{2}\right)$$

$$= 8a^2 \int_0^{\pi} \sin^3 x\, dx = \frac{32}{3}a^2.$$

例 8.34 计算积分 $I = \int_L xy\, dx + (x - y)\, dy + x^2\, dz$，其中 L 为螺旋线

$$x = a\cos t, \quad y = a\sin t, \quad z = bt$$

从 $t = 0$ 到 $t = \pi$ 上的一段.

解 $I = \int_0^{\pi} (-a^3\cos t\sin^2 t + a^2\cos^2 t - a^2\sin t\cos t + a^2 b\cos^2 t)\, dt$

$$= \frac{\pi a^2(1 + b)}{2}.$$

例 8.35 设 P, Q, R 在 L 上连续，且 L 为光滑曲线段，弧长为 l，试证：

$$\left|\int_L P\, dx + Q\, dy + R\, dz\right| \leqslant Ml,$$

其中 $M = \max\{\sqrt{P^2 + Q^2 + R^2} \mid (x, y, z) \in L\}$.

证明 因为

$$\left|\int_L P\, dx + Q\, dy + R\, dz\right| = \left|\int_L (P\cos\alpha + Q\cos\beta + R\cos\gamma)\, ds\right|$$

$$\leqslant \int_L |P\cos\alpha + Q\cos\beta + R\cos\gamma|\, ds,$$

又由柯西不等式得

$$| P\cos\alpha + Q\cos\beta + R\cos\gamma | \leqslant \sqrt{P^2 + Q^2 + R^2}$$
$$\leqslant \max\{\sqrt{P^2 + Q^2 + R^2}\} = M,$$

从而有

$$\left| \int_L P\mathrm{d}x + Q\mathrm{d}y + R\mathrm{d}z \right| \leqslant Ml.$$

例 8.36（中南大学 2022 年）　设 L 为球面 $x^2 + y^2 + z^2 = 3$ 与平面 $x + y + z = 1$ 的交线.

(1) 求 L 在点 $P(1,1,-1)$ 处的切线方程;

(2) 求 $I = \int_L [(x+1)^2 + (y-2)^2]\mathrm{d}s$.

解　(1) 设 $F(x,y,z) = x^2 + y^2 + z^2 - 3, G(x,y,z) = x + y + z - 1$, 则在点 $P(1,1,-1)$ 处有

$$\left.\frac{\partial F}{\partial x}\right|_P = 2, \quad \left.\frac{\partial F}{\partial y}\right|_P = 2, \quad \left.\frac{\partial F}{\partial z}\right|_P = -2, \quad \left.\frac{\partial G}{\partial x}\right|_P = 1, \quad \left.\frac{\partial G}{\partial y}\right|_P = 1, \quad \left.\frac{\partial G}{\partial z}\right|_P = 1,$$

从而

$$\frac{\partial(F,G)}{\partial(y,z)} = 4, \quad \frac{\partial(F,G)}{\partial(z,x)} = -4, \quad \frac{\partial(F,G)}{\partial(x,y)} = 0,$$

所以 L 在点 $P(1,1,-1)$ 处的切线的方向向量为 $\boldsymbol{\tau} = 4(1,-1,-0)$, 得切线方程为

$$\frac{x-1}{1} = \frac{y-1}{1} = \frac{z+1}{0}.$$

(2) 球心 $O(0,0,0)$ 到平面 $x + y + z = 1$ 的距离为 $d = \dfrac{1}{\sqrt{3}}$, 球半径是 $\sqrt{3}$, 所以曲线 L 的半径为 $r = \sqrt{(\sqrt{3})^2 - \left(\dfrac{1}{\sqrt{3}}\right)^2} = \dfrac{2\sqrt{6}}{3}$, 得 L 的长为 $\dfrac{4\sqrt{6}}{3}\pi$.

又由轮换对称性得到

$$\int_L x\,\mathrm{d}s = \int_L y\,\mathrm{d}s = \int_L z\,\mathrm{d}s, \quad \int_L x^2\,\mathrm{d}s = \int_L y^2\,\mathrm{d}s = \int_L z^2\,\mathrm{d}s,$$

所以

$$I = \int_L (x^2 + y^2 + 2x - 4y + 5)\,\mathrm{d}s$$

$$= \frac{2}{3} \int_L (x^2 + y^2 + z^2) \mathrm{d}s - \frac{2}{3} \int_L (x + y + z) \mathrm{d}s + \int_L 5 \mathrm{d}s$$

$$= \left(2 - \frac{2}{3} + 5\right) \int_L 1 \mathrm{d}s = \frac{76\sqrt{6}\,\pi}{9}.$$

例 8.37　举例说明:对第二型曲线积分,积分中值定理不再成立.

解　若积分中值定理成立,则当 $f(P)$ 在 L 上连续时,$\exists$ 点 $P^* \in L$,使得

$$\int_{L+} f(P) \mathrm{d}x = f(P^*) \int_{L+} \mathrm{d}x.$$

由第二型积分的性质知,若取 L 为圆周,则 $\int_{L+} \mathrm{d}x = 0$,从而对一切 $f(P)$,恒有

$$\int_{L+} f(P) \mathrm{d}x \equiv 0.$$

这显然是不正确的.事实上,取 $L^+ : x^2 + y^2 = 1$,$f(P) = y$,则由格林公式立得

$$\int_{L+} y \mathrm{d}x = -\iint_D \mathrm{d}x \mathrm{d}y = -\pi.$$

8.3　曲面积分

8.3.1　内容提要与知识点解析

1) 第一型曲面积分的定义(背景为求曲面块的质量)

设 Σ 是空间中可求面积的曲面,$f(x,y,z)$ 为定义在 Σ 上的函数.对曲面 Σ 作分割 T 将 Σ 分成 n 个小曲面块 S_i,记 ΔS_i 为小曲面块 S_i 的面积,λ_i 为小曲面块 S_i 的直径,分割 T 的细度 $\|T\| = \max\limits_{1 \leqslant i \leqslant n} \lambda_i$.在 S_i 上任取一点 $P_i(\xi_i, \eta_i, \zeta_i)(i = 1, 2, \cdots, n)$,若极限

$$\lim_{\|T\| \to 0} \sum_{i=1}^n f(P_i) \Delta S_i$$

存在,且与分割 T 及 $P_i(\xi_i, \eta_i, \zeta_i)(i = 1, 2, \cdots, n)$ 的取法无关,则称此极限为函数 $f(x,y,z)$ 在 Σ 上的第一型曲面积分,记作 $\iint\limits_\Sigma f(x,y,z) \mathrm{d}S$,即

$$\iint\limits_\Sigma f(x,y,z) \mathrm{d}S = \lim_{\|T\| \to 0} \sum_{i=1}^n f(P_i) \Delta S_i.$$

特别地,当 $f \equiv 1$ 时,$\iint\limits_{\Sigma} \mathrm{d}S = S$,其中 S 为曲面 Σ 的面积.

2) 第一型曲面积分的计算

(1) 直角坐标下的计算

设有光滑曲面 $\Sigma : z = z(x,y)$,$(x,y) \in D$,$f(x,y,z)$ 为 Σ 上的连续函数,则

$$\iint\limits_{\Sigma} f(x,y,z)\mathrm{d}S = \iint\limits_{D} f(x,y,z(x,y)) \sqrt{1 + z_x^2 + z_y^2}\, \mathrm{d}x\mathrm{d}y.$$

如果曲面 $\Sigma : x = x(y,z)$,$(y,z) \in D$,则有类似的计算公式.

(2) 参数方程下的计算

若光滑曲面 Σ 由参数方程给出,即

$$\Sigma : \begin{cases} x = x(u,v), \\ y = y(u,v), \quad (u,v) \in D, \\ z = z(u,v), \end{cases}$$

$f(x,y,z)$ 为 Σ 上的连续函数,则

$$\iint\limits_{\Sigma} f(x,y,z)\mathrm{d}S = \iint\limits_{D} f(x(u,v),y(u,v),z(u,v)) \sqrt{EG - F^2}\, \mathrm{d}u\mathrm{d}v,$$

其中

$$E = x_u^2 + y_u^2 + z_u^2, \quad F = x_u x_v + y_u y_v + z_u z_v, \quad G = x_v^2 + y_v^2 + z_v^2,$$

同时还要求 Jacobi 行列式 $\dfrac{\partial(x,y)}{\partial(u,v)}, \dfrac{\partial(y,z)}{\partial(u,v)}, \dfrac{\partial(z,x)}{\partial(u,v)}$ 中至少有一个不等于零.

3) 第二型曲面积分的定义(背景为流体通过有向曲面的流量)

设 $P(x,y,z)$,$Q(x,y,z)$,$R(x,y,z)$ 为定义在双侧曲面 Σ 上的有界函数,并指定 Σ 的侧.分割 T 将 Σ 分割成 n 个小曲面 $S_1, S_2, \cdots, S_n$,记 λ_i 为每个小曲面 S_i 的直径,分割 T 的细度 $\| T \| = \max\limits_{1 \leqslant i \leqslant n} \lambda_i$,以 $\Delta S_{i_{yz}}, \Delta S_{i_{zx}}, \Delta S_{i_{xy}}$ 分别表示 S_i 在 yOz,zOx,xOy 坐标平面上的投影区域的面积,它们的符号由 S_i 的方向来确定.如 S_i 的法线正向与 z 轴正向成锐角时,S_i 在 xOy 平面投影区域的面积 $\Delta S_{i_{xy}}$ 为正,反之为负.在各个小曲面 S_i 上任取一点 (ξ_i, η_i, ζ_i),若

$$\lim_{\| T \| \to 0} \sum_{i=1}^{n} P(\xi_i, \eta_i, \zeta_i) \Delta S_{i_{yz}} + \lim_{\| T \| \to 0} \sum_{i=1}^{n} Q(\xi_i, \eta_i, \zeta_i) \Delta S_{i_{zx}}$$

$$+ \lim_{\| T \| \to 0} \sum_{i=1}^{n} R(\xi_i, \eta_i, \zeta_i) \Delta S_{i_{xy}}$$

存在,且与曲面 Σ 的分割 T 和点 (ξ_i, η_i, ζ_i) 在 S_i 上的取法无关,则称此极限为函数

P,Q,R 在曲面 Σ 的指定的一侧上的第二型曲面积分,记作

$$\iint\limits_{\Sigma}P(x,y,z)\mathrm{d}y\mathrm{d}z+Q(x,y,z)\mathrm{d}z\mathrm{d}x+R(x,y,z)\mathrm{d}x\mathrm{d}y.$$

若以 $-\Sigma$ 表示 Σ 的另一侧,则

$$\iint\limits_{-\Sigma}P(x,y,z)\mathrm{d}y\mathrm{d}z+Q(x,y,z)\mathrm{d}z\mathrm{d}x+R(x,y,z)\mathrm{d}x\mathrm{d}y$$

$$=-\iint\limits_{\Sigma}P(x,y,z)\mathrm{d}y\mathrm{d}z+Q(x,y,z)\mathrm{d}z\mathrm{d}x+R(x,y,z)\mathrm{d}x\mathrm{d}y.$$

第二型曲面积分还可以简单表示为 $\iint\limits_{\Sigma}P\mathrm{d}y\mathrm{d}z+\iint\limits_{\Sigma}Q\mathrm{d}z\mathrm{d}x+\iint\limits_{\Sigma}R\mathrm{d}x\mathrm{d}y.$

4) 第二型曲面积分的计算

(1) 直角坐标下的计算

设 $R(x,y,z)$ 是定义在光滑曲面 $\Sigma:z=z(x,y),(x,y)\in D_{xy}$ 上的连续函数,取 Σ 的上侧(这时 Σ 的法线与 z 轴成锐角),则有

$$\iint\limits_{\Sigma}R(x,y,z)\mathrm{d}x\mathrm{d}y=\iint\limits_{D_{xy}}R(x,y,z(x,y))\mathrm{d}x\mathrm{d}y;$$

如取 Σ 的下侧(这时 Σ 的法线与 z 轴成钝角),则有

$$\iint\limits_{\Sigma}R(x,y,z)\mathrm{d}x\mathrm{d}y=-\iint\limits_{D_{xy}}R(x,y,z(x,y))\mathrm{d}x\mathrm{d}y.$$

类似的方法,可以将另外两个积分转化成二重积分的计算:

$$\iint\limits_{\Sigma}P(x,y,z)\mathrm{d}y\mathrm{d}z=\pm\iint\limits_{D_{yz}}P(x(y,z),y,z)\mathrm{d}y\mathrm{d}z,$$

$$\iint\limits_{\Sigma}Q(x,y,z)\mathrm{d}z\mathrm{d}x=\pm\iint\limits_{D_{zx}}Q(x,y(x,z),z)\mathrm{d}z\mathrm{d}x.$$

(2) 参数方程下的计算

若光滑曲面 Σ 由参数方程给出,即

$$\Sigma:\begin{cases}x=x(u,v),\\y=y(u,v),\quad(u,v)\in D,\\z=z(u,v),\end{cases}$$

P,Q,R 为 Σ 上的连续函数,D 上各点的 Jacobi 行列式 $\dfrac{\partial(x,y)}{\partial(u,v)},\dfrac{\partial(y,z)}{\partial(u,v)},\dfrac{\partial(z,x)}{\partial(u,v)}$

不同时为零,则分别有

$$\iint\limits_{\Sigma}P\,\mathrm{d}y\mathrm{d}z=\pm\iint\limits_{D}P(x(u,v),y(u,v),z(u,v))\frac{\partial(y,z)}{\partial(u,v)}\mathrm{d}u\mathrm{d}v,$$

$$\iint\limits_{\Sigma}Q\,\mathrm{d}z\mathrm{d}x=\pm\iint\limits_{D}Q(x(u,v),y(u,v),z(u,v))\frac{\partial(z,x)}{\partial(u,v)}\mathrm{d}u\mathrm{d}v,$$

$$\iint\limits_{\Sigma}R\,\mathrm{d}x\mathrm{d}y=\pm\iint\limits_{D}R(x(u,v),y(u,v),z(u,v))\frac{\partial(x,y)}{\partial(u,v)}\mathrm{d}u\mathrm{d}v,$$

其中正负号分别对应曲面 Σ 的两个侧,即当平面 uOv 的正方向对应于曲面 Σ 所选定的正向一侧时取正号,否则取负号.

5)两类曲面积分之间的联系

设 Σ 为光滑曲面,并以上侧为正,R 为 Σ 上的连续函数,若曲面积分在 Σ 的正侧进行,则

$$\iint\limits_{\Sigma}R(x,y,z)\mathrm{d}x\mathrm{d}y=\iint\limits_{\Sigma}R(x,y,z)\cos\gamma\,\mathrm{d}S,$$

其中 γ 为曲面 Σ 的正侧与 z 轴正向的夹角.一般地,有

$$\iint\limits_{\Sigma}P\,\mathrm{d}y\mathrm{d}z+Q\,\mathrm{d}z\mathrm{d}x+R\,\mathrm{d}x\mathrm{d}y=\iint\limits_{\Sigma}(P\cos\alpha+Q\cos\beta+R\cos\gamma)\mathrm{d}S,$$

其中 $(\cos\alpha,\cos\beta,\cos\gamma)$ 为 Σ 上任一点处法线的方向余弦函数.

6)曲面积分计算中的对称性

(1)第一型曲面积分计算中的对称性

设分片光滑的曲面 Σ 关于 xOy 平面对称,则

$$\iint\limits_{\Sigma}f(x,y,z)\mathrm{d}S=\begin{cases}2\iint\limits_{\Sigma_1}f(x,y,z)\mathrm{d}S,&\text{若 }f(x,y,z)\text{ 关于 }z\text{ 为偶函数,}\\0,&\text{若 }f(x,y,z)\text{ 关于 }z\text{ 为奇函数,}\end{cases}$$

其中 $\Sigma_1:z=z(x,y)\geqslant 0.$

类似地,可以给出当 Σ 关于 yOz 及 zOx 平面对称时积分的对称性结果.

(2)第二型曲面积分计算中的对称性

设分片光滑的曲面 Σ 关于 xOy 平面对称且侧相反,则

$$\iint\limits_{\Sigma}R(x,y,z)\mathrm{d}x\mathrm{d}y=\begin{cases}2\iint\limits_{\Sigma_1}R(x,y,z)\mathrm{d}x\mathrm{d}y,&\text{若 }R(x,y,z)\text{ 关于 }z\text{ 为奇函数,}\\0,&\text{若 }R(x,y,z)\text{ 关于 }z\text{ 为偶函数,}\end{cases}$$

其中 $\Sigma_1 : z = z(x, y) \geqslant 0$.

类似地,可以给出当 Σ 关于 yOz 及 zOx 平面对称时积分的对称性结果.

注 计算第二型积分时还可以利用高斯公式或者斯托克斯公式,这个放到三大积分公式里再讲.

8.3.2 典型例题解析

例 8.38(中国科学院 2002 年) 求球面 $x^2 + y^2 + z^2 = a^2 (a > 0)$ 被平面 $z = \dfrac{a}{4}$ 和 $z = \dfrac{a}{2}$ 所夹部分的面积.

解 曲面 Σ 的方程为 $z = \sqrt{a^2 - x^2 - y^2}\left(\dfrac{a}{4} \leqslant z \leqslant \dfrac{a}{2}\right)$,在 xOy 平面上的投影区域为

$$D_{xy} : \frac{3}{4}a^2 \leqslant x^2 + y^2 \leqslant \frac{15}{16}a^2,$$

故所求的面积为

$$
\begin{aligned}
S &= \iint\limits_{\Sigma} \mathrm{d}S = \iint\limits_{D_{xy}} \sqrt{1 + \left(\frac{\partial z}{\partial x}\right)^2 + \left(\frac{\partial z}{\partial y}\right)^2}\, \mathrm{d}x\, \mathrm{d}y \\
&= \iint\limits_{D_{xy}} \frac{a}{\sqrt{a^2 - x^2 - y^2}}\, \mathrm{d}x\, \mathrm{d}y = a \int_0^{2\pi} \mathrm{d}\theta \int_{\frac{\sqrt{3}}{2}a}^{\frac{\sqrt{15}}{4}a} \frac{r}{\sqrt{a^2 - r^2}}\, \mathrm{d}r \\
&= \frac{\pi}{2}a^2.
\end{aligned}
$$

例 8.39(厦门大学 2001 年) 计算积分 $I = \iint\limits_{\Sigma} (x^2 + y^2) z\, \mathrm{d}S$,其中 Σ 是上半球 $x^2 + y^2 + z^2 = R^2 (z \geqslant 0)$ 含在柱面 $x^2 + y^2 = Rx$ 内部的部分.

解 曲面方程为 $\Sigma : z = \sqrt{R^2 - x^2 - y^2}$,在 xOy 平面上的投影区域为

$$D_{xy} : x^2 + y^2 \leqslant Rx,$$

则

$$
\begin{aligned}
I &= \iint\limits_{\Sigma} (x^2 + y^2) z\, \mathrm{d}S \\
&= \iint\limits_{D_{xy}} (x^2 + y^2) \sqrt{R^2 - x^2 - y^2} \sqrt{1 + \left(\frac{\partial z}{\partial x}\right)^2 + \left(\frac{\partial z}{\partial y}\right)^2}\, \mathrm{d}x\, \mathrm{d}y \\
&= R \iint\limits_{D_{xy}} (x^2 + y^2)\, \mathrm{d}x\, \mathrm{d}y.
\end{aligned}
$$

再作极坐标变换 $x = r\cos\theta$，$y = r\sin\theta$，得

$$I = R\int_{-\frac{\pi}{2}}^{\frac{\pi}{2}} \mathrm{d}\theta \int_0^{R\cos\theta} r^3\,\mathrm{d}r = \frac{3}{32}\pi R^5.$$

例 8.40　计算曲面积分 $F(t) = \iint\limits_{x+y+z=t} f(x,y,z)\mathrm{d}S$，其中

$$f(x,y,z) = \begin{cases} 1-x^2-y^2-z^2, & x^2+y^2+z^2 \leqslant 1, \\ 0, & x^2+y^2+z^2 > 1. \end{cases}$$

解　由题设，原积分可化为 $F(t) = \iint\limits_{\Sigma}(1-x^2-y^2-z^2)\mathrm{d}S$，其中 Σ 为 $x+y+z=t$ 被 $x^2+y^2+z^2 \leqslant 1$ 所截取的部分. 作坐标旋转，令 $w = \dfrac{x+y+z}{\sqrt{3}}$，再在 $w=0$ 的平面上任意取定二正交轴 Ou 和 Ov，使 $O\text{-}uvw$ 仍为右手系，并使得 $x^2+y^2+z^2 = u^2+v^2+w^2$. 于是

$$F(t) = \iint\limits_{\Sigma'}(1-u^2-v^2-w^2)\mathrm{d}S,$$

其中 Σ' 为 $w = t/\sqrt{3}$ 被 $u^2+v^2+w^2 \leqslant 1$ 截下的部分，它在 uOv 平面的投影区域为

$$D_{uv}: u^2+v^2 \leqslant 1 - \frac{t^2}{3} \quad (|t| \leqslant \sqrt{3}).$$

由此得：当 $|t| \leqslant \sqrt{3}$ 时，有

$$\begin{aligned}
F(t) &= \iint\limits_{D_{uv}}\left(1-u^2-v^2-\frac{t^2}{3}\right)\mathrm{d}u\,\mathrm{d}v \\
&= \int_0^{2\pi}\mathrm{d}\theta\int_0^{\sqrt{1-t^2/3}}\left(1-\frac{t^2}{3}-r^2\right)r\,\mathrm{d}r \\
&= \frac{\pi}{18}(3-t^2)^2;
\end{aligned}$$

当 $|t| > \sqrt{3}$ 时，因为 $f(x,y,z) \equiv 0$（或 Σ 为空集），从而 $F(t) \equiv 0$.
　综上可得

$$F(t) = \begin{cases} \dfrac{\pi}{18}(3-t^2)^2, & |t| \leqslant \sqrt{3}, \\[2mm] 0, & |t| > \sqrt{3}. \end{cases}$$

例 8.41 试求曲面积分

$$F(t) = \iint\limits_{x^2+y^2+z^2=t^2} f(x,y,z)\mathrm{d}S, \quad t \geqslant 0,$$

其中 $f(x,y,z) = \begin{cases} x^2+y^2, & z \geqslant \sqrt{x^2+y^2}, \\ 0, & z < \sqrt{x^2+y^2}. \end{cases}$

解 将球面分为 Σ_1, Σ_2 两部分,在 Σ_1 上 $z \geqslant \sqrt{x^2+y^2}$,在 Σ_2 上 $z < \sqrt{x^2+y^2}$. 显然在 Σ_2 上的积分等于零.

因为 $\Sigma_1 : z = \sqrt{t^2-x^2-y^2}$ 在 xOy 平面上的投影为 $D_{xy} : x^2+y^2 \leqslant \dfrac{t^2}{2}$,故

$$\begin{aligned} F(t) &= \iint\limits_{x^2+y^2+z^2=t^2} f(x,y,z)\mathrm{d}S = \iint\limits_{\Sigma_1} f(x,y,z)\mathrm{d}S \\ &= \iint\limits_{D_{xy}} (x^2+y^2)\sqrt{1+z_x^2+z_y^2}\,\mathrm{d}x\,\mathrm{d}y \\ &= \iint\limits_{D_{xy}} (x^2+y^2)\frac{t}{\sqrt{t^2-x^2-y^2}}\,\mathrm{d}x\,\mathrm{d}y \\ &= \int_0^{2\pi}\mathrm{d}\theta \int_0^{\frac{\sqrt{2}}{2}t} \frac{r^3 t}{\sqrt{t^2-r^2}}\,\mathrm{d}r = 2\pi t \int_0^{\frac{\sqrt{2}}{2}t} \frac{r^3}{\sqrt{t^2-r^2}}\,\mathrm{d}r \\ &= \frac{8-5\sqrt{2}}{6}\pi t^3. \end{aligned}$$

例 8.42 计算下列曲面积分:

(1) $I = \iint\limits_{\Sigma} \dfrac{\mathrm{d}S}{z}$,其中 Σ 是 $x^2+y^2+z^2=a^2$ 被 $z=h(0<h<a)$ 所截的顶部;

(2) $I = \oiint\limits_{\Sigma} \left(x+3yz+\dfrac{1}{(x^2+y^2+z^2)^{3/2}}\right)\mathrm{d}S$,其中 $\Sigma : x^2+y^2+z^2=R^2$;

(3) $I = \iint\limits_{\Sigma} (x+y+z)\mathrm{d}S$,其中 $\Sigma : x^2+y^2+z^2=R^2 (z \geqslant 0)$;

(4) $I = \iint\limits_{\Sigma} xyz\,\mathrm{d}x\,\mathrm{d}y$,其中 Σ 为 $x^2+y^2+z^2=1$ 外侧在 $x \geqslant 0, y \geqslant 0$ 的部分.

解 (1) 曲面 Σ 的方程为

$$z = \sqrt{a^2-x^2-y^2}, \quad D_{xy} : x^2+y^2 \leqslant a^2-h^2.$$

由于

$$\sqrt{1+z_x^2+z_y^2} = \frac{a}{\sqrt{a^2-x^2-y^2}},$$

所以

$$I = \iint\limits_{\Sigma} \frac{\mathrm{d}S}{z} = \iint\limits_{D_{xy}} \frac{a}{a^2 - x^2 - y^2} \mathrm{d}x\,\mathrm{d}y$$

$$= \int_0^{2\pi} \mathrm{d}\theta \int_0^{\sqrt{a^2-h^2}} \frac{a}{a^2 - r^2} r\,\mathrm{d}r$$

$$= 2\pi a \ln \frac{a}{h}.$$

(2) 因积分曲面关于 yOz 平面对称,且被积函数中 x 是奇函数,故 $\oiint\limits_{\Sigma} x\,\mathrm{d}S = 0$,

同理 $\oiint\limits_{\Sigma} 3yz\,\mathrm{d}S = 0$. 从而

$$I = \oiint\limits_{\Sigma} \frac{\mathrm{d}S}{(x^2 + y^2 + z^2)^{3/2}} = \frac{1}{R^3} \oiint\limits_{\Sigma} \mathrm{d}S = \frac{4\pi}{R}.$$

(3) 由区域的对称性及被积函数的奇偶性立得 $\oiint\limits_{\Sigma} x\,\mathrm{d}S = \oiint\limits_{\Sigma} y\,\mathrm{d}S = 0$.

又由球面 $x^2 + y^2 + z^2 = R^2$,求得 $\dfrac{\partial z}{\partial x} = -\dfrac{x}{z}$, $\dfrac{\partial z}{\partial y} = -\dfrac{y}{z}$,所以

$$\mathrm{d}S = \sqrt{1 + z_x^2 + z_y^2}\,\mathrm{d}x\,\mathrm{d}y = \frac{R}{z}\mathrm{d}x\,\mathrm{d}y,$$

于是

$$I = \iint\limits_{\Sigma} z\,\mathrm{d}S = \iint\limits_{D_{xy}} R\,\mathrm{d}x\,\mathrm{d}y = \pi R^3.$$

(4) **解法 1**(直接计算)　令 $\Sigma = \Sigma_1 + \Sigma_2$,其中 Σ_1 与 Σ_2 分别为 Σ 的第一卦限与第五卦限部分,方程分别为

$$\Sigma_1 : z = \sqrt{1 - x^2 - y^2}, \quad \cos\gamma > 0,$$

$$\Sigma_2 : z = -\sqrt{1 - x^2 - y^2}, \quad \cos\gamma < 0,$$

于是有

$$I = \iint\limits_{\Sigma} xyz\,\mathrm{d}x\,\mathrm{d}y = \iint\limits_{\Sigma_1} xyz\,\mathrm{d}x\,\mathrm{d}y + \iint\limits_{\Sigma_2} xyz\,\mathrm{d}x\,\mathrm{d}y$$

$$= \iint\limits_{D_{xy}} xy\sqrt{1 - x^2 - y^2}\,\mathrm{d}x\,\mathrm{d}y - \iint\limits_{D_{xy}} xy(-\sqrt{1 - x^2 - y^2})\,\mathrm{d}x\,\mathrm{d}y$$

$$= 2 \iint\limits_{D_{xy}} xy\sqrt{1-x^2-y^2}\,\mathrm{d}x\,\mathrm{d}y = 2\int_0^{\frac{\pi}{2}}\mathrm{d}\theta\int_0^1 r^2\cos\theta\sin\theta\sqrt{1-r^2}\,r\,\mathrm{d}r$$

$$= \frac{2}{15}.$$

解法 2(利用高斯公式) 补上平面 $\Sigma_1 : x=0$ 和 $\Sigma_2 : y=0$,方向均取外侧,则有

$$I = \iint\limits_{\Sigma} xyz\,\mathrm{d}x\,\mathrm{d}y = \oiint\limits_{\Sigma^*} xyz\,\mathrm{d}x\,\mathrm{d}y - \iint\limits_{\Sigma_1} xyz\,\mathrm{d}x\,\mathrm{d}y - \iint\limits_{\Sigma_2} xyz\,\mathrm{d}x\,\mathrm{d}y$$

$$= \iiint\limits_{\Omega} xy\,\mathrm{d}x\,\mathrm{d}y\,\mathrm{d}z = 2\int_0^{\frac{\pi}{2}}\mathrm{d}\theta\int_0^{\frac{\pi}{2}}\mathrm{d}\varphi\int_0^1 r^2\sin^2\varphi\cos\theta\sin\theta\cdot r^2\sin\varphi\,\mathrm{d}r$$

$$= \frac{2}{15}.$$

例 8.43(中国科学院 2012 年) 设 $\rho(x,y,z)$ 表示从原点 $(0,0,0)$ 到上半椭圆球面 $\Sigma : \dfrac{x^2}{2} + \dfrac{y^2}{2} + z^2 = 1$ 上点 $P(x,y,z)$ 处切平面的距离,求 $\iint\limits_{\Sigma} \dfrac{z}{\rho(x,y,z)}\,\mathrm{d}S$.

解 首先上半椭圆球面 Σ 上点 $P(x,y,z)$ 处的外法向量为 $\boldsymbol{n} = \{x,y,2z\}$,再设 (X,Y,Z) 为切平面上任一点的坐标,则过点 $P(x,y,z)$ 的切平面方程可表示为

$$\Pi : x(X-x) + y(Y-y) + 2z(Z-z) = 0,$$

即 $xX + yY + 2zZ = 2$. 于是原点到切平面 Π 的距离为

$$\rho(x,y,z) = \frac{1}{\sqrt{\dfrac{x^2}{4} + \dfrac{y^2}{4} + z^2}},$$

从而原积分为

$$\iint\limits_{\Sigma} \frac{z}{\rho(x,y,z)}\,\mathrm{d}S = \iint\limits_{\Sigma} z\sqrt{\frac{x^2}{4} + \frac{y^2}{4} + z^2}\,\mathrm{d}S.$$

记 $r = \sqrt{\dfrac{x^2}{4} + \dfrac{y^2}{4} + z^2}$,则

$$r = \frac{\dfrac{x^2}{4} + \dfrac{y^2}{4} + z^2}{r} = \frac{x}{2}\cdot\frac{\dfrac{x}{2}}{r} + \frac{y}{2}\cdot\frac{\dfrac{y}{2}}{r} + z\cdot\frac{z}{r} = \frac{x}{2}\cos\alpha + \frac{y}{2}\cos\beta + z\cos\gamma,$$

其中 $(\cos\alpha,\cos\beta,\cos\gamma)$ 为外法向量的方向余弦. 于是原积分又可以表示为

$$\iint\limits_{\Sigma} \frac{z}{\rho(x,y,z)}\,\mathrm{d}S = \iint\limits_{\Sigma} z\left(\frac{x}{2}\cos\alpha + \frac{y}{2}\cos\beta + z\cos\gamma\right)\mathrm{d}S.$$

又记曲面 $\Sigma_1: \dfrac{x^2}{2} + \dfrac{y^2}{2} \leqslant 1, z = 0$,取下侧,并记 Σ, Σ_1 围成的空间区域为 Ω,则由 Gauss 公式及广义球面坐标变换可得

$$\iint_{\Sigma} \frac{z}{\rho(x,y,z)} \mathrm{d}S = \iiint_{\Omega} \left(\frac{z}{2} + \frac{z}{2} + 2z \right) \mathrm{d}x\,\mathrm{d}y\,\mathrm{d}z - \iint_{\Sigma_1} z \left(\frac{x}{2}\cos\alpha + \frac{y}{2}\cos\beta + z\cos\gamma \right) \mathrm{d}S$$

$$= 3\iiint_{\Omega} z\,\mathrm{d}x\,\mathrm{d}y\,\mathrm{d}z - 0 = \frac{3}{2}\pi.$$

例 8.44(浙江大学 2002 年、厦门大学 2000 年)　计算积分

$$I = \iint_{\Sigma} \frac{1}{\sqrt{x^2 + y^2 + (z-a)^2}} \mathrm{d}S,$$

其中 Σ 为球面 $x^2 + y^2 + z^2 = R^2, 0 \leqslant a \leqslant +\infty$ 且 $a \neq R$.

解　作球面坐标变换

$$\begin{cases} x = R\sin\varphi\cos\theta, \\ y = R\sin\varphi\sin\theta, \quad 0 \leqslant \varphi \leqslant \pi, \ 0 \leqslant \theta \leqslant 2\pi, \\ z = R\cos\varphi, \end{cases}$$

则

$$E = (x_\varphi)^2 + (y_\varphi)^2 + (z_\varphi)^2 = R^2,$$

$$F = x_\varphi x_\theta + y_\varphi y_\theta + z_\varphi z_\theta = 0,$$

$$G = (x_\theta)^2 + (y_\theta)^2 + (z_\theta)^2 = R^2\sin^2\varphi,$$

$$EG - F^2 = R^4\sin^2\varphi,$$

所以

$$I = \iint_{\Sigma} \frac{1}{\sqrt{x^2 + y^2 + (z-a)^2}} \mathrm{d}S = \int_0^{2\pi} \mathrm{d}\theta \int_0^{\pi} \frac{1}{\sqrt{R^2 + a^2 - 2aR\cos\varphi}} R^2\sin\varphi\,\mathrm{d}\varphi$$

$$= \frac{\pi R}{a} \int_0^{\pi} \frac{2aR\sin\varphi}{\sqrt{R^2 + a^2 - 2Ra\cos\varphi}} \mathrm{d}\varphi = \frac{2\pi R}{a} \sqrt{R^2 + a^2 - 2Ra\cos\varphi} \Big|_0^{\pi}$$

$$= \frac{2\pi R}{a} (R + a - |R - a|).$$

例 8.45　计算曲面积分 $I = \iint_{\Sigma} \dfrac{\mathrm{d}S}{\sqrt{x^2 + y^2 + (z+a)^2}}$,其中 Σ 为以原点为中心,$a > 0$ 为半径的上半球面.

解　上半球面 Σ 的方程为

$$\begin{cases} x = a\sin\varphi\cos\theta, \\ y = a\sin\varphi\sin\theta, \quad 0 \leqslant \varphi \leqslant \dfrac{\pi}{2}, 0 \leqslant \theta \leqslant 2\pi, \\ z = a\cos\varphi, \end{cases}$$

则由上例可得

$$I = \iint\limits_{\Sigma} \frac{\mathrm{d}S}{\sqrt{x^2 + y^2 + (z+a)^2}} = \int_0^{\frac{\pi}{2}} \mathrm{d}\varphi \int_0^{2\pi} \frac{a^2\sin\varphi\,\mathrm{d}\theta}{\sqrt{2a^2 + 2a^2\cos\varphi}}$$

$$= 2\pi a \int_0^{\frac{\pi}{2}} \frac{\sin\varphi}{\sqrt{2 + 2\cos\varphi}}\mathrm{d}\varphi = 2\pi a(2 - \sqrt{2}).$$

例 8.46（四川大学 2003 年、浙江大学 2010 年）　设 $f(x)$ 为 **R** 上的连续函数，证明 Poisson 公式：

$$\int_0^{2\pi} \mathrm{d}\theta \int_0^{\pi} f(a\sin\varphi\cos\theta + b\sin\varphi\sin\theta + c\cos\varphi)\sin\varphi\,\mathrm{d}\varphi = 2\pi \int_{-1}^{1} f(kz)\mathrm{d}z,$$

其中 $k = \sqrt{a^2 + b^2 + c^2}$.

证明　等式左端的积分即为单位球面 $\Sigma : \xi^2 + \eta^2 + \zeta^2 = 1$ 上的曲面积分

$$I = \iint\limits_{\Sigma} f(a\xi + b\eta + c\zeta)\mathrm{d}S.$$

令 $a\xi + b\eta + c\zeta = \sqrt{a^2 + b^2 + c^2}\,z$，则

$$z = \frac{a\xi + b\eta + c\zeta}{\sqrt{a^2 + b^2 + c^2}},$$

再作坐标轴旋转，即在 $a\xi + b\eta + c\zeta = 0$ 的平面上取正交轴 Ox, Oy，使 $O\text{-}xyz$ 成右手系，这时 $\xi^2 + \eta^2 + \zeta^2 = 1$ 变成 $x^2 + y^2 + z^2 = 1$. 将其写成 $\Sigma' : x^2 + y^2 = 1 - z^2$，从而有

$$x = \sqrt{1 - z^2}\cos\alpha, \quad y = \sqrt{1 - z^2}\sin\alpha, \quad z = z,$$

其中 $(\alpha, z) \in \{(\alpha, z) \mid 0 \leqslant \alpha \leqslant 2\pi, -1 \leqslant z \leqslant 1\}$. 因为

$$E = x_\alpha^2 + y_\alpha^2 + z_\alpha^2 = 1 - z^2,$$

$$G = x_z^2 + y_z^2 + z_z^2 = \frac{1}{1 - z^2},$$

$$F = x_\alpha x_z + y_\alpha y_z + z_\alpha z_z = 0,$$

所以 $dS = \sqrt{EG - F^2} \, d\alpha \, dz = d\alpha \, dz$，故

$$\int_0^{2\pi} d\theta \int_0^{\pi} f(a\sin\varphi\cos\theta + b\sin\varphi\sin\theta + c\cos\varphi)\sin\varphi \, d\varphi$$

$$= \iint_{\Sigma'} f(\sqrt{a^2 + b^2 + c^2} \, z) dS$$

$$= \int_0^{2\pi} d\alpha \int_{-1}^1 f(\sqrt{a^2 + b^2 + c^2} \, z) \sqrt{EG - F^2} \, dz$$

$$= 2\pi \int_{-1}^1 f(kz) dz,$$

其中 $k = \sqrt{a^2 + b^2 + c^2}$.

8.4　三大积分公式

8.4.1　内容提要与知识点解析

1) 格林(Green) 公式(第二型曲线积分与二重积分的关系)

(1) 格林公式

若函数 $P(x, y), Q(x, y)$ 在闭区域 D 上连续，且有连续的一阶偏导数，则

$$\oint_L P dx + Q dy = \iint_D \left(\frac{\partial Q}{\partial x} - \frac{\partial P}{\partial y} \right) dx \, dy,$$

这里 L 为区域 D 的边界，并取正方向.

(2) 平面曲线积分与路径的无关性

设 D 是单连通闭区域，若 $P(x, y), Q(x, y)$ 在 D 内连续，且具有一阶连续偏导数，则下列四个条件等价：

① 对 D 内任一按段光滑封闭曲线 L，有 $\oint_L P dx + Q dy = 0$；

② 对 D 内任一按段光滑曲线 L，曲线积分 $\int_L P dx + Q dy$ 只与 L 的起点及终点有关，而与路径无关；

③ $P dx + Q dy$ 是 D 内某一可微二元函数 $u(x, y)$ 的全微分，即在 D 内有

$$du = P dx + Q dy;$$

④ 在 D 内处处有 $\dfrac{\partial Q}{\partial x} = \dfrac{\partial P}{\partial y}$.

注　(1) 满足条件 ③ 的二元函数 $u(x, y)$ 称为全微分公式 $P dx + Q dy$ 的一

个原函数.在上述条件下求原函数,通常采用取特殊路径积分的方法.

(2) 由 Green 公式还可以导出计算平面图形面积的新公式.即只要在 Green 公式中取 $P = -y, Q = x$,这样就有

$$\oint_{\partial D} -y\,\mathrm{d}x + x\,\mathrm{d}y = 2\iint_D \mathrm{d}x\,\mathrm{d}y = 2S,$$

其中 S 为 D 的面积.除此以外,D 的面积 S 还可以表示为

$$S = \oint_{\partial D} -y\,\mathrm{d}x = \oint_{\partial D} x\,\mathrm{d}y,$$

并且当 D 表示为 $D = \{(x,y) \mid a \leqslant x \leqslant b, y_1(x) \leqslant y \leqslant y_2(x)\}$ 时,由前一个等式还可得到定积分应用中的面积公式:

$$S = \oint_{\partial D} -y\,\mathrm{d}x = \int_a^b (y_2(x) - y_1(x))\mathrm{d}x.$$

(3) Green 公式还有 Green 第一恒等式和 Green 第二恒等式,其与 Laplace 算子关系密切,因此 Green 公式与偏微分方程有紧密联系.这点在数学物理方程课程中会有较为详细的描述,下面仅简单介绍一下.Laplace 算子记为 $\Delta = \dfrac{\partial^2}{\partial x^2} + \dfrac{\partial^2}{\partial y^2}$.偏微分方程 $\Delta u = 0$ 称为 Laplace 方程或者调和方程,满足该方程的函数称为调和函数,比如可以验证 $u = \ln\sqrt{x^2 + y^2}$ 为 $\mathbf{R}^2 \backslash \{(0,0)\}$ 上的调和函数.下面是 Green 第一恒等式和 Green 第二恒等式.

设 $u(x,y), v(x,y)$ 在分段光滑曲线围成的有界闭区域 D 上二阶连续可微,则

① (第一恒等式)$\iint_D v\Delta u\,\mathrm{d}x\,\mathrm{d}y + \iint_D (u_x v_x + u_y v_y)\mathrm{d}x\,\mathrm{d}y = \oint_{\partial D} v\,\dfrac{\partial u}{\partial \boldsymbol{n}}\,\mathrm{d}s;$

② (第二恒等式)$\iint_D (v\Delta u - u\Delta v)\mathrm{d}x\,\mathrm{d}y = \oint_{\partial D} \left(v\,\dfrac{\partial u}{\partial \boldsymbol{n}} - u\,\dfrac{\partial v}{\partial \boldsymbol{n}}\right)\mathrm{d}s.$

调和函数一个非常重要的性质是调和函数的平均值定理:设 $u(x,y)$ 在区域 $D: x^2 + y^2 \leqslant R^2$ 上连续,在其内点处二阶连续可微,且满足 $\Delta u = u_{xx} + u_{yy} = 0$,则

$$I = \frac{1}{2\pi R} \oint_{\partial D} u(x,y)\mathrm{d}s = u(0,0).$$

关于 Green 公式再提一句,就是可以利用其证明二重积分的变量代换公式.这点大部分的数学分析教材里都有写到,我们就不详细介绍了.虽然它的证明条件超出了 Green 公式本身成立的条件,但也是 Green 公式的一个重要应用.

2) 斯托克斯(Stokes) 公式(第二型曲线积分与第二型曲面积分的关系)

(1) 斯托克斯公式

设光滑曲面 Σ 的边界 L 是按段光滑的连续曲线,若 P,Q,R 在 Σ(连同 L)上连续且具有一阶连续偏导数,则

$$\oint_L P\,\mathrm{d}x + Q\,\mathrm{d}y + R\,\mathrm{d}z$$

$$=\iint_\Sigma \left(\frac{\partial R}{\partial y} - \frac{\partial Q}{\partial z}\right)\mathrm{d}y\mathrm{d}z + \left(\frac{\partial P}{\partial z} - \frac{\partial R}{\partial x}\right)\mathrm{d}z\mathrm{d}x + \left(\frac{\partial Q}{\partial x} - \frac{\partial P}{\partial y}\right)\mathrm{d}x\,\mathrm{d}y$$

$$=\iint_\Sigma \begin{vmatrix} \mathrm{d}y\,\mathrm{d}z & \mathrm{d}z\,\mathrm{d}x & \mathrm{d}x\,\mathrm{d}y \\ \dfrac{\partial}{\partial x} & \dfrac{\partial}{\partial y} & \dfrac{\partial}{\partial z} \\ P & Q & R \end{vmatrix},$$

其中 Σ 的侧与 L 的方向按右手法则确定.

(2) 空间曲线积分与路径的无关性

设 $\Omega \in \mathbf{R}^3$ 为空间单连通区域,函数 P,Q,R 在 Ω 上连续且有一阶连续偏导数,则下列四个条件是等价的:

① 对于 Ω 内任一按段光滑的封闭曲线 L,有 $\oint_L P\,\mathrm{d}x + Q\,\mathrm{d}y + R\,\mathrm{d}z = 0$;

② 对于 Ω 内任一按段光滑的曲线 L,曲线积分 $\int_L P\,\mathrm{d}x + Q\,\mathrm{d}y + R\,\mathrm{d}z$ 只与 L 的起点及终点有关,而与路径无关;

③ $P\,\mathrm{d}x + Q\,\mathrm{d}y + R\,\mathrm{d}z$ 是 Ω 内某一可微三元函数 $u(x,y,z)$ 的全微分,即

$$\mathrm{d}u = P\,\mathrm{d}x + Q\,\mathrm{d}y + R\,\mathrm{d}z;$$

④ $\dfrac{\partial P}{\partial y} = \dfrac{\partial Q}{\partial x},\dfrac{\partial Q}{\partial z} = \dfrac{\partial R}{\partial y},\dfrac{\partial R}{\partial x} = \dfrac{\partial P}{\partial z}$ 在 Ω 内处处成立.

注　Stokes 公式是 Green 公式的推广,也是微积分基本定理(Newton-Leibniz 公式) 的推广.它和场论有紧密的联系.如果记 $\boldsymbol{a} = (P,Q,R)$,则由 $\boldsymbol{a}$ 可以生成一个新的向量场

$$\mathbf{rot}\,\boldsymbol{a} = \begin{vmatrix} \boldsymbol{i} & \boldsymbol{j} & \boldsymbol{k} \\ \dfrac{\partial}{\partial x} & \dfrac{\partial}{\partial y} & \dfrac{\partial}{\partial z} \\ P & Q & R \end{vmatrix} = \left(\frac{\partial R}{\partial y} - \frac{\partial Q}{\partial z}\right)\boldsymbol{i} + \left(\frac{\partial P}{\partial z} - \frac{\partial R}{\partial x}\right)\boldsymbol{j} + \left(\frac{\partial Q}{\partial x} - \frac{\partial P}{\partial y}\right)\boldsymbol{k},$$

称为 $\boldsymbol{a}$ 的旋度.旋度反映了向量场 $\boldsymbol{a}$ 的旋转程度.旋度也可以表示为 $\mathbf{rot}\,\boldsymbol{a} = \nabla \times \boldsymbol{a}$,其

中∇为梯度算子∇＝$\left(\dfrac{\partial}{\partial x},\dfrac{\partial}{\partial y},\dfrac{\partial}{\partial z}\right)$.利用旋度,Stokes 公式又可表示为

$$\oint_L P\mathrm{d}x+Q\mathrm{d}y+R\mathrm{d}z=\oint_L \boldsymbol{a}\cdot\mathrm{d}\boldsymbol{r}=\iint_\Sigma \boldsymbol{\mathrm{rot}a}\cdot\mathrm{d}\boldsymbol{S}=\iint_\Sigma \nabla\times\boldsymbol{a}\cdot\mathrm{d}\boldsymbol{S}.$$

3) 高斯公式(Gauss) 公式(第二型曲面积分与三重积分之间的关系)

设空间区域Ω由分片光滑的双侧封闭曲面Σ围成,若函数P,Q,R在Ω上连续且有连续的一阶偏导数,则

$$\oiint_\Sigma P\mathrm{d}y\mathrm{d}z+Q\mathrm{d}z\mathrm{d}x+R\mathrm{d}x\mathrm{d}y=\iiint_\Omega\left(\frac{\partial P}{\partial x}+\frac{\partial Q}{\partial y}+\frac{\partial R}{\partial z}\right)\mathrm{d}x\mathrm{d}y\mathrm{d}z.$$

注 Guass 公式是 Green 公式在三维空间的推广,也称为散度定理,因为它可表示成

$$\oiint_\Sigma \boldsymbol{a}\cdot\mathrm{d}\boldsymbol{S}=\iiint_\Omega \mathrm{div}\boldsymbol{a}\,\mathrm{d}x\mathrm{d}y\mathrm{d}z.$$

Guass 公式的证明和 Green 公式类似.如果取P,Q,R为特殊函数,则Ω的体积V可表示为

$$V=\iiint_\Omega \mathrm{d}x\mathrm{d}y\mathrm{d}z=\oiint_\Sigma x\,\mathrm{d}y\mathrm{d}z=\oiint_\Sigma y\mathrm{d}z\mathrm{d}x=\oiint_\Sigma z\mathrm{d}x\mathrm{d}y.$$

8.4.2 典型例题解析

例 8.47 计算积分$I=\oint_L \dfrac{x\mathrm{d}y-y\mathrm{d}x}{x^2+y^2}$,其中$L$为任一不过原点的有界闭区域的边界线,取逆时针方向.

解 注意到$P(x,y)=-\dfrac{y}{x^2+y^2}$,$Q(x,y)=\dfrac{x}{x^2+y^2}$,则

$$\frac{\partial P}{\partial y}=\frac{y^2-x^2}{(x^2+y^2)^2},\quad \frac{\partial Q}{\partial x}=\frac{y^2-x^2}{(x^2+y^2)^2}.$$

当L所围成区域不包含原点时,P和Q均在其内连续且有一阶连续偏导数,由格林公式立得积分为零.

当L所围成区域含有原点(不过原点)时,作半径充分小的圆$L_1:x^2+y^2=a^2$,取逆时针方向,使其完全含于L内部.在$L+L_1^-$所围成的区域上满足格林公式,所以积分为零,从而

$$\int_L \frac{x\,\mathrm{d}y - y\,\mathrm{d}x}{x^2 + y^2} = \oint_{L+L_1^-} \frac{x\,\mathrm{d}y - y\,\mathrm{d}x}{x^2 + y^2} - \oint_{L_1^-} \frac{x\,\mathrm{d}y - y\,\mathrm{d}x}{x^2 + y^2}$$

$$= \frac{1}{a^2} \int_0^{2\pi} (a\cos\theta \cdot a\cos\theta + a\sin\theta\, a\sin\theta)\,\mathrm{d}\theta$$

$$= 2\pi.$$

例 8.48　计算积分 $I = \int_L (\varphi(y)\mathrm{e}^x - my)\mathrm{d}x + \int_L (\varphi'(y)\mathrm{e}^x - m)\mathrm{d}y$，其中 m 为常数，$\varphi(y)$ 连续可导，L 是由 $A(a,0)$ 经过圆周 $x^2 + y^2 = ax\,(a > 0)$ 上半部分到原点 O 的路径.

解　补充有向线段 $\overline{OA}$，则 $\overline{OA} + L$ 为正向闭曲线，所围区域为 D. 又

$$P = \varphi(y)\mathrm{e}^x - my, \quad Q = \varphi'(y)\mathrm{e}^x - m$$

在 D 中有连续的偏导，则由 Green 公式得到

$$I = \int_{\overline{OA}+L} (\varphi(y)\mathrm{e}^x - my)\mathrm{d}x + (\varphi'(y)\mathrm{e}^x - m)\mathrm{d}y$$

$$- \int_{\overline{OA}} (\varphi(y)\mathrm{e}^x - my)\mathrm{d}x + (\varphi'(y)\mathrm{e}^x - m)\mathrm{d}y$$

$$= \iint_D (\varphi'(y)\mathrm{e}^x - \varphi'(y)\mathrm{e}^x + m)\mathrm{d}x\,\mathrm{d}y - \int_0^a \varphi(0)\mathrm{e}^x\,\mathrm{d}x$$

$$= \iint_D m\,\mathrm{d}x\,\mathrm{d}y - \varphi(0)\int_0^a \mathrm{e}^x\,\mathrm{d}x = \frac{\pi m a^2}{8} - \varphi(0)(\mathrm{e}^a - 1).$$

例 8.49　设 L 是位于第一象限的一条光滑且没有重点的平面曲线，其起点为 $A(1,0)$，终点为 $B(0,2)$，试计算 $\int_L \frac{\partial \ln r}{\partial \boldsymbol{n}}\,\mathrm{d}s$，其中 $\frac{\partial \ln r}{\partial \boldsymbol{n}}$ 表示 $\ln r$ 沿曲线 L 的法线正方向 $\boldsymbol{n}$ 的方向导数，$r = \sqrt{x^2 + y^2}$.

解　记 $f(x,y) = \ln r = \frac{1}{2}\ln(x^2 + y^2)$，则

$$\frac{\partial f}{\partial \boldsymbol{n}} = \frac{\partial f}{\partial x}\cos(\boldsymbol{n},x) + \frac{\partial f}{\partial y}\cos(\boldsymbol{n},y) = \frac{x}{x^2 + y^2}\cos(\boldsymbol{n},x) + \frac{y}{x^2 + y^2}\cos(\boldsymbol{n},y),$$

所以

$$\int_L \frac{\partial \ln r}{\partial \boldsymbol{n}}\,\mathrm{d}s = \int_L \left(\frac{x}{x^2 + y^2}\cos(\boldsymbol{n},x) + \frac{y}{x^2 + y^2}\cos(\boldsymbol{n},y) \right)\mathrm{d}s$$

$$= \int_L \left(\frac{x}{x^2 + y^2}\cos(\boldsymbol{t},y) - \frac{y}{x^2 + y^2}\cos(\boldsymbol{t},x) \right)\mathrm{d}s$$

$$= \int_L \frac{x}{x^2 + y^2} \mathrm{d}y - \frac{y}{x^2 + y^2} \mathrm{d}x,$$

其中 t 表示切线的正方向.记

$$P = -\frac{y}{x^2 + y^2}, \quad Q = \frac{x}{x^2 + y^2},$$

则

$$\frac{\partial P}{\partial y} = \frac{\partial Q}{\partial x} = \frac{y^2 - x^2}{(x^2 + y^2)^2},$$

即积分与路径无关.选取直线 $\overline{AB}: y = -2x + 2, 0 \leqslant x \leqslant 1$ 代替 L,有

$$\begin{aligned}
\int_L \frac{\partial \ln r}{\partial \boldsymbol{n}} \mathrm{d}s &= \int_1^0 \left(\frac{-2x}{x^2 + (2x-2)^2} - \frac{-2x+2}{x^2 + (2x-2)^2} \right) \mathrm{d}x \\
&= 2 \int_0^1 \frac{1}{5x^2 - 8x + 4} \mathrm{d}x = \arctan \frac{1}{2} + \arctan 2 \\
&= \frac{\pi}{2}.
\end{aligned}$$

注 在第一型曲线积分和第二型曲线积分之间的关系中,切线正方向 t 指向弧长增加的方向,而法线正方向 $\boldsymbol{n}$ 与切线正方向 t 构成右手螺旋系,此时有

$$(\boldsymbol{t}, \boldsymbol{y}) = (\boldsymbol{n}, \boldsymbol{x}), \quad (\boldsymbol{t}, \boldsymbol{x}) = \pi - (\boldsymbol{n}, \boldsymbol{y}).$$

例 8.50 计算 $I = \oint_L (y+1)\mathrm{d}x + (z+2)\mathrm{d}y + (x+3)\mathrm{d}z$,其中 L 为圆周

$$\begin{cases} x^2 + y^2 + z^2 = R^2, \\ x + y + z = 0, \end{cases}$$

从 x 轴正向看是逆时针方向.

解法 1 由 Stokes 公式得

$$\begin{aligned}
I &= \iint_\Sigma \begin{vmatrix} \mathrm{d}y\,\mathrm{d}z & \mathrm{d}z\,\mathrm{d}x & \mathrm{d}x\,\mathrm{d}y \\ \dfrac{\partial}{\partial x} & \dfrac{\partial}{\partial y} & \dfrac{\partial}{\partial z} \\ y+1 & z+2 & x+3 \end{vmatrix} \mathrm{d}S = -\iint_\Sigma \mathrm{d}y\,\mathrm{d}z + \mathrm{d}z\,\mathrm{d}x + \mathrm{d}x\,\mathrm{d}y \\
&= -\iint_\Sigma (\cos\alpha + \cos\beta + \cos\gamma) \mathrm{d}S \\
&= -3 \times \frac{\sqrt{3}}{3} \iint_\Sigma \mathrm{d}S = -\sqrt{3} \pi R^2,
\end{aligned}$$

其中 $\left(\dfrac{\sqrt{3}}{3}, \dfrac{\sqrt{3}}{3}, \dfrac{\sqrt{3}}{3}\right)$ 为平面 $x+y+z=0$ 的单位法向量的方向余弦.

解法 2　设 L 的参数方程为

$$
\begin{cases}
x = \dfrac{R}{\sqrt{6}}\cos\theta + \dfrac{R}{\sqrt{2}}\sin\theta, \\[2mm]
y = \dfrac{R}{\sqrt{6}}\cos\theta - \dfrac{R}{\sqrt{2}}\sin\theta, \\[2mm]
z = -\dfrac{2R}{\sqrt{6}}\cos\theta,
\end{cases}
$$

其中 $\theta: 2\pi \to 0$,于是

$$
I = \oint_L (y+1)\mathrm{d}x + (z+2)\mathrm{d}y + (x+3)\mathrm{d}z = -\sqrt{3}\,\pi R^2.
$$

注　解法 2 的主要难处是对曲线进行参数化. 从上可以看出,利用 Stokes 公式计算第二型曲线积分还是很方便的.

例 8.51　设函数 $P(x,y), Q(x,y)$ 在全平面上有连续偏导数,而且对以任意点 (x_0, y_0) 为中心,以任意正数 r 为半径的上半圆

$$
C: x = x_0 + r\cos\theta, \quad y = y_0 + r\sin\theta \quad (0 \leqslant \theta \leqslant \pi),
$$

恒有 $\displaystyle\int_C P(x,y)\mathrm{d}x + Q(x,y)\mathrm{d}y = 0$. 求证:$P(x,y) \equiv 0, \dfrac{\partial Q}{\partial x} \equiv 0$.

证明　如图,补充有向线段 $\overline{AB}$,则由格林公式得

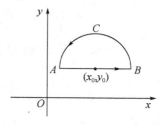

$$
\begin{aligned}
\int_{\overline{AB}} P\mathrm{d}x + Q\mathrm{d}y &= \oint_{\overline{AB}+C} P\mathrm{d}x + Q\mathrm{d}y \\
&= \iint_D \left(\frac{\partial Q}{\partial x} - \frac{\partial P}{\partial y}\right)\mathrm{d}x\,\mathrm{d}y \\
&= \left(\frac{\partial Q}{\partial x} - \frac{\partial P}{\partial y}\right)\Big|_{M^*} \iint_D \mathrm{d}x\,\mathrm{d}y \\
&= \left(\frac{\partial Q}{\partial x} - \frac{\partial P}{\partial y}\right)\Big|_{M^*} \cdot \frac{\pi r^2}{2},
\end{aligned}
$$

其中 M^* 为 D 内某点. 另一方面,有

$$
\begin{aligned}
\int_{\overline{AB}} P\mathrm{d}x + Q\mathrm{d}y &= \int_{\overline{AB}} P\mathrm{d}x = \int_{x_0-r}^{x_0+r} P(x, y_0)\mathrm{d}x = P(\xi, y_0)\int_{x_0-r}^{x_0+r}\mathrm{d}x \\
&= P(\xi, y_0)\cdot 2r \quad (\xi \in (x_0-r, x_0+r).
\end{aligned}
$$

比较上面两式得

$$\left(\frac{\partial Q}{\partial x}-\frac{\partial P}{\partial y}\right)\Big|_{M^*}\cdot\frac{\pi r}{4}=P(\xi,y_0).$$

因为上式对任意 $r>0$ 成立,令 $r\to 0^+$,则得 $P(x_0,y_0)=0$,再由 (x_0,y_0) 的任意性即得 $P(x,y)\equiv 0$,从而得 $\dfrac{\partial Q}{\partial x}\Big|_{M^*}=0$. 再令 $r\to 0^+$ 可得 $\dfrac{\partial Q}{\partial x}\Big|_{(x_0,y_0)}=0$,由 (x_0,y_0) 的任意性即得 $\dfrac{\partial Q}{\partial x}\equiv 0$.

例 8.52 计算积分 $I=\displaystyle\int_{L^+}\dfrac{(1+\sqrt{x^2+y^2})(x\,\mathrm{d}x+y\,\mathrm{d}y)}{x^2+y^2}$,其中 L^+ 是不通过原点,从点 $A(1,0)$ 到 $B(0,2)$ 的分段光滑曲线.

解 因为

$$\begin{aligned}
\frac{(1+\sqrt{x^2+y^2})(x\,\mathrm{d}x+y\,\mathrm{d}y)}{x^2+y^2}&=\left(\frac{1}{x^2+y^2}+\frac{1}{\sqrt{x^2+y^2}}\right)\frac{1}{2}\mathrm{d}(x^2+y^2)\\
&=\frac{1}{2}\frac{\mathrm{d}(x^2+y^2)}{x^2+y^2}+\frac{1}{2}\frac{\mathrm{d}(x^2+y^2)}{\sqrt{x^2+y^2}}\\
&=\mathrm{d}(\sqrt{x^2+y^2}+\ln\sqrt{x^2+y^2}),
\end{aligned}$$

即被积函数存在原函数,故积分与路径无关,从而有

$$I=u(B)-u(A)=(\sqrt{x^2+y^2}+\ln\sqrt{x^2+y^2})\Big|_{(1,0)}^{(0,2)}=1+\ln 2.$$

例 8.53 计算曲面积分

$$I=\iint_{\Sigma^+}(x+y-z)\mathrm{d}y\mathrm{d}z+[2y+\sin(z+x)]\mathrm{d}z\mathrm{d}x+(3z+\mathrm{e}^{x+y})\mathrm{d}x\mathrm{d}y,$$

其中 Σ^+ 为曲面 $|x-y+z|+|y-z+x|+|z-x+y|=1$ 的外表面,取正向.

解 利用 Gauss 公式得

$$I=6\iiint_{\Omega}\mathrm{d}x\mathrm{d}y\mathrm{d}z,$$

其中 Ω 为 Σ^+ 所包围的区域.作变换:

$$u=x-y+z,\quad v=y-z+x,\quad w=z-x+y,$$

则 Σ 变成 $|u|+|v|+|w|=1$,所围成的 Ω' 是对称的八面体,相应的雅可比行列式

$$J = \frac{\partial(x,y,z)}{\partial(u,v,w)} = \frac{1}{\dfrac{\partial(u,v,w)}{\partial(x,y,z)}} = \frac{1}{4},$$

因此

$$I = 6 \iiint\limits_{\Omega} \frac{1}{4} \, \mathrm{d}u \, \mathrm{d}v \, \mathrm{d}w = 6 \cdot \frac{1}{4} \cdot 8 \cdot \frac{1}{3} \cdot \frac{1}{2} \cdot 1 = 2.$$

例 8.54 以 Σ 表示椭球面 $B : \dfrac{x^2}{a^2} + \dfrac{y^2}{b^2} + \dfrac{z^2}{c^2} = 1$ 的上半部分,取上侧,λ, μ, ν 表示 Σ 的外法线的方向余弦,计算曲面积分 $\iint\limits_{\Sigma} z \left(\dfrac{\lambda x}{a^2} + \dfrac{\mu y}{b^2} + \dfrac{\nu z}{c^2} \right) \mathrm{d}S.$

解 补充 xOy 平面上的椭圆面 $\Sigma_1 : \dfrac{x^2}{a^2} + \dfrac{y^2}{b^2} \leqslant 1$,取下侧,它与 Σ 一起构成封闭曲面,且在 Σ_1 上的积分为零,所以由高斯公式得

$$\iint\limits_{\Sigma} z \left(\frac{\lambda x}{a^2} + \frac{\mu y}{b^2} + \frac{\nu z}{c^2} \right) \mathrm{d}S = \iint\limits_{\Sigma + \Sigma_1} z \left(\frac{\lambda x}{a^2} + \frac{\mu y}{b^2} + \frac{\nu z}{c^2} \right) \mathrm{d}S$$

$$= \iiint\limits_{\Omega} \left(\frac{1}{a^2} + \frac{1}{b^2} + \frac{2}{c^2} \right) z \, \mathrm{d}x \, \mathrm{d}y \, \mathrm{d}z,$$

再由广义球坐标变换易得

$$\iint\limits_{\Sigma} z \left(\frac{\lambda x}{a^2} + \frac{\mu y}{b^2} + \frac{\nu z}{c^2} \right) \mathrm{d}S = \frac{\pi}{4} abc^2 \left(\frac{1}{a^2} + \frac{1}{b^2} + \frac{2}{c^2} \right).$$

例 8.55 计算曲面积分

$$I = \iint\limits_{\Sigma} \frac{x \, \mathrm{d}y \, \mathrm{d}z + y \, \mathrm{d}z \, \mathrm{d}x + z \, \mathrm{d}x \, \mathrm{d}y}{\sqrt{(x^2 + y^2 + z^2)^3}},$$

其中 $\Sigma : 1 - \dfrac{z}{7} = \dfrac{(x-2)^2}{25} + \dfrac{(y-1)^2}{16} \ (z \geqslant 0)$,取上侧.

解 用 Γ 表示以原点为中心,r 为半径的上半球面,$\Gamma_{内}$ 表示 Γ 的内侧,并取 r 充分小,使 Γ 在 Σ 的内部;又记 Π 为平面 $z = 0$ 中

$$x^2 + y^2 \geqslant r^2, \qquad \frac{(x-2)^2}{25} + \frac{(y-1)^2}{16} \leqslant 1$$

的部分,$\Pi_{下}$ 表示取下侧.令 Ω 表示 Σ, Γ, Π 所围成的区域,则原积分

$$I = \iint\limits_{\Sigma} \frac{x\,\mathrm{d}y\,\mathrm{d}z + y\,\mathrm{d}z\,\mathrm{d}x + z\,\mathrm{d}x\,\mathrm{d}y}{\sqrt{(x^2+y^2+z^2)^3}} = \iint\limits_{\Sigma+\Gamma_{\text{外}}+\Pi_{\text{下}}} - \iint\limits_{\Gamma_{\text{外}}} - \iint\limits_{\Pi_{\text{下}}}$$

$$= \iiint\limits_{\Omega} 0\,\mathrm{d}x\,\mathrm{d}y\,\mathrm{d}z - \iint\limits_{\Pi_{\text{下}}} 0 + \iint\limits_{\Gamma_{\text{外}}} \frac{x\,\mathrm{d}y\,\mathrm{d}z + y\,\mathrm{d}z\,\mathrm{d}x + z\,\mathrm{d}x\,\mathrm{d}y}{\sqrt{(x^2+y^2+z^2)^3}}$$

$$= \frac{1}{r^3} \iint\limits_{\Gamma_{\text{外}}} x\,\mathrm{d}y\,\mathrm{d}z + y\,\mathrm{d}z\,\mathrm{d}x + z\,\mathrm{d}x\,\mathrm{d}y$$

$$= \frac{1}{r^3} \iint\limits_{\Gamma_{\text{外}}+\sigma_{\text{下}}} - \frac{1}{r^3} \iint\limits_{\sigma_{\text{下}}} \quad (\sigma_{\text{下}} \text{ 为平面 } z=0 \text{ 中 } x^2+y^2 \leqslant r^2 \text{ 的下侧})$$

$$= \frac{1}{r^3} \iiint\limits_{\Omega'} 3\,\mathrm{d}x\,\mathrm{d}y\,\mathrm{d}z \quad (\Omega' \text{ 为 } \Gamma_{\text{外}} \text{ 与 } \sigma_{\text{下}} \text{ 所围成的半球})$$

$$= \frac{1}{r^3} \cdot 3 \cdot \frac{2}{3}\pi r^3 = 2\pi.$$

例 8.56 试证:若 Σ 为封闭的光滑曲面,l 为任意固定的已知方向,则

$$\oiint\limits_{\Sigma} \cos(\boldsymbol{n},\boldsymbol{l})\mathrm{d}S = 0,$$

其中 $\boldsymbol{n}$ 为曲面的外法线向量.

证明 设 $\boldsymbol{l}_1 = (a,b,c)$ 为方向 $\boldsymbol{l}$ 的单位向量,$\boldsymbol{n}_1 = (\cos\alpha, \cos\beta, \cos\gamma)$ 为方向 $\boldsymbol{n}$ 的单位向量,则

$$\cos(\boldsymbol{n},\boldsymbol{l}) = a\cos\alpha + b\cos\beta + c\cos\gamma,$$

再应用 Gauss 公式可得

$$\oiint\limits_{\Sigma} \cos(\boldsymbol{n},\boldsymbol{l})\mathrm{d}S = \oiint\limits_{\Sigma} (a\cos\alpha + b\cos\beta + c\cos\gamma)\mathrm{d}S$$

$$= \iiint\limits_{\Omega} \left(\frac{\partial a}{\partial x} + \frac{\partial b}{\partial y} + \frac{\partial c}{\partial z}\right)\mathrm{d}x\,\mathrm{d}y\,\mathrm{d}z$$

$$= 0.$$

例 8.57(武汉大学 2022 年) 设 $\Sigma = \{(x,y,z) \mid x^2+4y^2+9z^2=1, z \leqslant 0\}$,取下侧,求曲面积分 $I = \iint\limits_{\Sigma} (y\mathrm{e}^z + x)\mathrm{d}y\,\mathrm{d}z + (z\mathrm{e}^x + y)\mathrm{d}z\,\mathrm{d}x + (x\cos(xy) + z)\mathrm{d}x\,\mathrm{d}y$.

解 作补面 $\Sigma_1 = \{(x,y,z) \mid x^2+4y^2 \leqslant 1, z=0\}$,$\Sigma_1^+$ 为 Σ_1 的上侧,则由 Gauss 公式得到

$$I = \iint\limits_{\Sigma+\Sigma_1^+} - \iint\limits_{\Sigma_1^+} = \iiint\limits_{\Omega} 3\mathrm{d}V - \iint\limits_{\Sigma_1^+} x\cos(xy)\,\mathrm{d}x\,\mathrm{d}y = \iiint\limits_{\Omega} 3\mathrm{d}V$$

$$=3\times\frac{1}{2}\times\frac{4}{3}\pi\times1\times\frac{1}{2}\times\frac{1}{3}=\frac{\pi}{3}.$$

例 8.58（南京师范大学 2021 年）　计算第二型曲线积分

$$I=\oint_L(y^2-z^2)\mathrm{d}x+(2z^2-x^2)\mathrm{d}y+(3x^2-y^2)\mathrm{d}z,$$

其中 L 为平面 $x+y+z=2$ 与柱面 $|x|+|y|=1$ 的交线,从 z 轴正向看为逆时针方向.

解　记 Σ 为 L 所围成的曲面,取上侧,又 Σ 的单位法向量为 $\boldsymbol{n}=\left(\dfrac{1}{\sqrt{3}},\dfrac{1}{\sqrt{3}},\dfrac{1}{\sqrt{3}}\right)$,

则由 Stokes 公式和两类曲面积分之间的关系可得

$$I=\oint_L(y^2-z^2)\mathrm{d}x+(2z^2-x^2)\mathrm{d}y+(3x^2-y^2)\mathrm{d}z$$

$$=\iint_\Sigma\begin{vmatrix}\dfrac{1}{\sqrt{3}}&\dfrac{1}{\sqrt{3}}&\dfrac{1}{\sqrt{3}}\\[2mm]\dfrac{\partial}{\partial x}&\dfrac{\partial}{\partial y}&\dfrac{\partial}{\partial z}\\[2mm]y^2-z^2&2z^2-x^2&3x^2-y^2\end{vmatrix}\mathrm{d}S$$

$$=-\frac{2}{\sqrt{3}}\iint_\Sigma(4x+2y+3z)\mathrm{d}S.$$

再由轮换对称性,可得 $\displaystyle\iint_\Sigma x\,\mathrm{d}S=\iint_\Sigma y\,\mathrm{d}S\Rightarrow\iint_\Sigma(y-x)\mathrm{d}S=0$,所以

$$I=-\frac{2}{\sqrt{3}}\iint_\Sigma(4x+2y+3z+(y-x))\mathrm{d}S$$

$$=-\frac{2}{\sqrt{3}}\iint_\Sigma3(x+y+z)\mathrm{d}S=-\frac{2}{\sqrt{3}}\iint_\Sigma6\mathrm{d}S$$

$$=-\frac{12}{\sqrt{3}}\iint_{|x|+|y|\leqslant1}\sqrt{1+z_x^2+z_y^2}\,\mathrm{d}x\,\mathrm{d}y$$

$$=-\frac{12}{\sqrt{3}}\iint_{|x|+|y|\leqslant1}\sqrt{3}\,\mathrm{d}x\,\mathrm{d}y=-24.$$

8.5　练习题

1. (南京信息工程大学 2017 年) 求由 $y^2 = x, x^2 = 2y$ 所围成图形的面积.

2. (华东师范大学 2017 年) 设 D 是由 $y = x, y = 1, x = 0$ 围成的封闭图形, 计算积分 $I = \iint\limits_D \sqrt{y^2 - xy}\, \mathrm{d}x\, \mathrm{d}y$.

3. (华东师范大学 2017 年、浙江大学 2019 年) 设 D 是由点 $A(x_1, y_1), B(x_2, y_2), C(x_3, y_3)$ 围成的三角形封闭区域, 计算积分 $I = \iint\limits_D x^2\, \mathrm{d}x\, \mathrm{d}y$.

4. (北京工业大学 2003 年) 设 D 为矩形区域 $[-1, 1] \times [0, 1]$, 计算积分

$$I = \iint\limits_D |\, y - x^2\, |\, \mathrm{d}x\, \mathrm{d}y.$$

5. (东南大学 2004 年) 计算二重积分 $I = \iint\limits_D \mathrm{e}^{\max\{x^2, y^2\}}\, \mathrm{d}x\, \mathrm{d}y$, 其中

$$D = \{(x, y) \mid 0 \leqslant x \leqslant 1, 0 \leqslant y \leqslant 1\}.$$

6. (郑州大学 2006 年) 计算二重积分 $I = \iint\limits_D f(x, y)\, \mathrm{d}x\, \mathrm{d}y$, 其中

$$f(x, y) = \begin{cases} 1, & y \leqslant \mathrm{e}^x, \\ 0, & y > \mathrm{e}^x, \end{cases} \quad D = \{(x, y) \mid 0 \leqslant x \leqslant 1, 0 \leqslant y \leqslant \mathrm{e}\}.$$

7. 计算二重积分 $I = \iint\limits_D f(x, y)\, \mathrm{d}x\, \mathrm{d}y$, 其中

$$f(x, y) = \begin{cases} 1 - x - y, & x + y \leqslant 1, \\ 0, & x + y > 1, \end{cases}$$

$$D = \{(x, y) \mid 0 \leqslant x \leqslant 1, 0 \leqslant y \leqslant 1\}.$$

8. (东南大学 2007 年) 设函数 $f(t)$ 满足 $f(t) = 1 + \iint\limits_D f\left(\dfrac{1}{2}\sqrt{x^2 + y^2}\right)\mathrm{d}x\, \mathrm{d}y$, 其中 D 为圆环域 $4a^2 \leqslant x^2 + y^2 \leqslant 4t^2, a > 0$ 为常数, 求 $f(t)$.

9. (华东师范大学 2005 年) 计算二重积分 $I = \iint\limits_D |\, 3x + 4y\, |\, \mathrm{d}x\, \mathrm{d}y$, 其中

$$D = \{(x, y) \mid x^2 + y^2 \leqslant 1\}.$$

10. (重庆大学 2013 年) 计算二重积分 $I = \iint\limits_{D} |\, 3x + 4y \,|\, e^{x^2 + y^2} \, \mathrm{d}x \, \mathrm{d}y$, 其中

$$D = \{(x, y) \mid x^2 + y^2 \leqslant 1\}.$$

11. (山东大学 2000 年) 计算二重积分 $I = \iint\limits_{D} [\sqrt{x^2 + y^2}] \mathrm{d}x \, \mathrm{d}y$, 其中

$$D = \{(x, y) \mid x^2 + y^2 \leqslant 16\}.$$

12. (南京师范大学 2004 年) 计算二重积分 $I = \iint\limits_{D} \sqrt{[x^2 + y^2]} \, \mathrm{d}x \, \mathrm{d}y$, 其中

$$D = \{(x, y) \mid x^2 \leqslant y \leqslant 3\}.$$

13. (浙江大学 2013 年) 计算二重积分 $I = \iint\limits_{D} xy[1 + x^2 + y^2] \mathrm{d}x \, \mathrm{d}y$, 其中

$$D = \{(x, y) \mid x^2 + y^2 \leqslant \sqrt{3}, x \geqslant 0, y \geqslant 0\}.$$

14. (武汉大学 2009 年) 设 $D = \{(x, y) \mid x^2 + y^2 \leqslant y, x \geqslant 0\}$, $f(x, y)$ 连续, 若 $f(x, y) = \sqrt{1 - x^2 - y^2} - \dfrac{8}{\pi} \iint\limits_{D} f(x, y) \mathrm{d}x \, \mathrm{d}y$, 求 $f(x, y)$.

15. (西南大学 2011 年) 设 $f(x, y)$ 连续, D 是由 $y = 0, y = x^2, x = 1$ 所围成的平面区域, 且 $f(x, y) = xy + \iint\limits_{D} f(x, y) \mathrm{d}x \, \mathrm{d}y$, 求 $\iint\limits_{D} f(x, y) \mathrm{d}x \, \mathrm{d}y$ 的值.

16. 设 $f(x)$ 有连续的导数, $f(a) = 0$, 试求极限

$$\lim_{b \to a^+} \frac{1}{(a - b)^3} \iint\limits_{D} x f(y) \mathrm{d}x \, \mathrm{d}y,$$

其中 D 是由 $y = a, y = x, x = b(b > a)$ 所围成的平面区域.

17. (山东大学 2009 年) 求极限 $\lim\limits_{x \to 0} \dfrac{\int_0^x \mathrm{d}u \int_0^{u^2} \arctan(1 + t) \mathrm{d}t}{x(1 - \cos x)}$.

18. (江苏大学 2004 年) 设 D 为矩形区域 $[0, \pi] \times [0, \pi]$, $f(x, y)$ 在 D 上连续, 且 $f(x, y) > 0$, 求极限 $\lim\limits_{n \to \infty} \iint\limits_{D} (\sin x)(f(x, y))^{\frac{1}{n}} \mathrm{d}x \, \mathrm{d}y$.

(提示: $f(x, y)$ 在 D 上连续, 进而有界)

19. (电子科技大学 2010 年) 求曲面 $z = \mathrm{e}^{-x^2 - y^2 + 2y - 1}$ 与平面 $z = \dfrac{1}{\mathrm{e}}$ 所围成的空间立体的体积.

20. 计算三重积分 $I = \iiint\limits_{\Omega} x^2 \sqrt{x^2 + y^2}\, \mathrm{d}V$，其中 Ω 为曲面 $z = \sqrt{x^2 + y^2}$ 及 $z = x^2 + y^2$ 围成的空间区域.

21. 计算三重积分 $I = \iiint\limits_{\Omega} z\, \mathrm{d}V$，其中 Ω 为曲面 $x^2 + y^2 + z^2 = 4$ 及 $3z = x^2 + y^2$ 围成的空间区域.

22. 计算三重积分 $I = \iiint\limits_{\Omega} xyz\, \mathrm{d}V$，其中 Ω 为 $x^2 + y^2 + z^2 - 2a(x + y + z) + 2a^2 = 0 (a > 0)$ 所确定的空间区域.

23. (中国科学院 2010 年) 计算三重积分

$$I = \iiint\limits_{\Omega} (x^3 + y^3 + z^3)\, \mathrm{d}V,$$

其中 Ω 是由 $x \leqslant yz \leqslant 2x, y \leqslant zx \leqslant 2y, z \leqslant xy \leqslant 2z$ 所确定的空间区域.

24. 设 $f(x)$ 在 $|x| \leqslant \sqrt{a^2 + b^2 + c^2} (a^2 + b^2 + c^2 \neq 0)$ 上连续，证明：

$$\iiint\limits_{\Omega} f\left(\frac{ax + by + cz}{\sqrt{a^2 + b^2 + c^2}}\right) \mathrm{d}x\, \mathrm{d}y\, \mathrm{d}z = \frac{2}{3}\pi \int_{-1}^{1} f(u\sqrt{a^2 + b^2 + c^2})\, \mathrm{d}u,$$

其中 $\Omega: x^2 + y^2 + z^2 \leqslant 1$.

(提示：左侧式子用球坐标变换化为累次积分)

25. 计算积分 $\int_L (\mathrm{e}^y \sin x + mx)\, \mathrm{d}y + (\mathrm{e}^y \cos x - my)\, \mathrm{d}x$，其中 L 为逆时针方向曲线 $x^2 + y^2 = 2\pi x - \frac{3}{4}\pi^2$ 的上半段.

26. (兰州大学 2009 年) 计算积分

$$\int_L (\mathrm{e}^x \sin y - b(x - y))\, \mathrm{d}x + (\mathrm{e}^x \cos y - ax)\, \mathrm{d}y,$$

其中 L 为从点 $(2a, 0)$ 沿 $y = \sqrt{2ax - x^2}$ 到点 $(0, 0)$ 的一段.

27. 计算积分 $\int_L (x\sqrt{1 + x^2 + y^2} - y^2)\, \mathrm{d}x + (y\sqrt{1 + x^2 + y^2} + x^3)\, \mathrm{d}y$，其中 L 为从点 $(0, 0)$ 沿 $x^2 + y^2 = 2x$ 的上半圆到点 $(2, 0)$ 的一段.

28. 分别计算曲面积分 $I = \iint\limits_{\Sigma} \frac{x\, \mathrm{d}y\, \mathrm{d}z + y\, \mathrm{d}z\, \mathrm{d}x + z\, \mathrm{d}x\, \mathrm{d}y}{(x^2 + y^2 + z^2)^{3/2}}$，其中

(1) Σ 是 $\Omega = \{(x, y, z) \mid |x| \leqslant 2, |y| \leqslant 2, |z| \leqslant 2\}$ 的界面的外侧；

(2) Σ 为曲面 $z = 5 - x^2 - y^2 (z \geqslant 0)$ 的上侧；

(3) Σ 为曲面 $1 - z = x^2 + y^2 (z \geqslant 0)$ 的上侧；

（4）Σ 为曲面 $1 - \dfrac{z}{5} = \dfrac{(x-3)^2}{16} + \dfrac{(y-2)^2}{9} (z \geqslant 0)$ 的上侧.

29.（中山大学 2002 年）计算积分 $\displaystyle\iint\limits_{\Sigma} xy^2 \mathrm{d}y\mathrm{d}z + yz^2 \mathrm{d}z\mathrm{d}x + zx^2 \mathrm{d}x\mathrm{d}y$，其中 Σ 是由曲面 $y = z^2 + x^2$ 与平面图形 $y = 1, y = 2$ 围成的有界闭区域的边界外侧.

30. 设 C 为光滑曲面 Σ 的边界，求证：

$$\oint_C f\frac{\partial g}{\partial x}\mathrm{d}x + f\frac{\partial g}{\partial y}\mathrm{d}y + f\frac{\partial g}{\partial z}\mathrm{d}z = \iint\limits_{\Sigma} \begin{vmatrix} \dfrac{\partial f}{\partial x} & \dfrac{\partial f}{\partial y} & \dfrac{\partial f}{\partial z} \\[2mm] \dfrac{\partial g}{\partial x} & \dfrac{\partial g}{\partial y} & \dfrac{\partial g}{\partial z} \\[2mm] \cos\alpha & \cos\beta & \cos\gamma \end{vmatrix} \mathrm{d}S,$$

其中 f, g 是具有二阶连续偏导数的函数，$\cos\alpha, \cos\beta, \cos\gamma$ 为 Σ 上单位法向量的方向余弦（C 的方向与 Σ 的法线方向成右手关系）.

（提示：利用 Stokes 公式）

第 9 章　　含参量积分

本章主要介绍和讨论含参量正常积分和含参量反常积分(含参量非正常积分)的分析性质,包括连续性、可积性、可微性等,并且利用这些性质讨论了 Euler 积分这样一类特殊的含参量积分.

9.1　含参量正常积分

9.1.1　内容提要与知识点解析

1) 含参量正常积分的定义

设 $f(x,y)$ 为定义在矩形区域 $D=[a,b]\times[c,d]$ 上的二元函数,若对任意的 $y\in[c,d]$,函数 $f(x,y)$ 关于 x 在 $[a,b]$ 上可积,则其积分值为 y 的函数 $I(y)$,$y\in[c,d]$,即

$$I(y)=\int_a^b f(x,y)\mathrm{d}x,\quad y\in[c,d],$$

称之为含参量 y 的正常积分.

注　一般地,设 $f(x,y)$ 在 $G=\{(x,y)\mid a(y)\leqslant x\leqslant b(y),c\leqslant y\leqslant d\}$ 上有定义,其中 $a(y),b(y)$ 在 $[c,d]$ 上连续,若对任意的 $y\in[c,d]$,函数 $f(x,y)$ 关于 x 在 $[a(y),b(y)]$ 上可积,则可定义含参量 y 的积分

$$F(y)=\int_{a(y)}^{b(y)} f(x,y)\mathrm{d}x,\quad y\in[c,d].$$

2) 含参量正常积分的性质

(1) 连续性定理

设 $f(x,y)$ 在 $G=\{(x,y)\mid a(y)\leqslant x\leqslant b(y),c\leqslant y\leqslant d\}$ 上连续,其中 $a(y),b(y)$ 在 $[c,d]$ 上连续,则函数 $F(y)=\int_{a(y)}^{b(y)} f(x,y)\mathrm{d}x$ 在 $[c,d]$ 上连续.

特别地,若 $f(x,y)$ 在 $D=[a,b]\times[c,d]$ 上连续,则 $I(y)=\int_a^b f(x,y)\mathrm{d}x$ 在 $[c,d]$ 上连续.

注　这个结果说明矩形上的连续函数,其极限运算与积分运算可以交换次

序,即

$$\lim_{y \to y_0} \int_a^b f(x,y) \mathrm{d}x = \int_a^b \lim_{y \to y_0} f(x,y) \mathrm{d}x.$$

(2) 可微性定理

设 $f(x,y)$ 及 $f_y(x,y)$ 均在 $D = [a,b] \times [c,d]$ 上连续,则

$$I(y) = \int_a^b f(x,y) \mathrm{d}x$$

在 $[c,d]$ 上可微,且成立 $I'(y) = \int_a^b f_y(x,y) \mathrm{d}x$.

又如果 $a(y), b(y)$ 在 $[c,d]$ 上可导,并且满足 $a(y), b(y)$ 的值域含于 $[a,b]$,则 $F(y) = \int_{a(y)}^{b(y)} f(x,y) \mathrm{d}x$ 在 $[c,d]$ 可微,且成立

$$F'(y) = \int_{a(y)}^{b(y)} f_y(x,y) \mathrm{d}x + f(b(y),y)b'(y) - f(a(y),y)a'(y).$$

(3) 积分次序交换定理

设 $f(x,y)$ 在 $[a,b] \times [c,d]$ 上连续,则

$$\int_a^b \mathrm{d}x \int_c^d f(x,y) \mathrm{d}y = \int_c^d \mathrm{d}y \int_a^b f(x,y) \mathrm{d}x.$$

注　这里的闭区间一般不能为开区间或半开半闭区间,比如函数

$$f(x,y) = \frac{x^2 - y^2}{(x^2 + y^2)^2}$$

在 $[0,1] \times (0,1]$ 上连续,而

$$\int_0^1 \mathrm{d}x \int_0^1 f(x,y) \mathrm{d}y = \int_0^1 \mathrm{d}x \int_0^1 \frac{\partial}{\partial y}\left(\frac{y}{x^2 + y^2}\right) \mathrm{d}y = \int_0^1 \frac{1}{1 + x^2} \mathrm{d}x = \frac{\pi}{4},$$

$$\int_0^1 \mathrm{d}y \int_0^1 f(x,y) \mathrm{d}x = \int_0^1 \mathrm{d}y \int_0^1 -\frac{\partial}{\partial x}\left(\frac{x}{x^2 + y^2}\right) \mathrm{d}x = -\int_0^1 \frac{1}{1 + y^2} \mathrm{d}y = -\frac{\pi}{4},$$

即 $\int_0^1 \mathrm{d}x \int_0^1 f(x,y) \mathrm{d}y \neq \int_0^1 \mathrm{d}y \int_0^1 f(x,y) \mathrm{d}x.$

9.1.2　典型例题解析

例 9.1　求下列极限:

(1) $\displaystyle\lim_{\alpha \to 0} \int_\alpha^{1+\alpha} \frac{\mathrm{d}x}{1 + x^2 + \alpha^2}$; (2) $\displaystyle\lim_{y \to 0^+} \int_0^1 \frac{\mathrm{d}x}{1 + (1 + xy)^{\frac{1}{y}}}$; (3) $\displaystyle\lim_{n \to \infty} \int_0^1 \frac{\mathrm{d}x}{1 + \left(1 + \frac{x}{n}\right)^n}$.

解 (1) 因 $\alpha,1+\alpha,\dfrac{1}{1+x^2+\alpha^2}$ 为 α 和 x 的连续函数,故 $I(\alpha)=\displaystyle\int_{\alpha}^{1+\alpha}\dfrac{\mathrm{d}x}{1+x^2+\alpha^2}$ 在 $\alpha=0$ 处连续,由含参量正常积分的连续性可得

$$\lim_{\alpha\to 0}I(\alpha)=I(0)=\int_0^1\frac{\mathrm{d}x}{1+x^2}=\frac{\pi}{4}.$$

(2) 由于 $\dfrac{1}{1+(1+xy)^{\frac{1}{y}}}\to\dfrac{1}{1+\mathrm{e}^x}(y\to 0)$,令

$$f(x,y)=\begin{cases}\dfrac{1}{1+(1+xy)^{\frac{1}{y}}}, & y\neq 0,\\[3mm]\dfrac{1}{1+\mathrm{e}^x}, & y=0,\end{cases}$$

则 $f(x,y)$ 在 $[0,1]\times[0,1]$ 上连续,由含参量正常积分的连续性可得

$$\lim_{y\to 0^+}\int_0^1\frac{\mathrm{d}x}{1+(1+xy)^{\frac{1}{y}}}=\int_0^1\frac{\mathrm{d}x}{1+\mathrm{e}^x}=-\int_0^1\frac{1}{1+\mathrm{e}^{-x}}\mathrm{d}(1+\mathrm{e}^{-x})=\ln\frac{2\mathrm{e}}{1+\mathrm{e}}.$$

(3) 由于

$$f_n(x)=\frac{1}{1+\left(1+\dfrac{x}{n}\right)^n}$$

在 $[0,1]$ 上连续且关于 n 单调,又 $\lim\limits_{n\to\infty}f_n(x)=\dfrac{1}{1+\mathrm{e}^x}$ 在 $[0,1]$ 上连续,则由 Dini 定理知:$\{f_n(x)\}$ 在 $[0,1]$ 上一致收敛于 $\dfrac{1}{1+\mathrm{e}^x}$.于是

$$\lim_{n\to\infty}\int_0^1\frac{\mathrm{d}x}{1+\left(1+\dfrac{x}{n}\right)^n}=\int_0^1\frac{1}{1+\mathrm{e}^x}\mathrm{d}x=-\int_0^1\frac{1}{1+\mathrm{e}^{-x}}\mathrm{d}(1+\mathrm{e}^{-x})=\ln\frac{2\mathrm{e}}{1+\mathrm{e}}.$$

例 9.2 求解或证明下列各题:

(1) 设 $I(y)=\displaystyle\int_{-1}^1\frac{\mathrm{d}x}{(1+y\sin x)^2}$,$y\in(-1,1)$,求 $I'(y)$;

(2) 设 $I(x)=\displaystyle\int_x^{x^2}\mathrm{d}s\int_s^x f(s,t)\mathrm{d}t$,其中 $f(s,t)$ 在 $\mathbf{R}^2$ 上连续,求 $I'(x)$;

(3) 设 $f(x)$ 连续,$F(x)=\displaystyle\int_a^x f(t)(x-t)\mathrm{d}t$,求 $F''(x)$;

(4) 设 $f(x)$ 可微,$F(x)=\displaystyle\int_a^x f(y)(x+y)\mathrm{d}y$,求 $F''(x)$;

(5)（中国科学院 2013 年）设 $f(x)$ 连续，$y(x)=\displaystyle\int_0^x f(x-t)\sin t\,\mathrm{d}t$，求证：$y(x)$ 满足 $y''(x)+y(x)=f(x),y(0)=y'(0)=0.$

(1) **解** 因为 $\forall y\in(-1,1),\exists\delta\in(0,1)$，使得 $y\in[-\delta,\delta]\subset(-1,1)$，且

$$f(x,y)=\frac{1}{(1+y\sin x)^2}\quad 与\quad f_y(x,y)=\frac{-2\sin x}{(1+y\sin x)^3}$$

在 $D=[-1,1]\times[-\delta,\delta]$ 上连续，从而

$$I'(y)=\int_{-1}^1\frac{\partial}{\partial y}\frac{1}{(1+y\sin x)^2}\mathrm{d}x=-2\int_{-1}^1\frac{\sin x}{(1+y\sin x)^3}\mathrm{d}x.$$

(2) **解** 令 $g(s,x)=\displaystyle\int_s^x f(s,t)\mathrm{d}t$，则 g 在 $\mathbf{R}^2$ 上连续，且

$$I(x)=\int_x^{x^2}g(s,x)\mathrm{d}s.$$

又因为 $\dfrac{\partial g}{\partial x}=f(s,x)$ 在 $\mathbf{R}^2$ 上连续，从而 $I'(x)$ 存在，且

$$I'(x)=\int_x^{x^2}\frac{\partial g}{\partial x}\mathrm{d}s+2xg(x^2,x)-g(x,x)$$

$$=\int_x^{x^2}f(s,x)\mathrm{d}s+2x\int_{x^2}^x f(x^2,t)\mathrm{d}t.$$

(3) **解** 由于 $F(x)=\displaystyle\int_a^x f(t)(x-t)\mathrm{d}t=x\int_a^x f(t)\mathrm{d}t-\int_a^x f(t)t\mathrm{d}t$，所以

$$F'(x)=\Big(x\int_a^x f(t)\mathrm{d}t-\int_a^x f(t)t\mathrm{d}t\Big)'$$

$$=\int_a^x f(t)\mathrm{d}t+xf(x)-xf(x)=\int_a^x f(t)\mathrm{d}t,$$

因而 $F''(x)=\Big(\displaystyle\int_a^x f(t)\mathrm{d}t\Big)'=f(x).$

(4) **解** 与上一问类似方法，可得 $F''(x)=3f(x)+2xf'(x).$

(5) **证明** 令 $u=x-t$，则

$$y(x)=\int_0^x f(x-t)\sin t\,\mathrm{d}t=\int_x^0 f(u)\sin(x-u)(-\mathrm{d}u)$$

$$=\int_0^x f(t)\sin(x-t)\mathrm{d}t,$$

$$y'(x)=\int_0^x f(t)\cos(x-t)\mathrm{d}t,$$

$$y''(x) = \int_0^x f(t)(-\sin(x-t))\mathrm{d}t + f(x) = f(x) - y(x).$$

例 9.3 (1) 设 $f(x)$ 在 $[0,1]$ 上连续,而且 $f(x) > 0$,试研究函数

$$I(y) = \int_0^1 g(x,y)\mathrm{d}x$$

的连续性,其中 $g(x,y) = \dfrac{yf(x)}{x^2+y^2}$;

(2) 设 $u(x,y)$ 在 $\mathbf{R}^2$ 内有连续的二阶偏导数,且 $u_{xx}(x,y) + u_{yy}(x,y) = 0$,而 $u(x,y)$ 的两个一阶偏导数对任意固定的 $y \in \mathbf{R}$ 是 x 的以 2π 为周期的函数,证明:

$$f(y) = \int_0^{2\pi} [(u_x)^2 - (u_y)^2]\mathrm{d}x \equiv C, \quad y \in \mathbf{R}.$$

(1) **解** 当 $y \neq 0$ 时,设 $0 \notin [c,d]$,则 $g(x,y)$ 在 $[0,1] \times [c,d]$ 上连续,从而 $I(y)$ 在 $[c,d]$ 上连续.

当 $y = 0$ 时,有 $g(x,y) = 0$,则 $I(y) = 0$.考虑当 $y > 0$ 时,$f(x)$ 在 $[0,1]$ 上连续且 $f(x) > 0$,所以 $\min\limits_{x \in [0,1]} f(x) = m > 0$.于是

$$I(y) \geqslant m \int_0^1 \frac{y}{x^2+y^2}\mathrm{d}x = m\arctan\frac{1}{y} \to \frac{\pi m}{2} \quad (y \to 0^+),$$

所以

$$\lim_{y \to 0^+} I(y) \geqslant \frac{\pi m}{2} > 0 = I(0),$$

即 $I(y)$ 在 $y = 0$ 处不连续.

(2) **证明** 令 $F(x,y) = \left(\dfrac{\partial u}{\partial x}\right)^2 - \left(\dfrac{\partial u}{\partial y}\right)^2$,则 $F(x,y)$ 及 $F_y(x,y)$ 在 $\mathbf{R}^2$ 内连续,所以

$$f'(y) = \int_0^{2\pi} \frac{\partial}{\partial y}\left(\left(\frac{\partial u}{\partial x}\right)^2 - \left(\frac{\partial u}{\partial y}\right)^2\right)\mathrm{d}x = \int_0^{2\pi}\left(2\frac{\partial u}{\partial x}\frac{\partial^2 u}{\partial x \partial y} - 2\frac{\partial u}{\partial y}\frac{\partial^2 u}{\partial y^2}\right)\mathrm{d}x$$

$$= 2\int_0^{2\pi}\left(\frac{\partial u}{\partial x}\frac{\partial^2 u}{\partial x \partial y} + \frac{\partial u}{\partial y}\frac{\partial^2 u}{\partial x^2}\right)\mathrm{d}x = 2\int_0^{2\pi}\frac{\partial u}{\partial x}\left(\frac{\partial u}{\partial x}\frac{\partial u}{\partial y}\right)\mathrm{d}x$$

$$= 2\frac{\partial u}{\partial x}\frac{\partial u}{\partial y}\bigg|_0^{2\pi} = 0.$$

注 类似的问题:设 $f(x)$ 在 $[0,1]$ 上连续,讨论函数 $F(t) = \int_0^1 \dfrac{t}{x^2+t^2}f(x)\mathrm{d}x$ 的连续性.(提示:$f(0) = 0$ 时 $F(t)$ 在 $x = 0$ 处连续,否则在 $x = 0$ 处不连续)

例 9.4　计算下列积分：

(1) $I = \int_0^1 \sin\left(\ln\frac{1}{x}\right)\frac{x^b - x^a}{\ln x}\mathrm{d}x$　$(b > a > 0)$；

(2) $I(a) = \int_0^{\frac{\pi}{2}} \ln(a^2 - \sin^2 x)\mathrm{d}x$　$(a > 1)$.

解　(1) 注意到 $\sin\left(\ln\frac{1}{x}\right)\dfrac{x^b - x^a}{\ln x} \to 0(x \to 0^+$ 或 $x \to 1^-)$，所以积分是正常积分. 令

$$f(x,y) = \begin{cases} \sin\left(\ln\dfrac{1}{x}\right)x^y, & x \neq 0, a \leqslant y \leqslant b, \\ 0, & x = 0, a \leqslant y \leqslant b, \end{cases}$$

则 $f(x,y)$ 在 $[0,1] \times [a,b]$ 上连续, 于是

$$I = \int_a^b \mathrm{d}y \int_0^1 \sin\left(\ln\frac{1}{x}\right)x^y \mathrm{d}x.$$

再令 $x = \mathrm{e}^{-t}$, 则

$$I = \int_a^b \mathrm{d}y \int_0^{+\infty} \mathrm{e}^{-(y+1)t}\sin t\, \mathrm{d}t = \int_a^b \frac{1}{1 + (1+y)^2}\mathrm{d}y$$
$$= \arctan(b + 1) - \arctan(a + 1).$$

(2) 令 $f(x,a) = \ln(a^2 - \sin^2 x)$, 且 $\dfrac{\partial f}{\partial a} = \dfrac{2a}{a^2 - \sin^2 x}$ 在 $a > 1$ 时连续, 所以

$$I'(a) = \int_0^{\frac{\pi}{2}} \frac{2a}{a^2 - \sin^2 x}\mathrm{d}x.$$

再令 $t = \tan x$, 则

$$I'(a) = \int_0^{+\infty} \frac{2a}{a^2 + (a^2 - 1)t^2}\mathrm{d}t = \frac{\pi}{\sqrt{a^2 - 1}},$$

从而

$$I(a) = \int \frac{\pi}{\sqrt{a^2 - 1}}\mathrm{d}a = \pi\ln|a + \sqrt{a^2 - 1}| + C,$$

其中 C 是一个确定的常数, 比如可取 $C = \int_0^{\frac{\pi}{2}} \ln(4 - \sin^2 x)\mathrm{d}x - \pi\ln(2 + \sqrt{3})$.

例 9.5　设 $f(t) = \left(\int_0^t \mathrm{e}^{-x^2}\mathrm{d}x\right)^2$, $g(t) = \int_0^1 \dfrac{\mathrm{e}^{-t^2(1+x^2)}}{1 + x^2}\mathrm{d}x$, 证明：$f(t) + g(t) = \dfrac{\pi}{4}$,

并由此得 $\displaystyle\int_0^{+\infty} e^{-x^2}\,dx = \dfrac{\sqrt{\pi}}{2}$.

证明 由可微性定理可得

$$f'(t) = 2e^{-t^2}\int_0^t e^{-x^2}\,dx = 2\int_0^t e^{-(t^2+x^2)}\,dx,$$

$$g'(t) = -2\int_0^1 e^{-(1+x^2)t^2}t\,dx = -2\int_0^1 e^{-(t^2+t^2x^2)}\,d(xt).$$

令 $xt = y$，则

$$g'(t) = -2\int_0^t e^{-(t^2+y^2)}\,dy = -f'(t),$$

即 $f'(t) + g'(t) = 0$. 又

$$f(0) + g(0) = \int_0^1 \frac{dx}{1+x^2} = \frac{\pi}{4},$$

所以 $f(t) + g(t) = \dfrac{\pi}{4}$.

再令 $t \to +\infty$，则

$$g(t) \to 0, \quad f(t) \to \left(\int_0^{+\infty} e^{-x^2}\,dx\right)^2,$$

所以

$$\int_0^{+\infty} e^{-x^2}\,dx = \sqrt{\frac{\pi}{4}} = \frac{\sqrt{\pi}}{2}.$$

例 9.6 (1) 计算积分 $I = \displaystyle\int_0^1 \dfrac{\ln(1+x)}{1+x^2}\,dx$；

(2)（浙江大学 2003 年）计算积分 $\displaystyle\max_{0\leqslant s\leqslant 1}\int_0^1 |\ln|s-t||\,dt$.

解 (1) 考虑 $I(\alpha) = \displaystyle\int_0^1 \dfrac{\ln(1+\alpha x)}{1+x^2}\,dx$，显然 $I(0) = 0, I(1) = I$，且

$$f(x,\alpha) = \frac{\ln(1+\alpha x)}{1+x^2}$$

在 $[0,1] \times [0,1]$ 上满足积分号下可微性定理条件，于是

$$I'(\alpha) = \int_0^1 \frac{x\,dx}{(1+\alpha x)(1+x^2)} = \frac{1}{1+\alpha^2}\int_0^1 \left(\frac{\alpha+x}{1+x^2} - \frac{\alpha}{1+\alpha x}\right)dx$$

$$= \frac{1}{1+\alpha^2} \left(\int_0^1 \frac{\alpha}{1+x^2} dx + \int_0^1 \frac{x}{1+x^2} dx - \int_0^1 \frac{\alpha}{1+\alpha x} dx \right)$$

$$= \frac{1}{1+\alpha^2} \left[\alpha \arctan x \Big|_0^1 + \frac{1}{2} \ln(1+x^2) \Big|_0^1 - \ln(1+\alpha x) \Big|_0^1 \right]$$

$$= \frac{1}{1+\alpha^2} \left(\frac{\pi}{4} \alpha + \frac{1}{2} \ln 2 - \ln(1+\alpha) \right),$$

从而

$$I(1) = I(1) - I(0) = \int_0^1 I'(\alpha) d\alpha$$

$$= \int_0^1 \frac{1}{1+\alpha^2} \left(\frac{\pi}{4} \alpha + \frac{1}{2} \ln 2 - \ln(1+\alpha) \right) d\alpha$$

$$= \frac{\pi}{8} \ln(1+\alpha^2) \Big|_0^1 + \frac{1}{2} \ln 2 \cdot \arctan \alpha \Big|_0^1 - I(1)$$

$$= \frac{\pi}{4} \ln 2 - I(1),$$

所以 $I(1) = \dfrac{\pi}{8} \ln 2$.

(2) 因为

$$I(s) = \int_0^1 |\ln|s-t|| dt$$

$$= \int_0^s |\ln|s-t|| dt + \int_s^1 |\ln|s-t|| dt$$

$$= -\int_0^s \ln(s-t) dt - \int_s^1 \ln(t-s) dt$$

$$= -\int_0^s \ln t \, dt - \int_0^{1-s} \ln t \, dt,$$

于是由 $I'(s) = -\ln s + \ln(1-s) = 0$ 得到稳定点 $s = \dfrac{1}{2}$. 又经过计算得到

$$I\left(\frac{1}{2}\right) = 1 + \ln 2, \quad I(0) = 1, \quad I(1) = 1,$$

比较三点处的函数值即得 $\max\limits_{0 \leqslant s \leqslant 1} \displaystyle\int_0^1 |\ln|s-t|| dt = 1 + \ln 2$.

　　注　当积分中没有参数时,可以在被积函数的适当位置添加一个参数,把无参量积分转化成含参量积分.

9.2 含参量反常积分

9.2.1 内容提要与知识点解析

1) 含参量反常积分的定义

设函数 $f(x,y)$ 定义在无界区域 $D=[a,b]\times[c,+\infty)$ 上,若对任意固定的 $x\in[a,b]$,反常积分

$$\int_c^{+\infty} f(x,y)\mathrm{d}y$$

均收敛,则其值为 x 在 $[a,b]$ 上取值的函数,记为 $I(x)$,即

$$I(x)=\int_c^{+\infty} f(x,y)\mathrm{d}y, \quad x\in[a,b],$$

并称上式为定义在 $[a,b]$ 上的含参量的无穷限反常积分.

　　注　含参量无穷限反常积分与函数项级数都是对函数求和,只不过前者是连续求和,后者是离散求和,它们的一致收敛定义、判别法和各种性质有相似之处.另外,还可以类似定义含参量的无界函数反常积分,它的性质和一致收敛判别的方法都与含参量的无穷限反常积分相似,这里就不单列出这些性质和判别方法了.

2) 含参量反常积分一致收敛的定义

若 $I(x)=\int_c^{+\infty} f(x,y)\mathrm{d}y, x\in[a,b]$ 满足:$\forall\varepsilon>0,\exists A>c,$ 当 $A_1>A$ 时,$\forall x\in[a,b]$,有

$$\left|\int_c^{A_1} f(x,y)\mathrm{d}y-I(x)\right|<\varepsilon,$$

则称 $\int_c^{+\infty} f(x,y)\mathrm{d}y$ 在 $[a,b]$ 上一致收敛于 $I(x)$.

　　注　$\int_c^{+\infty} f(x,y)\mathrm{d}y$ 在 $[a,b]$ 上不一致收敛于 $I(x)$ 是指:$\exists\varepsilon_0>0,\forall A>c,$ $\exists A_1>A$ 及 $x_0\in[a,b]$,有

$$\left|\int_{A_1}^{+\infty} f(x_0,y)\mathrm{d}y\right|\geqslant\varepsilon_0.$$

3) 含参量反常积分一致收敛的判别方法

(1) 柯西收敛准则:$\int_c^{+\infty} f(x,y)\mathrm{d}y$ 在 $[a,b]$ 上一致收敛当且仅当 $\forall\varepsilon>0,$

$\exists M > c$,当 $A_1, A_2 > M$ 时,$\forall x \in [a,b]$,有

$$\left| \int_{A_1}^{A_2} f(x,y)\mathrm{d}y \right| < \varepsilon.$$

(2) M- 判别法(优函数判别法):设存在函数 $g(y), y \geqslant c$ 使得

$$| f(x,y) | \leqslant g(y), \quad \forall x \in [a,b],$$

若 $\int_c^{+\infty} g(y)\mathrm{d}y$ 收敛,则 $\int_c^{+\infty} f(x,y)\mathrm{d}y$ 在 $[a,b]$ 上一致收敛.

(3) 级数判别法:$\int_c^{+\infty} f(x,y)\mathrm{d}y$ 在 $[a,b]$ 上一致收敛当且仅当对任一趋于 $+\infty$ 的递增数列 $\{A_n\}$,其中 $A_1 = c$,函数项级数

$$\sum_{n=1}^{\infty} \int_{A_n}^{A_{n+1}} f(x,y)\mathrm{d}y = \sum_{n=1}^{\infty} u_n(x)$$

在 $[a,b]$ 上一致收敛.

(4) Dirichlet 判别法:设

① $\forall A > c, \int_c^A f(x,y)\mathrm{d}y$ 在 $[a,b]$ 上一致有界,即

$$\exists M > 0, \forall A > c, \forall x \in [a,b], \quad 有 \quad \left| \int_c^A f(x,y)\mathrm{d}y \right| \leqslant M;$$

② $\forall x \in [a,b], g(x,y)$ 关于 y 单调减少,且

$$g(x,y) \xrightarrow{\text{一致}} 0, \quad y \rightarrow +\infty,$$

则 $\int_c^{+\infty} f(x,y)g(x,y)\mathrm{d}y$ 在 $[a,b]$ 上一致收敛.

(5) Abel 判别法:设

① $\int_c^{+\infty} f(x,y)\mathrm{d}y$ 在 $[a,b]$ 上一致收敛;

② $\forall x \in [a,b], g(x,y)$ 关于 y 单调,且在 $[a,b]$ 上一致有界,即

$$\exists M > 0, \forall (x,y) \in [a,b] \times [c,+\infty), \quad 有 \quad | g(x,y) | \leqslant M,$$

则 $\int_c^{+\infty} f(x,y)g(x,y)\mathrm{d}y$ 在 $[a,b]$ 上一致收敛.

(6) Dini 定理:设 $f(x,y)$ 在 $[a,b] \times [c,+\infty)$ 上连续不变号,且

$$I(x) = \int_c^{+\infty} f(x,y)\mathrm{d}y$$

在 $[a,b]$ 上连续,则 $\int_c^{+\infty} f(x,y)\mathrm{d}y$ 在 $[a,b]$ 上一致收敛.

（7）确界判别法：

$$\int_c^{+\infty} f(x,y)\mathrm{d}y \text{ 在 } I \text{ 上一致收敛} \Leftrightarrow \lim_{A\to+\infty} \sup_{x\in I} \left| \int_A^{+\infty} f(x,y)\mathrm{d}y \right| = 0.$$

4）含参量反常积分非一致收敛的判别方法

（1）利用定义.

（2）利用柯西准则，即 $\exists \varepsilon_0 > 0, \forall A > c, \exists A', A'' > A, \exists x' \in [a,b]$，使得

$$\left| \int_{A'}^{A''} f(x',y)\mathrm{d}y \right| \geqslant \varepsilon_0.$$

（3）利用 Dini 定理：若 $f(x,y)$ 在 $[a,b]\times[c,+\infty)$ 上连续，而

$$I(x) = \int_c^{+\infty} f(x,y)\mathrm{d}y$$

在 $[a,b]$ 上存在但不连续，则 $\int_c^{+\infty} f(x,y)\mathrm{d}y$ 在 $[a,b]$ 上不一致收敛.

5）含参量反常积分的性质

（1）连续性定理：设 $f(x,y)$ 在 $[a,b]\times[c,+\infty)$ 上连续，若

$$I(x) = \int_c^{+\infty} f(x,y)\mathrm{d}y$$

在 $[a,b]$ 上一致收敛，则 $I(x)$ 在 $[a,b]$ 上连续.

（2）可微性定理：设 $f(x,y)$ 及 $f_x(x,y)$ 均在 $[a,b]\times[c,+\infty)$ 上连续，若 $I(x) = \int_c^{+\infty} f(x,y)\mathrm{d}y$ 在 $[a,b]$ 上收敛，$\int_c^{+\infty} f_x(x,y)\mathrm{d}y$ 在 $[a,b]$ 上一致收敛，则 $I(x)$ 在 $[a,b]$ 上可微，且

$$I'(x) = \int_c^{+\infty} f_x(x,y)\mathrm{d}y.$$

（3）可积性定理：设 $f(x,y)$ 在 $[a,b]\times[c,+\infty)$ 上连续，若

$$I(x) = \int_c^{+\infty} f(x,y)\mathrm{d}y$$

在 $[a,b]$ 上一致收敛，则 $I(x)$ 在 $[a,b]$ 上可积，且

$$\int_a^b \mathrm{d}x \int_c^{+\infty} f(x,y)\mathrm{d}y = \int_c^{+\infty} \mathrm{d}y \int_a^b f(x,y)\mathrm{d}x.$$

（4）Fubini 定理：设 $f(x,y)$ 在 $[a,+\infty)\times[c,+\infty)$ 上连续，$\int_a^{+\infty}f(x,y)\mathrm{d}x$ 关于 y 在任意有限闭区间 $[c,d]$ 上一致收敛，$\int_c^{+\infty}f(x,y)\mathrm{d}y$ 关于 x 在任意有限闭区间 $[a,b]$ 上一致收敛，若积分

$$\int_a^{+\infty}\mathrm{d}x\int_c^{+\infty}\mid f(x,y)\mid\mathrm{d}y\quad\text{与}\quad\int_c^{+\infty}\mathrm{d}y\int_a^{+\infty}\mid f(x,y)\mid\mathrm{d}x$$

中至少有一个收敛，则有

$$\int_a^{+\infty}\mathrm{d}x\int_c^{+\infty}f(x,y)\mathrm{d}y=\int_c^{+\infty}\mathrm{d}y\int_a^{+\infty}f(x,y)\mathrm{d}x.$$

9.2.2　典型例题解析

例 9.7　证明下面两题：

（1）$\int_0^{+\infty}x\mathrm{e}^{-\alpha x}\mathrm{d}x$ 在 $[\alpha_0,+\infty)(\alpha_0>0)$ 上一致收敛，在 $(0,+\infty)$ 上非一致收敛；

（2）$F(x)=\int_0^{+\infty}\sqrt{x}\,\mathrm{e}^{-xy^2}\mathrm{d}y$ 在 $[\delta,+\infty)(\delta>0)$ 上一致收敛，在 $(0,+\infty)$ 上非一致收敛.

证明　（1）令 $\alpha x=u$，则 $\forall A>0$，有

$$\int_A^{+\infty}x\mathrm{e}^{-\alpha x}\mathrm{d}x=\frac{1}{\alpha^2}\int_{A\alpha}^{+\infty}u\mathrm{e}^{-u}\mathrm{d}u=-\frac{1}{\alpha^2}(u+1)\mathrm{e}^{-u}\Big|_{A\alpha}^{+\infty}=\frac{A}{\alpha}\mathrm{e}^{-A\alpha}+\frac{1}{\alpha^2}\mathrm{e}^{-A\alpha},$$

因此

$$\sup_{\alpha\in[\alpha_0,+\infty)}\Big|\int_A^{+\infty}x\mathrm{e}^{-\alpha x}\mathrm{d}x\Big|\leqslant\frac{A}{\alpha_0}\mathrm{e}^{-A\alpha_0}+\frac{1}{\alpha_0^2}\mathrm{e}^{-A\alpha_0}\to0\quad(A\to+\infty),$$

由确界判别法知 $\int_0^{+\infty}x\mathrm{e}^{-\alpha x}\mathrm{d}x$ 在 $[\alpha_0,+\infty)(\alpha_0>0)$ 上一致收敛.但易见

$$\sup_{\alpha\in(0,+\infty)}\Big|\int_A^{+\infty}x\mathrm{e}^{-\alpha x}\mathrm{d}x\Big|=+\infty,$$

故又由确界判别法知 $\int_0^{+\infty}x\mathrm{e}^{-\alpha x}\mathrm{d}x$ 在 $(0,+\infty)$ 上非一致收敛.

（2）$\forall M>0$ 及 $x\in[\delta,+\infty)$，有

$$\int_M^{+\infty}\sqrt{x}\,\mathrm{e}^{-xy^2}\mathrm{d}y=\int_M^{+\infty}\mathrm{e}^{-xy^2}\mathrm{d}\sqrt{x}\,y=\int_{\sqrt{x}M}^{+\infty}\mathrm{e}^{-y^2}\mathrm{d}y$$

$$\leqslant\int_{\sqrt{\delta}M}^{+\infty}\mathrm{e}^{-y^2}\mathrm{d}y\to0\quad(M\to+\infty),$$

所以 $F(x) = \int_0^{+\infty} \sqrt{x}\, \mathrm{e}^{-xy^2}\,\mathrm{d}y$ 在 $[\delta, +\infty)(\delta > 0)$ 上一致收敛.

现取 $\varepsilon_0 = 0.1$, $\forall M > 0$, 令 $x_0 = \dfrac{1}{M^2}$, 则

$$\int_M^{+\infty} \sqrt{x_0}\, \mathrm{e}^{-x_0 y^2}\,\mathrm{d}y = \int_M^{+\infty} \mathrm{e}^{-x_0 y^2}\,\mathrm{d}\sqrt{x_0}\, y = \int_{\sqrt{x_0} M}^{+\infty} \mathrm{e}^{-y^2}\,\mathrm{d}y$$

$$= \int_1^{+\infty} \mathrm{e}^{-y^2}\,\mathrm{d}y > 0.1 = \varepsilon_0,$$

于是由定义可知 $F(x) = \int_0^{+\infty} \sqrt{x}\, \mathrm{e}^{-xy^2}\,\mathrm{d}y$ 在 $(0, +\infty)$ 上不一致收敛.

例 9.8 证明:含参量无穷积分 $\int_0^{+\infty} u\mathrm{e}^{-ux}\,\mathrm{d}x$ 在 $[a, b](a > 0)$ 上一致收敛.

证明 $\forall u \in [a, b]$, $|u\mathrm{e}^{-ux}| \leqslant b\mathrm{e}^{-ax}$, 而 $\int_0^{+\infty} b\mathrm{e}^{-ax}\,\mathrm{d}x$ 收敛, 所以 $\int_0^{+\infty} u\mathrm{e}^{-ux}\,\mathrm{d}x$ 在 $[a, b](a > 0)$ 上一致收敛.

注 (1) 本题最简单的证明方法是上面所用的优函数判别法. 但是由于此积分可以计算, 故亦可用定义法.

(2) 由确界判别法, $\forall A > 0$, $\int_A^{+\infty} u\mathrm{e}^{-ux}\,\mathrm{d}x = -\int_A^{+\infty} \mathrm{e}^{-ux}\,\mathrm{d}(-ux) = \mathrm{e}^{-Au}$, 故

$$\sup_{u \in [a, +\infty)} \left| \int_A^{+\infty} u\mathrm{e}^{-ux}\,\mathrm{d}x \right| = \mathrm{e}^{-Aa} \to 0 \quad (A \to +\infty),$$

所以此积分在 $[a, +\infty)(a > 0)$ 上一致收敛. 而

$$\sup_{u \in [0, +\infty)} \left| \int_A^{+\infty} u\mathrm{e}^{-ux}\,\mathrm{d}x \right| = 1,$$

所以此积分在 $[0, +\infty)$ 上非一致收敛.

例 9.9 证明:$\int_0^{+\infty} \dfrac{\sin xy}{y}\,\mathrm{d}y$ 在 $[\delta, +\infty)(\delta > 0)$ 上一致收敛, 在 $(0, +\infty)$ 上非一致收敛.

证明 首先 $y = 0$ 非瑕点, 所以 $\int_0^{+\infty} \dfrac{\sin xy}{y}\,\mathrm{d}y$ 与 $\int_1^{+\infty} \dfrac{\sin xy}{y}\,\mathrm{d}y$ 有相同的一致收敛性. 又 $\forall u \geqslant 1$, 有

$$\left| \int_1^u \sin xy\,\mathrm{d}y \right| = \left| \frac{\cos x - \cos ux}{x} \right| \leqslant \frac{2}{\delta},$$

而 $\dfrac{1}{y}$ 关于 y 在 $[1, +\infty)$ 上单调减少且当 $y \to +\infty$ 时一致趋于零, 则由 Dirichlet 判

别法知:原积分在$[\delta,+\infty)(\delta>0)$上一致收敛.

取 $A'=n\pi, A''=\dfrac{3}{2}n\pi, x'=\dfrac{1}{n}, n\in\mathbf{N}^*$,则

$$\left|\int_{n\pi}^{\frac{3}{2}n\pi}\frac{\sin x'y}{y}\mathrm{d}y\right|\geqslant\frac{2}{3n\pi}\left|\int_{n\pi}^{\frac{3}{2}n\pi}\sin\frac{y}{n}\mathrm{d}y\right|=\frac{2}{3n\pi}\cdot n=\frac{2}{3\pi},$$

所以由 Cauchy 准则知:原积分在$(0,+\infty)$上非一致收敛.

例 9.10　(1) 证明:$\displaystyle\int_0^{+\infty}\mathrm{e}^{-yx}\frac{\sin x}{x}\mathrm{d}x$ 在$[0,+\infty)$ 上一致收敛;

(2) 证明:$\displaystyle\int_0^{+\infty}\mathrm{e}^{-(a+u^2)x}\sin x\,\mathrm{d}u(a>0)$ 在$[0,+\infty)$ 上一致收敛.

证明　(1) 首先$\displaystyle\int_0^{+\infty}\frac{\sin x}{x}\mathrm{d}x$ 收敛,进而一致收敛,又 e^{-yx} 关于 x 单调且

$$0<\mathrm{e}^{-yx}\leqslant 1,\quad\forall\,y\in[0,+\infty),$$

故由 Abel 判别法知:$\displaystyle\int_0^{+\infty}\mathrm{e}^{-yx}\frac{\sin x}{x}\mathrm{d}x$ 在$[0,+\infty)$ 上一致收敛.

(2) 令 $t=\sqrt{x}\,u$,则对任意的 $A>0$,有

$$\left|\int_A^{+\infty}\mathrm{e}^{-(a+u^2)x}\sin x\,\mathrm{d}u\right|=\left|\mathrm{e}^{-ax}\sin x\int_A^{+\infty}\mathrm{e}^{-u^2x}\mathrm{d}u\right|=\left|\frac{\mathrm{e}^{-ax}\sin x}{\sqrt{x}}\int_{A\sqrt{x}}^{+\infty}\mathrm{e}^{-t^2}\mathrm{d}t\right|.$$

由于$\displaystyle\lim_{x\to0^+}\frac{\mathrm{e}^{-ax}\sin x}{\sqrt{x}}=0$ 以及$\displaystyle\left|\int_{A\sqrt{x}}^{+\infty}\mathrm{e}^{-t^2}\mathrm{d}t\right|<\int_0^{+\infty}\mathrm{e}^{-t^2}\mathrm{d}t=\frac{\sqrt{\pi}}{2}$,于是对任意的 $\varepsilon>0$,存在 $\delta>0$,当 $x\in(0,\delta)$ 时有

$$\left|\frac{\mathrm{e}^{-ax}\sin x}{\sqrt{x}}\right|\leqslant\frac{2\varepsilon}{\sqrt{\pi}},$$

从而对任意的 $A>0$,当 $x\in(0,\delta)$ 时有

$$\left|\int_A^{+\infty}\mathrm{e}^{-(a+u^2)x}\sin x\,\mathrm{d}u\right|=\left|\frac{\mathrm{e}^{-ax}\sin x}{\sqrt{x}}\right|\left|\int_{A\sqrt{x}}^{+\infty}\mathrm{e}^{-t^2}\mathrm{d}t\right|<\frac{2\varepsilon}{\sqrt{\pi}}\frac{\sqrt{\pi}}{2}=\varepsilon,$$

于是积分在 $x\in(0,\delta)$ 上一致收敛.

又易见当 $x=0$ 时,上面的不等式也成立.最后当 $x\in[\delta,+\infty)$ 时,有

$$|\,\mathrm{e}^{-(a+u^2)x}\sin x\,|\leqslant\mathrm{e}^{-(a+u^2)\delta}\leqslant\mathrm{e}^{-u^2\delta},$$

而$\displaystyle\int_0^{+\infty}\mathrm{e}^{-u^2\delta}\mathrm{d}u$ 收敛,所以由 M-判别法知积分在 $x\in[\delta,+\infty)$ 上也一致收敛.

例 9.11 证明：若 $f(x,y)$ 在 $[a,b]\times[c,+\infty)$ 上连续，又 $\int_c^{+\infty}f(x,y)\mathrm{d}y$ 在 $[a,b)$ 上收敛，但 $\int_c^{+\infty}f(b,y)\mathrm{d}y$ 发散，则 $\int_c^{+\infty}f(x,y)\mathrm{d}y$ 在 $[a,b)$ 上非一致收敛.

证法 1 因为 $\int_c^{+\infty}f(b,y)\mathrm{d}y$ 发散，由 Cauchy 准则可知：$\exists\,\varepsilon_0>0,\forall A>0,$ $\exists A',A''>A$（不妨设 $A''>A'$），使得

$$\left|\int_{A'}^{A''}f(b,y)\mathrm{d}y\right|\geqslant 2\varepsilon_0.$$

又 $f(x,y)$ 在 $[a,b]\times[c,+\infty)$ 上连续，自然在有界闭域 $[a,b]\times[A',A'']$ 上连续，从而在 $[a,b]\times[A',A'']$ 上一致连续. 于是，对上述 $\varepsilon_0>0,\exists\delta>0,\forall\,(x',y'),$ $(x'',y'')\in[a,b]\times[A',A'']$，且 $|x'-x''|<\delta,|y'-y''|<\delta$，有

$$|f(x',y')-f(x'',y'')|<\frac{\varepsilon_0}{A''-A'},$$

所以，当 $|x_0-b|<\delta(x_0\in[a,b))$ 时，有

$$|f(x_0,y)-f(b,y)|<\frac{\varepsilon_0}{A''-A'},$$

进而

$$\left|\int_{A'}^{A''}(f(x_0,y)-f(b,y))\mathrm{d}y\right|\leqslant\int_{A'}^{A''}|f(x_0,y)-f(b,y)|\mathrm{d}y<\varepsilon_0,$$

于是

$$\begin{aligned}\left|\int_{A'}^{A''}f(x_0,y)\mathrm{d}y\right|&=\left|\int_{A'}^{A''}(f(x_0,y)-f(b,y))\mathrm{d}y+\int_{A'}^{A''}f(b,y)\mathrm{d}y\right|\\&\geqslant\left|\int_{A'}^{A''}f(b,y)\mathrm{d}y\right|-\left|\int_{A'}^{A''}(f(x_0,y)-f(b,y))\mathrm{d}y\right|\\&\geqslant 2\varepsilon_0-\varepsilon_0=\varepsilon_0.\end{aligned}$$

综上所述，$\exists\,\varepsilon_0>0,\forall A>0,\exists A',A''>A$ 及 $x_0\in[a,b)$，使得

$$\left|\int_{A'}^{A''}f(x_0,y)\mathrm{d}y\right|>\varepsilon_0,$$

所以由 Cauchy 准则知 $\int_c^{+\infty}f(x,y)\mathrm{d}y$ 在 $[a,b)$ 上非一致收敛.

证法 2（利用反证法验证）

设积分 $\int_c^{+\infty}f(x,y)\mathrm{d}y$ 在 $[a,b)$ 上一致收敛，则 $\forall\varepsilon>0,\exists A>c$，当 $A',A''>A$

时, $\forall x \in [a,b)$ 有

$$\left| \int_{A_1}^{A''} f(x,y)\mathrm{d}y \right| < \varepsilon.$$

又 $f(x,y)$ 在 $[a,b] \times [A',A'']$ 上连续,所以 $\int_{A'}^{A''} f(x,y)\mathrm{d}y$ 关于 x 连续,因此在上式中令 $x \to b^-$,得:当 $A',A'' > A$ 时,有

$$\left| \int_{A_1}^{A''} f(b,y)\mathrm{d}y \right| < \varepsilon,$$

即 $\int_c^{+\infty} f(x,y)\mathrm{d}y$ 在 $x=b$ 处收敛.而这与假设矛盾,故 $\int_c^{+\infty} f(x,y)\mathrm{d}y$ 在 $[a,b]$ 上非一致收敛.

例 9.12　设函数 $F(y) = \int_a^b f(x) \mid y-x \mid \mathrm{d}x$,且 $a < b$,其中 $f(x)$ 为可微函数,试求 $F''(y)$.

解　当 $a < y < b$ 时,有

$$
\begin{aligned}
F(y) &= \int_a^b f(x) \mid y-x \mid \mathrm{d}x \\
&= \int_a^y f(x)(y-x)\mathrm{d}x + \int_y^b f(x)(x-y)\mathrm{d}x \\
&= y\int_a^y f(x)\mathrm{d}x - \int_a^y xf(x)\mathrm{d}x + \int_y^b xf(x)\mathrm{d}x - y\int_y^b f(x)\mathrm{d}x,
\end{aligned}
$$

则

$$
\begin{aligned}
F'(y) &= \int_a^y f(x)\mathrm{d}x + yf(y) - yf(y) - yf(y) - \int_y^b f(x)\mathrm{d}x + yf(y) \\
&= \int_a^y f(x)\mathrm{d}x - \int_y^b f(x)\mathrm{d}x,
\end{aligned}
$$

所以

$$F''(y) = f(y) + f(y) = 2f(y).$$

当 $y \geqslant b$ 时,有

$$F(y) = \int_a^b f(x)(y-x)\mathrm{d}x = y\int_a^b f(x)\mathrm{d}x - \int_a^b xf(x)\mathrm{d}x,$$

则

$$F'(y) = \int_a^b f(x)\mathrm{d}x \Rightarrow F''(y) = 0.$$

同理,当 $y \leqslant a$ 时,可得 $F''(y) = 0$.

综上可得

$$F''(y) = \begin{cases} 2f(y), & y \in (a,b), \\ 0, & y \notin (a,b). \end{cases}$$

注 在 $y = a, y = b$ 处的导数实际上可由左右导数定义计算,结果相同.

例 9.13 讨论含参量积分 $I(y) = \int_0^{+\infty} \dfrac{\sin(x^2)}{1+x^y} \mathrm{d}x$ 在 $[0, +\infty)$ 上的一致收敛性.

解法 1 首先由 $I(y) = \int_0^{+\infty} x\sin(x^2) \dfrac{1}{x(1+x^y)} \mathrm{d}x$,可得

$$\left| \int_0^A x\sin(x^2)\mathrm{d}x \right| = \left| -\frac{1}{2}\cos x^2 \Big|_0^A \right| \leqslant 1, \quad \forall y \in [0, +\infty).$$

又对每个固定的 $y \in [0, +\infty)$, $\dfrac{1}{x(1+x^y)}$ 对 $x \in (0, +\infty)$ 单调减少,且

$$\left| \frac{1}{x(1+x^y)} \right| \leqslant \frac{1}{x} \to 0 \quad (x \to +\infty),$$

也就是当 $x \to +\infty$ 时, $\dfrac{1}{x(1+x^y)}$ 关于 y 一致趋于零.因此,由 Dirichlet 判别法知原积分一致收敛.

解法 2 首先反常积分 $\int_0^{+\infty} \sin(x^2)\mathrm{d}x$ 收敛,从而一致收敛;

又对每个固定的 $y \in [0, +\infty)$, $\dfrac{1}{1+x^y}$ 对 $x \in (0, +\infty)$ 单调减少,且 $\left| \dfrac{1}{1+x^y} \right| \leqslant$ 1,也就是 $\dfrac{1}{1+x^y}$ 关于 y 一致有界.

综上,由 Abel 判别法知原积分一致收敛.

例 9.14 设 $I(\alpha) = \int_0^{\frac{\pi}{2}} \left(\ln \dfrac{1+\alpha\cos x}{1-\alpha\cos x} \right) \dfrac{\mathrm{d}x}{\cos x}$,其中 $|\alpha| < 1$,求 $I'(\alpha)$.

解 因为 $|\alpha| < 1$,所以存在 $\alpha_0 \in \mathbf{R}$,使得 $|\alpha| < \alpha_0 < 1$.

首先考虑在 $\left[0, \dfrac{\pi}{2} \right] \times [-\alpha_0, \alpha_0]$ 上, $\forall \alpha' \in [-\alpha_0, \alpha_0]$,有

$$\lim_{x \to (\frac{\pi}{2})^-, \alpha \to \alpha'} \left(\ln \frac{1+\alpha\cos x}{1-\alpha\cos x} \right) \cdot \frac{1}{\cos x} = \lim_{x \to (\frac{\pi}{2})^-, \alpha \to \alpha'} \ln \left(1 + \frac{2\alpha\cos x}{1-\alpha\cos x} \right) \cdot \frac{1}{\cos x}$$

$$= \lim_{x \to \left(\frac{\pi}{2}\right)^-, \, a \to a'} \frac{2\alpha \cos x}{1 - \alpha \cos x} \cdot \frac{1}{\cos x} = 2\alpha',$$

于是补充定义 $f\left(\dfrac{\pi}{2}, \alpha\right) = 2\alpha$，则 $f(x, \alpha)$ 在 $\left[0, \dfrac{\pi}{2}\right] \times [-\alpha_0, \alpha_0]$ 上连续. 又因为

$$f_\alpha(x, \alpha) = \frac{2}{1 - \alpha^2 \cos^2 x} \to 2, \quad x \to \left(\frac{\pi}{2}\right)^-,$$

且

$$
\begin{aligned}
f_\alpha\left(\frac{\pi}{2}, \alpha\right) &= \lim_{\Delta\alpha \to 0} \frac{f\left(\dfrac{\pi}{2}, \alpha + \Delta\alpha\right) - f\left(\dfrac{\pi}{2}, \alpha\right)}{\Delta\alpha} \\
&= \lim_{\Delta\alpha \to 0} \frac{2(\alpha + \Delta\alpha) - 2\alpha}{\Delta\alpha} = 2,
\end{aligned}
$$

则 $f_\alpha(x, \alpha)$ 在 $\left[0, \dfrac{\pi}{2}\right] \times [-\alpha_0, \alpha_0]$ 上连续，从而 $f_\alpha(x, \alpha)$ 在 $\left[0, \dfrac{\pi}{2}\right] \times [-\alpha_0, \alpha_0]$ 上满足积分号下可微分条件. 因此

$$
\begin{aligned}
I'(\alpha) &= \int_0^{\frac{\pi}{2}} \frac{\partial}{\partial \alpha}\left[\ln\left(\frac{1 + \alpha \cos x}{1 - \alpha \cos x}\right) \frac{1}{\cos x}\right] \mathrm{d}x = \int_0^{\frac{\pi}{2}} \frac{2}{1 - \alpha^2 \cos^2 x} \mathrm{d}x \\
&\xlongequal{\,\diamond\, t = \tan x\,} \int_0^{+\infty} \frac{2}{(1 - \alpha^2) + t^2} \mathrm{d}t = \frac{2}{\sqrt{1 - \alpha^2}} \arctan \frac{t}{\sqrt{1 - \alpha^2}} \Bigg|_0^{+\infty} \\
&= \frac{\pi}{\sqrt{1 - \alpha^2}}.
\end{aligned}
$$

例 9.15　设 $F(x) = \displaystyle\int_0^{+\infty} \mathrm{e}^{-y^2} \cos(xy) \mathrm{d}y.$

(1) 证明：$2F'(x) + xF(x) = 0$；

(2) 求 $F(x)$.

(1) **证明**　记 $f(x, y) = \mathrm{e}^{-y^2} \cos(xy)$，则 $f_x(x, y) = -y\mathrm{e}^{-y^2} \sin(xy)$，易见 $f(x, y)$ 及 $f_x(x, y)$ 在 $\mathbf{R} \times [0, +\infty)$ 上连续. 又 $\forall x \in \mathbf{R}$ 及 $y \in [0, +\infty)$，有

$$|f(x, y)| \leqslant \mathrm{e}^{-y^2}, \quad |f_x(x, y)| \leqslant y\mathrm{e}^{-y^2},$$

而 $\displaystyle\int_0^{+\infty} \mathrm{e}^{-y^2} \mathrm{d}y, \int_0^{+\infty} y\mathrm{e}^{-y^2} \mathrm{d}y$ 均收敛，则由 M- 判别法知

$$\int_0^{+\infty} f(x, y) \mathrm{d}y, \quad \int_0^{+\infty} f_x(x, y) \mathrm{d}y$$

关于 x 在 $\mathbf{R}$ 上一致收敛. 因此，由一致收敛的积分号下求导定理得

$$F'(x) = \int_0^{+\infty} f_x(x,y)\mathrm{d}y = \int_0^{+\infty} -y\mathrm{e}^{-y^2}\sin(xy)\mathrm{d}y$$

$$= \frac{1}{2}\mathrm{e}^{-y^2}\sin(xy)\Big|_0^{+\infty} - \frac{1}{2}\int_0^{+\infty}\mathrm{e}^{-y^2}x\cos(xy)\mathrm{d}y$$

$$= -\frac{1}{2}\int_0^{+\infty}\mathrm{e}^{-y^2}x\cos(xy)\mathrm{d}y = -\frac{1}{2}xF(x),$$

即

$$2F'(x) + xF(x) = 0.$$

（2）**解**　由 $2F'(x) + xF(x) = 0$，得 $\dfrac{\mathrm{d}F}{F} = -\dfrac{x}{2}\mathrm{d}x$，故 $F(x) = c\mathrm{e}^{-\frac{x^2}{4}}$. 又因为

$$F(0) = \int_0^{+\infty}\mathrm{e}^{-y^2}\mathrm{d}y = \frac{\sqrt{\pi}}{2},$$

所以 $c = \dfrac{\sqrt{\pi}}{2}$，从而 $F(x) = \dfrac{\sqrt{\pi}}{2}\mathrm{e}^{-\frac{x^2}{4}}$.

例 9.16　已知 $\displaystyle\int_0^{+\infty}\mathrm{e}^{-x^2}\mathrm{d}x = \frac{\sqrt{\pi}}{2}$，求 $\displaystyle\int_0^{+\infty}\frac{\mathrm{e}^{-ax^2} - \mathrm{e}^{-bx^2}}{x^2}\mathrm{d}x$　$(b > a > 0)$.

解法 1　因为 $\mathrm{e}^{-x^2 y}$ 在 $[0,+\infty)\times[a,b]$ 上连续，$\displaystyle\int_0^{+\infty}\mathrm{e}^{-x^2 y}\mathrm{d}x$ 关于 $y\in[a,b]$ 一致收敛，于是

$$\int_0^{+\infty}\frac{\mathrm{e}^{-ax^2} - \mathrm{e}^{-bx^2}}{x^2}\mathrm{d}x = -\int_0^{+\infty}\int_b^a\mathrm{e}^{-x^2 y}\mathrm{d}y\mathrm{d}x = \int_b^a\mathrm{d}y\int_0^{+\infty}\mathrm{e}^{-x^2 y}\mathrm{d}x.$$

再令 $x\sqrt{y} = t$，则

$$\int_0^{+\infty}\mathrm{e}^{-x^2 y}\mathrm{d}x = \int_0^{+\infty}\mathrm{e}^{-t^2}\frac{1}{\sqrt{y}}\mathrm{d}t = \frac{\sqrt{\pi}}{2}\cdot\frac{1}{\sqrt{y}},$$

于是

$$\int_0^{+\infty}\frac{\mathrm{e}^{-ax^2} - \mathrm{e}^{-bx^2}}{x^2}\mathrm{d}x = \int_b^a\frac{\sqrt{\pi}}{2}\cdot\frac{1}{\sqrt{y}}\mathrm{d}y = \sqrt{\pi}\sqrt{y}\Big|_a^b = \sqrt{\pi}(\sqrt{b} - \sqrt{a}).$$

解法 2（广义分部积分法直接计算）

$$\int_0^{+\infty}\frac{\mathrm{e}^{-ax^2} - \mathrm{e}^{-bx^2}}{x^2}\mathrm{d}x = \int_0^{+\infty}(\mathrm{e}^{-bx^2} - \mathrm{e}^{-ax^2})\mathrm{d}\Big(\frac{1}{x}\Big)$$

$$= \frac{\mathrm{e}^{-bx^2} - \mathrm{e}^{-ax^2}}{x} \bigg|_0^{+\infty} + 2\int_0^{+\infty} (b\mathrm{e}^{-bx^2} - a\mathrm{e}^{-ax^2})\,\mathrm{d}x$$

$$= 2\sqrt{b}\int_0^{+\infty} \mathrm{e}^{-(\sqrt{b}x)^2}\,\mathrm{d}(\sqrt{b}\,x) - 2\sqrt{a}\int_0^{+\infty} \mathrm{e}^{-(\sqrt{a}x)^2}\,\mathrm{d}(\sqrt{a}\,x)$$

$$= \sqrt{\pi}\,(\sqrt{b} - \sqrt{a}\,).$$

解法 3（化为二重积分）　因为

$$\int_0^{+\infty} \frac{\mathrm{e}^{-ax^2} - \mathrm{e}^{-bx^2}}{x^2}\,\mathrm{d}x = \int_0^{+\infty} \frac{\mathrm{d}x}{x^2}\int_{ax^2}^{bx^2} \mathrm{e}^{-y}\,\mathrm{d}y = \iint\limits_D \frac{\mathrm{e}^{-y}}{x^2}\,\mathrm{d}x\,\mathrm{d}y,$$

这里

$$D = \{(x,y) \mid 0 \leqslant x < +\infty, ax^2 \leqslant y \leqslant bx^2\}$$
$$= \left\{(x,y)\,\bigg|\, 0 \leqslant y < +\infty, \sqrt{\frac{y}{b}} \leqslant x \leqslant \sqrt{\frac{y}{a}}\right\},$$

所以

$$\int_0^{+\infty} \frac{\mathrm{e}^{-ax^2} - \mathrm{e}^{-bx^2}}{x^2}\,\mathrm{d}x = \int_0^{+\infty}\mathrm{d}y \int_{\sqrt{\frac{y}{b}}}^{\sqrt{\frac{y}{a}}} \frac{\mathrm{e}^{-y}}{x^2}\,\mathrm{d}x = \int_0^{+\infty} \mathrm{e}^{-y}\frac{\sqrt{b} - \sqrt{a}}{\sqrt{y}}\,\mathrm{d}y$$

$$= 2(\sqrt{b} - \sqrt{a}\,)\int_0^{+\infty} \mathrm{e}^{-y}\,\mathrm{d}(\sqrt{y}\,)$$

$$= \sqrt{\pi}\,(\sqrt{b} - \sqrt{a}\,).$$

注　本题还可以用级数方法求解，有兴趣的读者可以试一试.

例 9.17　已知 $f(x)$ 在 $[-1,1]$ 上连续，证明：$\lim\limits_{y\to 0^+}\int_{-1}^1 \frac{yf(x)}{x^2+y^2}\,\mathrm{d}x = \pi f(0)$.

证明　首先注意到

$$|\pi f(0)| > \left|\int_{-1}^1 \frac{yf(0)}{x^2+y^2}\,\mathrm{d}x\right|, \quad y > 0.$$

再由 $f(x)$ 在 $x = 0$ 处连续，所以 $\forall \varepsilon > 0, \exists \delta_1 > 0, \forall x \in [-\delta_1, \delta_1] \subset [-1,1]$，成立

$$|f(x) - f(0)| < \varepsilon,$$

而且存在正数 M，使得对任意的 $x \in [-1, -\delta_1] \bigcup [\delta_1, 1]$，有

$$|f(x) - f(0)| < M.$$

于是对任意的 $y > 0$，有

$$\left| \int_{-1}^{1} \frac{yf(x)}{x^2+y^2} \mathrm{d}x - \pi f(0) \right|$$

$$\leqslant \int_{-1}^{1} \frac{y \mid f(x) - f(0) \mid}{x^2+y^2} \mathrm{d}x$$

$$= \left(\int_{-\delta_1}^{\delta_1} \frac{y \mid f(x) - f(0) \mid}{x^2+y^2} \mathrm{d}x + \int_{-1}^{-\delta_1} \frac{y \mid f(x) - f(0) \mid}{x^2+y^2} \mathrm{d}x \right.$$

$$\left. + \int_{\delta_1}^{1} \frac{y \mid f(x) - f(0) \mid}{x^2+y^2} \mathrm{d}x \right)$$

$$\leqslant \varepsilon \int_{-\delta_1}^{\delta_1} \frac{y}{x^2+y^2} \mathrm{d}x + 2M \left(\arctan \frac{1}{y} - \arctan \frac{\delta_1}{y} \right)$$

$$\leqslant \varepsilon \int_{-1}^{1} \frac{y}{x^2+y^2} \mathrm{d}x + 2M \left(\arctan \frac{1}{y} - \arctan \frac{\delta_1}{y} \right)$$

$$< \varepsilon \pi + 2M \left(\arctan \frac{1}{y} - \arctan \frac{\delta_1}{y} \right).$$

注意到

$$\lim_{y \to 0^+} \left(\arctan \frac{1}{y} - \arctan \frac{\delta_1}{y} \right) = 0,$$

也就是对上述 $\varepsilon > 0, \exists \delta > 0$ 使得当 $0 < y - 0 < \delta$ 时,成立

$$0 < \arctan \frac{1}{y} - \arctan \frac{\delta_1}{y} < \varepsilon.$$

综上所述,$\lim\limits_{y \to 0^+} \int_{-1}^{1} \frac{yf(x)}{x^2+y^2} \mathrm{d}x = \pi f(0)$.

例 9.18(武汉大学 2013 年)   设 $f(y) = \int_{0}^{+\infty} x \mathrm{e}^{-x^2} \cos xy \mathrm{d}x$.

(1) 求证:$f(y)$ 有任意阶导数;

(2) 求 $f(y)$ 的麦克劳林级数.

(1) **证明**   因为 $\mid x \mathrm{e}^{-x^2} \cos xy \mid \leqslant x \mathrm{e}^{-x^2}$,而 $\int_{0}^{+\infty} x \mathrm{e}^{-x^2} \mathrm{d}x$ 收敛,所以 $f(y)$ 在 **R** 上一致收敛.又易见 $x \mathrm{e}^{-x^2} \cos xy$ 在 $[0, +\infty) \times (-\infty, +\infty)$ 上连续,所以 $f(y)$ 在 **R** 上连续.

再记 $g(x, y) = x \mathrm{e}^{-x^2} \cos xy$,则直接验证可知

$$\frac{\partial^k g(x, y)}{\partial y^k} \quad (k \in \mathbf{N}^*)$$

在 $[0, +\infty) \times (-\infty, +\infty)$ 上连续,而且

$$\left|\frac{\partial^k g(x,y)}{\partial y^k}\right| \leqslant x^{k+1} \mathrm{e}^{-x^2}.$$

因为 $\int_0^{+\infty} x^{k+1} \mathrm{e}^{-x^2} \mathrm{d}x$ 收敛，于是由 M- 判别法知 $\int_0^{+\infty} \dfrac{\partial^k g(x,y)}{\partial y^k} \mathrm{d}x$ 在 $(-\infty, +\infty)$ 上一致收敛.

这样得到 $f(y)$ 在 $(-\infty, +\infty)$ 上连续可微且具有任意阶的连续导数，即

$$f^{(k)}(y) = \int_0^{+\infty} \frac{\partial^k g(x,y)}{\partial y^k} \mathrm{d}x, \quad k \in \mathbf{N}^*.$$

（2）**解**　由（1）可得

$$\begin{aligned}
f^{(n)}(0) &= \int_0^{+\infty} x^{n+1} \mathrm{e}^{-x^2} \cos \frac{n\pi}{2} \mathrm{d}x \\
&= \frac{1}{2} \cos \frac{n\pi}{2} \int_0^{+\infty} t^{\frac{n}{2}} \mathrm{e}^{-t} \mathrm{d}t = \frac{1}{2} \cos \frac{n\pi}{2} \Gamma\left(\frac{n}{2}+1\right) \\
&= \begin{cases} 0, & n = 2k-1, \\ \dfrac{1}{2}(-1)^k k!, & n = 2k, \end{cases}
\end{aligned}$$

这样就得到 $f(y)$ 的麦克劳林级数为

$$f(y) = \frac{1}{2} \sum_{n=0}^{\infty} (-1)^n \frac{n!}{(2n)!} y^{2n}.$$

例 9.19（南京大学 2001 年）　设 $I(\alpha, \beta) = \int_0^{+\infty} \exp\left(\dfrac{-t^4}{\alpha^2 + \beta^2}\right) \mathrm{d}t$，其中 α, β 满足不等式 $\alpha^2 - 2\alpha + \beta^2 \leqslant -\dfrac{3}{4}$.

（1）讨论含参量积分 $I(\alpha, \beta)$ 在区域 $D: \alpha^2 - 2\alpha + \beta^2 \leqslant -\dfrac{3}{4}$ 上的一致收敛性；

（2）求 $I(\alpha, \beta)$ 在区域 $D: \alpha^2 - 2\alpha + \beta^2 \leqslant -\dfrac{3}{4}$ 上的最小值.

解　（1）将 $\alpha^2 - 2\alpha + \beta^2 \leqslant -\dfrac{3}{4}$ 等价变形为 $(\alpha-1)^2 + \beta^2 \leqslant \dfrac{1}{4}$，于是

$$\frac{1}{4} = 0 + \left(\frac{1}{2}\right)^2 \leqslant \alpha^2 + \beta^2 \leqslant -\frac{3}{4} + 2\alpha \leqslant \frac{9}{4}.$$

记 $f(t, \alpha, \beta) = \exp\left(\dfrac{-t^4}{\alpha^2 + \beta^2}\right)$，则 $\mathrm{e}^{-4t^4} \leqslant f(t, \alpha, \beta) \leqslant \mathrm{e}^{-\frac{4}{9} t^4}$，易见 $\int_0^{+\infty} \mathrm{e}^{-\frac{4}{9} t^4} \mathrm{d}t$ 收敛，

进而 $I(\alpha,\beta) = \int_0^{+\infty} \exp\left(\dfrac{-t^4}{\alpha^2+\beta^2}\right) \mathrm{d}t$ 在 $D:\alpha^2 - 2\alpha + \beta^2 \leqslant -\dfrac{3}{4}$ 上一致收敛.

（2）由（1）中的不等式得到

$$I(\alpha,\beta) = \int_0^{+\infty} \exp\left(\frac{-t^4}{\alpha^2+\beta^2}\right) \mathrm{d}t \geqslant \int_0^{+\infty} \mathrm{e}^{-4t^4} \mathrm{d}t = \frac{1}{4\sqrt{2}} \int_0^{+\infty} \mathrm{e}^{-u} u^{\frac{1}{4}-1} \mathrm{d}u$$

$$= \frac{1}{4\sqrt{2}} \Gamma\left(\frac{1}{4}\right),$$

所以 $I(\alpha,\beta)$ 在区域 $D:\alpha^2 - 2\alpha + \beta^2 \leqslant -\dfrac{3}{4}$ 上的最小值为 $\dfrac{1}{4\sqrt{2}} \Gamma\left(\dfrac{1}{4}\right)$.

9.3　欧拉积分

9.3.1　内容提要与知识点解析

1）欧拉积分的定义

含参量积分

$$B(p,q) = \int_0^1 x^{p-1} (1-x)^{q-1} \mathrm{d}x \quad (p>0, q>0),$$

$$\Gamma(s) = \int_0^{+\infty} x^{s-1} \mathrm{e}^{-x} \mathrm{d}x \quad (s>0)$$

分别称为第一类与第二类 Euler 积分（或分别称为 Beta 函数与 Gamma 函数）.

2）Beta 函数的性质

（1）$B(p,q)$ 在其定义域内连续且有任意阶连续偏导数.

（2）对称性：$B(p,q) = B(q,p)$.

（3）递推关系：

$$B(p,q+1) = \frac{q}{p+q} B(p,q), \quad B(p+1,q) = \frac{p}{p+q} B(p,q),$$

$$B(p+1,q+1) = \frac{pq}{(p+q)(p+q+1)} B(p,q).$$

特别地，若 $m,n \in \mathbf{N}^*$，则成立

$$B(m,n) = \frac{(m-1)!(n-1)!}{(m+n-1)!}.$$

3）Gamma 函数的性质

（1）$\Gamma(s)$ 在其定义域内连续且有任意阶连续导数.

（2）递推关系：$\Gamma(s+1)=s\Gamma(s)(s>0)$.特别地，若 $n\in\mathbf{N}^*$，成立 $\Gamma(n+1)=n!$.

4）$\mathrm{B}(p,q)$ 函数与 $\Gamma(s)$ 函数的关系

$$\mathrm{B}(p,q)=\frac{\Gamma(p)\Gamma(q)}{\Gamma(p+q)}\quad(p,q>0).$$

特别地，有余元公式：$\mathrm{B}(p,1-p)=\Gamma(p)\Gamma(1-p)=\dfrac{\pi}{\sin p\pi}\quad(0<p<1)$.

5）Γ 函数与 B 函数的其他表现形式

$$\Gamma(s)=\int_0^{+\infty}x^{s-1}\mathrm{e}^{-x}\mathrm{d}x=2\int_0^{+\infty}x^{2s-1}\mathrm{e}^{-x^2}\mathrm{d}x=p^s\int_0^{+\infty}x^{s-1}\mathrm{e}^{-px}\mathrm{d}x,$$

$$\mathrm{B}(p,q)=\int_0^1x^{p-1}(1-x)^{q-1}\mathrm{d}x=2\int_0^{\frac{\pi}{2}}\sin^{2q-1}\theta\,\cos^{2p-1}\theta\,\mathrm{d}\theta.$$

9.3.2　典型例题解析

例 9.20　求积分 $\displaystyle\int_0^1x^{p-1}(1-x^m)^{q-1}\mathrm{d}x(p,q,m>0)$，并证明

$$\int_0^1\frac{\mathrm{d}x}{\sqrt{1-x^4}}\cdot\int_0^1\frac{x^2\mathrm{d}x}{\sqrt{1-x^4}}=\frac{\pi}{4}.$$

解　令 $x^m=t$，可得

$$\int_0^1x^{p-1}(1-x^m)^{q-1}\mathrm{d}x=\frac{1}{m}\int_0^1t^{\frac{p}{m}-1}(1-t)^{q-1}\mathrm{d}t=\frac{1}{m}\mathrm{B}\left(\frac{p}{m},q\right)$$

$$=\frac{1}{m}\frac{\Gamma\left(\frac{p}{m}\right)\Gamma(q)}{\Gamma\left(\frac{p}{m}+q\right)}.$$

再由上式及余元公式可得

$$\int_0^1\frac{\mathrm{d}x}{\sqrt{1-x^4}}\cdot\int_0^1\frac{x^2\mathrm{d}x}{\sqrt{1-x^4}}=\frac{1}{4^2}\frac{\Gamma\left(\frac{1}{4}\right)\Gamma\left(\frac{1}{2}\right)}{\Gamma\left(\frac{1}{4}+\frac{1}{2}\right)}\cdot\frac{\Gamma\left(\frac{3}{4}\right)\Gamma\left(\frac{1}{2}\right)}{\Gamma\left(\frac{3}{4}+\frac{1}{2}\right)}$$

$$=\frac{1}{4^2}\frac{\Gamma\left(\frac{1}{4}\right)\Gamma\left(\frac{3}{4}\right)\left[\Gamma\left(\frac{1}{2}\right)\right]^2}{\frac{1}{4}\Gamma\left(\frac{3}{4}\right)\Gamma\left(\frac{1}{4}\right)}=\frac{\pi}{4}.$$

例 9.21 计算积分 $I = \displaystyle\int_0^\pi \frac{\mathrm{d}x}{\sqrt{3 - \cos x}}$.

解 因为

$$I = \int_0^\pi \frac{\mathrm{d}x}{\sqrt{2 + 1 - \cos x}} = \int_0^\pi \frac{\mathrm{d}x}{\sqrt{2}\sqrt{1 + \sin^2 \frac{x}{2}}} \quad \left(\diamondsuit\ t = \sin \frac{x}{2}\right)$$

$$= \sqrt{2} \int_0^1 \frac{\mathrm{d}t}{\sqrt{1 - t^4}} \quad (\diamondsuit\ u = t^4)$$

$$= \frac{\sqrt{2}}{4} \int_0^1 u^{\frac{1}{4} - 1} (1 - u)^{\frac{1}{2} - 1} \mathrm{d}u = \frac{\sqrt{2}}{4} \mathrm{B}\left(\frac{1}{4}, \frac{1}{2}\right)$$

$$= \frac{\sqrt{2}}{4} \frac{\Gamma\left(\frac{1}{4}\right) \Gamma\left(\frac{1}{2}\right)}{\Gamma\left(\frac{3}{4}\right)} = \frac{\sqrt{2}}{4} \frac{\left(\Gamma\left(\frac{1}{4}\right)\right)^2 \sqrt{\pi}}{\Gamma\left(\frac{1}{4}\right) \Gamma\left(\frac{3}{4}\right)},$$

又 $\Gamma\left(\dfrac{1}{4}\right) \Gamma\left(\dfrac{3}{4}\right) = \Gamma\left(\dfrac{1}{4}\right) \Gamma\left(1 - \dfrac{1}{4}\right) = \dfrac{\pi}{\sin \dfrac{\pi}{4}} = \sqrt{2}\,\pi$，于是 $I = \dfrac{\sqrt{\pi}}{4\pi} \left(\Gamma\left(\dfrac{1}{4}\right)\right)^2$.

例 9.22 计算积分 $I = \displaystyle\int_0^{\frac{\pi}{2}} \sin^7 x\ \cos^{\frac{1}{2}} x\ \mathrm{d}x$.

解 因为

$$I = \frac{1}{2} \cdot 2 \int_0^{\frac{\pi}{2}} (\cos x)^{2 \cdot \frac{3}{4} - 1} (\sin x)^{2 \cdot 4 - 1} \mathrm{d}x = \frac{1}{2} \mathrm{B}\left(\frac{3}{4}, 4\right)$$

$$= \frac{1}{2} \frac{\Gamma\left(\frac{3}{4}\right) \Gamma(4)}{\Gamma\left(\frac{3}{4} + 4\right)} = 3 \frac{\Gamma\left(\frac{3}{4}\right)}{\Gamma\left(\frac{19}{4}\right)},$$

又 $\Gamma\left(\dfrac{19}{4}\right) = \dfrac{15}{4} \dfrac{11}{4} \dfrac{7}{4} \dfrac{3}{4} \Gamma\left(\dfrac{3}{4}\right)$，所以 $I = 3 \cdot \dfrac{4 \cdot 4 \cdot 4 \cdot 4}{15 \cdot 11 \cdot 7 \cdot 3} = \dfrac{256}{1155}$.

例 9.23 求极限 $\displaystyle\lim_{n \to \infty} \int_0^{+\infty} \mathrm{e}^{-x^n} \mathrm{d}x$.

解 令 $x^n = t$，则

$$\int_0^{+\infty} \mathrm{e}^{-x^n} \mathrm{d}x = \frac{1}{n} \int_0^{+\infty} t^{\frac{1}{n} - 1} \mathrm{e}^{-t} \mathrm{d}t = \frac{1}{n} \Gamma\left(\frac{1}{n}\right).$$

由余元公式知 $\Gamma\left(\dfrac{1}{n}\right) \Gamma\left(1 - \dfrac{1}{n}\right) = \dfrac{\pi}{\sin \dfrac{\pi}{n}}$，又 $\Gamma(s)$ 对 $s > 0$ 是连续的，所以得到

$$\lim_{n \to \infty} \Gamma\left(1 - \frac{1}{n}\right) = \Gamma(1) = 1,$$

从而

$$\lim_{n \to \infty} \int_0^{+\infty} \mathrm{e}^{-x^n} \mathrm{d}x = \lim_{n \to \infty} \frac{1}{n} \Gamma\left(\frac{1}{n}\right) = \lim_{n \to \infty} \frac{1}{n} \Gamma\left(\frac{1}{n}\right) \Gamma\left(1 - \frac{1}{n}\right)$$

$$= \lim_{n \to \infty} \frac{\pi}{n \cdot \sin\dfrac{\pi}{n}} = 1.$$

9.4　练习题

1. 求极限 $\displaystyle \lim_{x \to 0} \int_0^{\mathrm{e}^x} \frac{\cos xy}{\sqrt{x^2 + y^2 + 1}} \mathrm{d}y$.

2. 求极限 $\displaystyle \lim_{a \to +\infty} \int_0^{+\infty} \mathrm{e}^{-x^a} \mathrm{d}x$.

3. 求极限 $\displaystyle \lim_{a \to +\infty} \int_0^{+\infty} \frac{1}{1 + x^a} \mathrm{d}x$.

4. 设 $f(x)$ 在 $x \in (0, +\infty)$ 上是可微函数,令

$$F(t) = \int_a^t f(x)(x + t) \mathrm{d}x,$$

如果 $F''(x) = 0$,求 $f(x)$.

5. 设 $f(x)$ 连续,$g(x) = \displaystyle\int_0^x y f(x - y) \mathrm{d}y$,求 $g''(x)$.

6. 设 $f(x)$ 在 $x \in (-\infty, +\infty)$ 上连续,$f(1) = 5, \displaystyle\int_0^1 g(x) \mathrm{d}x = 2$,令

$$g(x) = \int_0^x t^2 f(x - t) \mathrm{d}x,$$

求 $g''(1)$.

7. (南京理工大学 2005 年) 设函数 $u(x, t)$ 为二阶连续可微函数,$u(x, t)$ 的各一阶偏导数关于 x 是以 1 为周期的函数,且 $u_{xx} = u_{tt}$. 证明:函数

$$E(t) = \frac{1}{2} \int_0^1 \left[(u_x)^2 + (u_t)^2\right] \mathrm{d}x$$

是一个与 t 无关的函数.

8. 计算积分 $\displaystyle\int_0^1 x \,|\, x - a \,|\, \mathrm{d}x$.

9. 利用含参量积分的微分法计算积分

$$I = \int_0^{\frac{\pi}{2}} \ln(a^2 \sin^2 x + b^2 \cos^2 x) \mathrm{d}x \quad (a^2 + b^2 \neq 0).$$

10. 已知函数 $f(y)$ 在 $[0, +\infty)$ 内连续,证明:含参量无穷积分 $\int_0^{+\infty} \mathrm{e}^{-xy} f(y) \mathrm{d}y$ 在 $(0, +\infty)$ 内一致收敛的充要条件是无穷积分 $\int_0^{+\infty} f(y) \mathrm{d}y$ 收敛.

11. 求 $g(\alpha) = \int_0^{+\infty} \mathrm{e}^{-x^2} \cos 2\alpha x \, \mathrm{d}x \left(\text{已知 } g(0) = \frac{\sqrt{\pi}}{2}\right)$.

12. 已知 $f(x, y)$ 在 $[a, b] \times [c, +\infty)$ 上非负连续,又 $I(x) = \int_c^{+\infty} f(x, y) \mathrm{d}y$ 在 $[a, b]$ 上连续,证明:$I(x) = \int_c^{+\infty} f(x, y) \mathrm{d}y$ 在 $[a, b]$ 上一致收敛.

13. 证明:$\int_0^{+\infty} \mathrm{e}^{-(a+u^2)x} \sin x \, \mathrm{d}x (a > 0)$ 在 $u \in [0, +\infty)$ 上一致收敛.

14. (1) 讨论 $\int_0^{+\infty} \dfrac{x}{y^2 + x^2} \mathrm{d}y$ 关于 $x \in (-\infty, +\infty)$ 的一致收敛性;

(2) 讨论 $\int_0^{+\infty} \dfrac{\sin xy}{y^2 + x^2} \mathrm{d}x$ 关于 $y \in [0, +\infty)$ 的一致收敛性.

15. 设 $p > 0$ 为常数,试问 $\int_1^{+\infty} \mathrm{e}^{-ax} \dfrac{\cos x}{x^p} \mathrm{d}x$ 在 $a \in [0, +\infty)$ 上是否一致收敛?

16. 设 $f(x, y)$ 是定义在 $[a, +\infty) \times (c, d)$ 上的二元函数,$y_0 \in (c, d)$,而且满足以下条件:

(1) $\int_a^{+\infty} f(x, y) \mathrm{d}x$ 在区间 (c, d) 上一致收敛;

(2) 当 $y \to y_0$ 时,函数 $f(x, y)$ 在区间 $[a, +\infty)$ 上内闭一致收敛于函数 $\varphi(x)$;

(3) 积分 $\int_a^{+\infty} \varphi(x) \mathrm{d}x$ 收敛.

证明:$\displaystyle\lim_{y \to y_0} \int_a^{+\infty} f(x, y) \mathrm{d}x = \int_a^{+\infty} \varphi(x) \mathrm{d}x$.

17. 计算积分 $\int_0^{+\infty} x^m \mathrm{e}^{-x^n} \mathrm{d}x$,其中 $m, n > 0$.

18. 计算积分 $\int_0^1 \ln \Gamma(x) \mathrm{d}x$.

参考文献

［1］裴礼文.数学分析中的典型问题与方法［M］.3 版.北京：高等教育出版社，2021.

［2］李傅山.数学分析中的问题与方法［M］.北京：科学出版社，2016.

［3］陈纪修，於崇华，金路.数学分析：上、下册［M］.3 版.北京：高等教育出版社，2019.

［4］陈守信.考研数学分析总复习：精选名校真题［M］.4 版.北京：机械工业出版社，2014.

［5］刘三阳，于力，李广民.数学分析选讲［M］.北京：科学出版社，2007.

［6］肖建中，蒋勇，王智勇.数学分析：上册［M］.北京：科学出版社，2015.

［7］夏大峰，肖建中，成荣.数学分析：下册［M］.北京：科学出版社，2016.

［8］华东师范大学数学系.数学分析：上、下册［M］.4 版.北京：高等教育出版社，2010.

［9］张学军，王仙桃，徐景实.数学分析选讲［M］.长沙：湖南师范大学出版社，2011.

［10］李克典，马云苓.数学分析选讲［M］.厦门：厦门大学出版社，2006.

［11］梁志清，黄军华，钟镇权.研究生入学考试数学分析真题集解：上、中、下册［M］.成都：西南交通大学出版社，2016.

［12］赵显曾，黄安才.数学分析的方法与题解［M］.西安：陕西师范大学出版社，2005.